수학 좀 한다면

디딤돌 초등수학 응용 6-1

펴낸날 [개정판 1쇄] 2024년 8월 10일 | **펴낸이** 이기열 | **펴낸곳** (주)디딤돌 교육 | **주소** (03972) 서울특별시 마포구 월드컵북로 122 청원선와이즈타워 | **대표전화** 02-3142-9000 | **구입문의** 02-322-8451 | **내용문의** 02-323-9166 | **팩시밀리** 02-338-3231 | **홈페이지** www.didimdol.co.kr | **등록번호** 제10-718호 | 구입한 후에는 철회되지 않으며 잘못 인쇄된 책은 바꾸어 드립니다.

내 실력에 딱! 최상위로 가는 '맞춤 학습 플랜'

STEP 1 On-line

나에게 맞는 공부법은?
맞춤 학습 가이드를 만나요.

교재 선택부터 공부법까지! 디딤돌에서 제공하는 시기별 맞춤 학습 가이드를 통해 아이에게 맞는 학습 계획을 세워 주세요.
(학습 가이드는 디딤돌 학부모카페 '맘이가'를 통해 상시 공지합니다. cafe.naver.com/didimdolmom)

STEP 2 Book

맞춤 학습 스케줄표
계획에 따라 공부해요.

교재에 첨부된 '맞춤 학습 스케줄표'에 맞춰 공부 목표를 달성합니다.

STEP 3 On-line

이럴 땐 이렇게!
'맞춤 Q&A'로 해결해요.

궁금하거나 모르는 문제가 있다면, '맘이가' 카페를 통해 질문을 남겨 주세요. 디딤돌 수학쌤 및 선배맘님들이 친절히 답변해 드립니다.

STEP 4 Book

다음에는 뭐 풀지?
다음 교재를 추천받아요.

학습 결과에 따라 후속 학습에 사용할 교재를 제시해 드립니다.
(교재 마지막 페이지 수록)

★ 디딤돌 플래너 만나러 가기

2 각기둥과 각뿔		
월 일 32~34쪽	월 일 35~37쪽	월 일 38~40쪽

의 나눗셈		
월 일 65~67쪽	월 일 68~71쪽	월 일 72~74쪽

	5 여러 가지 그래프	
월 일 99~101쪽	월 일 104~106쪽	월 일 107~110쪽

육면체의 부피와 겉넓이		
월 일 142~145쪽	월 일 146~148쪽	월 일 149~151쪽

효과적인 수학 공부 비법

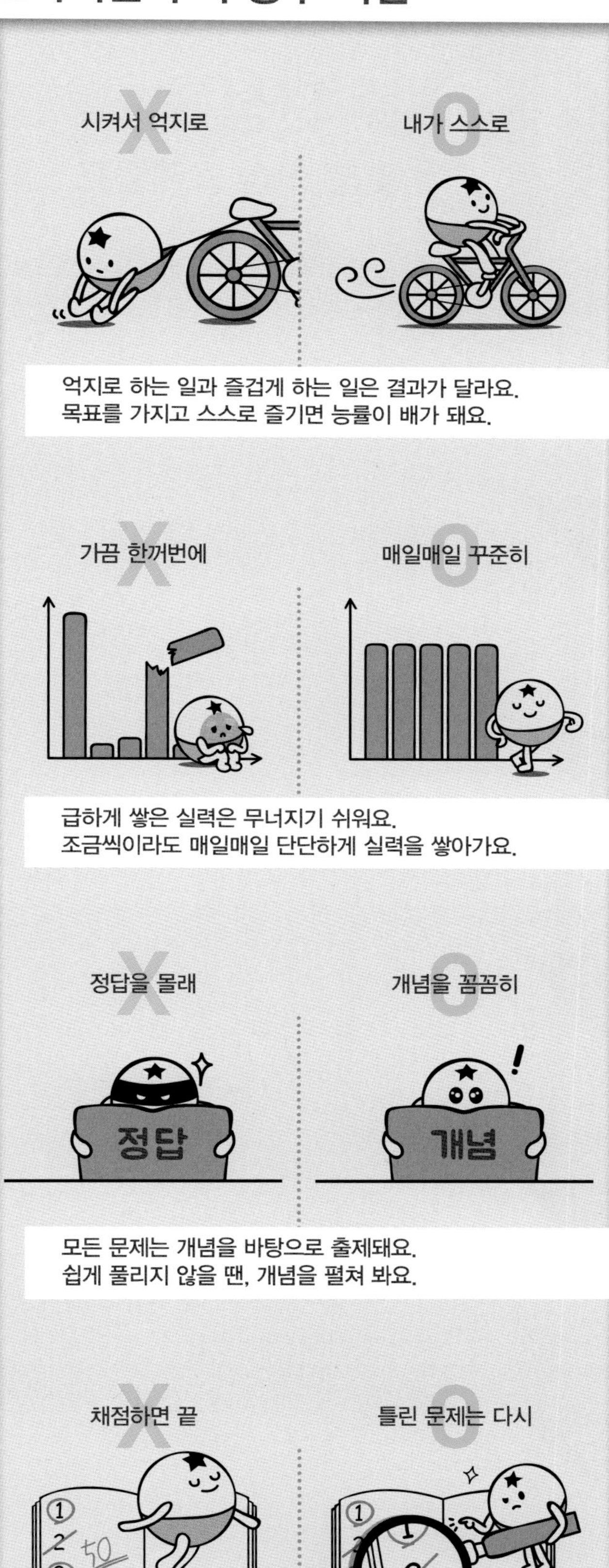

디딤돌 초등수학 응용 6-1

여유를 가지고 깊이 있게 한 학기 과정을 완성할 수 있도록 설계하였습니다.
학기 중 교과서와 함께 공부하고 싶다면 주 5일 12주 완성 과정을 이용해요.

공부한 날짜를 쓰고 하루 분량 학습을 마친 후, 부모님께 확인 check ☑를 받으세요.

1 분수의 나눗셈

1주					2주	
월 일	월 일	월 일	월 일	월 일	월 일	월 일
8~9쪽	10~11쪽	12~13쪽	14~15쪽	16~17쪽	18쪽	19~20쪽

2 각기둥과 각뿔

3주					4주	
월 일	월 일	월 일	월 일	월 일	월 일	월 일
32~33쪽	34~35쪽	36~37쪽	38~39쪽	40~41쪽	42~43쪽	44~45쪽

3 소수의 나눗셈

5주					6주	
월 일	월 일	월 일	월 일	월 일	월 일	월 일
56~57쪽	58~59쪽	60~61쪽	62~63쪽	64~65쪽	66~67쪽	68~69쪽

4 비와 비율

7주					8주	
월 일	월 일	월 일	월 일	월 일	월 일	월 일
80~81쪽	82~83쪽	84~85쪽	86~87쪽	88~89쪽	90~91쪽	92~93쪽

5 여러 가지 그래프

9주					10주	
월 일	월 일	월 일	월 일	월 일	월 일	월 일
104~106쪽	107~108쪽	109~110쪽	111~112쪽	113~114쪽	115~116쪽	117~118쪽

5 여러 가지 그래프 / **6 직육면체의 부피와 겉넓이**

11주					12주	
월 일	월 일	월 일	월 일	월 일	월 일	월 일
126~128쪽	132~133쪽	134~135쪽	136~137쪽	138~139쪽	140~141쪽	142~143쪽

월 일 21~22쪽	월 일 23~25쪽	월 일 26~28쪽
월 일 46~47쪽	월 일 48~50쪽	월 일 51~53쪽
월 일 70~71쪽	월 일 72~74쪽	월 일 75~77쪽
월 일 94~95쪽	월 일 96~98쪽	월 일 99~101쪽
월 일 119~120쪽	월 일 121~122쪽	월 일 123~125쪽
월 일 144~145쪽	월 일 146~148쪽	월 일 149~151쪽

효과적인 수학 공부 비법

X 시켜서 억지로

O 내가 스스로

억지로 하는 일과 즐겁게 하는 일은 결과가 달라요.
목표를 가지고 스스로 즐기면 능률이 배가 돼요.

X 가끔 한꺼번에

O 매일매일 꾸준히

급하게 쌓은 실력은 무너지기 쉬워요.
조금씩이라도 매일매일 단단하게 실력을 쌓아가요.

X 정답을 몰래

O 개념을 꼼꼼히

모든 문제는 개념을 바탕으로 출제돼요.
쉽게 풀리지 않을 땐, 개념을 펼쳐 봐요.

X 채점하면 끝

O 틀린 문제는 다시

왜 틀렸는지 알아야 다시 틀리지 않겠죠?
틀린 문제와 어림짐작으로 맞힌 문제는 꼭 다시 풀어 봐요.

디딤돌 초등수학 응용 6-1

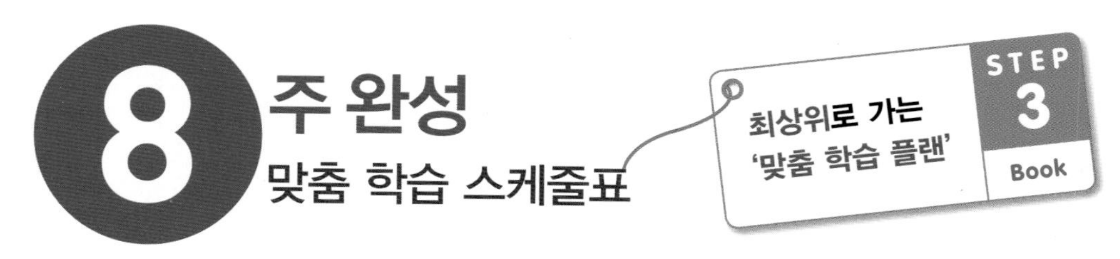

짧은 기간에 집중력 있게 한 학기 과정을 완성할 수 있도록 설계하였습니다.
방학 때 미리 공부하고 싶다면 주 5일 8주 완성 과정을 이용해요.

공부한 날짜를 쓰고 하루 분량 학습을 마친 후, 부모님께 확인 check ☑를 받으세요.

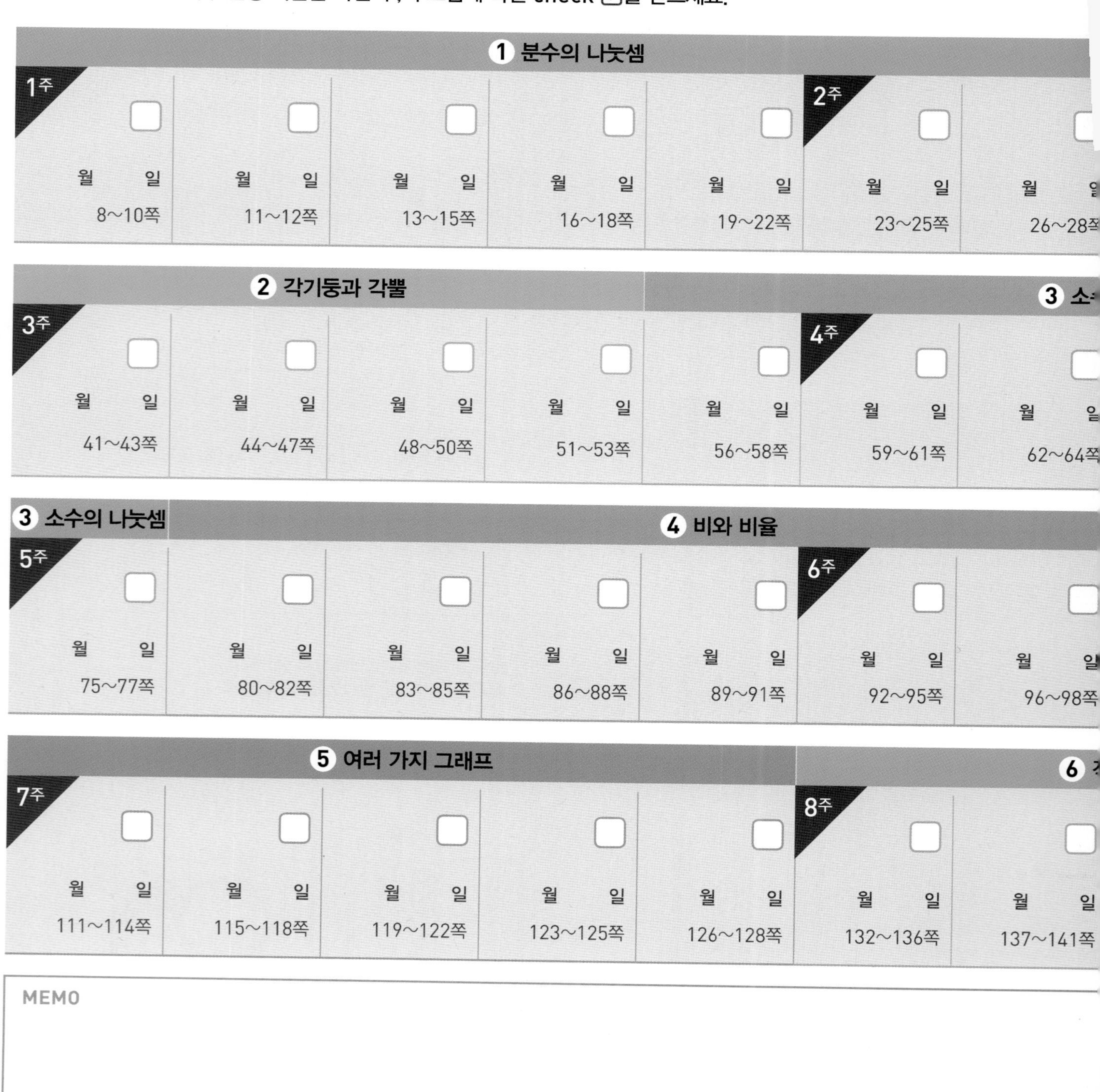

1 분수의 나눗셈

1주					2주	
월 일	월 일	월 일	월 일	월 일	월 일	월 일
8~10쪽	11~12쪽	13~15쪽	16~18쪽	19~22쪽	23~25쪽	26~28쪽

2 각기둥과 각뿔 / **3 소수의 나눗셈**

3주					4주	
월 일	월 일	월 일	월 일	월 일	월 일	월 일
41~43쪽	44~47쪽	48~50쪽	51~53쪽	56~58쪽	59~61쪽	62~64쪽

3 소수의 나눗셈 / **4 비와 비율**

5주					6주	
월 일	월 일	월 일	월 일	월 일	월 일	월 일
75~77쪽	80~82쪽	83~85쪽	86~88쪽	89~91쪽	92~95쪽	96~98쪽

5 여러 가지 그래프 / **6**

7주					8주	
월 일	월 일	월 일	월 일	월 일	월 일	월 일
111~114쪽	115~118쪽	119~122쪽	123~125쪽	126~128쪽	132~136쪽	137~141쪽

MEMO

수학 좀 한다면

디딤돌

초등수학 응용

상위권 도약, 실력 완성

6-1

개념 적용으로 실력을 높이는 공부 비법!

1 교과서 개념

교과서 핵심 내용과 익힘책 기본 문제로 개념을 이해할 수 있도록 구성하였습니다.

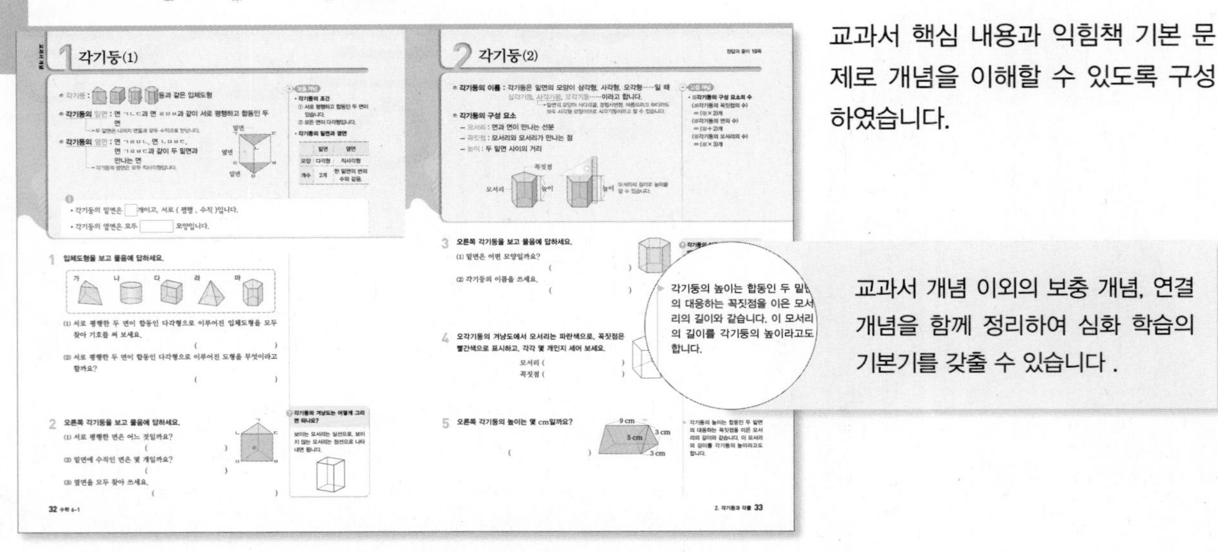

교과서 개념 이외의 보충 개념, 연결 개념을 함께 정리하여 심화 학습의 기본기를 갖출 수 있습니다 .

2 기본에서 응용으로

교과서 · 익힘책 문제를 풀면서 개념을 저절로 완성할 수 있도록 구성하였습니다.

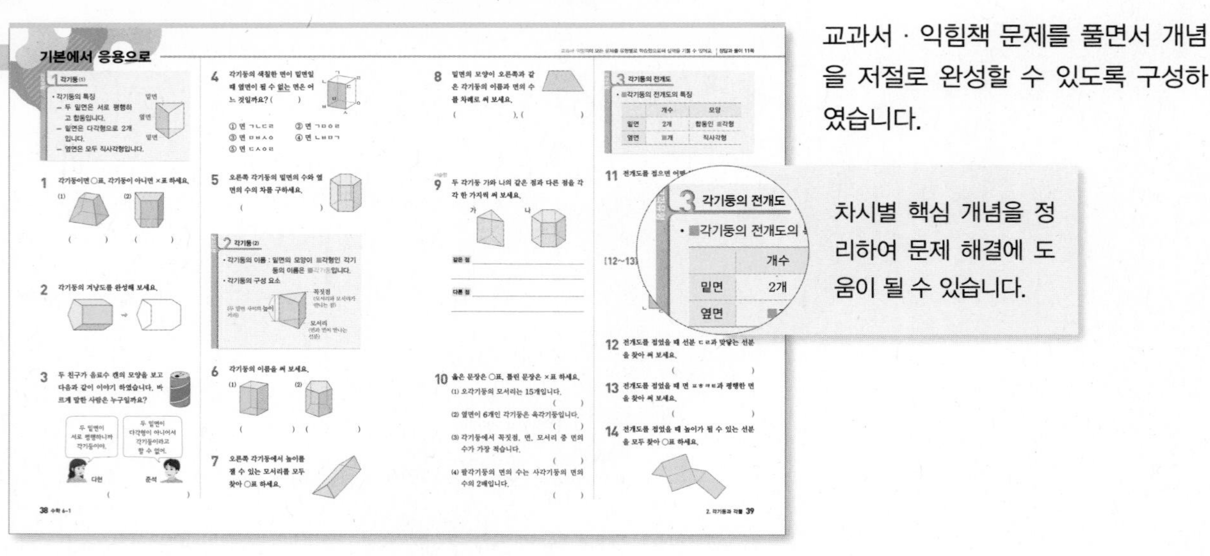

차시별 핵심 개념을 정리하여 문제 해결에 도움이 될 수 있습니다.

3 응용에서 최상위로

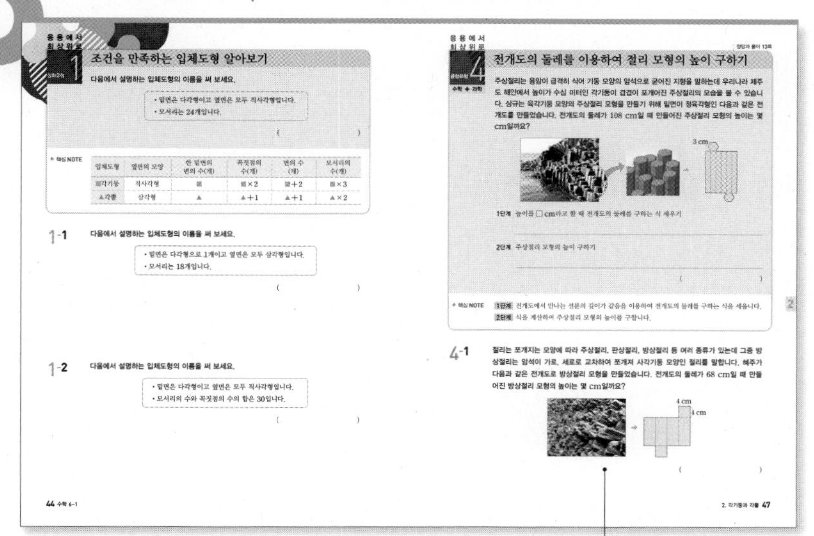

엄선된 심화 유형을 집중 학습함으로써 실력을 높이고 사고력을 향상시킬 수 있도록 구성하였습니다.

융합유형 4 수학 + 과학

전개도의 둘레를 이용하여 절리 모형의 높이 구하기

주상절리는 용암이 급격히 식어 기둥 모양의 암석으로 굳어진 지형을 말하는데 우리나라 제주도 해안에서 높이가 수십 미터인 각기둥이 겹겹이 포개어진 주상절리의 모습을 볼 수 있습니다. 상규는 육각기둥 모양의 주상절리 모형을 만들기 위해 밑면이 정육각형인 다음과 같은 전개도를 만들었습니다. 전개도의 둘레가 108 cm일 때 만들어진 주상절리 모형의 높이는 몇

창의·융합 문제를 통해 문제 해결력과 더불어 정보처리 능력까지 완성할 수 있습니다.

4 기출 단원 평가

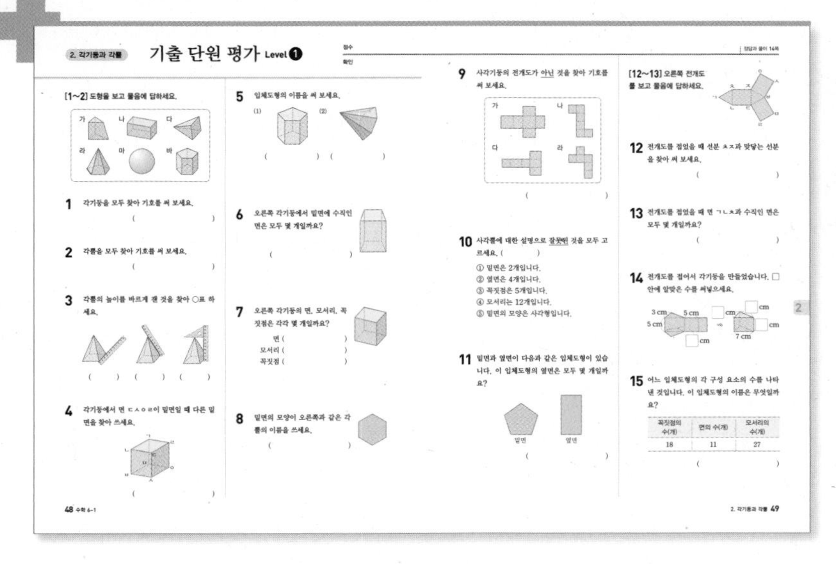

단원 학습을 마무리 할 수 있도록 기본 수준부터 응용 수준까지의 문제들로 구성하였습니다.

시험에 잘 나오는 기출 유형 중심으로 문제들을 선별하였으므로 수시평가 및 학교 시험 대비용으로 활용해 봅니다.

분수의 나눗셈

1

$3 \div 3 = 1$

$3 \times \frac{1}{3} = 1$

나눗셈을 곱셈으로 바꾸어 계산할 수 있어!

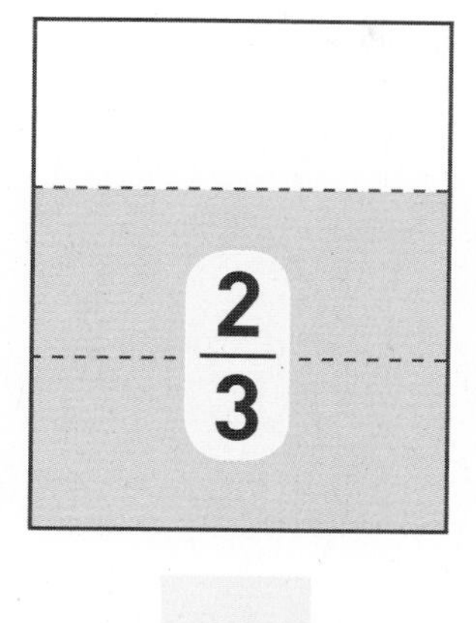

$\div 2$

$\frac{2}{3}$의 반

$\frac{2}{3} \div 2$

$\frac{2}{3}$의 $\frac{1}{2}$

$\frac{2}{3} \times \frac{1}{2}$

$$\frac{2}{3} \div 2 = \frac{2}{3} \times \frac{1}{2}$$

1 (자연수)÷(자연수)(1)

- **1÷5의 몫을 분수로 나타내기**

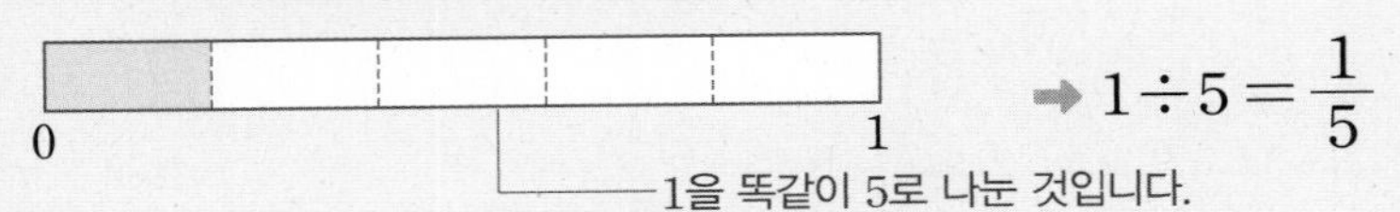

➡ $1 \div 5 = \frac{1}{5}$

- **3÷5의 몫을 분수로 나타내기**

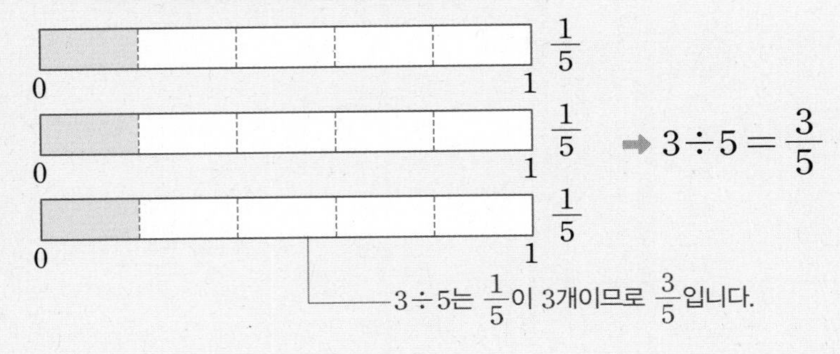

➡ $3 \div 5 = \frac{3}{5}$

$3 \div 5$는 $\frac{1}{5}$이 3개이므로 $\frac{3}{5}$입니다.

보충 개념

- $1 \div$(자연수)의 몫은 1을 분자, 나누는 수를 분모로 하는 분수로 나타낼 수 있습니다.
  ➡ $1 \div ● = \frac{1}{●}$
- (자연수)÷(자연수)의 몫은 나누어지는 수를 분자, 나누는 수를 분모로 하는 분수로 나타낼 수 있습니다.
  ➡ $▲ \div ● = \frac{▲}{●}$

1 $3 \div 4$의 몫을 그림으로 나타내고, 분수로 나타내어 보세요.

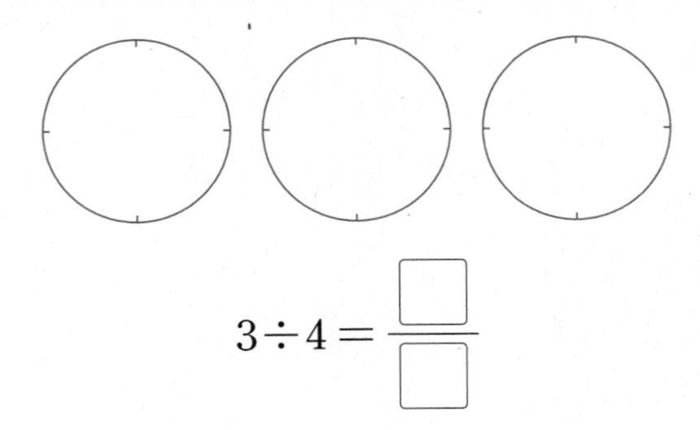

$3 \div 4 = \frac{\square}{\square}$

2 나눗셈의 몫을 분수로 나타내어 보세요.

(1) $1 \div 8$　　(2) $1 \div 17$

(3) $4 \div 11$　　(4) $7 \div 16$

3 물 1 L를 여학생 7명이 똑같이 나누어 마셨습니다. 여학생 한 명이 마신 물은 몇 L인지 분수로 나타내어 보세요.

식 ____________　　답 ____________

(자연수)÷(자연수)의 몫을 여러 가지 그림으로 알아보기

$2 \div 3$

- 2를 3등분 하기

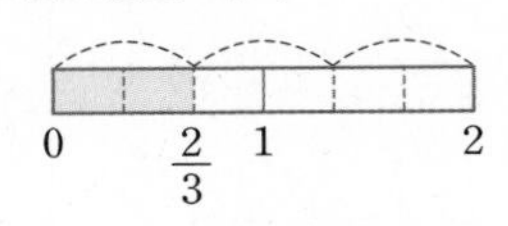

- 1을 각각 3등분 하여 더하기

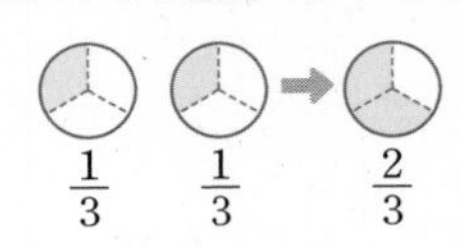

(자연수)÷(자연수)(2)

정답과 풀이 1쪽

● **5÷3의 몫을 분수로 나타내기**

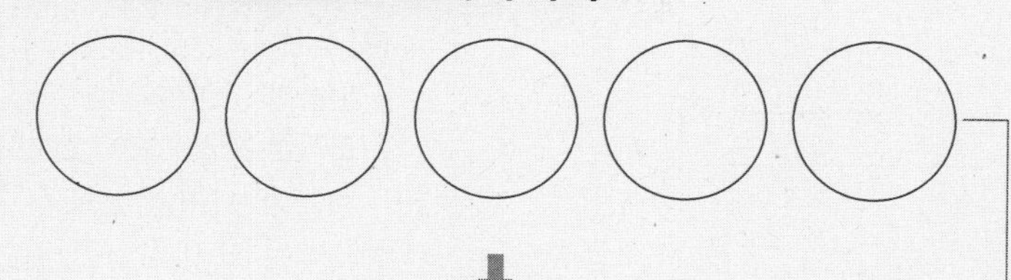

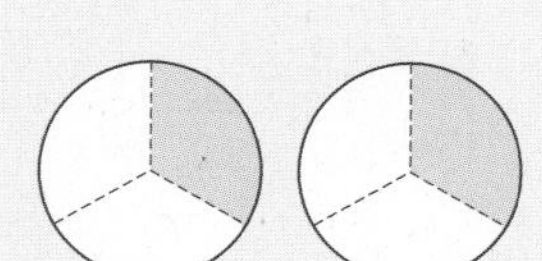

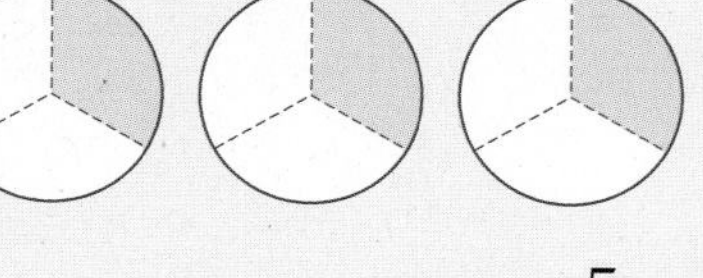

1개를 모두
3개로 나누면
$\frac{1}{3}$이 5개입니다.

$5 \div 3 = \frac{5}{3}\left(=1\frac{2}{3}\right)$

보충 개념

- **9÷4의 몫을 분수로 나타내는 방법**

방법 1 $9 \div 4 = 2 \cdots 1$이므로
나머지 1을 4로 나누면 $\frac{1}{4}$입니다.
➡ $9 \div 4 = 2\frac{1}{4} = \frac{9}{4}$

방법 2 $1 \div 4$는 $\frac{1}{4}$이므로
$9 \div 4$는 $\frac{1}{4}$이 9개입니다.
➡ $9 \div 4 = \frac{9}{4}$

!

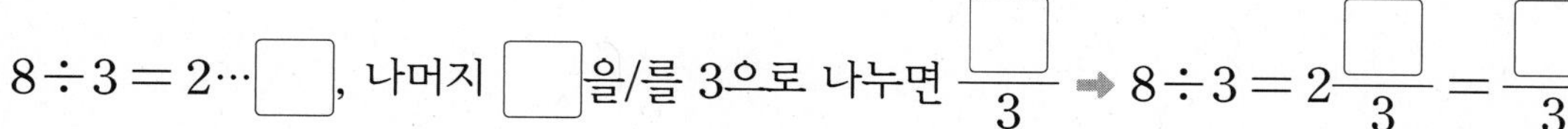

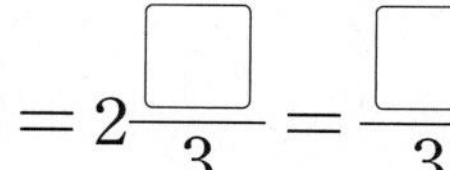

$8 \div 3 = 2 \cdots \square$, 나머지 $\square$을/를 3으로 나누면 $\frac{\square}{3}$ ➡ $8 \div 3 = 2\frac{\square}{3} = \frac{\square}{3}$

4 5÷4의 몫을 그림으로 나타내고, 분수로 나타내어 보세요.

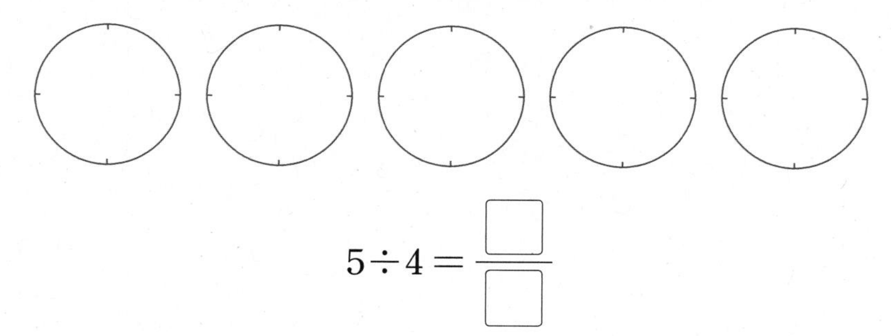

$5 \div 4 = \frac{\square}{\square}$

▶ 몫이 1보다 큰 (자연수)÷(자연수)를 분수로 나타내어 봅니다.

5 나눗셈의 몫을 분수로 나타내어 보세요.

(1) $7 \div 5$　　(2) $13 \div 6$

(3) $25 \div 7$　　(4) $31 \div 8$

6 몫의 크기를 비교하여 ○ 안에 >, =, <를 알맞게 써넣으세요.

(1) $9 \div 7$ ○ $11 \div 7$　　(2) $13 \div 5$ ○ $13 \div 2$

▶ 나누는 수가 같을 때 또는 나누어지는 수가 같을 때 몫은 어떻게 변하는지 살펴봅니다.

1

3 (분수)÷(자연수)(1)

● $\frac{6}{7}\div2$의 계산 — 분자가 자연수의 배수인 경우

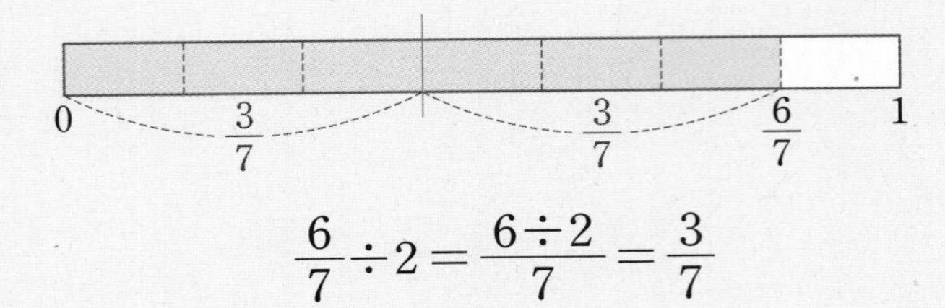

$$\frac{6}{7}\div2=\frac{6\div2}{7}=\frac{3}{7}$$

● $\frac{4}{5}\div3$의 계산 — 분자가 자연수의 배수가 아닌 경우

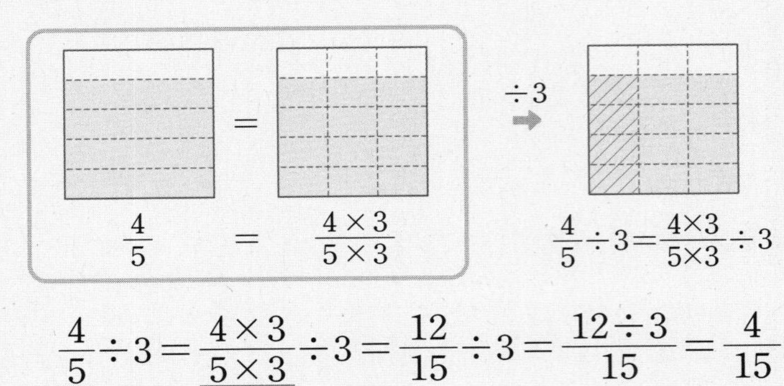

$$\frac{4}{5}\div3=\frac{4\times3}{5\times3}\div3=\frac{12}{15}\div3=\frac{12\div3}{15}=\frac{4}{15}$$

크기가 같은 분수

보충 개념

(분수)÷(자연수)에서

- 분자가 자연수의 배수일 때에는 분자를 자연수로 나눕니다.
- 분자가 자연수의 배수가 아닐 때에는 크기가 같은 분수 중에서 자연수의 배수인 수로 바꾸어 계산합니다.

7 $\frac{2}{3}\div3$의 몫을 그림으로 나타내고, 분수로 나타내어 보세요.

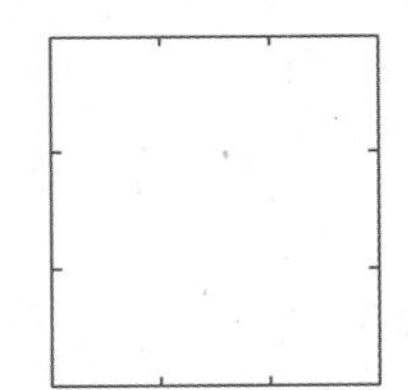

(　　　　　　　　)

8 □ 안에 알맞은 수를 써넣어 계산해 보세요.

(1) $\frac{12}{17}\div6=\frac{\square\div6}{17}=\frac{\square}{17}$

(2) $\frac{7}{8}\div5=\frac{\square}{40}\div5=\frac{\square\div5}{40}=\frac{\square}{40}$

9 계산해 보세요.

(1) $\frac{4}{5}\div2$

(2) $\frac{3}{7}\div4$

(3) $\frac{9}{13}\div3$

(4) $\frac{5}{9}\div6$

? $\frac{1}{4}\times2$와 $\frac{1}{4}\div2$는 어떻게 다른가요?

예를 들어, 색종이를 4등분한 후 2조각을 갖는 것은 $\frac{1}{4}\times2$이고, 4등분 한 색종이를 다시 2등분하는 것은 $\frac{1}{4}\div2$입니다.

4 (분수)÷(자연수)(2)

정답과 풀이 1쪽

● $\frac{2}{5}\div4$를 분수의 곱셈으로 나타내어 계산하기

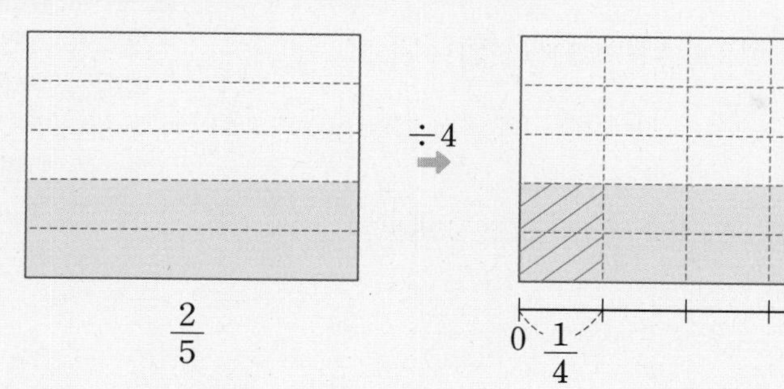

$\frac{2}{5}\div4$는 $\frac{2}{5}$를 똑같이 4로 나눈 것 중의 하나입니다.

이것은 $\frac{2}{5}$의 $\frac{1}{4}$이므로 $\frac{2}{5}\times\frac{1}{4}$입니다.

➡ $\frac{2}{5}\div4=\frac{2}{5}\times\frac{1}{4}=\frac{2}{20}(=\frac{1}{10})$

연결 개념

• $\frac{2}{5}\div4$를 약분을 먼저 하고 계산하기

$\frac{2}{5}\div4=\frac{\overset{1}{\cancel{2}}}{5}\times\frac{1}{\underset{2}{\cancel{4}}}=\frac{1}{10}$

약분을 미리 하지 않으면 수가 커져서 계산 과정이 복잡하지만 약분을 미리 하면 계산할 수들이 작아져 계산이 더 쉽습니다.

10 □ 안에 알맞은 수를 써넣어 계산해 보세요.

(1) $\frac{5}{7}\div6=\frac{5}{7}\times\frac{\square}{\square}=\frac{\square}{\square}$

(2) $\frac{10}{3}\div7=\frac{10}{3}\times\frac{\square}{\square}=\frac{\square}{\square}$

▶ 자연수를 $\frac{1}{(\text{자연수})}$로 바꾼 다음 곱하여 계산합니다.

11 나눗셈을 곱셈으로 바꾸어 계산해 보세요.

(1) $\frac{3}{8}\div3$

(2) $\frac{11}{5}\div6$

12 계산 결과를 비교하여 ○ 안에 >, =, <를 알맞게 써넣으세요.

(1) $\frac{4}{6}\div4$ ○ $\frac{2}{6}\div6$

(2) $\frac{3}{10}\div4$ ○ $\frac{3}{5}\div2$

▶ 분자가 같을 때는 분모가 작은 분수가 더 크고, 분모가 같을 때는 분자가 큰 분수가 더 큽니다.

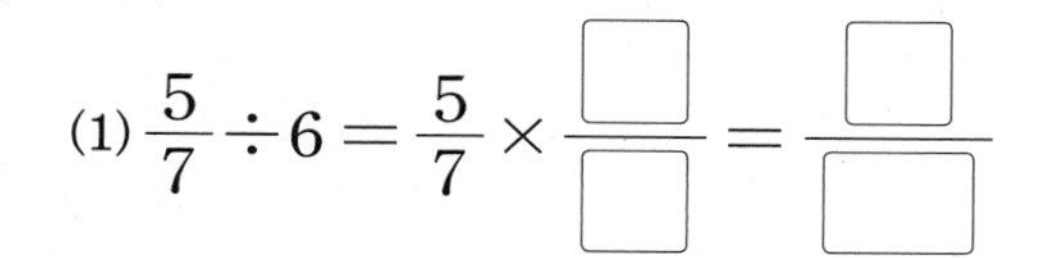

5 (대분수)÷(자연수)

정답과 풀이 2쪽

- $2\frac{2}{5}\div 6$의 계산

방법 1 대분수를 가분수로 바꾸고 분자를 6으로 나누어 계산합니다.

$$2\frac{2}{5}\div 6=\frac{12}{5}\div 6=\frac{12\div 6}{5}=\frac{2}{5}$$

방법 2 대분수를 가분수로 바꾸고 나눗셈을 곱셈으로 나타내어 계산합니다.

$$2\frac{2}{5}\div 6=\frac{12}{5}\div 6=\frac{\overset{2}{\cancel{12}}}{5}\times\frac{1}{\underset{1}{\cancel{6}}}=\frac{2}{5}$$

- $1\frac{1}{4}\div 3$의 계산

방법 1 대분수를 가분수로 바꾸고 분자를 3의 배수로 바꾸어 계산합니다.

$$1\frac{1}{4}\div 3=\frac{5}{4}\div 3=\frac{5\times 3}{4\times 3}\div 3=\frac{15}{12}\div 3=\frac{5}{12}$$

방법 2 대분수를 가분수로 바꾸고 나눗셈을 곱셈으로 나타내어 계산합니다.

$$1\frac{1}{4}\div 3=\frac{5}{4}\div 3=\frac{5}{4}\times\frac{1}{3}=\frac{5}{12}$$

보충 개념

(분수)÷(자연수)에서
- 분자가 자연수로 나누어떨어질 때에는 분자만 나누어 계산하는 것이 더 간단합니다.
- 분자가 자연수로 나누어떨어지지 않을 때에는 분수의 곱셈으로 바꾸어 계산하는 것이 더 간단합니다.

13 □ 안에 알맞은 수를 써넣어 계산해 보세요.

(1) $1\frac{5}{7}\div 3=\frac{\square}{7}\div 3=\frac{\square\div 3}{7}=\frac{\square}{7}$

(2) $4\frac{1}{3}\div 6=\frac{\square}{3}\div 6=\frac{\square}{3}\times\frac{1}{\square}=\frac{\square}{\square}$

▶ (대분수)÷(자연수)를 계산할 때 대분수인 상태에서 약분하거나 나누지 않도록 주의합니다.

$2\frac{2}{5}\div 6=2\frac{\overset{1}{\cancel{2}}}{5}\times\frac{1}{\underset{3}{\cancel{6}}}=2\frac{1}{15}$ (✗)

14 $3\frac{1}{3}\div 5$를 두 가지 방법으로 계산해 보세요.

방법 1 $3\frac{1}{3}\div 5$

방법 2 $3\frac{1}{3}\div 5$

15 주스 $2\frac{3}{4}$ L를 5명이 똑같이 나누어 마시려고 합니다. 한 명이 마실 수 있는 주스는 몇 L인지 구하세요.

식 ______________ 답 ______________

기본에서 응용으로

교과유형

1 (자연수)÷(자연수) (1)

• 1÷(자연수)의 몫을 분수로 나타내기

$1 \div ● = \frac{1}{●}$

나누는 수

• 몫이 1보다 작은 (자연수)÷(자연수)

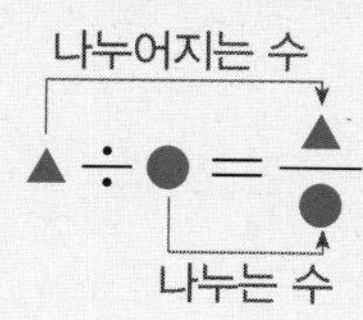

1 1÷7을 이용하여 5÷7의 몫을 구하려고 합니다. □ 안에 알맞은 수를 써넣으세요.

$1 \div 7 = \frac{□}{□}$이고, 5÷7은 $\frac{1}{7}$이 □개입니다. ➡ $5 \div 7 = \frac{□}{□}$

2 3÷8의 몫을 그림으로 나타내고, 분수로 나타내어 보세요.

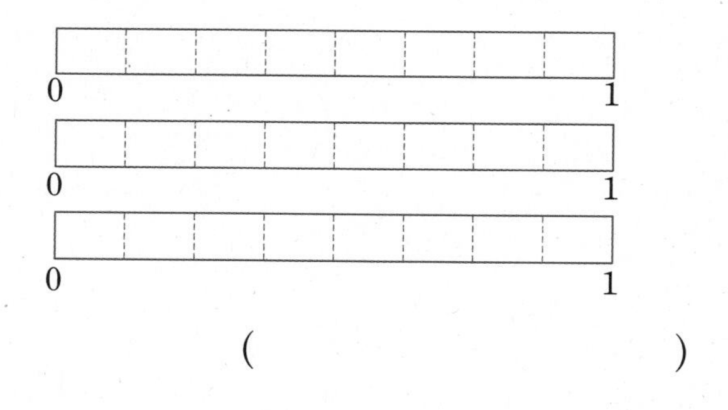

(　　　　　　　　　　)

3 몫의 크기를 비교하여 ○ 안에 >, =, <를 알맞게 써넣으세요.

(1) 1÷10 ○ 1÷15

(2) 2÷11 ○ 2÷9

4 리본 2 m를 5명이 똑같이 나누어 가졌습니다. 한 사람이 가진 리본은 몇 m일까요?

(　　　　　　　　　　)

서술형

5 물 1 L와 물 4 L를 크기와 모양이 같은 병에 똑같이 나누어 담으려고 합니다. 물 1 L를 병 3개에, 물 4 L를 병 5개에 똑같이 나누어 담을 때 병 가와 병 나 중 어느 병에 물이 더 많을지 풀이 과정을 쓰고 답을 구하세요.

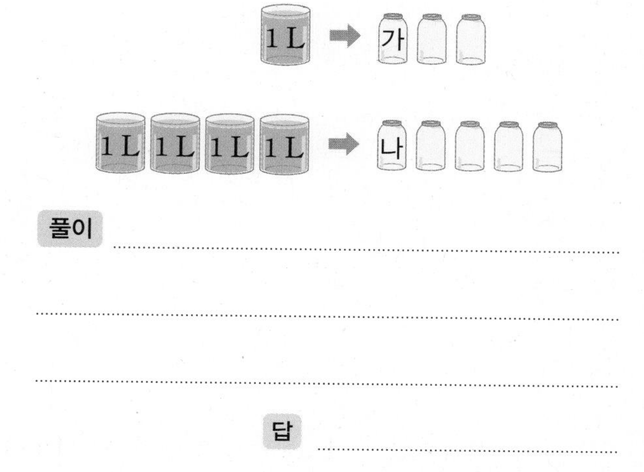

풀이 ....

....

....

답 ....

교과유형

2 (자연수)÷(자연수) (2)

• 몫이 1보다 큰 (자연수)÷(자연수)

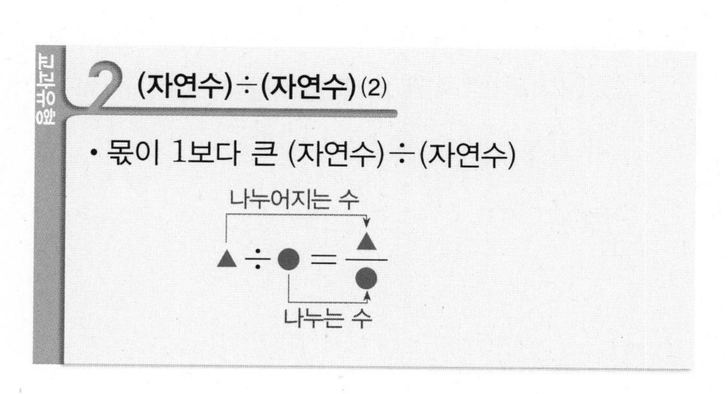

6 □ 안에 알맞은 수를 써넣으세요.

$13 \div 4 = 3 \cdots$ □, 나머지 □을/를 4로 나누면 $\frac{□}{□}$입니다.

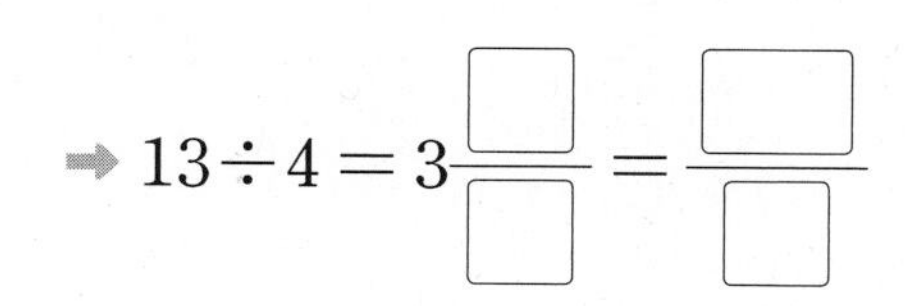

➡ $13 \div 4 = 3\frac{□}{□} = \frac{□}{□}$

7 관계있는 것끼리 이어 보세요.

$14\div9$ •	• $\frac{9}{14}$
$9\div14$ •	• $\frac{14}{9}$

8 나눗셈의 몫을 분수로 나타낸 것입니다. 잘못 나타낸 사람을 찾아 바르게 고쳐 보세요.

은수 : $15\div4=\frac{15}{4}$

지호 : $13\div8=\frac{8}{13}$

➡ ....

서술형

9 한 병에 $\frac{7}{5}$ L씩 들어 있는 주스가 5병 있습니다. 이 주스를 4일 동안 똑같이 나누어 마시려면 하루에 마셔야 할 주스는 몇 L인지 풀이 과정을 쓰고 답을 구하세요.

풀이 ....

답 ....

10 어떤 자연수를 6으로 나눌 것을 잘못하여 곱했더니 42가 되었습니다. 바르게 계산하면 얼마인지 몫을 분수로 나타내세요.

(　　　　　　　　)

교과 유형 **3** (분수)÷(자연수) (1)

• 분자가 자연수의 배수인 (분수)÷(자연수)

$$\frac{8}{9}\div4=\frac{8\div4}{9}=\frac{2}{9}$$

• 분자가 자연수의 배수가 아닌 (분수)÷(자연수)

$$\frac{3}{4}\div5=\frac{3\times5}{4\times5}\div5=\frac{15}{20}\div5$$
$$=\frac{15\div5}{20}=\frac{3}{20}$$

11 그림을 보고 □ 안에 알맞은 수를 써넣으세요.

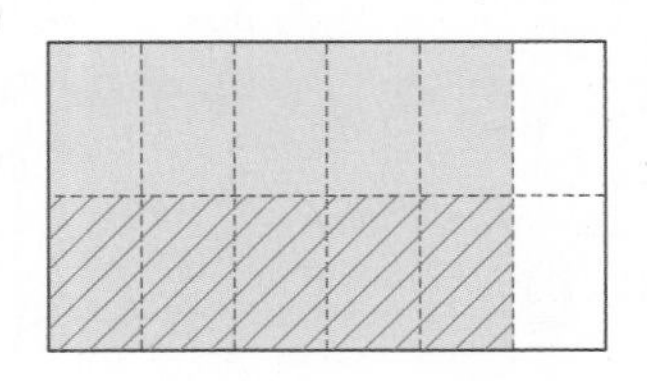

$$\frac{5}{6}\div2=\frac{\square}{\square}$$

12 ㉠, ㉡, ㉢, ㉣에 들어갈 수의 합을 구하세요.

$$\frac{2}{7}\div3=\frac{2\times3}{7\times㉠}\div3=\frac{6\div3}{㉡}=\frac{㉢}{㉣}$$

(　　　　　　　　)

13 잘못 계산한 곳을 찾아 바르게 계산해 보세요.

$$\frac{7}{8}\div2=\frac{7}{8\div2}=\frac{7}{4}$$

➡ ....

14 □ 안에 알맞은 수를 써넣으세요.

㉠ $\frac{5}{9}$	㉡ 4	㉢ 7

(1) ㉠÷㉡ $= \frac{\square}{\square}$

(2) ㉢÷㉡ $= \frac{\square}{\square}$

15 □ 안에 알맞은 수를 써넣으세요.

$\square \times 2 = \frac{3}{4}$

16 끈 $\frac{6}{7}$ m를 모두 사용하여 정삼각형 모양을 만들었습니다. 만든 정삼각형의 한 변의 길이는 몇 m일까요?

식 ....

답 ....

17 4명이 같은 거리씩을 이어 달려 운동장 한 바퀴를 돌려고 합니다. 운동장 한 바퀴의 둘레가 $\frac{2}{5}$ km일 때 한 사람이 몇 km씩 달려야 할까요?

(　　　　　　　　)

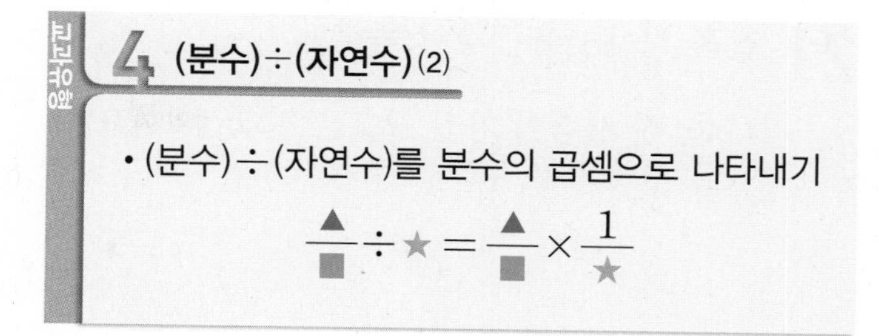

18 $\frac{3}{4} \div 5$를 곱셈식으로 바르게 나타낸 것을 찾아 기호를 써 보세요.

㉠ $\frac{3}{4} \times 5$	㉡ $\frac{4}{3} \times 5$
㉢ $\frac{4}{3} \times \frac{1}{5}$	㉣ $\frac{3}{4} \times \frac{1}{5}$

(　　　　　　　　)

19 몫의 크기를 비교하여 ○ 안에 $>$, $=$, $<$를 알맞게 써넣으세요.

(1) $\frac{3}{4} \div 18$ ○ $\frac{4}{5} \div 20$

(2) $\frac{8}{15} \div 12$ ○ $\frac{7}{20} \div 14$

20 계산 결과가 가장 작은 것을 찾아 기호를 써 보세요.

㉠ $\frac{1}{9} \div 7$	㉡ $\frac{1}{2} \div 9$	㉢ $\frac{1}{5} \div 6$

(　　　　　　　　)

21 찰흙 $\frac{5}{6}$ kg을 7명이 똑같이 나누어 가졌습니다. 한 사람이 가진 찰흙은 몇 kg일까요?

식

답

22 어떤 분수에 21을 곱하면 $\frac{7}{12}$이 됩니다. 어떤 분수는 얼마일까요?

( )

개념 5 (대분수)÷(자연수)

- (대분수)÷(자연수)
  대분수를 가분수로 바꾼 다음 (분수)÷(자연수)와 같은 방법으로 계산합니다.
  $4\frac{1}{3}\div 7=\frac{13}{3}\div 7=\frac{13}{3}\times\frac{1}{7}=\frac{13}{21}$

23 나눗셈을 하여 기약분수로 나타내세요.

(1) $4\frac{4}{7}\div 8$

(2) $3\frac{1}{5}\div 6$

24 몫의 크기를 비교하여 ○ 안에 >, =, <를 알맞게 써넣으세요.

$1\frac{2}{7}\div 9$ ○ $1\frac{1}{5}\div 6$

서술형

25 잘못 계산한 곳을 찾아 바르게 계산하고, 잘못된 이유를 써 보세요.

$2\frac{4}{5}\div 4=2\frac{4\div 4}{5}=2\frac{1}{5}$

➡ $2\frac{4}{5}\div 4$

이유

26 나눗셈의 몫이 1보다 큰 것을 모두 고르세요.

( )

① $2\div 3$ ② $\frac{2}{3}\div 6$ ③ $7\div 5$

④ $3\frac{1}{6}\div 4$ ⑤ $8\frac{4}{7}\div 8$

27 □ 안에 알맞은 수를 구하세요.

$\square\div 3=\frac{3}{5}$

( )

28 길이가 $5\frac{1}{7}$ m인 끈을 4명에게 똑같이 나누어 주려고 합니다. 한 사람이 가질 수 있는 끈은 몇 m일까요?

( )

29 곱셈식에서 일부가 지워져서 보이지 않습니다. 보이지 않는 수를 구하세요.

$3\times$ ■ $=2\frac{1}{7}$

( )

30 1부터 9까지의 수 중 □ 안에 들어갈 수 있는 자연수를 모두 써 보세요.

$\square < 6\frac{3}{5}\div 2$

( )

31 큰 정사각형을 똑같이 4칸으로 나누어 한 칸에 색칠했습니다. 큰 정사각형의 넓이가 $10\frac{2}{5}$ cm^2일 때 색칠한 부분의 넓이를 구하세요.

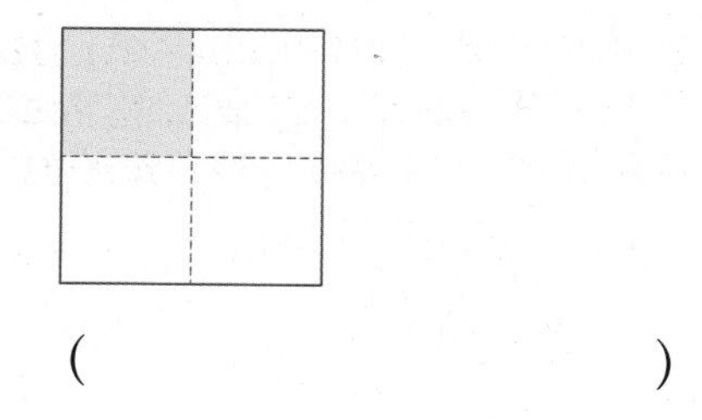

( )

실전유형

분수와 자연수의 혼합 계산

두 수씩 순서대로 계산하거나 세 수를 한꺼번에 계산하고, 약분이 되면 약분을 합니다.

32 빈칸에 알맞은 수를 써넣으세요.

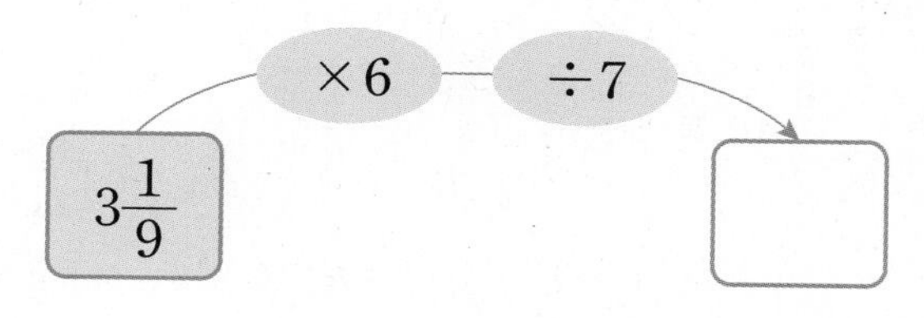

33 철사 $2\frac{1}{7}$ m로 똑같은 장미 모양을 6개 만들 수 있습니다. 이 장미 모양을 20개 만들려면 필요한 철사는 적어도 몇 m일까요?

( )

34 무게가 똑같은 배 8개가 들어 있는 상자의 무게를 재어 보니 $3\frac{1}{6}$ kg이었습니다. 빈 상자의 무게가 $\frac{5}{6}$ kg이라면 배 한 개의 무게는 몇 kg일까요?

( )

1

실전유형

도형에서 길이 구하기

넓이를 나타내는 식에서 구하는 길이를 □라고 하고 거꾸로 생각하여 □를 구합니다.

- (직사각형의 넓이) = (가로) × (세로)
- (평행사변형의 넓이) = (밑변) × (높이)
- (삼각형의 넓이) = (밑변) × (높이) ÷ 2

35 넓이가 $9\frac{3}{7}$ cm^2인 직사각형의 세로가 3 cm일 때 □ 안에 알맞은 수를 써넣으세요.

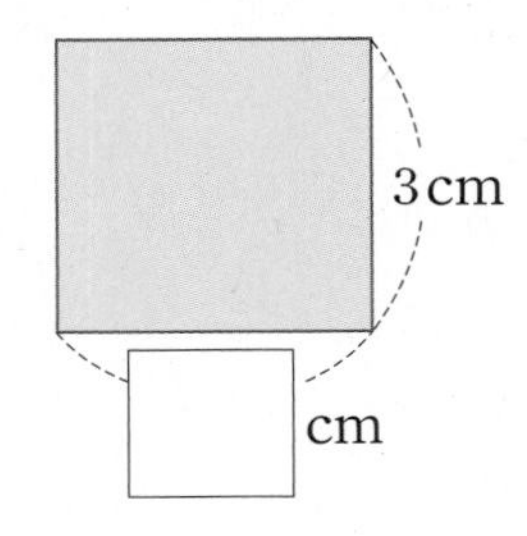

36 넓이가 $24\frac{2}{3}$ cm^2인 평행사변형의 밑변은 8 cm입니다. 이 평행사변형의 높이는 몇 cm인지 기약분수로 나타내세요.

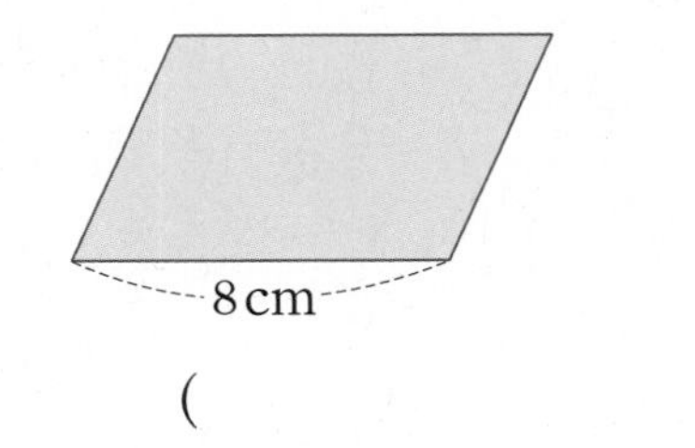

(　　　　　　　　)

37 넓이가 $9\frac{3}{5}$ cm^2인 삼각형의 높이는 4 cm입니다. 이 삼각형의 밑변은 몇 cm인지 기약분수로 나타내세요.

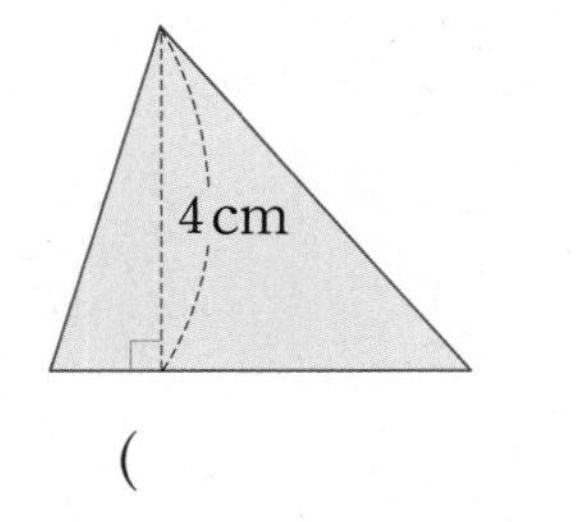

(　　　　　　　　)

실전유형

수 카드로 나눗셈식 만들기

- 몫이 가장 작게 되는 나눗셈식은 나누는 수는 가장 크게 만들고 나누어지는 수는 가장 작게 만듭니다.
- 몫이 가장 크게 되는 나눗셈식은 나누는 수는 가장 작게 만들고 나누어지는 수는 가장 크게 만듭니다.

38 수 카드 2, 3, 5 를 모두 사용하여 계산 결과가 가장 작은 나눗셈식을 만들고 계산해 보세요.

$\frac{\square}{\square} \div \square = \frac{\square}{\square}$

39 수 카드 3, 4, 7, 8 을 모두 사용하여 계산 결과가 가장 작은 나눗셈식을 만들고 계산해 보세요.

$\square\frac{\square}{\square} \div \square = \frac{\square}{\square}$

40 수 카드 2, 4, 7, 8 을 모두 사용하여 계산 결과가 가장 큰 나눗셈식을 만들고 계산해 보세요.

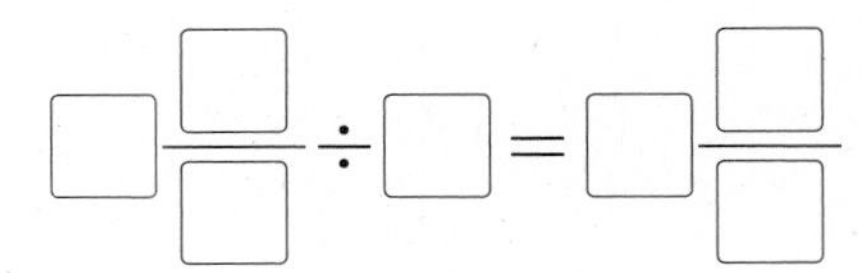

정답과 풀이 5쪽

심화유형 1 바르게 계산한 값 구하기

어떤 분수에 2를 곱하고 4로 나누어야 할 것을 잘못하여 2로 나누고 4를 곱하였더니 $1\frac{3}{5}$이 되었습니다. 바르게 계산한 값은 얼마인지 기약분수로 나타내세요.

(　　　　　　　　　　)

● 핵심 NOTE　어떤 분수에서 잘못 계산한 과정을 거꾸로 생각하여 어떤 분수를 구한 다음 바르게 계산합니다.

1-1 어떤 분수를 6으로 나누고 7을 곱해야 할 것을 잘못하여 6을 곱하고 7로 나누었더니 $1\frac{2}{7}$가 되었습니다. 바르게 계산한 값은 얼마인지 기약분수로 나타내세요.

(　　　　　　　　　　)

1-2 어떤 분수에 15를 곱하고 8로 나누어야 할 것을 잘못하여 15로 나누고 8을 곱하였더니 $3\frac{1}{9}$이 되었습니다. 바르게 계산한 값을 5로 나눈 몫을 기약분수로 나타내세요.

(　　　　　　　　　　)

분수와 자연수의 혼합 계산의 활용

할머니께서 배즙 $12\frac{3}{8}$ L를 보내 주셨습니다. 이 배즙을 3병으로 똑같이 나누어 그중 1병을 4명이 똑같이 나누어 먹으려고 합니다. 한 사람이 먹을 수 있는 배즙은 몇 L일까요?

(　　　　　　　　)

● 핵심 NOTE　전체의 양을 확인하여 자연수로 나누어야 하는지 곱해야 하는지를 알아보고 알맞은 식을 세워 문제를 해결합니다.

2-1 한 바구니에 $13\frac{1}{7}$ kg이 들어 있는 고구마를 4명이 똑같이 나누어 가졌습니다. 그중 한 사람이 가진 고구마를 5일 동안 똑같이 나누어 먹었다면 이 사람이 하루에 먹은 고구마는 몇 kg일까요?

(　　　　　　　　)

2-2 밀가루를 반죽하여 쿠키를 만들려고 합니다. 민준이는 밀가루 반죽 $5\frac{3}{5}$ kg을 똑같이 7덩어리로 나누었습니다. 그중에서 2덩어리를 사용하여 쿠키를 만들었다면 민준이가 쿠키를 만드는 데 사용한 밀가루 반죽은 몇 kg일까요?

(　　　　　　　　)

심화유형 3 작은 도형의 둘레 구하기

오른쪽 그림은 큰 정사각형을 크기가 같은 정사각형 4개로 나눈 것입니다. 큰 정사각형의 둘레가 $18\frac{2}{3}$ cm일 때 색칠한 작은 정사각형의 둘레는 몇 cm일까요?

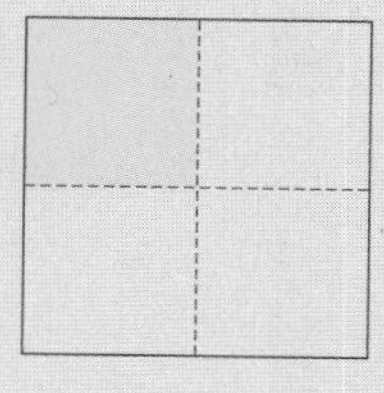

(　　　　　　　　)

● 핵심 NOTE 큰 정사각형의 둘레가 작은 정사각형의 한 변의 몇 배인지 알아보고 나눗셈을 이용하여 작은 정사각형의 한 변을 구합니다.

3-1

오른쪽 그림은 큰 정삼각형을 크기가 같은 정삼각형 4개로 나눈 것입니다. 큰 정삼각형의 둘레가 $16\frac{1}{5}$ cm일 때 색칠한 작은 정삼각형의 둘레는 몇 cm일까요?

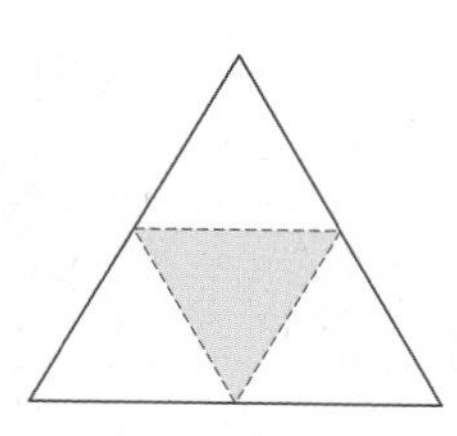

(　　　　　　　　)

3-2

오른쪽 그림은 직사각형을 크기가 같은 정사각형 3개로 나눈 것입니다. 색칠한 작은 정사각형의 둘레가 $15\frac{3}{7}$ cm일 때 직사각형의 둘레는 몇 cm일까요?

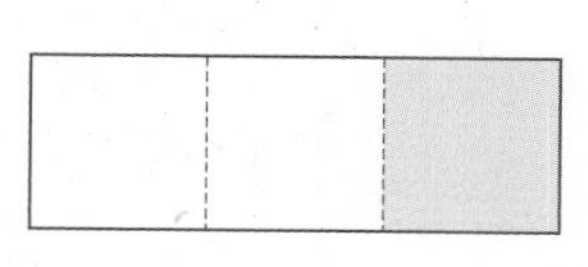

(　　　　　　　　)

정답과 풀이 5쪽

수학 + 과학

오미자의 열량 구하기

오미자는 붉고 탐스럽게 생긴 열매로 단맛, 신맛, 쓴맛, 짠맛, 매운맛의 5가지 맛이 난다고 하여 오미자라는 이름이 붙었습니다. 또한 열량이 $100\ \mathrm{g}$당 $23\ \mathrm{kcal}$로 대표적인 저칼로리 영양식품이며, 수분 섭취를 돕고 사람에게 부족하기 쉬운 미량영양소를 보충해 주기 때문에 다이어트에 매우 좋습니다. 다이어트를 시작한 윤호 어머니는 오미자를 4상자 샀습니다. 오미자 4상자의 무게가 $400\frac{4}{5}\ \mathrm{g}$이고 빈 상자 한 개의 무게가 $20\ \mathrm{g}$일 때 오미자 4상자에서 얻을 수 있는 열량은 몇 kcal인지 구하세요.

1단계 빈 상자 4개의 무게와 4상자에 들어 있는 오미자만의 무게 구하기

2단계 오미자 4상자의 열량 구하기

( )

● **핵심 NOTE**

1단계 전체 무게에서 빈 상자의 무게를 빼어 오미자만의 무게를 구합니다.

2단계 분수의 혼합 계산식을 만들어 문제를 해결합니다.

4-1

매화나무에서 열리는 열매인 매실은 피로회복에 뛰어난 효능이 있는 건강식품입니다. 신맛이 나기 때문에 주로 설탕과 함께 발효시켜 매실액을 만들어 먹으며, 매실 $100\ \mathrm{g}$당 $29\ \mathrm{kcal}$의 열량으로 누구나 부담 없이 먹을 수 있습니다. 어머니께서 매실액을 만들기 위해 매실 두 바구니를 샀습니다. 매실 두 바구니의 무게는 $490\frac{5}{6}\ \mathrm{g}$이고 빈 바구니 한 개의 무게가 $120\ \mathrm{g}$일 때 매실 두 바구니의 열량은 몇 kcal인지 구하세요.

( )

1. 분수의 나눗셈

기출 단원 평가 Level ❶

점수

확인

1 그림을 보고 □ 안에 알맞은 수를 써넣으세요.

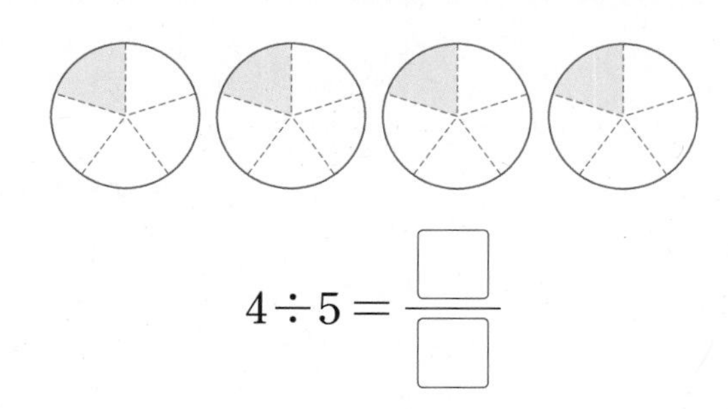

$4 \div 5 = \frac{\square}{\square}$

2 그림에 알맞은 나눗셈식은 어느 것일까요?

(　　　)

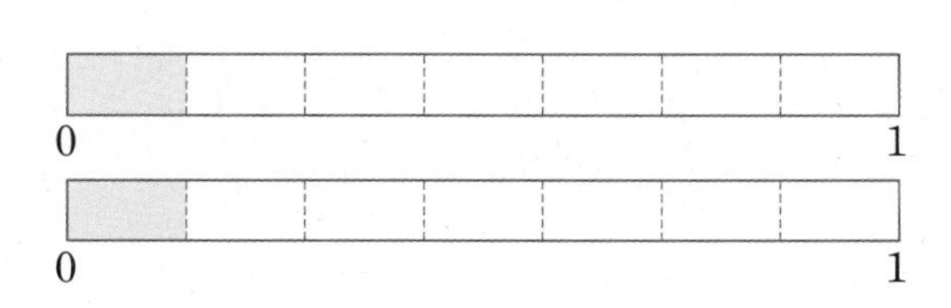

① $1 \div 2$　② $2 \div 1$　③ $7 \div 2$

④ $2 \div 7$　⑤ $2 \div 14$

3 □ 안에 알맞은 수를 써넣으세요.

$\frac{21}{5} \div 7 = \frac{21 \div \square}{5} = \frac{\square}{5}$

4 나눗셈의 몫을 분수로 나타내어 보세요.

(1) $7 \div 4$

(2) $3 \div 11$

5 계산해 보세요.

(1) $\frac{7}{9} \div 2$

(2) $\frac{9}{13} \div 3$

6 보기 와 같이 계산해 보세요.

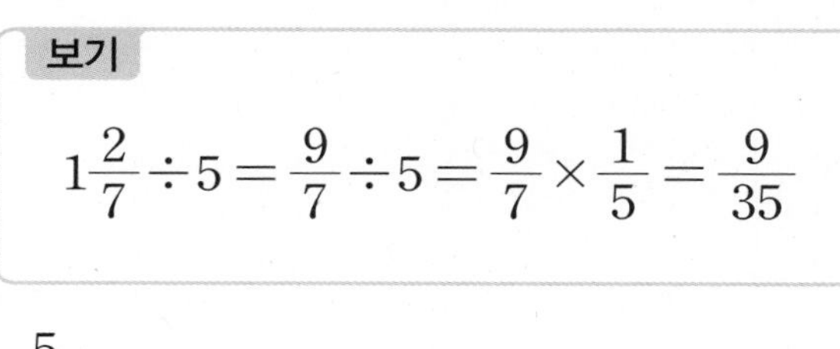

보기

$1\frac{2}{7} \div 5 = \frac{9}{7} \div 5 = \frac{9}{7} \times \frac{1}{5} = \frac{9}{35}$

$2\frac{5}{6} \div 7$ ....

7 빈칸에 알맞은 수를 써넣으세요.

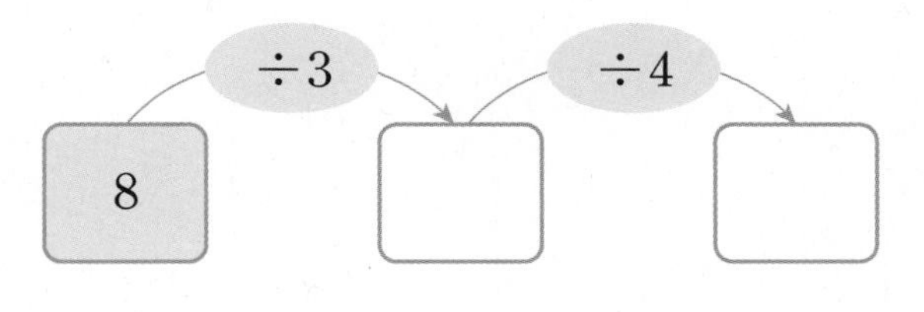

8 큰 수를 작은 수로 나누어 몫을 구하세요.

$\frac{25}{6}$	3

(　　　　　　)

1

9 몫의 크기를 비교하여 ○ 안에 $>$, $=$, $<$를 알맞게 써넣으세요.

$$\frac{15}{4} \div 5 \bigcirc \frac{7}{4} \div 3$$

10 나눗셈의 몫이 1보다 큰 것을 모두 고르세요.

(　　　)

① $7 \div 8$　② $5 \div 4$　③ $9 \div 11$
④ $16 \div 9$　⑤ $13 \div 17$

11 □ 안에 알맞은 수를 구하세요.

$$\square \div 12 = \frac{1}{4}$$

(　　　　　)

12 어떤 자연수를 9로 나누어야 할 것을 잘못하여 곱했더니 72가 되었습니다. 바르게 계산하면 얼마인지 몫을 분수로 나타내어 보세요.

(　　　　　)

13 넓이가 $\frac{9}{10}$ m^2이고 가로가 3 m인 직사각형 모양의 꽃밭이 있습니다. 이 꽃밭의 세로는 몇 m일까요?

(　　　　　)

14 똑같은 밀가루 9봉지의 무게가 $2\frac{5}{8}$ kg입니다. 밀가루 한 봉지는 몇 kg인지 기약분수로 나타내세요.

(　　　　　)

15 수 카드 3, 5, 8 중에서 한 장을 ■ 안에 놓아 나눗셈식을 만들려고 합니다. 만들 수 있는 나눗셈 중 몫이 가장 크게 되려면 어떤 수 카드를 놓아야 할까요?

1÷■

(　　　　　)

16 계산 결과가 더 큰 것의 기호를 써 보세요.

㉠ $5\frac{5}{7}\times5\div4$　　㉡ $3\frac{1}{4}\div3\times8$

(　　　　　　　　)

17 무게가 똑같은 사과 9개가 들어 있는 바구니의 무게를 재어 보니 $2\frac{1}{7}$ kg이었습니다. 빈 바구니의 무게가 $\frac{3}{7}$ kg이라면 사과 한 개는 몇 kg일까요?

(　　　　　　　　)

18 ㉠, ㉡에 들어갈 수의 합을 구하세요.

$\frac{24}{7}\div6=$ ㉠,　　㉡ $\times7=\frac{10}{3}$

(　　　　　　　　)

술술 서술형

19 잘못 계산한 곳을 찾아 바르게 계산하고, 잘못된 이유를 써 보세요.

$\frac{5}{4}\div10=\frac{\overset{}{5}}{\underset{2}{\cancel{4}}}\times\overset{5}{\cancel{10}}=\frac{25}{2}$

➡ $\frac{5}{4}\div10$ ....

이유 ....

20 $\frac{10}{3}$ L들이 물통에 물이 $\frac{7}{3}$ L 들어 있습니다. 물을 5명이 똑같이 나누어 마시고 나니 $\frac{1}{3}$ L가 남았습니다. 한 사람이 마신 물은 몇 L인지 풀이 과정을 쓰고 답을 구하세요.

풀이 ....

답 ....

1

기출 단원 평가 Level ❷

점수

확인

1 그림을 보고 □ 안에 알맞은 수를 써넣으세요.

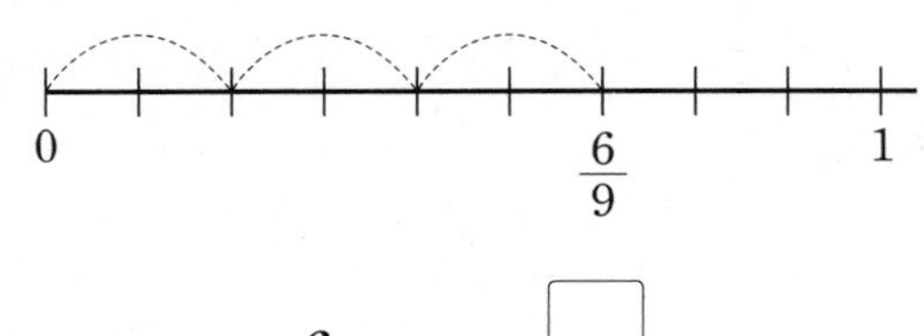

$$\frac{6}{9} \div 3 = \frac{\square}{\square}$$

2 관계있는 것끼리 이어 보세요.

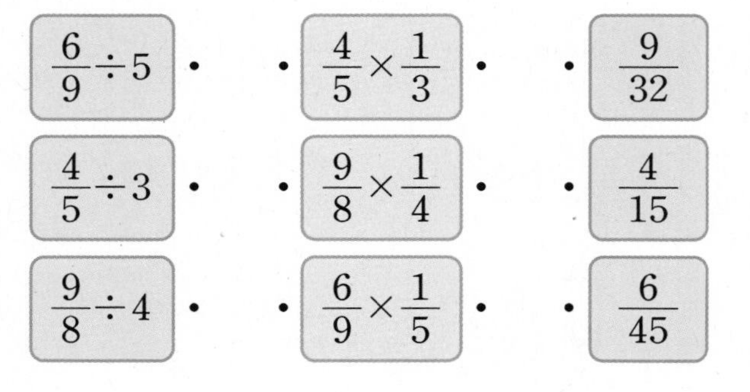

3 계산해 보세요.

(1) $\frac{14}{11} \div 4$

(2) $1\frac{7}{8} \div 6$

4 빵 7개를 12명이 똑같이 나누어 먹는다면 한 사람이 먹는 빵은 몇 개인지 분수로 나타내어 보세요.

(　　　　　　　　　)

5 ■ $= \frac{10}{11}$, ● $= 5$일 때 다음을 계산해 보세요.

(　　　　　　　　　)

6 빈칸에 알맞은 수를 써넣으세요.

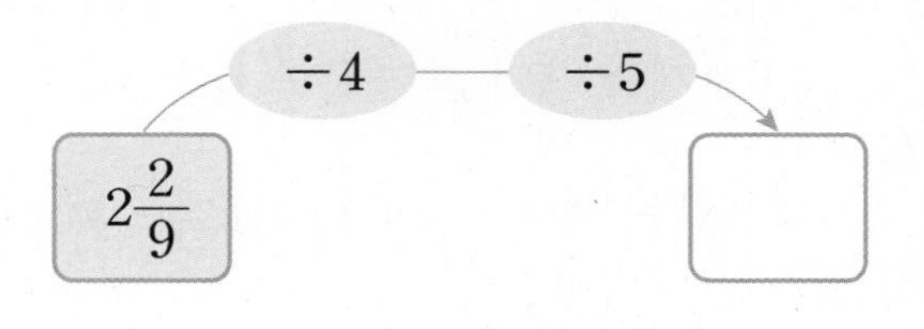

7 □ 안에 알맞은 수를 써넣으세요.

$$15 \div \square = \frac{5}{8}$$

8 몫의 크기를 비교하여 ○ 안에 >, =, <를 알맞게 써넣으세요.

$$\frac{9}{10} \div 12 \bigcirc \frac{6}{11} \div 18$$

9 직사각형을 다음과 같이 똑같이 4개로 나누었습니다. 색칠한 부분의 넓이를 구하세요.

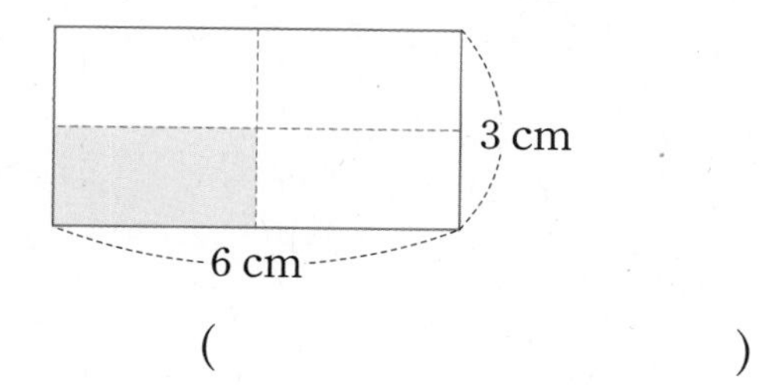

(　　　　　　　　　　)

10 어떤 분수에 3을 곱하면 $\frac{7}{6}$이 됩니다. 어떤 분수는 얼마일까요?

(　　　　　　　　　　)

11 철사 $\frac{9}{4}$ m를 모두 사용하여 크기가 똑같은 정오각형 모양을 3개 만들었습니다. 만든 정오각형의 한 변은 몇 m일까요?

(　　　　　　　　　　)

12 나눗셈의 몫이 큰 것부터 차례로 기호를 써 보세요.

㉠ $4\frac{1}{3} \div 8$	㉡ $\frac{5}{6} \div 2$	㉢ $5\frac{1}{4} \div 3$

(　　　　　　　　　　)

13 □ 안에 들어갈 수 있는 자연수를 모두 써 보세요.

$$4\frac{2}{5} \div \square > 1$$

(　　　　　　　　　　)

14 넓이가 $8\frac{1}{3}$ cm^2인 삼각형의 밑변은 5 cm입니다. 이 삼각형의 높이는 몇 cm일까요?

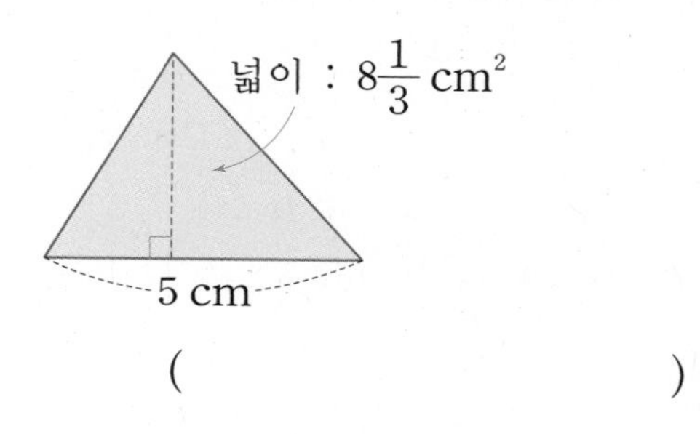

(　　　　　　　　　　)

15 □ 안에 알맞은 수를 구하세요.

$$\square \times 8 = 3\frac{1}{9} \div 7$$

(　　　　　　　　　　)

16 어떤 분수를 8로 나누고 6을 곱해야 할 것을 잘못하여 8을 곱하고 6으로 나누었더니 $2\frac{3}{4}$이 되었습니다. 바르게 계산한 값은 얼마일까요?

(　　　　　　　　　)

17 직사각형을 크기가 같은 정사각형 6개로 나눈 것입니다. 직사각형의 둘레가 $16\frac{1}{11}$ cm일 때 색칠한 작은 정사각형의 둘레는 몇 cm일까요?

(　　　　　　　　　)

18 볶음밥 4인분을 만드는 데 필요한 재료입니다. 볶음밥 1인분을 만드는 데 필요한 재료의 양을 구하세요.

4인분

밥	4공기
달걀	2개
오이	$\frac{1}{2}$개
양파	$\frac{1}{3}$개
기름	$3\frac{1}{4}$큰술

➡ 1인분

밥	
달걀	
오이	
양파	
기름	

술술 서술형

19 지우네 반과 현기네 반은 화단을 가꾸기로 했습니다. 어느 반이 튤립을 심을 화단이 더 넓은지 풀이 과정을 쓰고 답을 구하세요.

> 지우 : 우리 반의 화단은 21 m^2야. 국화, 철쭉, 튤립, 장미를 똑같은 넓이로 심기로 했어.
> 현기 : 우리 반의 화단은 13 m^2야. 봉숭아, 튤립, 채송화를 똑같은 넓이로 심기로 했어.

풀이

답

20 한 봉지에 $\frac{8}{15}$ kg씩 들어 있는 설탕이 4봉지 있습니다. 이 설탕 4봉지를 3명이 똑같이 나누어 가졌다면 한 사람이 가진 설탕은 몇 kg인지 풀이 과정을 쓰고 답을 구하세요.

풀이

답

사고력이 반짝

● 다음 그림에서 같은 모양은 같은 수를 나타냅니다. 세 번째 그림이 나타내는 수를 써 보세요.

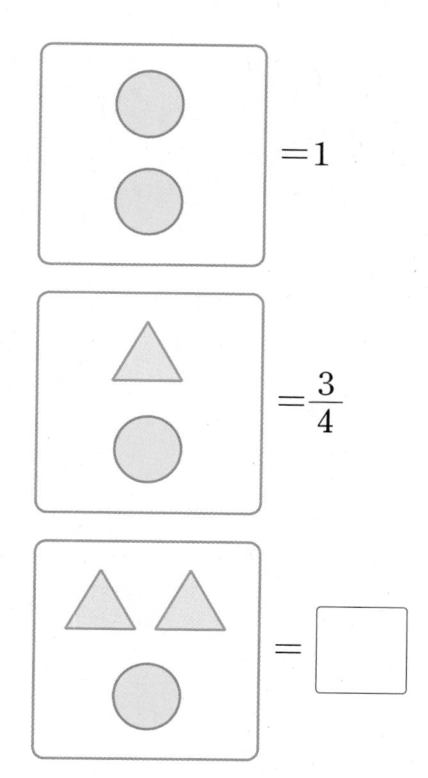

각기둥과 각뿔

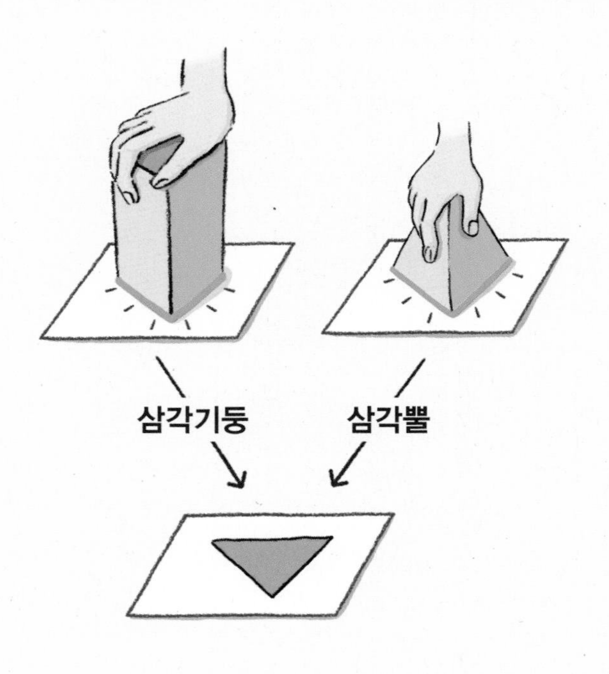

기둥과 뿔을 구분하고, 밑면의 모양으로 이름을 정해!

밑면의 모양과 변의 수	각기둥	각뿔
3	삼각기둥	삼각뿔
4	사각기둥	사각뿔
5	오각기둥	오각뿔
6	육각기둥	육각뿔

한 밑면의 변의 수가 ■개인 각기둥은 ■각기둥!
밑면의 변의 수가 ■개인 각뿔은 ■각뿔!

1 각기둥(1)

● 각기둥 : [그림], [그림], [그림], [그림] 등과 같은 입체도형

● **각기둥의 밑면** : 면 ㄱㄴㄷ과 면 ㄹㅁㅂ과 같이 서로 평행하고 합동인 두 면

→ 두 밑면은 나머지 면들과 모두 수직으로 만납니다.

● **각기둥의 옆면** : 면 ㄱㄹㅁㄴ, 면 ㄴㅁㅂㄷ, 면 ㄱㄹㅂㄷ과 같이 두 밑면과 만나는 면

→ 각기둥의 옆면은 모두 직사각형입니다.

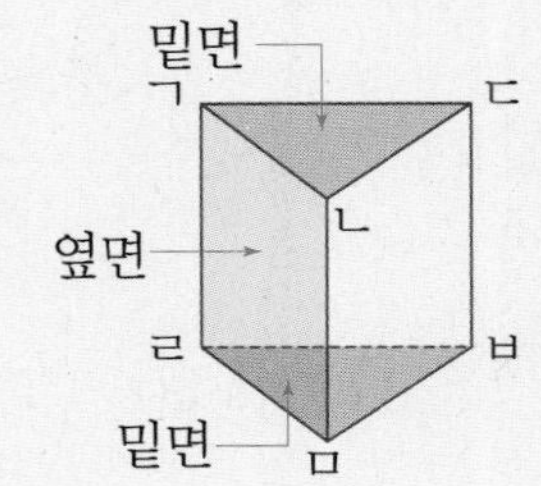

보충 개념

• **각기둥의 조건**

① 서로 평행하고 합동인 두 면이 있습니다.

② 모든 면이 다각형입니다.

• **각기둥의 밑면과 옆면**

	밑면	옆면
모양	다각형	직사각형
개수	2개	한 밑면의 변의 수와 같음.

!

• 각기둥의 밑면은 ☐개이고, 서로 (평행 , 수직)입니다.

• 각기둥의 옆면은 모두 ☐ 모양입니다.

1 입체도형을 보고 물음에 답하세요.

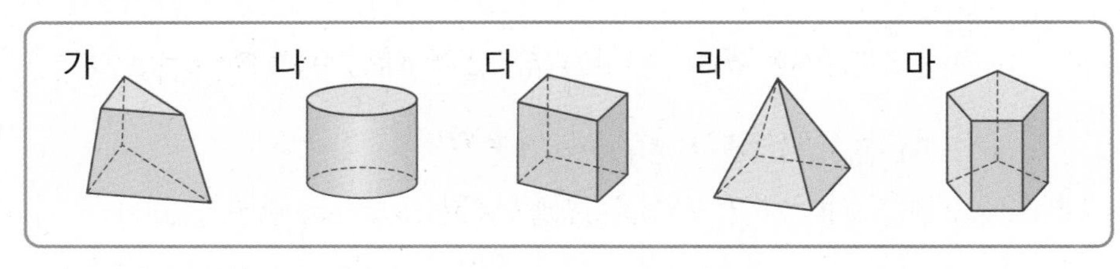

(1) 서로 평행한 두 면이 합동인 다각형으로 이루어진 입체도형을 모두 찾아 기호를 써 보세요.

( )

(2) 서로 평행한 두 면이 합동인 다각형으로 이루어진 도형을 무엇이라고 할까요?

( )

2 오른쪽 각기둥을 보고 물음에 답하세요.

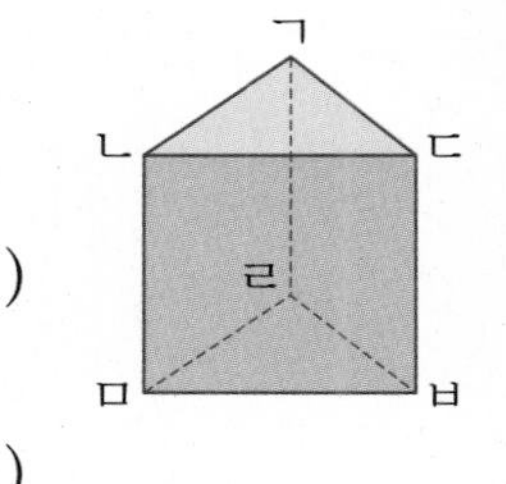

(1) 서로 평행한 면은 어느 것일까요?

( )

(2) 밑면에 수직인 면은 몇 개일까요?

( )

(3) 옆면을 모두 찾아 쓰세요.

( )

? 각기둥의 겨냥도는 어떻게 그리면 되나요?

보이는 모서리는 실선으로, 보이지 않는 모서리는 점선으로 나타내면 됩니다.

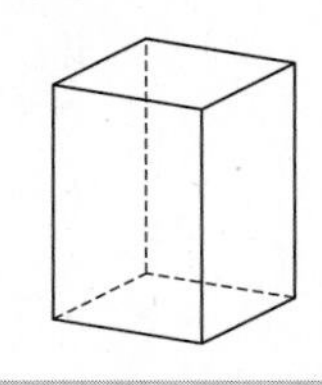

2 각기둥(2)

정답과 풀이 10쪽

● **각기둥의 이름 :** 각기둥은 밑면의 모양이 삼각형, 사각형, 오각형……일 때 삼각기둥, 사각기둥, 오각기둥……이라고 합니다.
→ 밑면의 모양이 사다리꼴, 평행사변형, 마름모라고 하더라도 모두 사각형 모양이므로 사각기둥이라고 할 수 있습니다.

● **각기둥의 구성 요소**
- 모서리 : 면과 면이 만나는 선분
- 꼭짓점 : 모서리와 모서리가 만나는 점
- 높이 : 두 밑면 사이의 거리

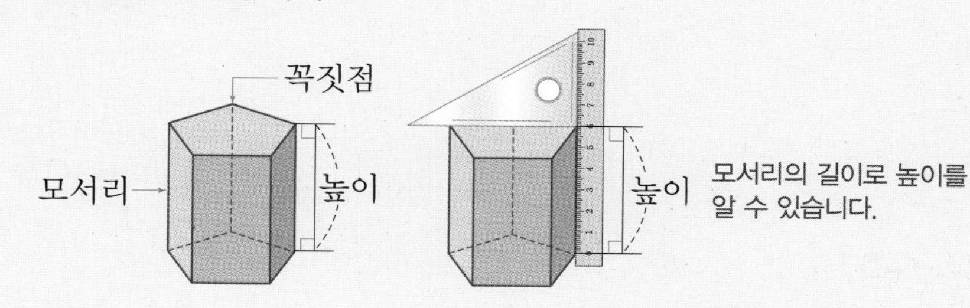

보충 개념
- **■각기둥의 구성 요소의 수**
 (■각기둥의 꼭짓점의 수)
 =(■×2)개
 (■각기둥의 면의 수)
 =(■+2)개
 (■각기둥의 모서리의 수)
 =(■×3)개

3 오른쪽 각기둥을 보고 물음에 답하세요.

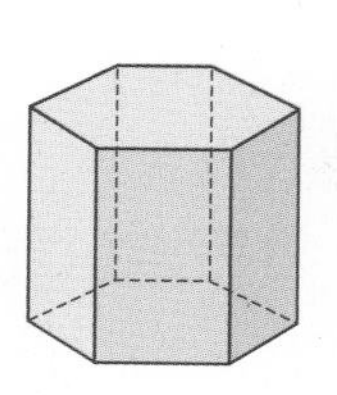

(1) 밑면은 어떤 모양일까요?

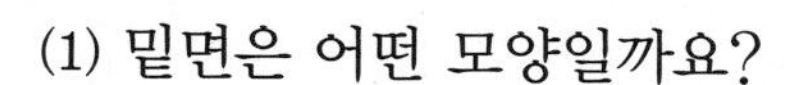

( )

(2) 각기둥의 이름을 쓰세요.

( )

각기둥의 이름은 왜 밑면의 모양에 따라 정해지나요?

각기둥의 옆면의 모양은 모두 직사각형이므로 각각 모양이 다른 밑면의 모양에 따라 이름을 정합니다.

4 오각기둥의 겨냥도에서 모서리는 파란색으로, 꼭짓점은 빨간색으로 표시하고, 각각 몇 개인지 세어 보세요.

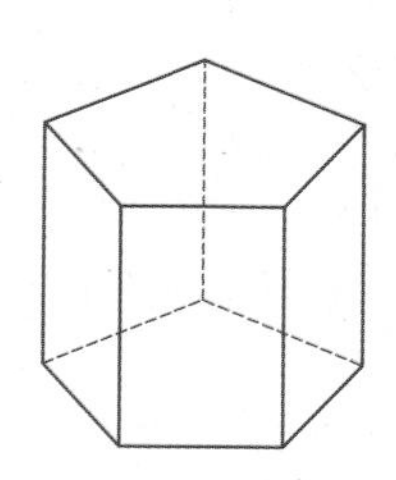

모서리 ( )
꼭짓점 ( )

5 오른쪽 각기둥의 높이는 몇 cm일까요?

9 cm
3 cm
5 cm
3 cm

( )

▶ 각기둥의 높이는 합동인 두 밑면의 대응하는 꼭짓점을 이은 모서리의 길이와 같습니다. 이 모서리의 길이를 각기둥의 높이라고도 합니다.

3 각기둥의 전개도

- **각기둥의 전개도 :** 각기둥의 모서리를 잘라서 평면 위에 펼쳐 놓은 그림

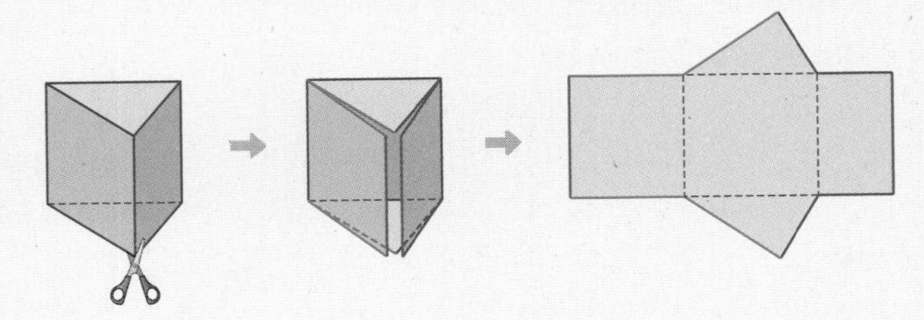

- **여러 가지 각기둥의 전개도**

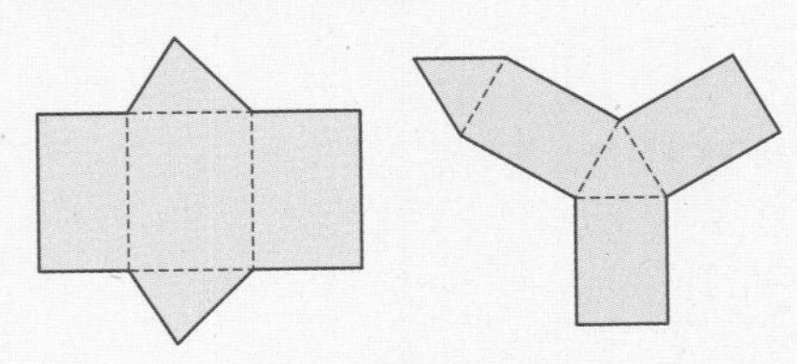

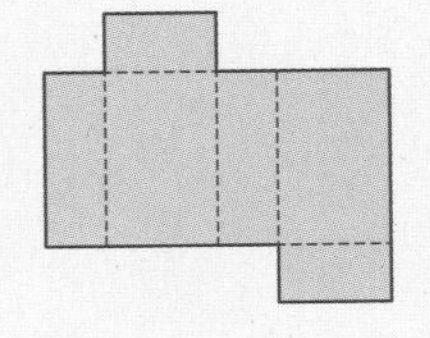

삼각기둥의 전개도　　　　사각기둥의 전개도

→ 전개도는 어느 모서리를 자르는가에 따라 여러 가지 모양이 나올 수 있습니다.

보충 개념

- **다음 전개도가 삼각기둥의 전개도가 아닌 이유**

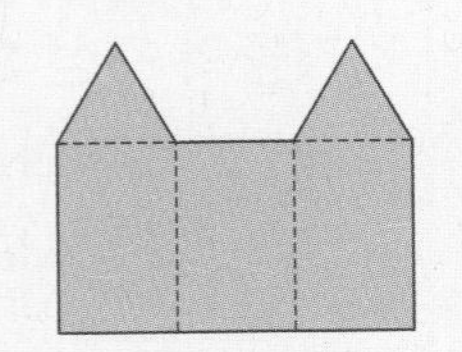

– 접었을 때 밑면이 서로 겹쳐집니다.
– 밑면이 되는 면 2개가 같은 방향에 있습니다.
– 아래쪽에 밑면이 없습니다.

6 오른쪽 전개도를 접어서 만든 각기둥을 생각해 보고 물음에 답하세요.

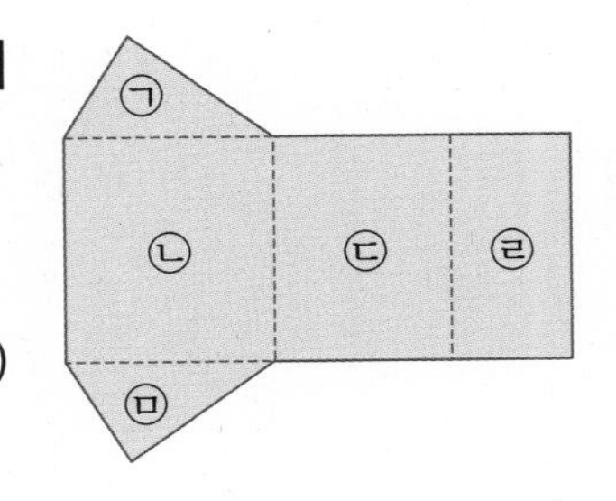

(1) 밑면을 모두 찾아 기호를 써 보세요.

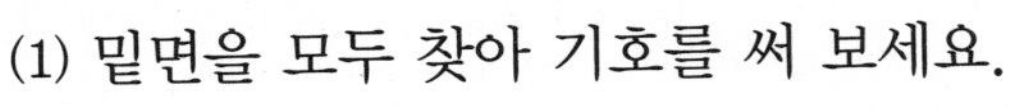

(　　　　　　)

(2) 옆면을 모두 찾아 기호를 써 보세요.

(　　　　　　)

(3) 어떤 입체도형의 전개도일까요?

(　　　　　　)

7 전개도를 접으면 어떤 입체도형이 되는지 써 보세요.

(1)

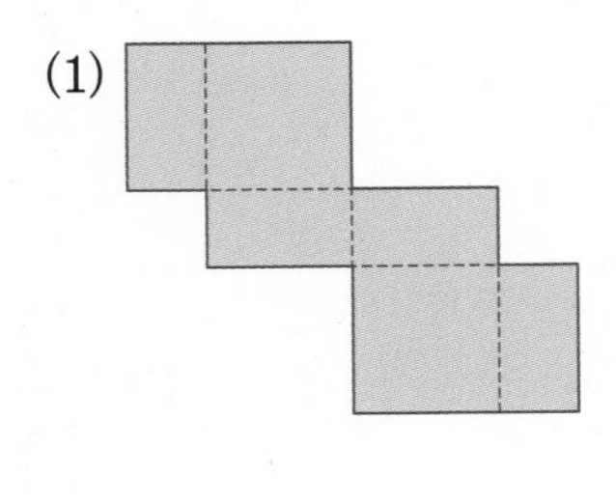

(　　　　　　)

(2)

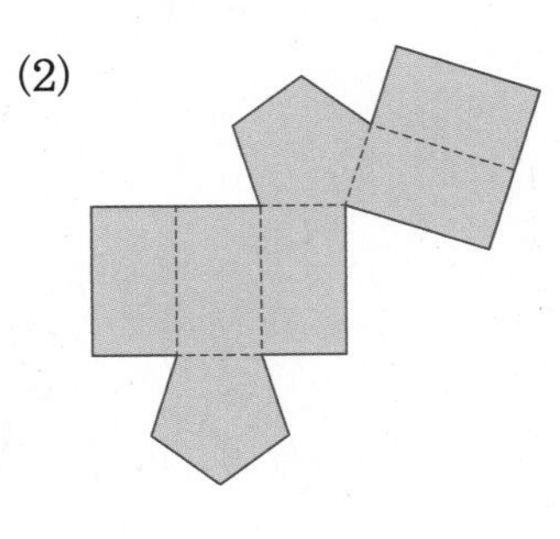

(　　　　　　)

전개도를 보고 어떤 도형인지 어떻게 알 수 있나요?

전개도를 직접 또는 머릿속으로 접어 보고 밑면과 옆면의 모양을 살펴봅니다.

4 각기둥의 전개도 그리기

정답과 풀이 10쪽

● 사각기둥의 전개도 그리기

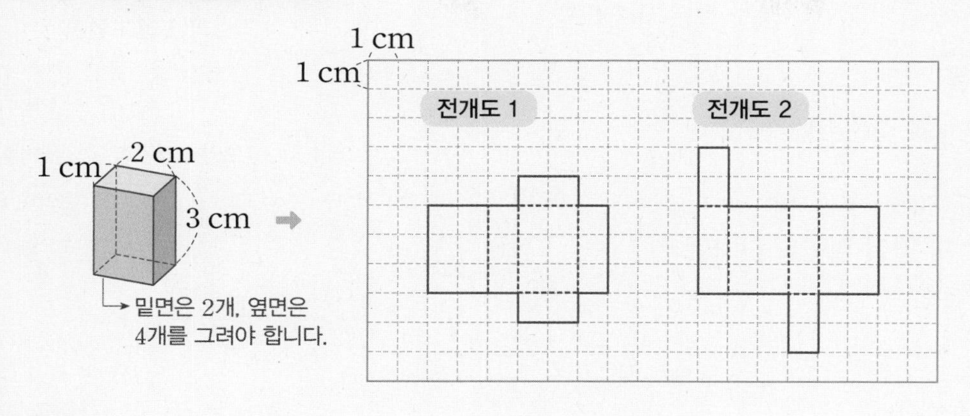

⊕ 보충 개념

- 전개도를 그릴 때 주의할 점
  - 전개도를 접었을 때 겹치는 면이 없어야 합니다.
  - 전개도를 접었을 때 맞닿는 선분의 길이가 같아야 합니다.
  - 옆면의 수는 한 밑면의 변의 수와 같아야 합니다.

❗ 오각기둥은 밑면은 ☐개, 옆면은 ☐개를 그려야 합니다.

8 다음 사각기둥의 전개도를 완성해 보세요.

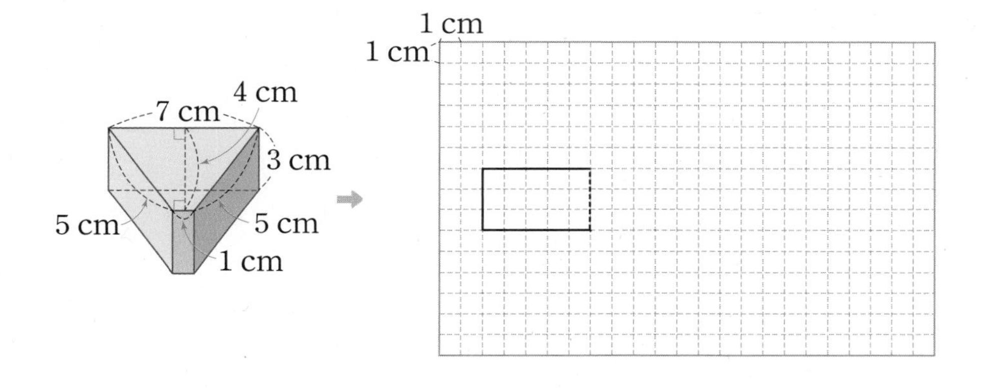

▶ 각기둥의 전개도를 그릴 때 접히는 선은 점선으로, 잘리는 선은 실선으로 그립니다.

9 다음 삼각기둥의 전개도를 그려 보세요.

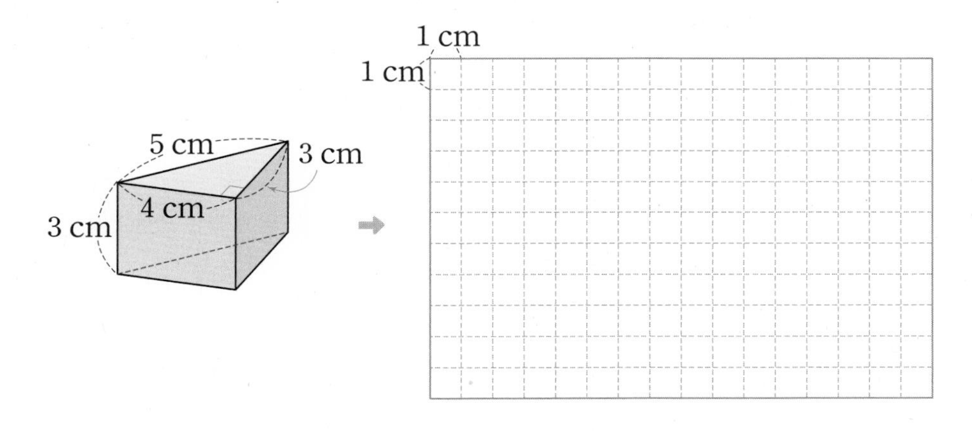

▶ 삼각기둥의 전개도는 밑면은 2개, 옆면은 3개를 그려야 합니다.

5 각뿔(1)

● 각뿔 : (그림), (그림), (그림), (그림) 등과 같은 입체도형

● **각뿔의 밑면** : 면 ㄴㄷㄹㅁ과 같은 면

● **각뿔의 옆면** : 면 ㄱㄴㄷ, 면 ㄱㄷㄹ, 면 ㄱㄴㅁ, 면 ㄱㅁㄹ과 같이 밑면과 만나는 면
→ 각뿔의 옆면은 모두 삼각형입니다.

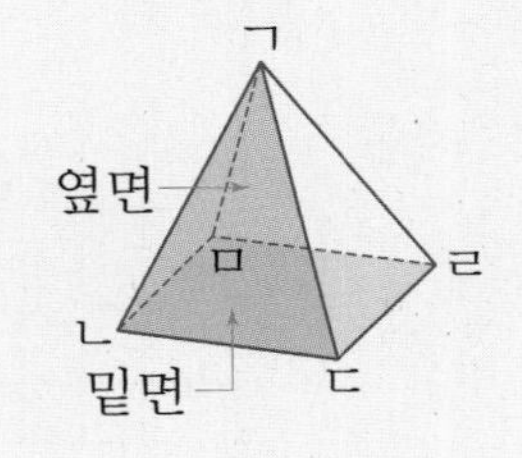

보충 개념

• **각뿔의 밑면과 옆면**

	밑면	옆면
모양	다각형	삼각형
개수	1개	밑면의 변의 수와 같음.

• 각뿔의 밑면은 □개입니다.

• 각뿔의 옆면은 모두 □ 모양입니다.

10 **입체도형을 보고 물음에 답하세요.**

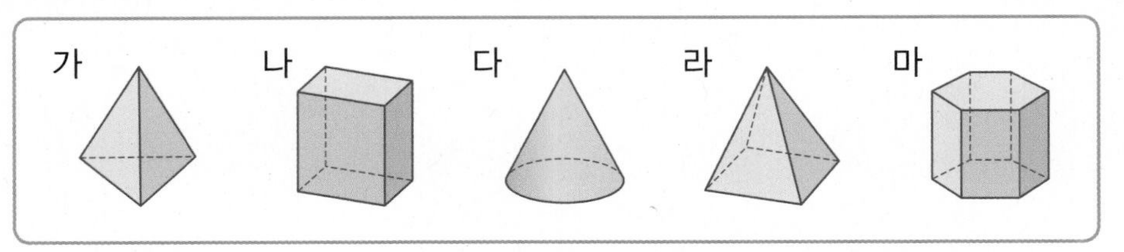

(1) 밑면이 다각형인 입체도형을 모두 찾아 기호를 써 보세요.

( )

(2) 옆면이 삼각형인 입체도형을 모두 찾아 기호를 써 보세요.

( )

(3) 밑면이 다각형이고 옆면이 삼각형인 입체도형을 모두 찾아 쓰세요.

( )

(4) 각뿔을 모두 찾아 기호를 써 보세요.

( )

여러 도형 중 각뿔을 구별하는 방법은 무엇일까요?

먼저 뿔 모양인 것을 찾은 후 밑면이 다각형이고 옆면이 모두 삼각형인지 확인합니다.

11 **오른쪽 각뿔을 보고 물음에 답하세요.**

(1) 밑면을 찾아 쓰세요.

( )

(2) 옆면은 모두 몇 개일까요?

( )

▶ 그림과 같이 각뿔을 놓았을 때 바닥에 놓인 면을 밑면이라고 합니다.

6 각뿔(2)

정답과 풀이 11쪽

- **각뿔의 이름 :** 각뿔은 밑면의 모양이 삼각형, 사각형, 오각형……일 때 삼각뿔, 사각뿔, 오각뿔……이라고 합니다.

- **각뿔의 구성 요소**
  - 모서리 : 면과 면이 만나는 선분
  - 꼭짓점 : 모서리와 모서리가 만나는 점
  - 각뿔의 꼭짓점 : 꼭짓점 중에서도 옆면이 모두 만나는 점
  - 높이 : 각뿔의 꼭짓점에서 밑면에 수직인 선분의 길이

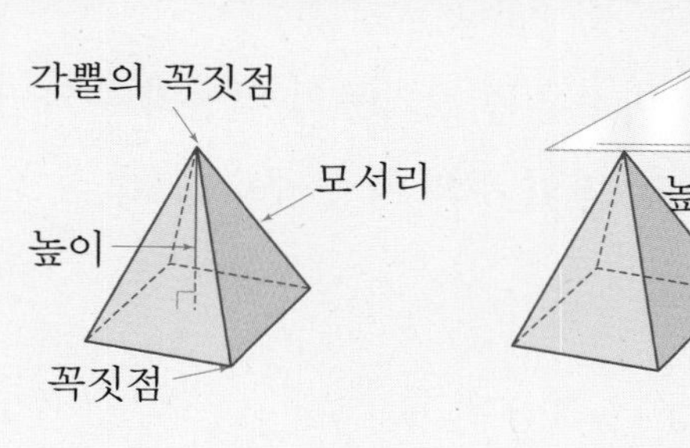

보충 개념

- **▲각뿔의 구성 요소의 수**
  (▲각뿔의 꼭짓점의 수)
  =(▲+1)개
  (▲각뿔의 면의 수)
  =(▲+1)개
  (▲각뿔의 모서리의 수)
  =(▲×2)개

12 □ 안에 알맞은 말을 써넣으세요.

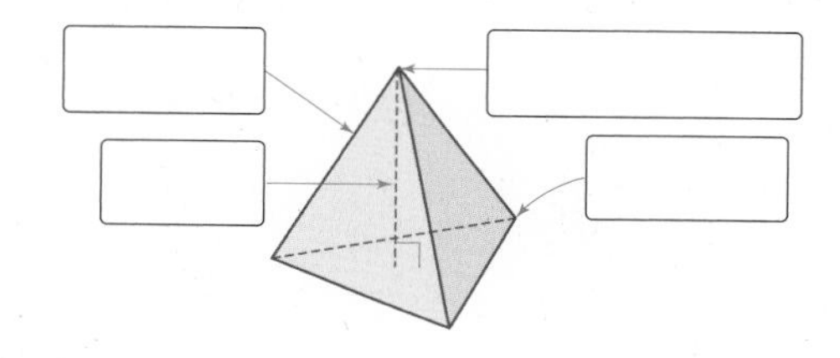

13 오른쪽 각뿔을 보고 물음에 답하세요.

(1) 밑면은 어떤 모양일까요?

( )

(2) 각뿔의 이름을 쓰세요.

( )

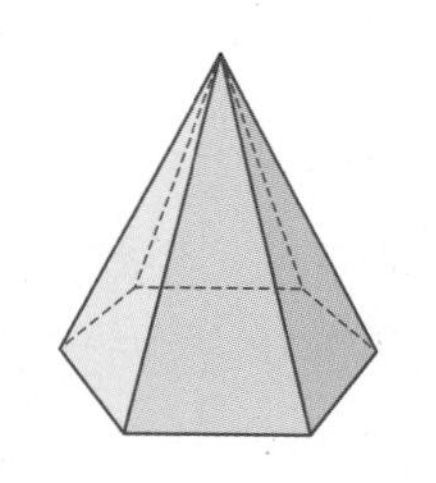

14 각뿔의 겨냥도에서 밑면은 노란색으로, 모서리는 파란색으로, 꼭짓점은 빨간색으로 표시하고, 각각 몇 개인지 세어 보세요.

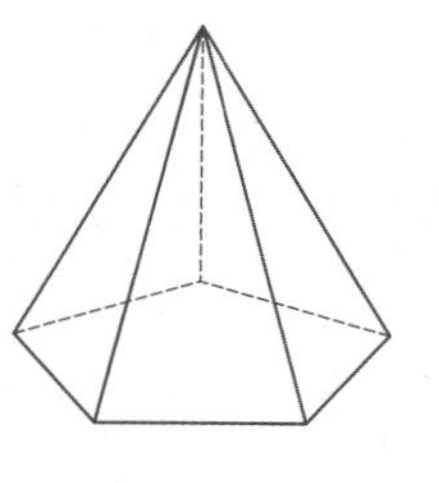

밑면 ( )
모서리 ( )
꼭짓점 ( )

? 각뿔의 꼭짓점은 꼭짓점과 무엇이 다른가요?

각뿔의 꼭짓점도 꼭짓점의 하나이지만 각뿔의 꼭짓점은 옆면이 모두 한 점에 모여 있고, 각뿔의 높이를 재는 데 사용됩니다.

기본에서 응용으로

교과유형 1 각기둥(1)

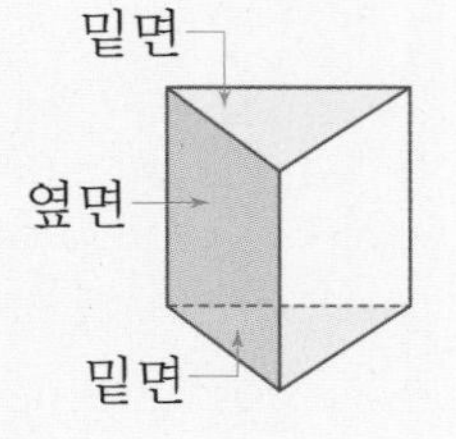

• 각기둥의 특징
– 두 밑면은 서로 평행하고 합동입니다.
– 밑면은 다각형으로 2개입니다.
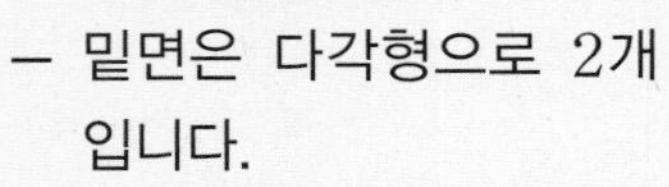
– 옆면은 모두 직사각형입니다.

1 각기둥이면 ○표, 각기둥이 아니면 ×표 하세요.

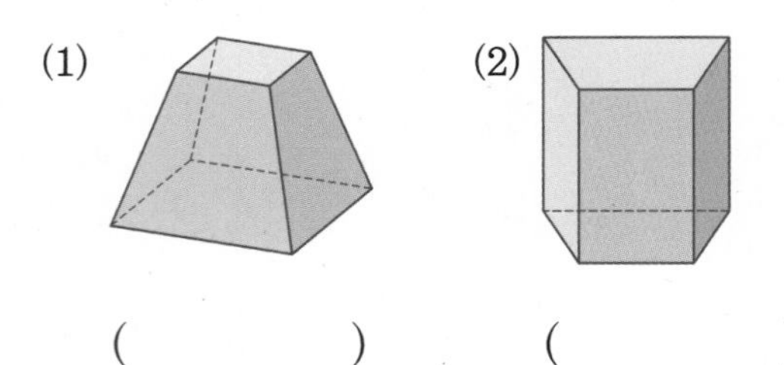

( ) ( )

2 각기둥의 겨냥도를 완성해 보세요.

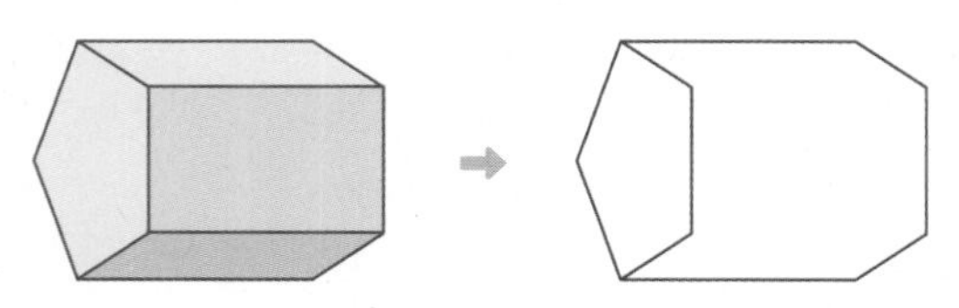

3 두 친구가 음료수 캔의 모양을 보고 다음과 같이 이야기 하였습니다. 바르게 말한 사람은 누구일까요?

두 밑면이 서로 평행하니까 각기둥이야.

두 밑면이 다각형이 아니어서 각기둥이라고 할 수 없어.

( )

4 각기둥의 색칠한 면이 밑면일 때 옆면이 될 수 없는 면은 어느 것일까요? ( )

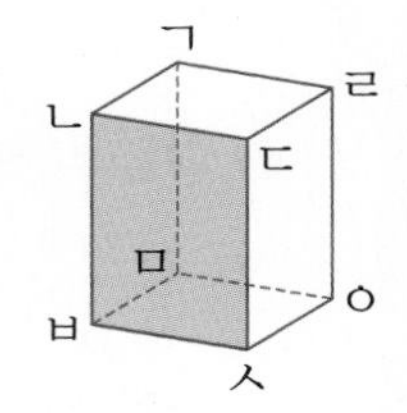

① 면 ㄱㄴㄷㄹ ② 면 ㄱㅁㅇㄹ
③ 면 ㅁㅂㅅㅇ ④ 면 ㄴㅂㅁㄱ
⑤ 면 ㄷㅅㅇㄹ

5 오른쪽 각기둥의 밑면의 수와 옆면의 수의 차를 구하세요.

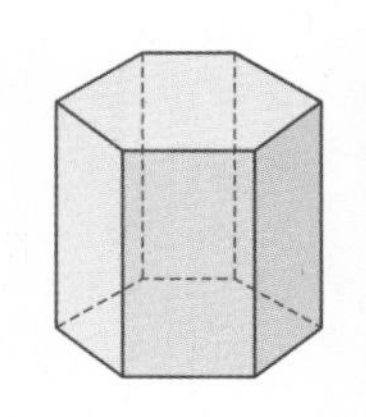

( )

교과유형 2 각기둥(2)

• 각기둥의 이름 : 밑면의 모양이 ■각형인 각기둥의 이름은 ■각기둥입니다.
• 각기둥의 구성 요소

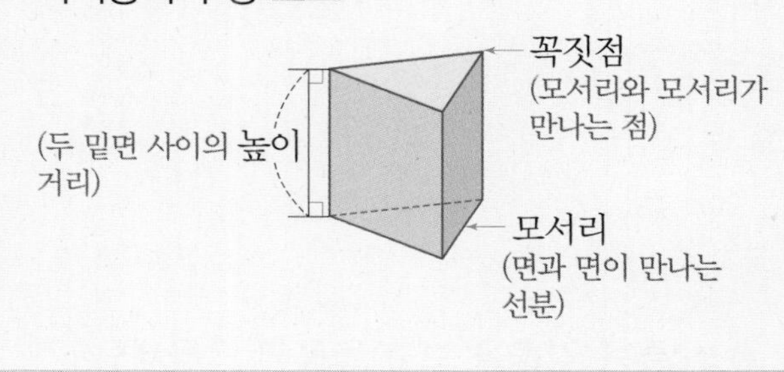

6 각기둥의 이름을 써 보세요.

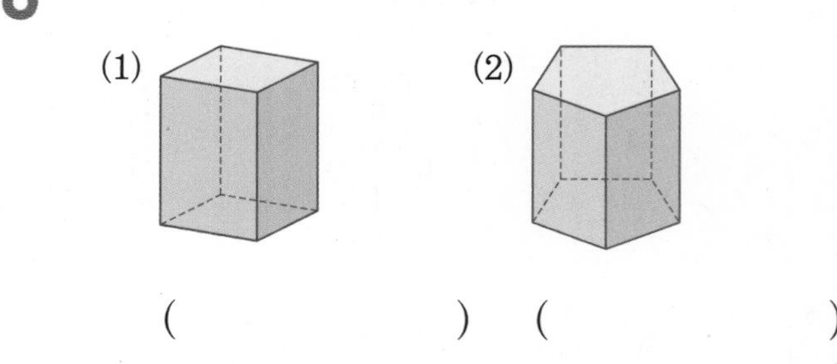

( ) ( )

7 오른쪽 각기둥에서 높이를 잴 수 있는 모서리를 모두 찾아 ○표 하세요.

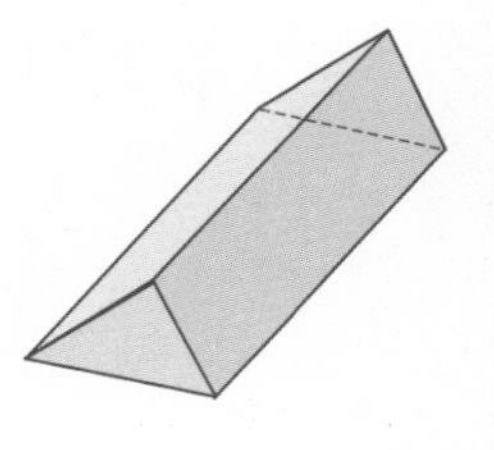

8 밑면의 모양이 오른쪽과 같은 각기둥의 이름과 면의 수를 차례로 써 보세요.

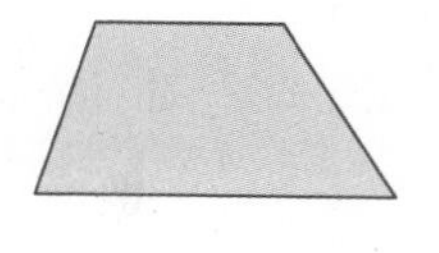

(　　　　　　　), (　　　　　　　)

서술형
9 두 각기둥 가와 나의 같은 점과 다른 점을 각각 한 가지씩 써 보세요.

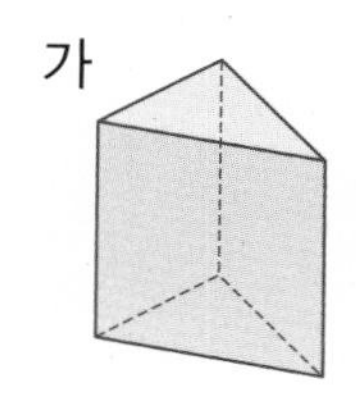

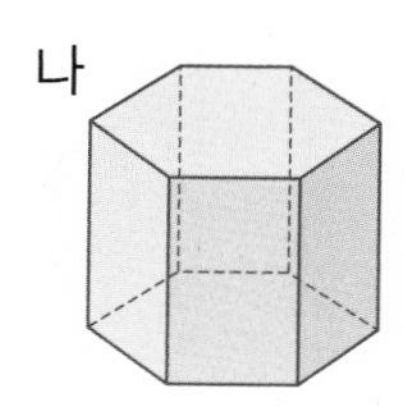

같은 점 ....

....

다른 점 ....

....

10 옳은 문장은 ○표, 틀린 문장은 ×표 하세요.

(1) 오각기둥의 모서리는 15개입니다.
(　　　)

(2) 옆면이 6개인 각기둥은 육각기둥입니다.
(　　　)

(3) 각기둥에서 꼭짓점, 면, 모서리 중 면의 수가 가장 적습니다.
(　　　)

(4) 팔각기둥의 면의 수는 사각기둥의 면의 수의 2배입니다.
(　　　)

필수 유형

3 각기둥의 전개도

• 각기둥의 전개도의 특징

	개수	모양
밑면	2개	합동인 ■각형
옆면	■개	직사각형

11 전개도를 접으면 어떤 입체도형이 될까요?

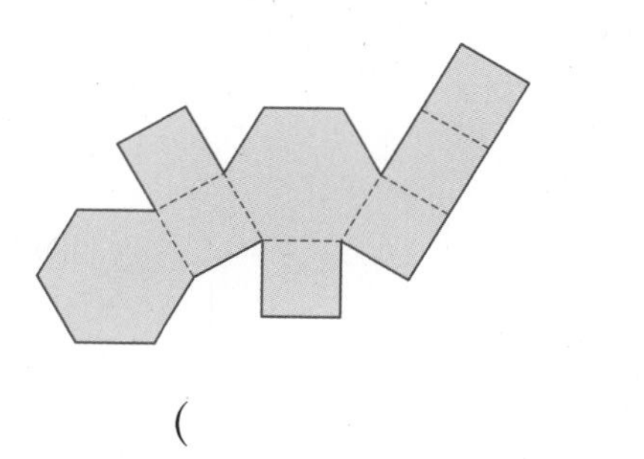

(　　　　　　　)

[12~13] 전개도를 보고 물음에 답하세요.

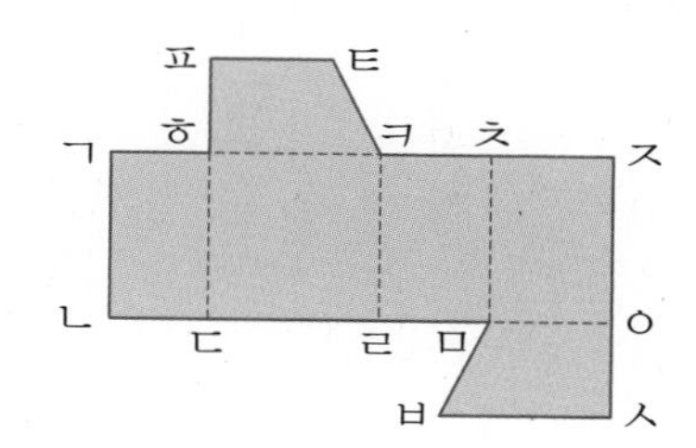

12 전개도를 접었을 때 선분 ㄷㄹ과 맞닿는 선분을 찾아 써 보세요.

(　　　　　　　)

13 전개도를 접었을 때 면 ㅍㅎㅋㅌ과 평행한 면을 찾아 써 보세요.

(　　　　　　　)

14 전개도를 접었을 때 높이가 될 수 있는 선분을 모두 찾아 ○표 하세요.

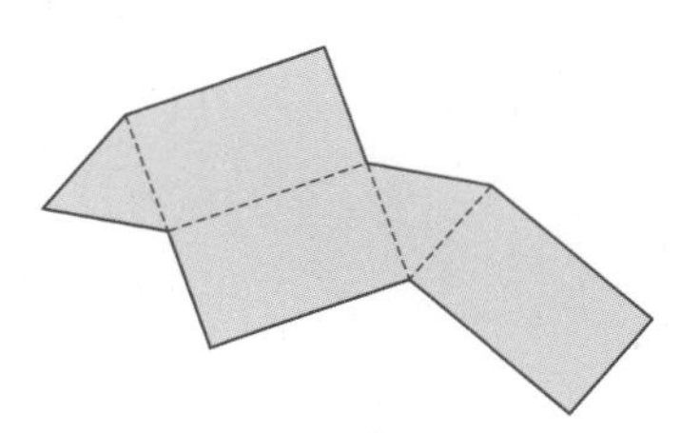

서술형

15 다음은 삼각기둥의 전개도가 아닙니다. 그 이유를 써 보세요.

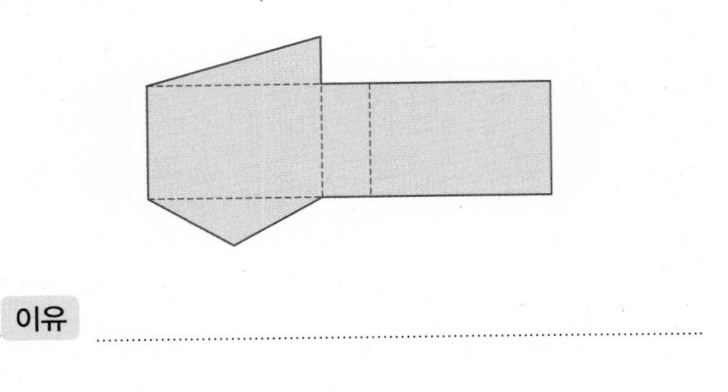

이유 ....

....

....

16 전개도를 접어서 각기둥을 만들었습니다. □ 안에 알맞은 수를 써넣으세요.

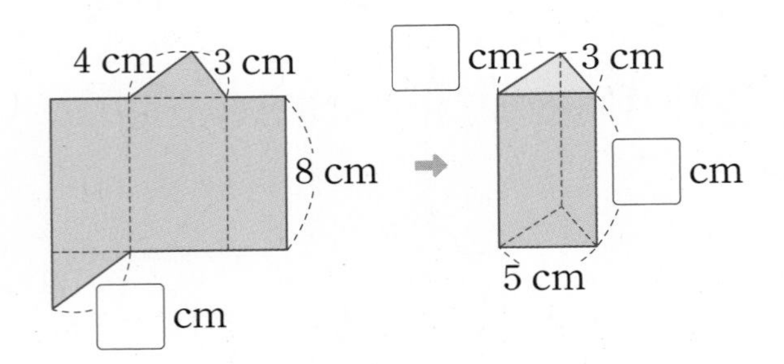

17 전개도를 접어서 만든 각기둥의 옆면은 모두 합동이고, 각기둥의 모든 모서리의 길이의 합은 60 cm입니다. 이 각기둥의 높이가 6 cm일 때 밑면의 한 변의 길이를 구하세요.

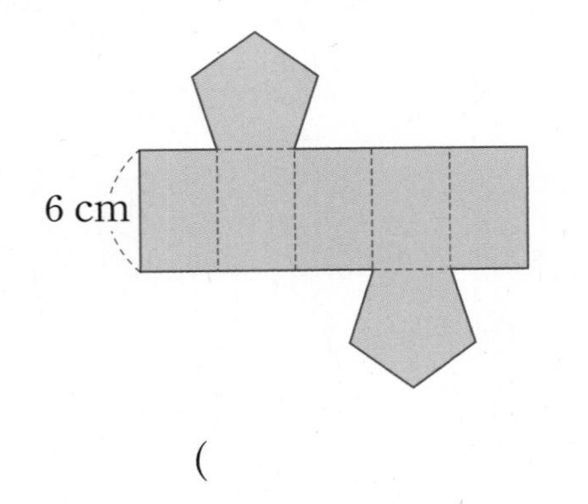

(　　　　　　　　　　)

4 각기둥의 전개도 그리기

- 각기둥의 전개도를 그리는 방법
  - ① 접히는 선은 점선으로 그립니다.
  - ② 잘리는 선은 실선으로 그립니다.
  - ③ 맞닿는 선분의 길이는 같게 그립니다.

18 다음 사각기둥의 전개도를 그려 보세요.

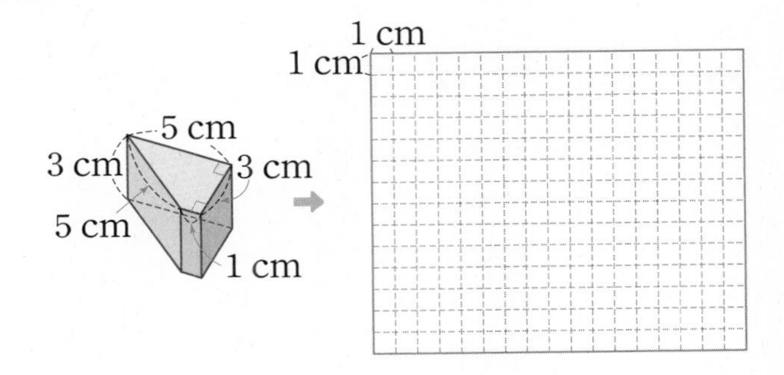

19 한 밑면이 오른쪽 그림과 같고 높이가 4 cm인 사각기둥의 전개도를 두 가지 방법으로 그려 보세요.

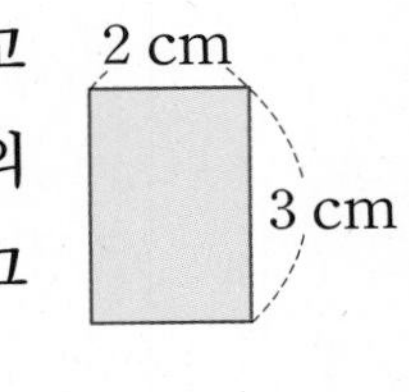

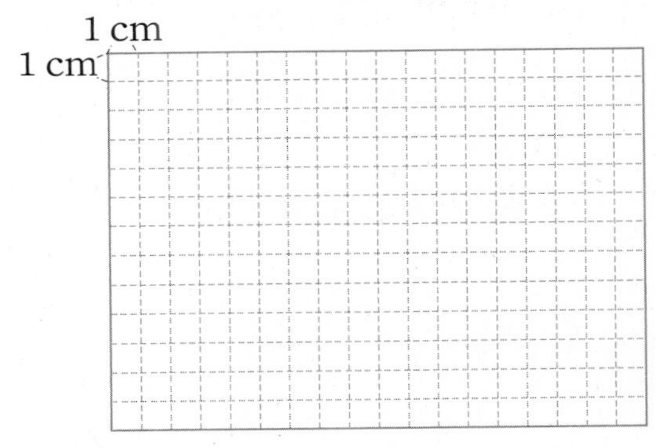

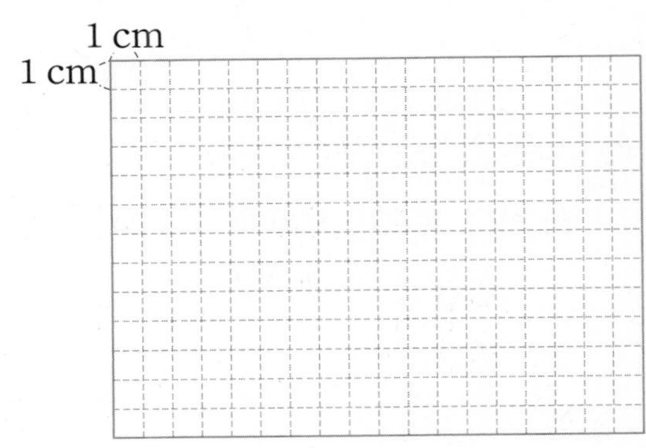

교과유형 **5 각뿔 (1)**

• 각뿔의 특징
 – 밑면은 다각형으로 1개 입니다.
 – 옆면은 모두 삼각형입니다.

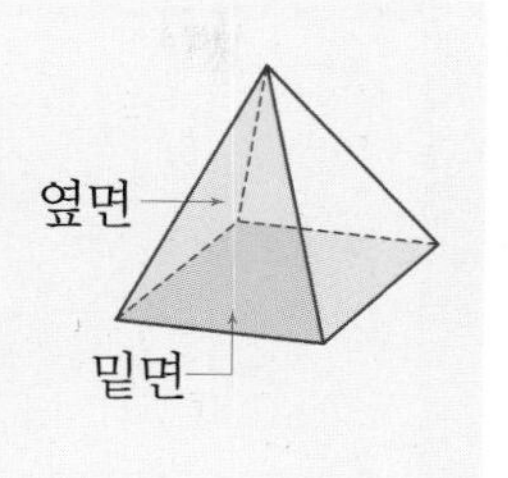

20 각뿔을 모두 찾아 기호를 써 보세요.

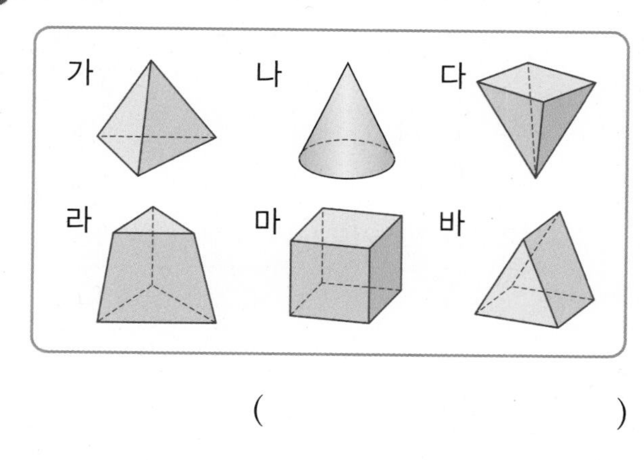

(   )

21 각뿔에 대한 설명입니다. 설명이 옳으면 ○표, 틀리면 ×표 하세요.

(1) 옆면은 모두 사각형입니다. (   )

(2) 뿔 모양의 입체도형입니다. (   )

(3) 밑면은 다각형입니다. (   )

22 오른쪽 각뿔에서 밑면과 옆면은 각각 몇 개일까요?

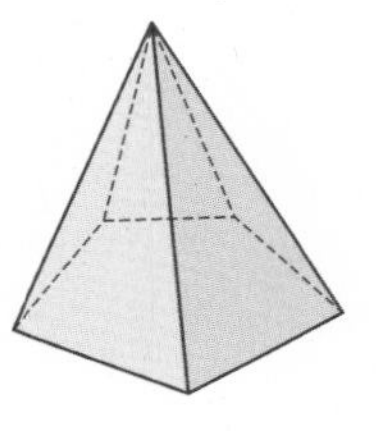

서술형

23 다음 입체도형이 각뿔이 아닌 이유를 써 보세요.

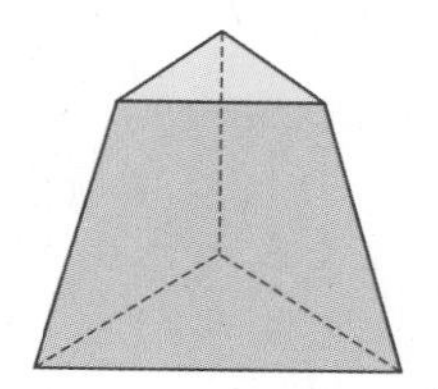

이유 ....

....

....

교과유형 **6 각뿔 (2)**

• 각뿔의 이름 : 밑면의 모양이 ▲각형인 각뿔의 이름은 ▲각뿔입니다.

• 각뿔의 구성 요소

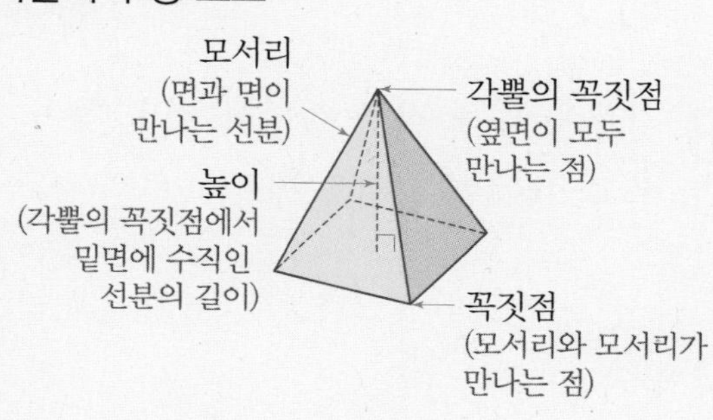

24 각뿔의 이름을 써 보세요.

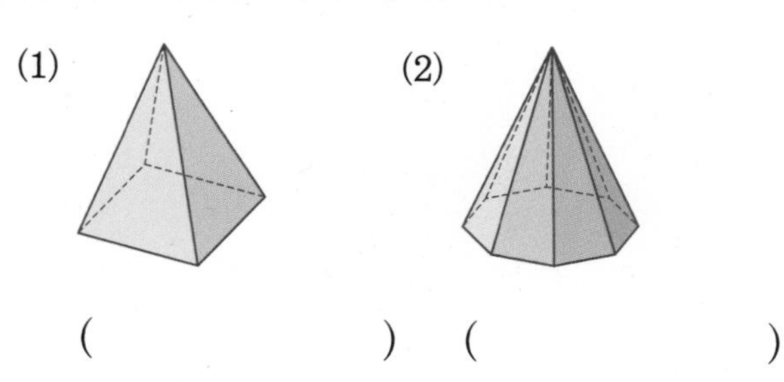

(1) (   ) (2) (   )

25 오른쪽 각뿔에서 각뿔의 꼭짓점을 찾아 쓰세요.

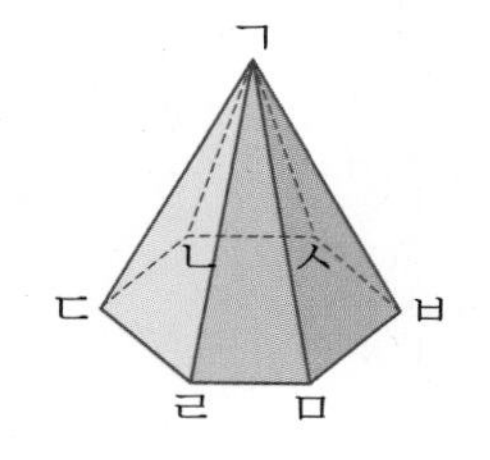

(   )

2

26 각뿔의 높이는 몇 cm일까요?

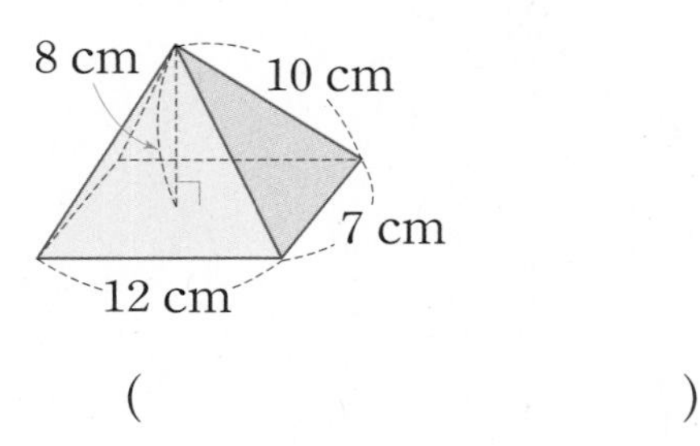

( )

27 밑면과 옆면의 모양이 다음과 같은 뿔 모양인 입체도형의 이름을 써 보세요.

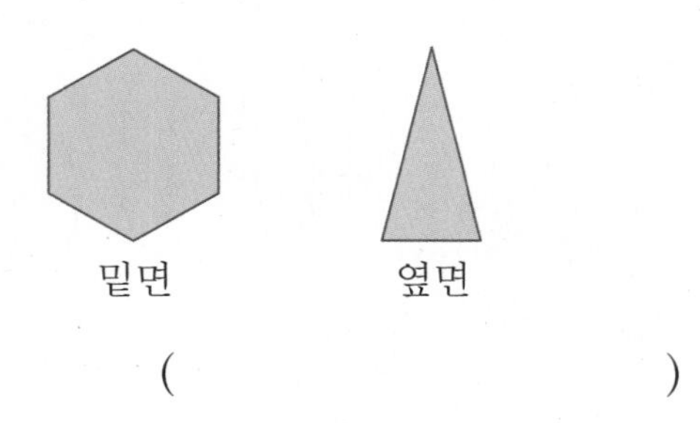

( )

28 각뿔에 대해 잘못 설명한 것을 찾아 기호를 쓰고, 바르게 고쳐 보세요.

㉠ 면과 면이 만나는 선분을 높이라고 합니다.
㉡ 각뿔이 되려면 면은 적어도 4개 있어야 합니다.
㉢ 꼭짓점 중에서 옆면이 모두 만나는 점을 각뿔의 꼭짓점이라고 합니다.

( )

바르게 고치기

29 오른쪽 각뿔에서 꼭짓점의 수와 모서리의 수의 차를 구하세요.

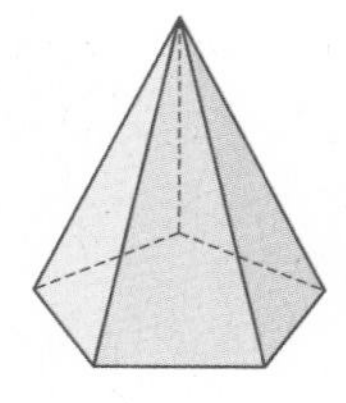

( )

실전유형

각기둥과 각뿔의 구성 요소의 수

입체도형	꼭짓점의 수(개)	면의 수(개)	모서리의 수(개)
■각기둥	■×2	■+2	■×3
▲각뿔	▲+1	▲+1	▲×2

30 빈칸에 알맞은 수나 말을 써넣으세요.

	밑면의 모양	꼭짓점의 수(개)	면의 수(개)	모서리의 수(개)
육각기둥				
사각뿔				

서술형

31 면의 수가 10개인 각기둥의 이름은 무엇인지 풀이 과정을 쓰고 답을 구하세요.

풀이

답

32 꼭짓점이 12개인 각뿔의 모서리는 몇 개일까요?

( )

실전유형

모든 모서리의 길이의 합 구하기

길이가 같은 모서리가 몇 개씩인지 알아보고 입체도형의 모든 모서리의 길이의 합을 구합니다.

33 오른쪽 각기둥의 밑면이 정삼각형일 때 모든 모서리의 길이의 합은 몇 cm일까요?

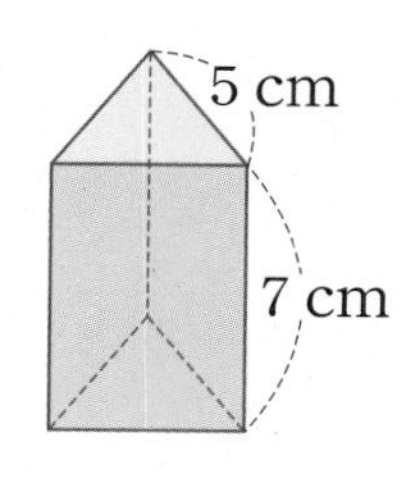

(　　　　　　　　)

34 오른쪽 각뿔의 밑면은 정사각형이고 옆면은 모두 이등변삼각형일 때 모든 모서리의 길이의 합은 몇 cm일까요?

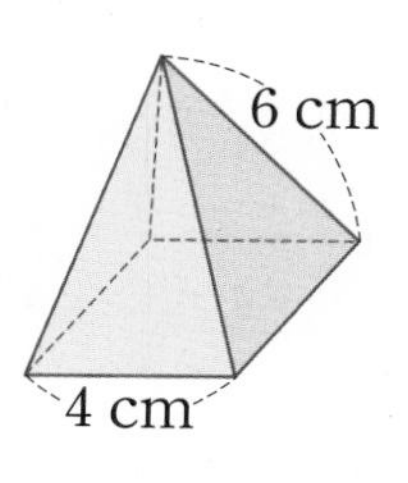

(　　　　　　　　)

35 밑면과 옆면의 모양이 다음과 같은 각뿔의 모든 모서리의 길이의 합은 몇 cm일까요?

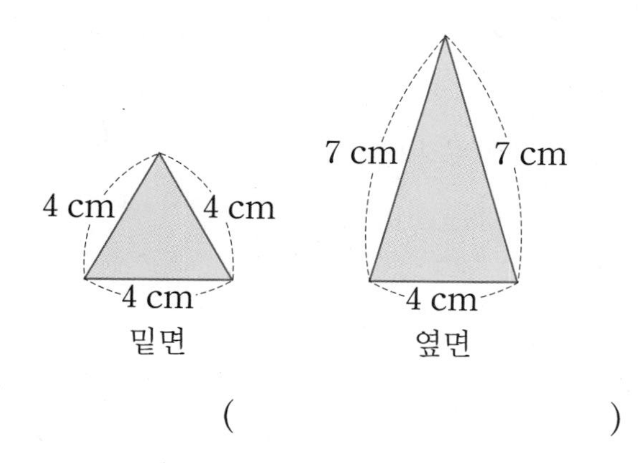

(　　　　　　　　)

실전유형

전개도의 둘레 구하기

전개도를 접었을 때 만나는 선분의 길이가 같음을 이용하여 전개도의 둘레를 구합니다.

36 밑면이 정삼각형인 각기둥입니다. 이 각기둥을 펼친 전개도의 둘레는 몇 cm일까요?

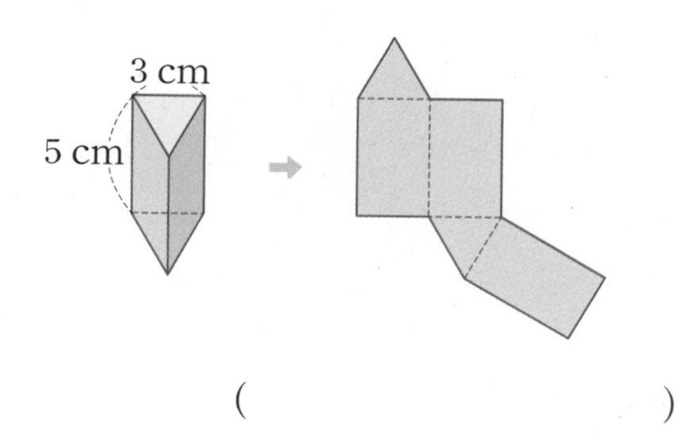

(　　　　　　　　)

37 밑면이 정육각형인 각기둥입니다. 이 각기둥을 펼친 전개도에서 선분 ㄱㅋ의 길이가 36 cm일 때 전개도의 둘레는 몇 cm일까요?

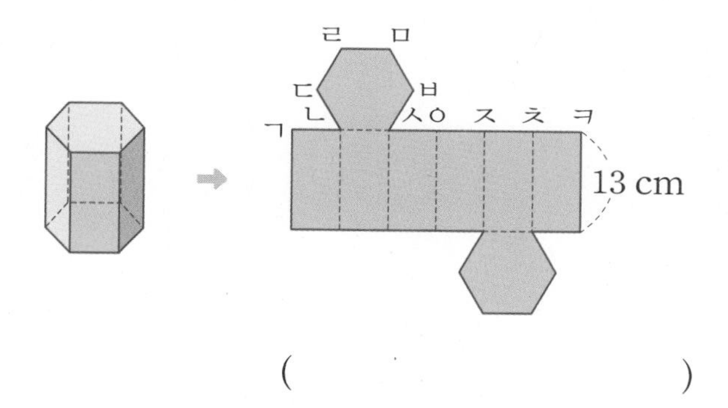

(　　　　　　　　)

38 삼각기둥의 전개도에서 면 ㄱㄴㅊ의 넓이가 16 cm^2일 때 전개도의 둘레는 몇 cm일까요?

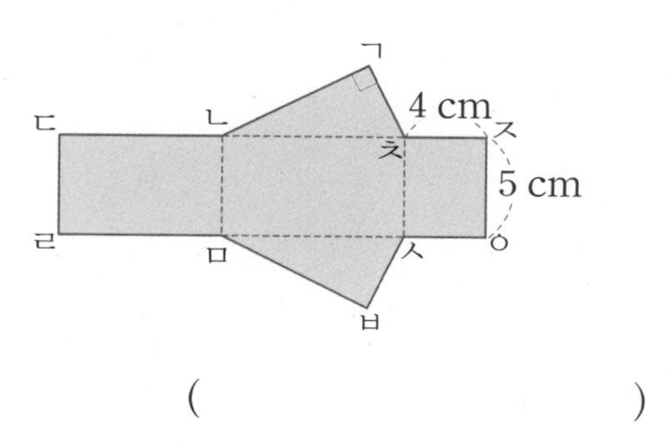

(　　　　　　　　)

심화유형 1 조건을 만족하는 입체도형 알아보기

다음에서 설명하는 입체도형의 이름을 써 보세요.

• 밑면은 다각형이고 옆면은 모두 직사각형입니다.
• 모서리는 24개입니다.

( )

● 핵심 NOTE

입체도형	옆면의 모양	한 밑면의 변의 수(개)	꼭짓점의 수(개)	면의 수(개)	모서리의 수(개)
■각기둥	직사각형	■	■×2	■+2	■×3
▲각뿔	삼각형	▲	▲+1	▲+1	▲×2

1-1

다음에서 설명하는 입체도형의 이름을 써 보세요.

• 밑면은 다각형으로 1개이고 옆면은 모두 삼각형입니다.
• 모서리는 18개입니다.

( )

1-2

다음에서 설명하는 입체도형의 이름을 써 보세요.

• 밑면은 다각형이고 옆면은 모두 직사각형입니다.
• 모서리의 수와 꼭짓점의 수의 합은 30입니다.

( )

심화유형 2 전개도로 만든 각기둥의 모서리의 길이의 합 구하기

오른쪽 전개도를 접어서 만든 각기둥의 모든 모서리의 길이의 합은 몇 cm일까요? (단, 밑면은 정삼각형입니다.)

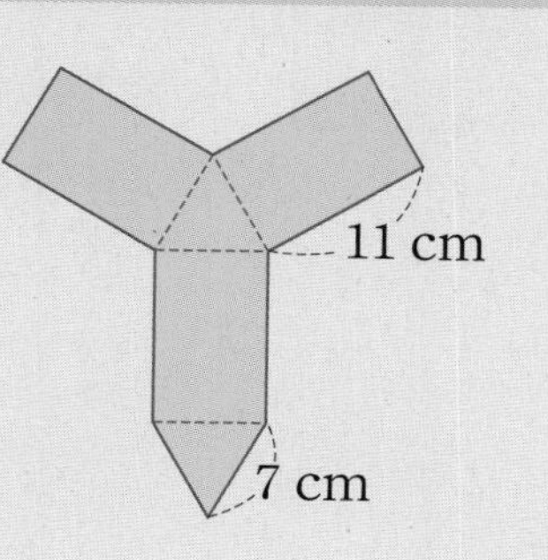

(　　　　　　　　　　)

● 핵심 NOTE　■각기둥에서 모서리는 한 밑면에 각각 ■개씩 있고 옆면에도 ■개가 있습니다.

2-1 오른쪽 전개도를 접어서 만든 각기둥의 모든 모서리의 길이의 합은 몇 cm일까요? (단, 밑면은 정오각형입니다.)

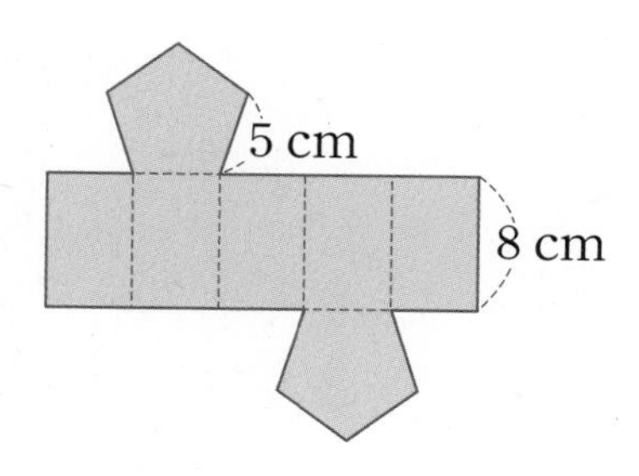

(　　　　　　　　　　)

2-2 오른쪽 전개도를 접어서 만든 각기둥의 모든 모서리의 길이의 합은 몇 cm일까요? (단, 밑면은 사다리꼴입니다.)

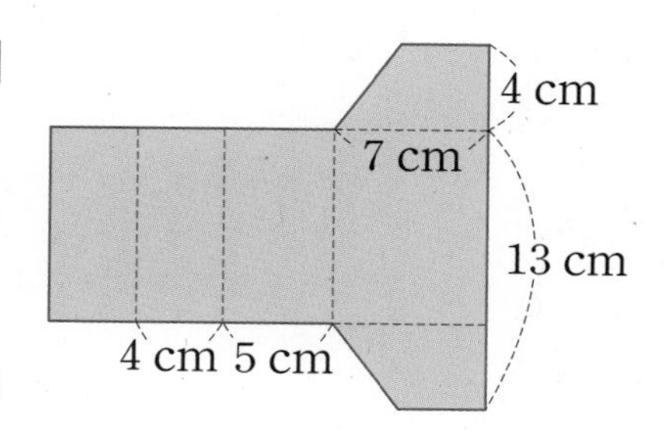

(　　　　　　　　　　)

전개도에 선 긋기

왼쪽과 같이 사각기둥의 면에 선을 그었습니다. 이 사각기둥을 펼친 전개도가 오른쪽과 같을 때 전개도에 나타나는 선을 모두 그어 보세요.

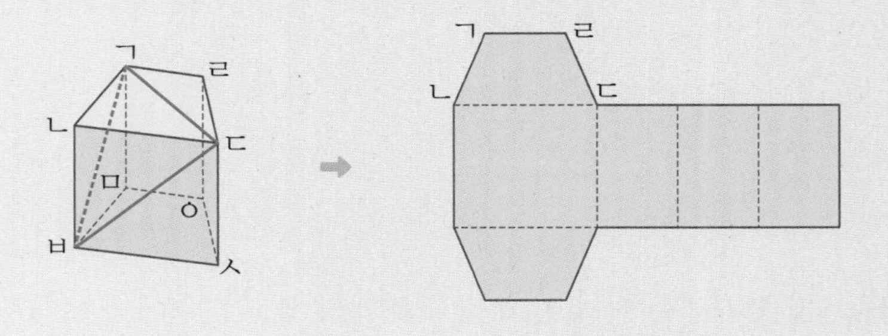

● 핵심 NOTE 전개도를 접었을 때 만나는 점을 찾아 전개도에 꼭짓점의 기호를 먼저 써 보면 선이 그어지는 자리를 찾기 쉽습니다.

3-1 왼쪽과 같이 오각기둥의 면에 선을 그었습니다. 이 오각기둥을 펼친 전개도가 오른쪽과 같을 때 전개도에 나타나는 선을 모두 그어 보세요.

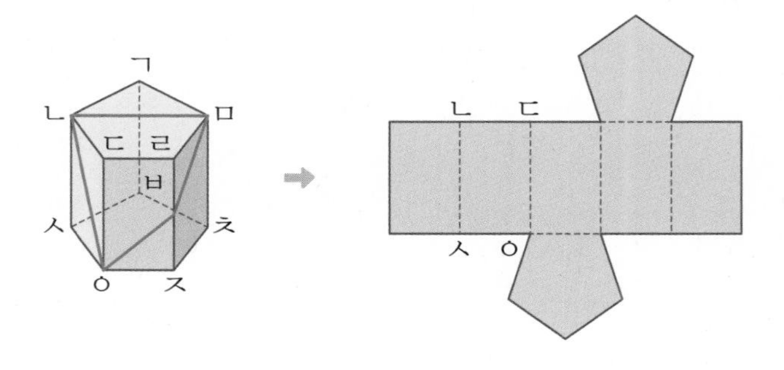

3-2 왼쪽과 같이 사각기둥의 면에 선을 그었습니다. 이 사각기둥을 펼친 전개도가 오른쪽과 같을 때 전개도에 나타나는 선을 모두 그어 보세요.

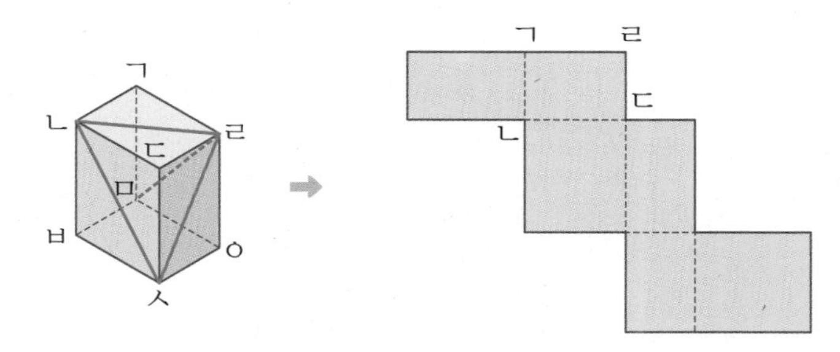

정답과 풀이 13쪽

전개도의 둘레를 이용하여 절리 모형의 높이 구하기

융합유형 4 수학 + 과학

주상절리는 용암이 급격히 식어 기둥 모양의 암석으로 굳어진 지형을 말하는데 우리나라 제주도 해안에서 높이가 수십 미터인 각기둥이 겹겹이 포개어진 주상절리의 모습을 볼 수 있습니다. 상규는 육각기둥 모양의 주상절리 모형을 만들기 위해 밑면이 정육각형인 다음과 같은 전개도를 만들었습니다. 전개도의 둘레가 108 cm일 때 만들어진 주상절리 모형의 높이는 몇 cm일까요?

1단계 높이를 □ cm라고 할 때 전개도의 둘레를 구하는 식 세우기

2단계 주상절리 모형의 높이 구하기

( )

● **핵심 NOTE**
1단계 전개도에서 만나는 선분의 길이가 같음을 이용하여 전개도의 둘레를 구하는 식을 세웁니다.
2단계 식을 계산하여 주상절리 모형의 높이를 구합니다.

2

4-1 절리는 쪼개지는 모양에 따라 주상절리, 판상절리, 방상절리 등 여러 종류가 있는데 그중 방상절리는 암석이 가로, 세로로 교차하여 쪼개져 사각기둥 모양인 절리를 말합니다. 혜주가 다음과 같은 전개도로 방상절리 모형을 만들었습니다. 전개도의 둘레가 68 cm일 때 만들어진 방상절리 모형의 높이는 몇 cm일까요?

( )

2. 각기둥과 각뿔

기출 단원 평가 Level 1

점수

확인

[1~2] 도형을 보고 물음에 답하세요.

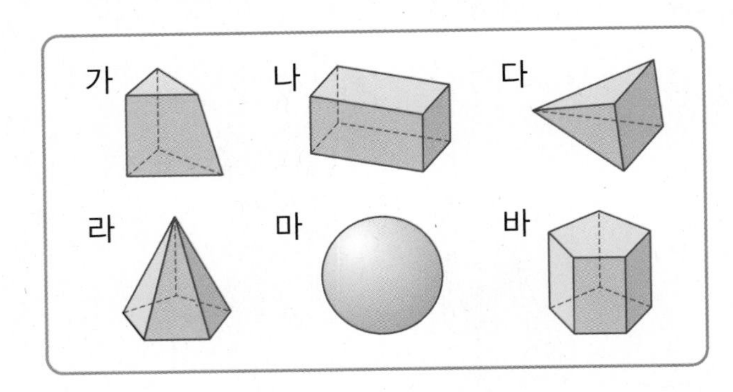

1 각기둥을 모두 찾아 기호를 써 보세요.

( )

2 각뿔을 모두 찾아 기호를 써 보세요.

( )

3 각뿔의 높이를 바르게 잰 것을 찾아 ○표 하세요.

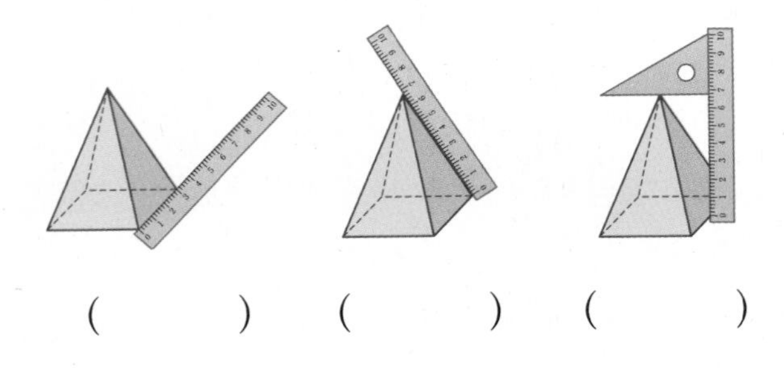

( ) ( ) ( )

4 각기둥에서 면 ㄷㅅㅇㄹ이 밑면일 때 다른 밑면을 찾아 쓰세요.

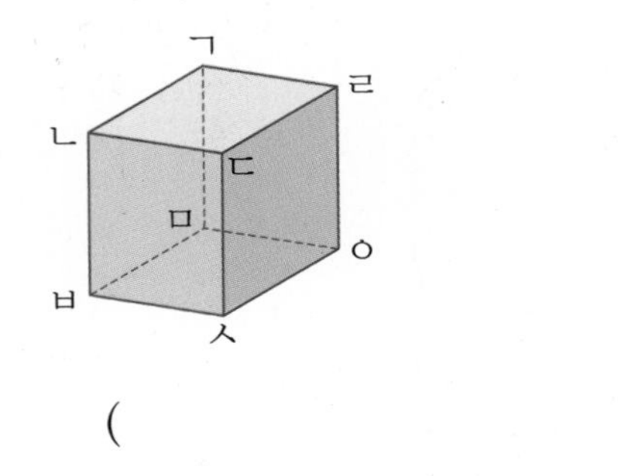

( )

5 입체도형의 이름을 써 보세요.

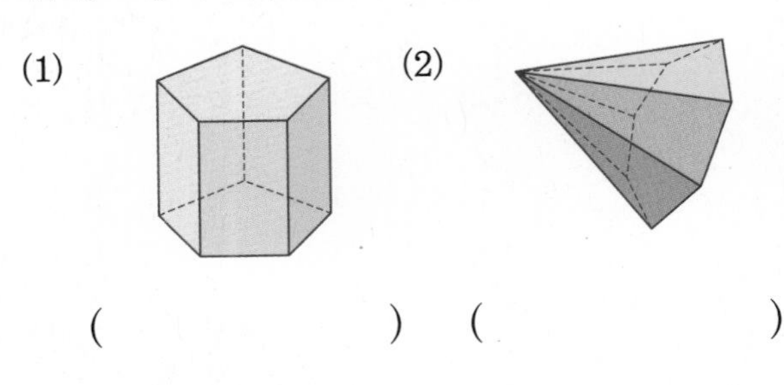

( ) ( )

6 오른쪽 각기둥에서 밑면에 수직인 면은 모두 몇 개일까요?

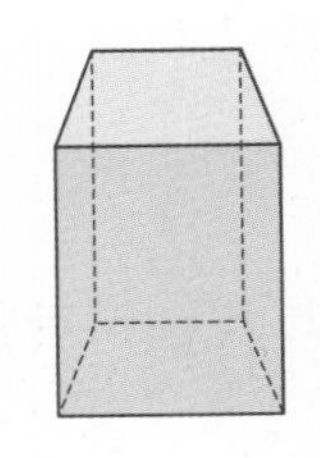

( )

7 오른쪽 각기둥의 면, 모서리, 꼭짓점은 각각 몇 개일까요?

면 ( )

모서리 ( )

꼭짓점 ( )

8 밑면의 모양이 오른쪽과 같은 각뿔의 이름을 써 보세요.

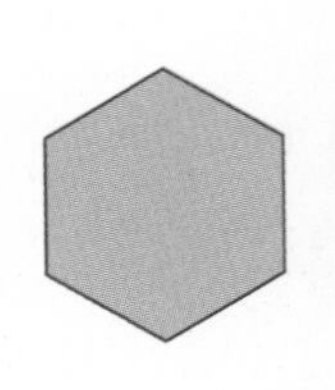

( )

9 사각기둥의 전개도가 아닌 것을 찾아 기호를 써 보세요.

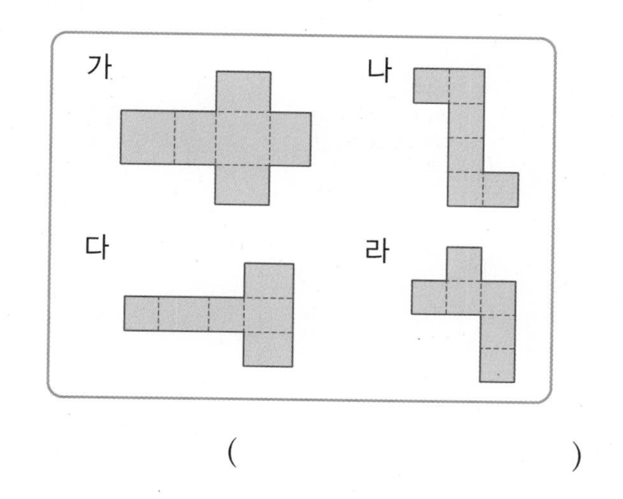

( )

10 사각뿔에 대한 설명으로 잘못된 것을 모두 고르세요. ( )

① 밑면은 2개입니다.
② 옆면은 4개입니다.
③ 꼭짓점은 5개입니다.
④ 모서리는 12개입니다.
⑤ 밑면의 모양은 사각형입니다.

11 밑면과 옆면이 다음과 같은 입체도형이 있습니다. 이 입체도형의 옆면은 모두 몇 개일까요?

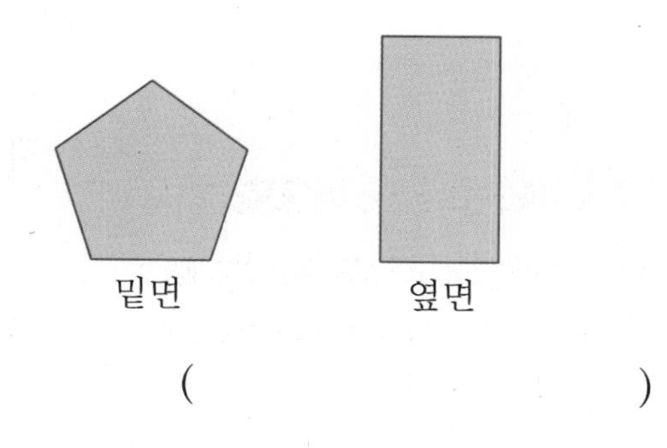

( )

[12~13] 오른쪽 전개도를 보고 물음에 답하세요.

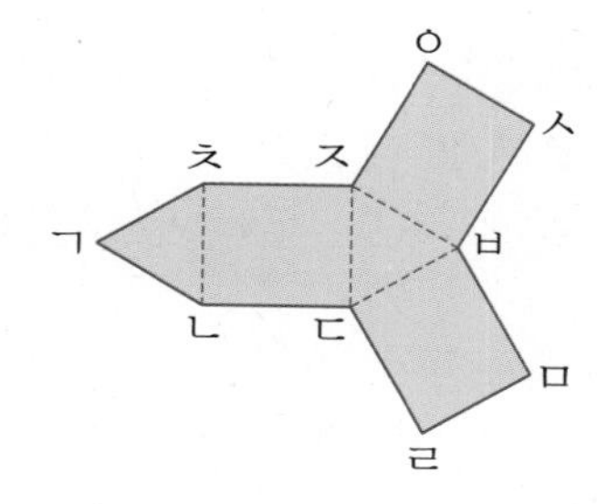

12 전개도를 접었을 때 선분 ㅊㅈ과 맞닿는 선분을 찾아 써 보세요.

( )

13 전개도를 접었을 때 면 ㄱㄴㅊ과 수직인 면은 모두 몇 개일까요?

( )

14 전개도를 접어서 각기둥을 만들었습니다. □ 안에 알맞은 수를 써넣으세요.

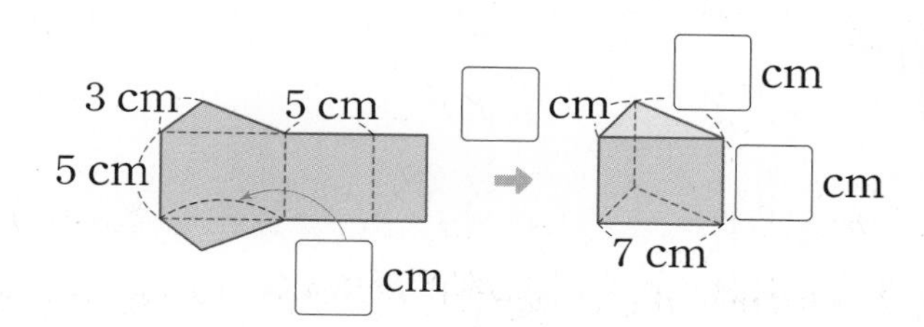

15 어느 입체도형의 각 구성 요소의 수를 나타낸 것입니다. 이 입체도형의 이름은 무엇일까요?

꼭짓점의 수(개)	면의 수(개)	모서리의 수(개)
18	11	27

( )

16 다음 중 수가 가장 많은 것은 어느 것일까요?

( )

① 칠각기둥의 모서리의 수
② 구각뿔의 모서리의 수
③ 십각뿔의 꼭짓점의 수
④ 십이각기둥의 꼭짓점의 수
⑤ 십오각뿔의 면의 수

17 다음 전개도를 접어서 만든 입체도형의 모서리는 몇 개일까요?

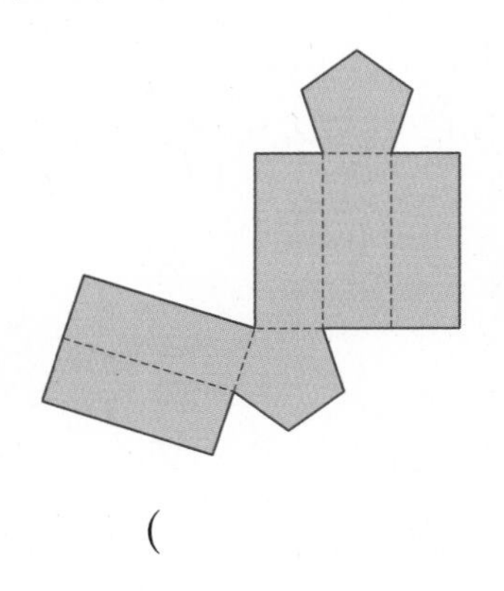

( )

18 다음 전개도를 접어서 만든 각기둥에 대한 조건을 보고 밑면의 한 변의 길이는 몇 cm인지 구하세요.

조건
- 각기둥의 옆면은 모두 합동입니다.
- 각기둥의 높이는 5 cm입니다.
- 각기둥의 모든 모서리의 길이의 합은 52 cm입니다.

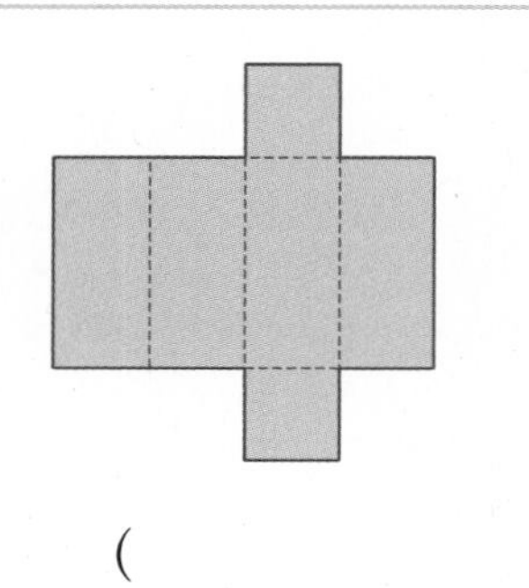

( )

술술 서술형

19 삼각기둥과 삼각뿔의 같은 점과 다른 점을 각각 2가지씩 써 보세요.

같은 점

다른 점

20 밑면이 다각형이고 옆면이 이등변삼각형 5개로 이루어진 입체도형의 꼭짓점은 몇 개인지 풀이 과정을 쓰고 답을 구하세요.

풀이

답

기출 단원 평가 Level 2

점수

확인

[1~2] 각뿔을 보고 물음에 답하세요.

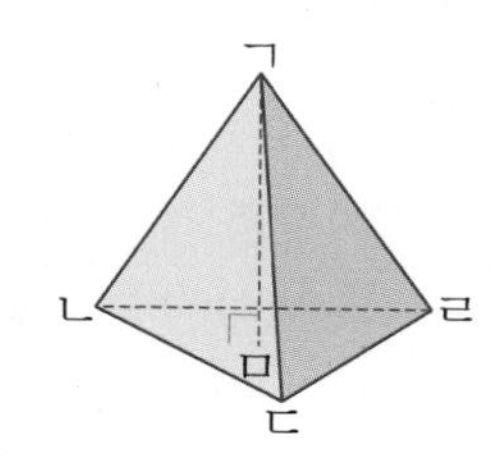

1 밑면이 면 ㄴㄷㄹ일 때 점 ㄱ을 무엇이라고 할까요?

( )

2 높이를 나타내는 선분을 찾아 써 보세요.

( )

3 각기둥과 각뿔에 대한 설명으로 잘못된 것은 어느 것일까요? ( )

① 각뿔은 밑면이 1개입니다.
② 각기둥은 밑면이 2개입니다.
③ 각뿔의 옆면은 삼각형입니다.
④ 각기둥의 옆면은 직사각형입니다.
⑤ 각기둥의 밑면과 옆면은 서로 평행합니다.

4 한 밑면에 그을 수 있는 대각선이 2개인 각기둥이 있습니다. 이 각기둥의 이름을 써 보세요.

( )

5 오른쪽 각뿔의 모서리와 꼭짓점은 각각 몇 개일까요?

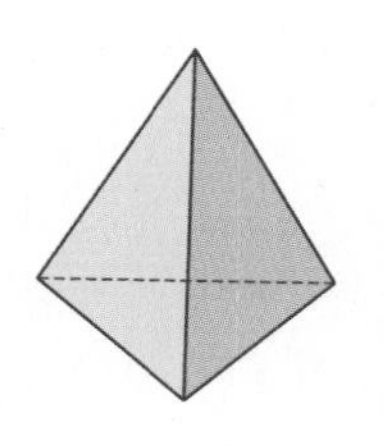

모서리 ( )
꼭짓점 ( )

6 각뿔에서 면의 수와 같은 것을 찾아 기호를 써 보세요.

㉠ 모서리의 수
㉡ 꼭짓점의 수
㉢ 밑면의 변의 수

( )

7 밑면의 모양이 오른쪽과 같은 각기둥의 모서리는 몇 개일까요?

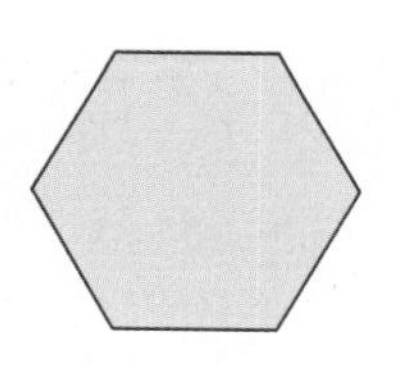

( )

8 각기둥의 전개도를 찾아 ○표 하세요.

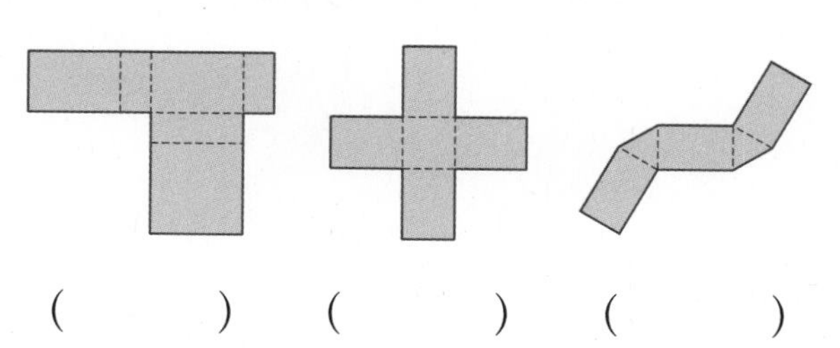

( ) ( ) ( )

9 면이 6개인 각뿔은 모서리가 몇 개일까요?

( )

10 어떤 각기둥의 옆면만 그린 전개도의 일부분입니다. 이 각기둥의 밑면의 모양은 어떤 모양일까요?

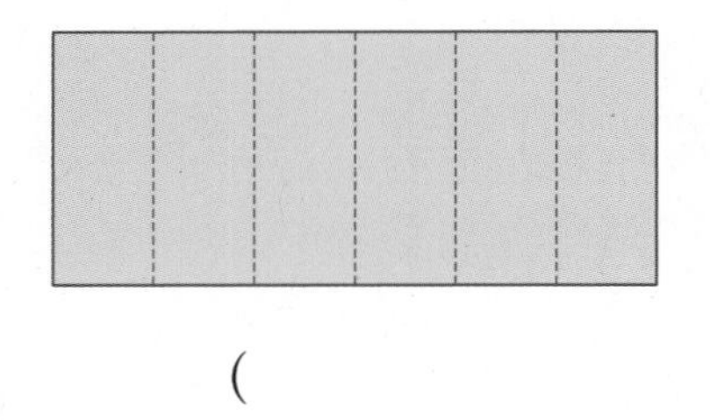

( )

11 오른쪽 도형은 밑면이 정삼각형이고, 옆면이 이등변삼각형입니다. 이 도형의 모든 모서리의 길이의 합을 구하세요.

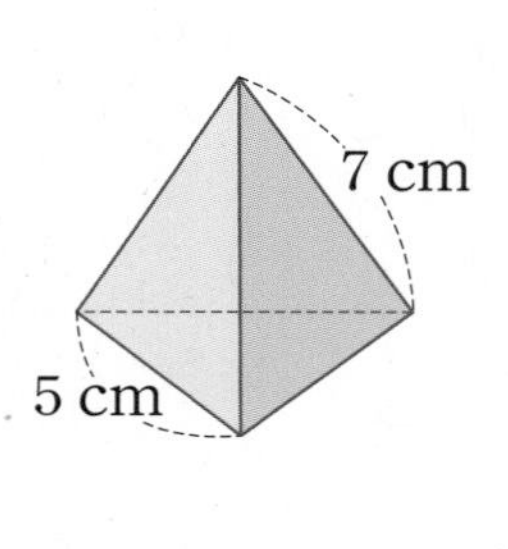

( )

12 전개도를 접어서 만든 각기둥의 꼭짓점은 몇 개일까요?

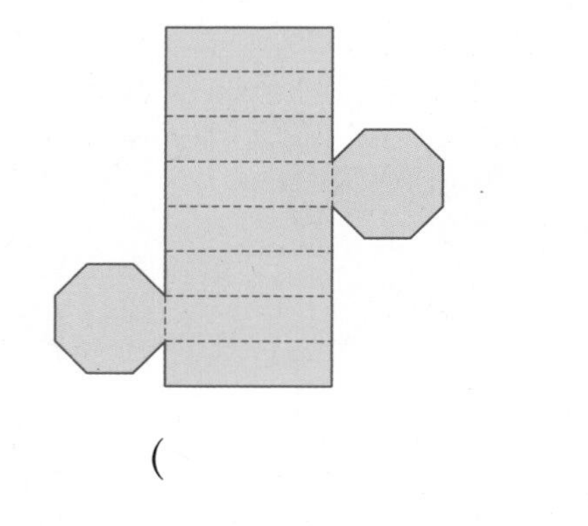

( )

13 수가 많은 것부터 차례로 기호를 써 보세요.

㉠ 육각기둥의 꼭짓점의 수
㉡ 육각기둥의 모서리의 수
㉢ 십이각뿔의 꼭짓점의 수
㉣ 십이각뿔의 모서리의 수

( )

14 각기둥의 전개도를 접었을 때 점 ㄱ, 점 ㄷ, 점 ㄹ, 점 ㅇ과 만나는 점을 각각 써 보세요.

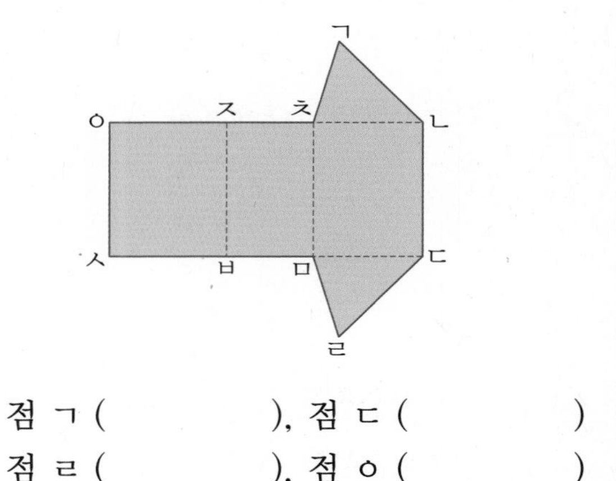

점 ㄱ ( ), 점 ㄷ ( )
점 ㄹ ( ), 점 ㅇ ( )

15 밑면이 정사각형인 각기둥과 그 전개도입니다. □ 안에 알맞은 수를 써넣으세요.

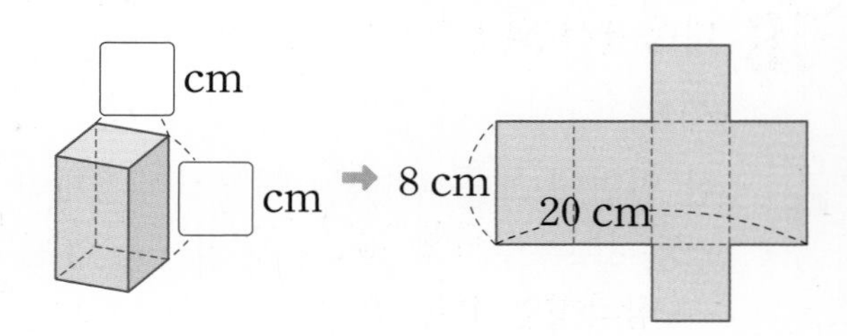

16 전개도를 접어서 만든 각기둥의 모든 모서리의 길이의 합은 몇 cm일까요? (단, 밑면은 정육각형입니다.)

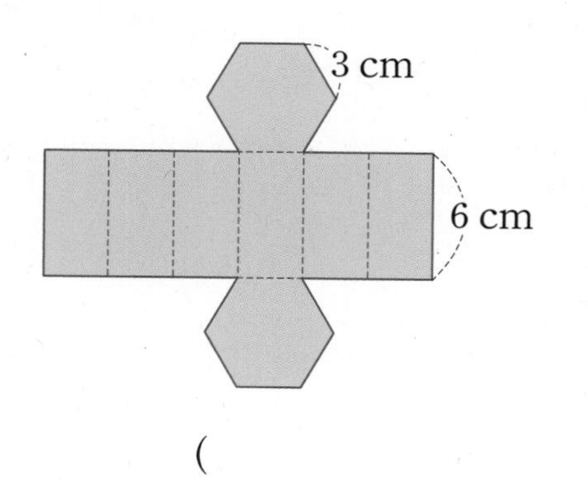

( )

17 밑면이 사다리꼴인 사각기둥의 전개도에서 면 ㅌㅍㅊㅋ의 넓이가 18 cm^{2}일 때 전개도의 둘레는 몇 cm일까요?

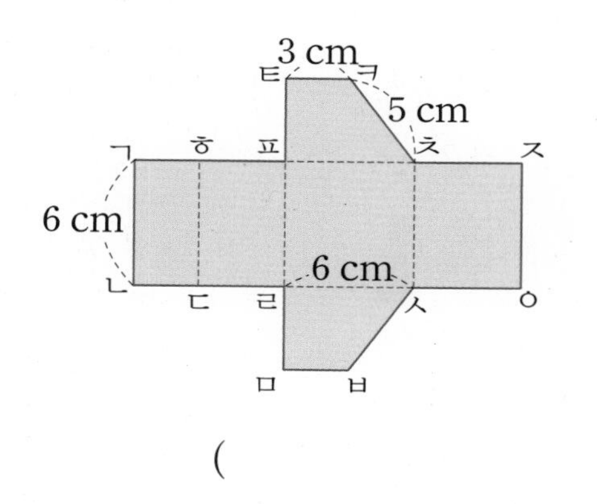

( )

18 다음에서 설명하는 입체도형의 이름을 써 보세요.

- 밑면은 다각형으로 1개이고 옆면은 모두 삼각형입니다.
- 모서리의 수와 꼭짓점의 수의 합은 34개입니다.

( )

술술 서술형

19 모서리가 36개인 각기둥의 면은 몇 개인지 풀이 과정을 쓰고 답을 구하세요.

풀이

답

20 옆면이 오른쪽과 같은 삼각형으로만 이루어진 각뿔이 있습니다. 이 각뿔의 모든 모서리의 길이의 합이 65 cm일 때 각뿔의 이름은 무엇인지 풀이 과정을 쓰고 답을 구하세요.

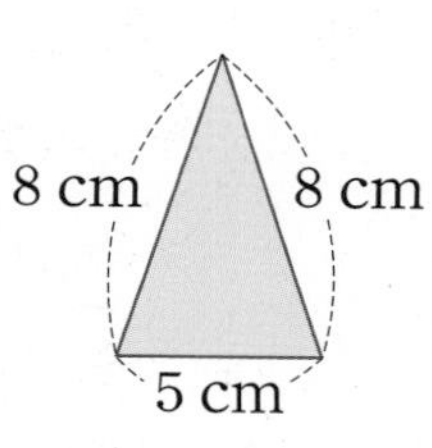

풀이

답

소수의 나눗셈

3

$$123 \div 3 = 41$$
$$12.3 \div 3 = 4.1$$
$$1.23 \div 3 = 0.41$$

자연수의 나눗셈처럼 계산하고 몫에 소수점을 찍어!

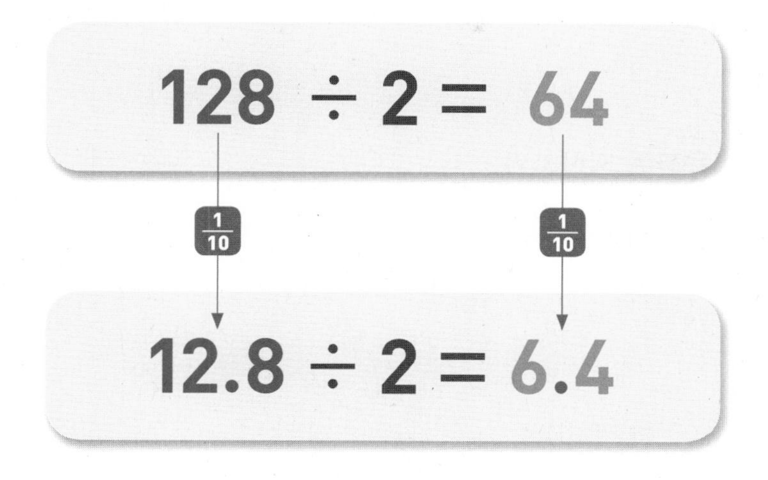

나누어지는 수의
소수점에 맞추어
몫의 소수점을 찍어!

$$\begin{array}{r} 64 \\ 2\,\overline{)\,128} \\ \underline{12} \\ 8 \\ \underline{8} \\ 0 \end{array} \quad \rightarrow \quad \begin{array}{r} 6.4 \\ 2\,\overline{)\,12.8} \\ \underline{12} \\ 8 \\ \underline{8} \\ 0 \end{array}$$

1 (소수)÷(자연수)(1)

● **2.4÷2의 계산**

$$24 \div 2 = 12 \Rightarrow 2.4 \div 2 = 1.2$$

($24 \to 2.4$: $\frac{1}{10}$배, $12 \to 1.2$: $\frac{1}{10}$배)

● **자연수의 나눗셈을 이용하여 계산하기**

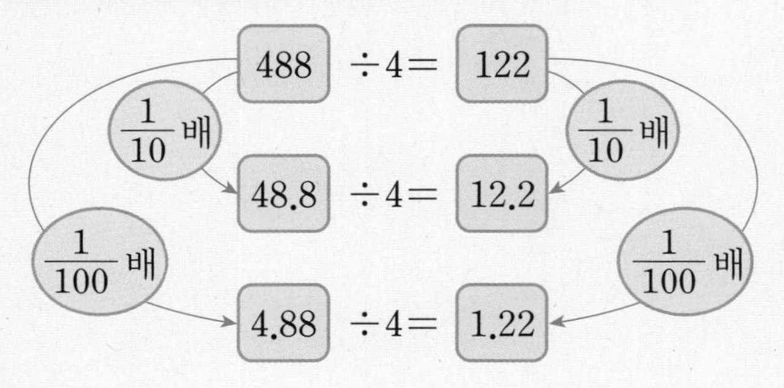

보충 개념

• **단위 변환을 이용한 (소수)÷(자연수)**

$48.8 \div 4$

$1\,\text{cm} = 10\,\text{mm}$이므로 $48.8\,\text{cm} = 488\,\text{mm}$입니다.
$488 \div 4 = 122$
$122\,\text{mm} = 12.2\,\text{cm}$이므로 $48.8 \div 4 = 12.2$입니다.

$4.88 \div 4$

$1\,\text{m} = 100\,\text{cm}$이므로 $4.88\,\text{m} = 488\,\text{cm}$입니다.
$488 \div 4 = 122$
$122\,\text{cm} = 1.22\,\text{m}$이므로 $4.88 \div 4 = 1.22$입니다.

1 3.96 m인 끈을 3등분 하려고 합니다. □ 안에 알맞은 수를 써넣으세요.

$1\,\text{m} = 100\,\text{cm}$이므로 $3.96\,\text{m} =$ □ cm입니다.

$396 \div 3 =$ □, 끈 한 도막은 □ cm이므로

□ m입니다.

2 자연수의 나눗셈을 이용하여 소수의 나눗셈을 해 보세요.

(1) $824 \div 2 =$ □
$82.4 \div 2 =$ □
$8.24 \div 2 =$ □

(2) $966 \div 3 =$ □
$96.6 \div 3 =$ □
$9.66 \div 3 =$ □

3 리본 639 mm를 3등분 했더니 리본 한 도막은 213 mm였습니다. 리본 63.9 cm를 3등분 하면 리본 한 도막은 몇 cm일까요?

( )

? 나누어지는 수가 $\frac{1}{10}$배, $\frac{1}{100}$배가 되면 몫의 소수점의 위치는 어떻게 변하나요?

나누어지는 수가 $\frac{1}{10}$배가 되면 몫도 $\frac{1}{10}$배가 되므로 소수점이 왼쪽으로 한 칸 이동하고, 나누어지는 수가 $\frac{1}{100}$배가 되면 몫도 $\frac{1}{100}$배가 되므로 소수점이 왼쪽으로 두 칸 이동합니다.

2 (소수)÷(자연수)(2)

● 14.43÷3의 계산

방법 1 분수의 나눗셈으로 바꾸어 계산하기

$$14.43 \div 3 = \frac{1443}{100} \div 3 = \frac{1443 \div 3}{100} = \frac{481}{100} = 4.81$$

방법 2 자연수의 나눗셈을 이용하여 계산하기

$1443 \div 3 = 481$ ➡ $14.43 \div 3 = 4.81$

방법 3 세로로 계산하기

```
      4.8 1
 3)1 4.4 3
   1 2
   -----
     2 4
     2 4
   -----
         3
         3
   -----
         0
```

몫의 소수점은 나누어지는 수의 소수점을 올려 찍습니다.

연결 개념

• 소수를 두 자리 자연수로 나누기

```
       5.2 6
 12)6 3.1 2
    6 0
    ------
      3 1
      2 4
    ------
        7 2
        7 2
    ------
          0
```

4 □ 안에 알맞은 수를 써넣으세요.

$$10.26 \div 9 = \frac{\square}{100} \div 9 = \frac{\square \div 9}{100} = \frac{\square}{100} = \square$$

5 오른쪽은 $43.56 \div 6$을 계산한 식입니다. 알맞은 위치에 소수점을 찍어 보세요.

```
     7□2□6
 6)4 3.5 6
   4 2
   -------
     1 5
     1 2
   -------
       3 6
       3 6
   -------
         0
```

6 계산해 보세요.

(1) $5\overline{)67.5}$

(2) $15\overline{)32.25}$

? (소수)÷(자연수)의 계산에서 몫의 소수점의 위치는 어떻게 알 수 있나요?

몫의 소수점은 나누어지는 수의 소수점의 자리에 맞추어 찍습니다. 왜냐하면 나누어지는 수가 $\frac{1}{10}$배, $\frac{1}{100}$배……가 되면 몫도 $\frac{1}{10}$배, $\frac{1}{100}$배……가 되기 때문입니다.

3 (소수)÷(자연수)(3)

● **1.74÷3의 계산**

방법 1 분수의 나눗셈으로 바꾸어 계산하기

$$1.74 \div 3 = \frac{174}{100} \div 3 = \frac{174 \div 3}{100} = \frac{58}{100} = 0.58$$

방법 2 자연수의 나눗셈을 이용하여 계산하기

$174 \div 3 = 58 \Rightarrow 1.74 \div 3 = 0.58$

방법 3 세로로 계산하기

$$\begin{array}{r} 0.58 \\ 3\overline{)1.74} \\ \underline{1\,5} \\ 24 \\ \underline{24} \\ 0 \end{array}$$

몫의 소수점은 나누어지는 수의 소수점을 올려 찍고, 자연수 부분이 비어 있을 경우 일의 자리에 0을 씁니다.

보충 개념

• (소수)÷(자연수)에서 (소수)<(자연수)이면, 즉 나누어지는 수가 나누는 수보다 작으면 몫은 1보다 작아지므로 몫의 자연수 부분이 0이 됩니다.

7 보기 와 같은 방법으로 계산해 보세요.

보기

$$1.92 \div 6 = \frac{192}{100} \div 6 = \frac{192 \div 6}{100} = \frac{32}{100} = 0.32$$

(1) $1.68 \div 4$

(2) $0.48 \div 3$

8 계산해 보세요.

(1) $3\overline{)1.56}$

(2) $13\overline{)3.12}$

9 계산 결과를 비교하여 ○ 안에 >, =, <를 알맞게 써넣으세요.

(1) $4.05 \div 3$ ○ $1.65 \div 3$

(2) $8.61 \div 7$ ○ $6.02 \div 7$

▶ (나누어지는 수)>(나누는 수)이면 몫은 1보다 크고, (나누어지는 수)<(나누는 수)이면 몫은 1보다 작음을 이용하여 크기를 비교할 수도 있습니다.

4 (소수)÷(자연수)(4)

정답과 풀이 17쪽

● **5.4÷4의 계산**

방법 1 분수의 나눗셈으로 바꾸어 계산하기

$$5.4 \div 4 = \frac{540}{100} \div 4 = \frac{540 \div 4}{100} = \frac{135}{100} = 1.35$$

방법 2 자연수의 나눗셈을 이용하여 계산하기

$540 \div 4 = 135$ ➡ $5.4 \div 4 = 1.35$

방법 3 세로로 계산하기

```
   1.3 5
4)5.4 0
  4
  1 4
  1 2
    2 0
    2 0
      0
```

소수점 아래에서 나누어떨어지지 않는 경우 소수의 오른쪽 끝자리에 0이 계속 있는 것으로 생각하여 0을 내려 계산합니다.

⊕ 보충 개념

• $5.4 \div 4$에서 5.4를 $\frac{54}{10}$로 바꾸면 $\frac{54 \div 4}{10}$에서 54는 4로 나누어떨어지지 않습니다.
이때 5.4를 $\frac{540}{100}$으로 바꾸면 $\frac{540 \div 4}{100}$에서 540은 4로 나누어떨어집니다.

10 □ 안에 알맞은 수를 써넣으세요.

$$14.1 \div 6 = \frac{\square}{100} \div 6 = \frac{\square \div 6}{100} = \frac{\square}{100} = \square$$

▶ $14.1 \div 6 = \frac{141}{10} \div 6$
➡ $141 \div 6$은 나누어떨어지지 않아 계산할 수 없습니다.

11 자연수의 나눗셈을 이용하여 소수의 나눗셈을 해 보세요.

(1) $90 \div 2 = 45$ ➡ $0.9 \div 2 =$ □

(2) $960 \div 5 = 192$ ➡ $9.6 \div 5 =$ □

12 나누어떨어지도록 계산해 보세요.

(1) $5\overline{)0.8}$

(2) $4\overline{)6.6}$

▶ 나누어지는 수의 끝자리에 0을 여러 개 붙여도 수는 같습니다.
$0.8 = 0.80$
$0.8 = 0.800$

3

5 (소수)÷(자연수)(5)

● 6.1÷2의 계산

방법 1 분수의 나눗셈으로 바꾸어 계산하기

$$6.1\div 2=\frac{610}{100}\div 2=\frac{610\div 2}{100}=\frac{305}{100}=3.05$$

방법 2 자연수의 나눗셈을 이용하여 계산하기

$610\div 2=305$ ➡ $6.1\div 2=3.05$

방법 3 세로로 계산하기

```
   3.0 5
2)6.1 0
  6
    1 0
    1 0
      0
```

받아내림을 하고 수가 작아 나누기를 계속 할 수 없으면 몫에 0을 쓰고 수 하나를 더 내려 계산합니다.

보충 개념

• 나누어지는 수를 분해하여 나눈 후 더해도 결과는 같습니다.

$3\div 3=1$
$0.12\div 3=0.04$
$3.12\div 3=1.04$

13 □ 안에 알맞은 수를 써넣으세요.

(1) $4\div 4=$ □
$0.36\div 4=$ □
$4.36\div 4=$ □

(2) $8\div 2=$ □
$0.14\div 2=$ □
$8.14\div 2=$ □

▶ ■.◆▲는 ■와 0.◆▲가 합쳐진 수입니다.

14 자연수의 나눗셈을 이용하여 소수의 나눗셈을 해 보세요.

(1) $721\div 7=103$ ➡ $7.21\div 7=$ □

(2) $530\div 5=106$ ➡ $5.3\div 5=$ □

15 계산해 보세요.

(1) 7)7.4 9

(2) 6)6.3

? 나눗셈의 계산이 틀렸는지 알아볼 때에는 어떻게 하면 되나요?

검산식을 이용해 알 수 있습니다. 즉, $6.1\div 2$의 몫이 3.5가 맞는지 알아보려면 2×3.5가 6.1이 되는지 알아보면 됩니다. $2\times 3.5=7$이므로 계산이 틀렸습니다.

6 (자연수)÷(자연수), 몫을 어림하기

정답과 풀이 18쪽

● **6÷4의 계산**

방법 1 분수의 나눗셈으로 바꾸어 계산하기

$$6 \div 4 = \frac{6}{4} = \frac{6 \times 25}{4 \times 25} = \frac{150}{100} = 1.5$$

방법 2 자연수의 나눗셈을 이용하여 계산하기

$60 \div 4 = 15$ ➡ $6 \div 4 = 1.5$

방법 3 세로로 계산하기

$$\begin{array}{r} 1.5 \\ 4{\overline{\smash{\big)}\,6.0}} \\ 4 \\ \hline 2\,0 \\ 2\,0 \\ \hline 0 \end{array}$$

몫의 소수점은 자연수 바로 뒤에서 올려서 찍고, 소수점 아래에서 받아내릴 수가 없는 경우 0을 받아내려 계산합니다.

● **어림을 통해 몫의 소수점 위치 찾기**

31.2÷5

소수 첫째 자리에서 반올림

어림 31÷5 ➡ 약 6

몫 6.24

나누어지는 수를 간단한 자연수로 반올림하여 계산한 후 어림한 결과와 계산한 결과의 크기를 비교하여 소수점을 찍습니다.

16 □ 안에 알맞은 수를 써넣으세요.

(1) $6 \div 5 = \frac{\square}{5} = \frac{\square}{10} = \square$

(2) $8 \div 25 = \frac{\square}{25} = \frac{\square}{100} = \square$

▶ 분수를 소수로 나타낼 때에는 분모가 10, 100, 1000……인 분수로 고친 후 소수로 나타냅니다.

17 계산해 보세요.

(1) $25\overline{)6}$

(2) $4\overline{)13}$

18 소수를 소수 첫째 자리에서 반올림하여 어림한 후 소수점의 위치를 찾아 소수점을 찍어 보세요.

78.4÷7

어림 □÷□ ➡ 약 □

몫 1□1□2

3

기본에서 응용으로

교과유형 1 (소수)÷(자연수) (1)

• 자연수의 나눗셈을 이용한 소수의 나눗셈

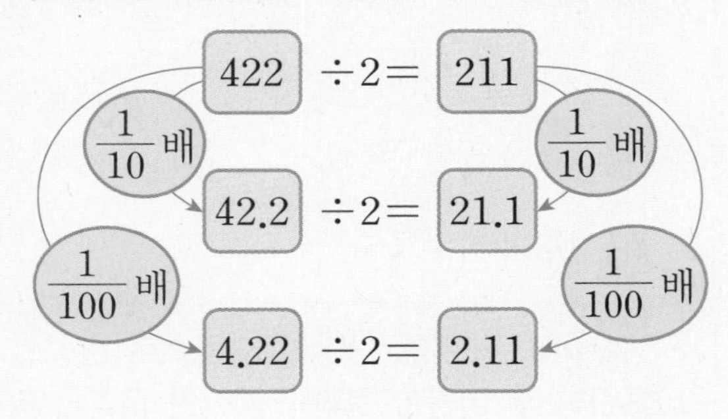

1 □ 안에 알맞은 수를 써넣으세요.

(1) $55 \div 5 = \square$

$\frac{1}{10}$배 ↓ ↓

$5.5 \div 5 = \square$

(2) $363 \div 3 = \square$

$\frac{1}{100}$배 ↓ ↓

$3.63 \div 3 = \square$

2 자연수의 나눗셈을 이용하여 소수의 나눗셈의 몫에 소수점을 알맞게 찍어 보세요.

(1) $286 \div 2 = 143$

➡ $28.6 \div 2 = 1\square4\square3$

(2) $484 \div 4 = 121$

➡ $4.84 \div 4 = 1\square2\square1$

3 $993 \div 3 = 331$임을 이용하여 □ 안에 알맞은 수를 써넣으세요.

$\square \div 3 = 3.31$

4 선우는 상자 4개를 묶기 위해 끈 884 cm를 4등분 했습니다. 준수도 선우와 같은 방법으로 끈 8.84 m를 사용하여 상자 4개를 묶으려고 합니다. 준수가 상자 한 개를 묶기 위해 사용한 끈은 몇 m일까요?

( )

서술형

5 조건을 만족하는 (소수)÷(자연수)의 나눗셈 식을 만들고 그 이유를 써 보세요.

조건
- $669 \div 3$을 이용하여 풀 수 있습니다.
- 계산한 값이 $669 \div 3$의 $\frac{1}{10}$배입니다.

식 ....

이유 ....

....

교과유형 2 (소수)÷(자연수) (2)

• 각 자리에서 나누어떨어지지 않는 (소수)÷(자연수)

$$10.38 \div 6 = \frac{1038}{100} \div 6 = \frac{1038 \div 6}{100} = \frac{173}{100} = 1.73$$

```
     1.7 3
6 ) 1 0.3 8
      6
    -----
      4 3
      4 2
    -----
        1 8
        1 8
    -----
          0
```

6 □ 안에 알맞은 수를 써넣으세요.

$5784 \div 8 = 723$

$\frac{1}{100}$배 ↓ ↓

$57.84 \div 8 = \square$

7 67.2 cm짜리 색 테이프를 8등분 했습니다. 한 도막은 몇 cm일까요?

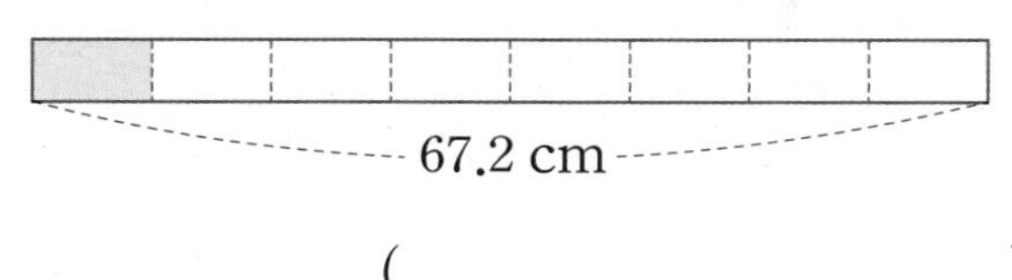

( )

서술형

8 $26.32 \div 4 = 6.58$입니다. 왜 몫이 6.58인지 2가지 방법으로 설명해 보세요.

방법 1

방법 2

9 몫이 큰 것부터 차례로 기호를 써 보세요.

㉠ $32.4 \div 4$ ㉡ $41.5 \div 5$ ㉢ $61.2 \div 9$

( )

10 계산을 잘못한 곳을 찾아 바르게 계산해 보세요.

$$47.04 \div 6 = \frac{4704}{10} \div 6 = \frac{4704 \div 6}{10} = \frac{784}{10} = 78.4$$

➡ $47.04 \div 6$

11 페인트 58.8 L를 사용하여 가로가 3 m, 세로가 2 m인 직사각형 모양의 벽을 칠했습니다. 1 m^2의 벽을 칠하는 데 사용한 페인트는 몇 L일까요?

( )

유형 3 (소수)÷(자연수)(3)

• 몫이 1보다 작은 소수인 (소수)÷(자연수)

$$5.76 \div 9 = \frac{576}{100} \div 9 = \frac{576 \div 9}{100} = \frac{64}{100} = 0.64$$

```
   0.6 4
9)5.7 6
  5 4
    3 6
    3 6
      0
```

12 □ 안에 알맞은 수를 써넣으세요.

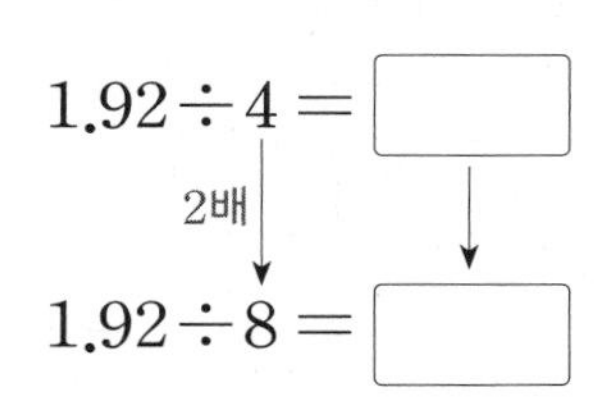

13 몫이 1보다 작은 것을 모두 고르세요. ( )

① $12.5 \div 5$ ② $5.84 \div 8$
③ $26.4 \div 8$ ④ $41.58 \div 9$
⑤ $11.96 \div 13$

14 계산을 잘못한 곳을 찾아 바르게 계산해 보세요.

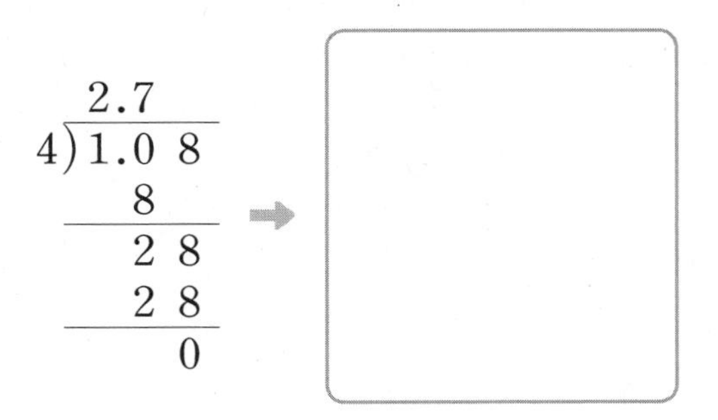

15 넓이가 $7.12\ m^2$인 정사각형을 오른쪽과 같이 8등분 했습니다. 색칠된 부분의 넓이는 몇 m^2일까요?

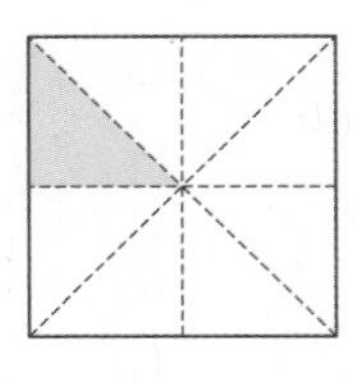

(　　　　　　　　　　)

16 □ 안에 알맞은 수를 써넣으세요.

(1) $9 \times \square = 1.44$

(2) $\square \times 31 = 29.14$

17 수 카드 중 3장을 골라 가장 작은 소수 두 자리 수를 만들고 남은 카드의 수로 나누었을 때의 몫을 구하세요.

3　1　5　9

식 ....

몫 ....

18 넓이가 $4.32\ cm^2$인 삼각형이 있습니다. 이 삼각형의 밑변이 9 cm일 때 높이는 몇 cm일까요?

(　　　　　　　　　　)

19 몫의 크기를 비교하여 □ 안에 들어갈 수 있는 소수 두 자리 수를 모두 구하세요.

$2.38 \div 7 < \square < 4.07 \div 11$

(　　　　　　　　　　)

4 (소수)÷(자연수)(4)

• 소수점 아래 0을 내려 계산하는 (소수)÷(자연수)

$$0.6 \div 5 = \frac{60}{100} \div 5 = \frac{60 \div 5}{100} = \frac{12}{100} = 0.12$$

$$\begin{array}{r} 0.12 \\ 5\overline{)0.60} \\ 5 \\ \hline 10 \\ 10 \\ \hline 0 \end{array}$$

20 보기 와 같은 방법으로 계산해 보세요.

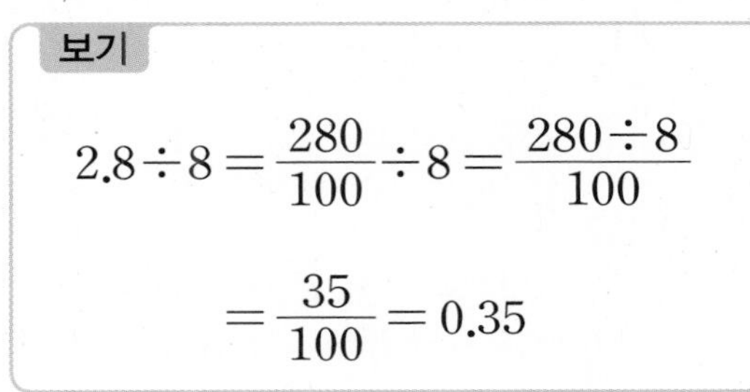

보기

$$2.8 \div 8 = \frac{280}{100} \div 8 = \frac{280 \div 8}{100} = \frac{35}{100} = 0.35$$

$61.8 \div 5$ ....

....

21 나머지가 0이 될 때까지 계산하였을 때 몫이 더 큰 것의 기호를 써 보세요.

㉠ $18.8 \div 8$　㉡ $12.1 \div 5$

(　　　　　　　　　　)

22 오렌지주스 1.5 L를 6개의 컵에 똑같이 나누어 담으려고 합니다. 컵 한 개에 오렌지주스를 몇 L씩 담으면 되는지 식을 쓰고 답을 구하세요.

식 ....

답 ....

23 5.6 m인 길에 다음과 같이 같은 간격으로 나무 6그루를 심으려고 합니다. 나무 사이의 간격을 몇 m로 해야 하는지 구하세요.

(단, 나무의 두께는 생각하지 않습니다.)

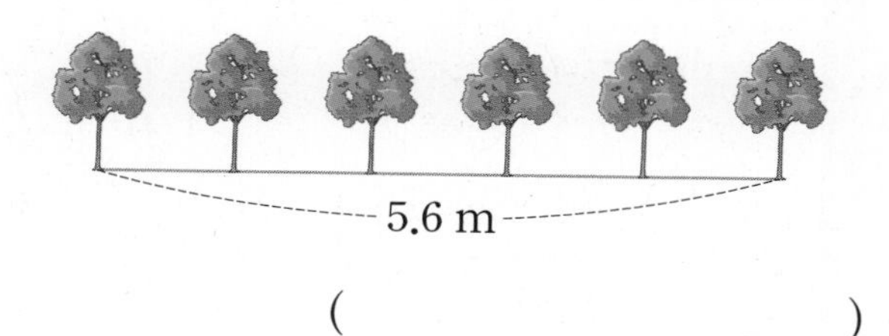

( )

24 넓이가 $11.2\ cm^2$인 평행사변형의 높이가 5 cm일 때 □ 안에 알맞은 수를 써넣으세요.

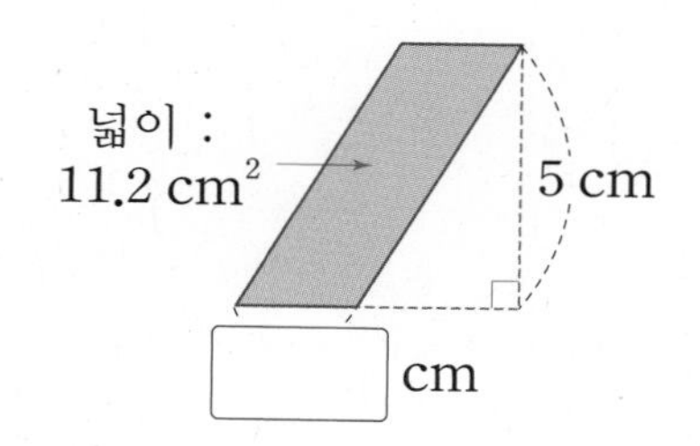

25 ㉠★㉡=㉠÷㉡+3이라고 약속할 때 다음을 계산해 보세요.

2.54★4

( )

서술형

26 똑같은 통조림 12개를 담은 상자의 무게는 26.1 kg입니다. 빈 상자가 0.3 kg일 때 통조림 한 개는 몇 kg인지 풀이 과정을 쓰고 답을 구하세요.

풀이

답

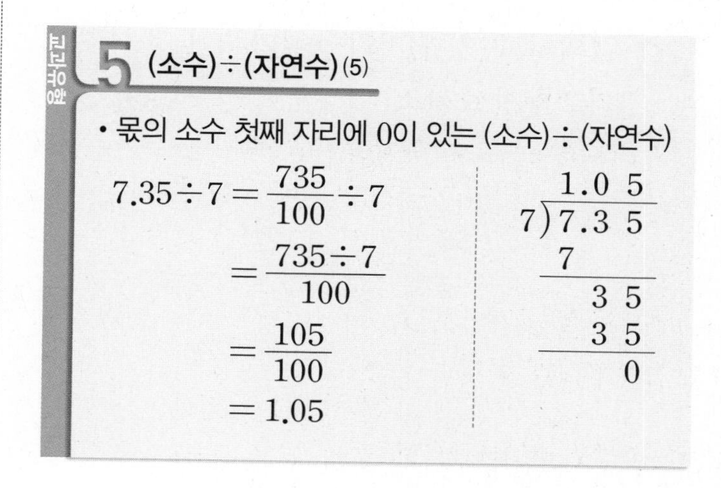

27 큰 수를 작은 수로 나눈 몫을 빈칸에 써넣으세요.

9	9.63

28 □ 안에 알맞은 수를 써넣으세요.

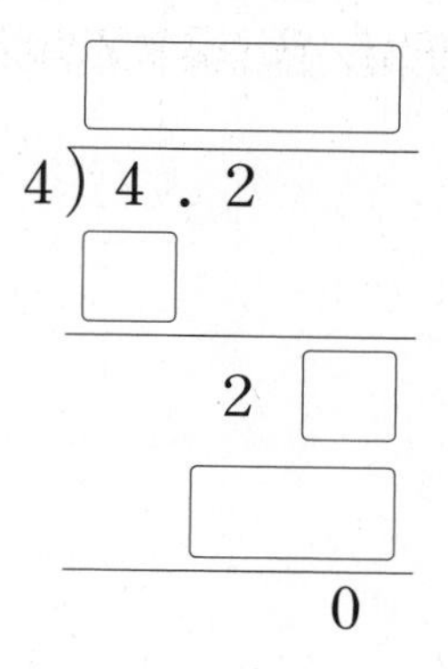

29 계산을 잘못한 곳을 찾아 바르게 계산해 보세요.

$$\begin{array}{r} 3.8 \\ 3\overline{)9.24} \\ 9 \\ \hline 24 \\ 24 \\ \hline 0 \end{array}$$

➡

30 몫의 소수 첫째 자리 숫자가 0인 것을 찾아 기호를 써 보세요.

㉠ $22.5 \div 5$	㉡ $50.7 \div 5$
㉢ $7.56 \div 7$	㉣ $3.92 \div 4$

(　　　　　　　　)

31 계산 결과를 비교하여 ○ 안에 >, =, <를 알맞게 써넣으세요.

(1) $20.4 \div 5$ ○ $32.4 \div 8$

(2) $96.8 \div 16$ ○ $84.7 \div 14$

32 모든 모서리의 길이가 같은 삼각기둥이 있습니다. 모든 모서리의 길이의 합이 18.45 m일 때 한 모서리의 길이는 몇 m일까요?

식 ....

답 ....

33 굵기가 일정한 철근 5 m의 무게는 25.1 kg입니다. 철근 1 m의 무게는 몇 kg일까요?

(　　　　　　　　)

34 지원이는 우유를 3주 동안 1.68 L 마셨습니다. 매일 같은 양의 우유를 마셨을 때 지원이가 하루에 마신 우유는 몇 L일까요?

(　　　　　　　　)

교과유형

6 (자연수)÷(자연수), 몫을 어림하기

• (자연수)÷(자연수)

$$6 \div 25 = \frac{6}{25} = \frac{24}{100} = 0.24$$

$$\begin{array}{r} 0.24 \\ 25\overline{)6.00} \\ \underline{50} \\ 100 \\ \underline{100} \\ 0 \end{array}$$

• 몫을 어림하기

$8.32 \div 8$

8.32를 소수 첫째 자리에서 반올림

어림 $8 \div 8$ ➡ 약 1

몫 1.04

35 ㉡에 알맞은 수를 구하세요.

$23 \div 4 =$ ㉠ ➡ ㉠ $\div 5 =$ ㉡

(　　　　　　　　)

36 몫을 어림해 보고 알맞은 식을 찾아 ○표 하세요.

$1.45 \div 5 = 290$	(　　)
$1.45 \div 5 = 29$	(　　)
$1.45 \div 5 = 2.9$	(　　)
$1.45 \div 5 = 0.29$	(　　)

37 ㉠은 ㉡의 몇 배일까요?

㉠ $30 \div 15$　　㉡ $0.3 \div 15$

(　　　　　　　　)

38 몫이 큰 것부터 차례로 기호를 써 보세요.

㉠ $7.84 \div 7$　㉡ $784 \div 7$　㉢ $78.4 \div 7$

(　　　　　　　　)

39 ㉠에 알맞은 수를 구하세요.

$50 \div 4 = 12.5$ ➡ ㉠$\div 4 = 1.25$

(　　　　　　　　)

40 수 카드 4장 중 2장을 뽑아 나눗셈식을 만들었을 때 몫이 가장 큰 나눗셈을 찾아 몫을 구하세요.

6　8　5　7

(　　　　　　　　)

서술형

41 무게가 같은 감자가 한 봉지에 5개씩 있습니다. 4봉지의 무게가 5 kg일 때 감자 한 개의 무게는 몇 kg인지 풀이 과정을 쓰고 답을 구하세요.

풀이

답

실전유형

어떤 수를 구하여 바르게 계산하기

① 어떤 수를 □로 하여 잘못 계산한 식을 세웁니다.
② 잘못 계산한 식을 이용하여 □를 구합니다.
③ □의 값을 이용하여 바르게 계산한 몫을 구합니다.

42 어떤 수를 5로 나누어야 할 것을 잘못하여 곱했더니 33.5가 되었습니다. 바르게 계산한 몫은 얼마일까요?

(　　　　　　　　)

43 어떤 수를 7로 나누어야 할 것을 잘못하여 더했더니 65.45였습니다. 바르게 계산했을 때의 몫을 구하세요.

(　　　　　　　　)

44 어떤 수를 5로 나누었더니 1.4로 나누어떨어졌습니다. 어떤 수를 4로 나누었을 때의 몫을 구하세요.

(　　　　　　　　)

심화유형 1 똑같이 나눈 도형에서 색칠한 부분의 넓이 구하기

오른쪽 그림은 넓이가 $46.02\ \mathrm{cm}^2$인 직사각형을 6등분 한 것입니다. 색칠한 부분의 넓이를 구하세요.

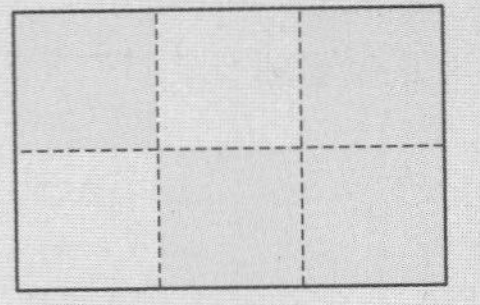

(   )

● 핵심 NOTE 작은 직사각형 한 개의 넓이를 먼저 구한 후, 색칠한 부분의 넓이를 구합니다.

1-1 오른쪽 그림은 넓이가 $154.8\ \mathrm{cm}^2$인 정사각형을 8등분 한 것입니다. 색칠한 부분의 넓이를 구하세요.

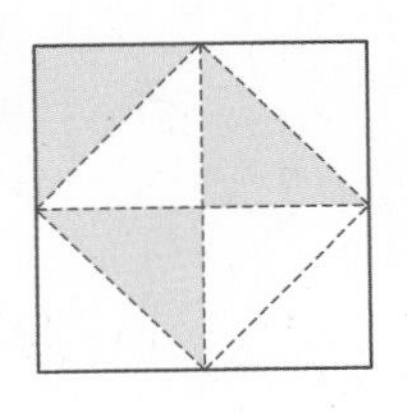

(   )

1-2 상미는 똑같은 크기의 원 모양 피자를 2개 만들었습니다. 한 판은 8등분, 다른 한 판은 6등분을 하여 먹고 남은 피자가 다음과 같았습니다. 피자 한 판의 넓이가 $451.2\ \mathrm{cm}^2$일 때 먹고 남은 피자의 넓이는 몇 cm^2일까요?

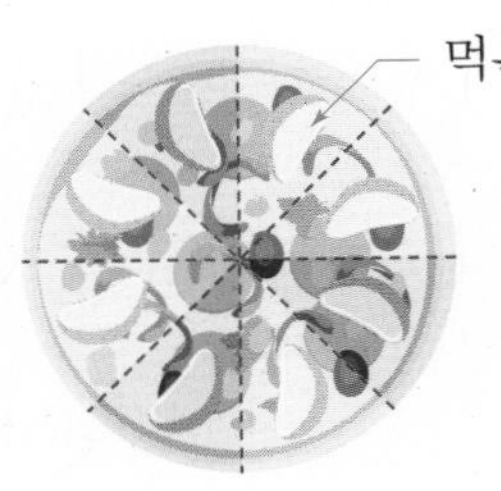

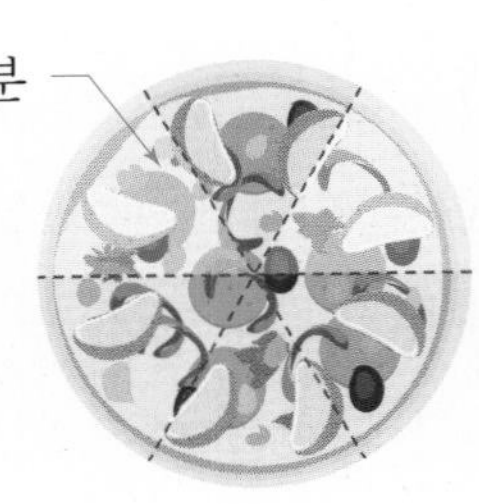

(   )

심화유형 2

수 카드로 나눗셈식 만들고 몫 구하기

수 카드 2, 3, 6, 7 을 □ 안에 모두 한 번씩 써넣어 나눗셈식을 만들었을 때 가장 큰 몫을 구하세요.

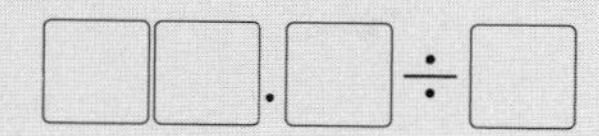

(   )

● 핵심 NOTE 나눗셈의 몫이 가장 크려면 나누어지는 수를 가장 크게, 나누는 수를 가장 작게 만들어야 합니다.

2-1 수 카드 0, 2, 4, 8 을 □ 안에 모두 한 번씩 써넣어 나눗셈식을 만들었을 때 가장 작은 몫을 구하세요.

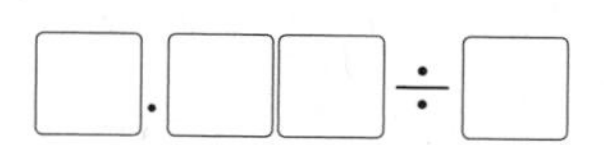

(   )

2-2 수 카드 0, 2, 3, 5, 9 중에서 4장을 골라 (두 자리 수)÷(두 자리 수)를 만들었을 때 두 번째로 큰 몫을 구하세요.

(   )

심화유형 3

빨라지거나 늦어지는 시계의 시각 구하기

일주일에 24.5분씩 빨라지는 시계가 있습니다. 오늘 오전 10시에 시계를 정확히 맞추었다면 내일 오전 10시에 이 시계가 가리키는 시각은 몇 시 몇 분 몇 초인지 구하세요.

( )

● 핵심 NOTE 1분=60초임을 이용하여 하루에 몇 분 몇 초씩 빨라지는지 구합니다.

3-1 일주일에 36.75분씩 빨라지는 시계가 있습니다. 오늘 오후 5시에 시계를 정확히 맞추었다면 내일 오후 5시에 이 시계가 가리키는 시각은 몇 시 몇 분 몇 초인지 구하세요.

( )

3-2 일주일에 43.05분씩 늦어지는 시계가 있습니다. 오늘 오전 7시에 시계를 정확히 맞추었다면 내일 오전 7시에 이 시계가 가리키는 시각은 몇 시 몇 분 몇 초인지 구하세요.

( )

정답과 풀이 21쪽

융합유형 4 수학 + 사회 일정한 간격으로 나무를 심을 때 나무와 나무 사이의 거리 구하기

가로수는 도로변에 줄지어 심은 나무로 사람들에게 아름다운 풍치를 주어 마음을 즐겁게 하고, 공해와 매연을 빨아들여 도시의 공기를 맑게 해줍니다. 어느 도로의 한쪽에 같은 간격으로 57그루의 나무를 심어 쾌적한 도시 환경을 조성하려고 합니다. 길이가 3.36 km인 이 도로의 처음과 끝에 모두 나무를 심었다면 나무와 나무 사이의 거리는 몇 km일까요?

(단, 나무의 두께는 생각하지 않습니다.)

1단계 두 나무 사이의 거리를 한 구간으로 할 때 도로의 구간의 수 구하기

2단계 나무와 나무 사이의 거리 구하기

(　　　　　　　　)

● **핵심 NOTE**

1단계 구간의 수는 심은 나무의 수보다 1 작음을 이용하여 구합니다.

2단계 (나무와 나무 사이의 거리)=(도로의 길이)÷(구간의 수)를 이용하여 계산합니다.

4-1 도로나 다리에는 사람들의 시야를 확보하기 위하여 가로등을 설치합니다. 길이가 2.7 km인 어느 다리의 양쪽에 같은 간격으로 가로등을 모두 38개 설치하였습니다. 다리의 처음과 끝에도 모두 가로등을 설치하였다면 이 다리에서 가로등과 가로등 사이의 거리는 몇 km일까요? (단, 가로등의 두께는 생각하지 않습니다.)

(　　　　　　　　)

기출 단원 평가 Level ❶

점수

확인

1 자연수의 나눗셈을 이용하여 소수의 나눗셈을 해 보세요.

$742 \div 7 = \square$

$74.2 \div 7 = \square$

$7.42 \div 7 = \square$

2 다음은 $31.68 \div 6$을 계산한 식입니다. 알맞은 위치에 소수점을 찍어 보세요.

```
      5□2□8
   6)3 1.6 8
     3 0
       1 6
       1 2
         4 8
         4 8
           0
```

3 계산해 보세요.

(1) $7\overline{)39.2}$

(2) $5\overline{)45.3}$

4 □ 안에 알맞은 수를 써넣으세요.

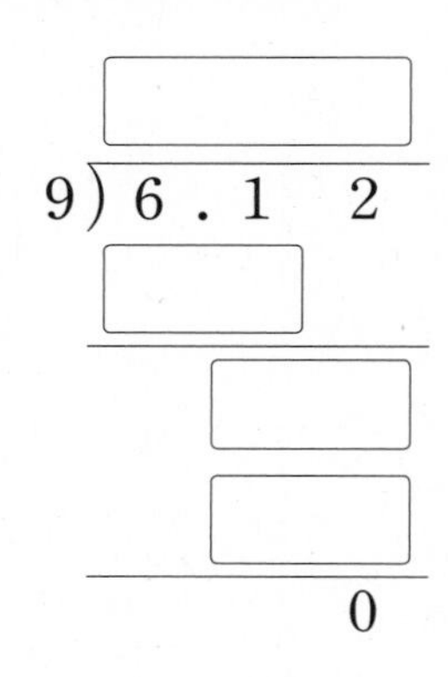

5 계산 결과를 비교하여 ○ 안에 >, =, <를 알맞게 써넣으세요.

(1) $25.56 \div 9$ ○ 2.9

(2) $21.44 \div 16$ ○ 1.3

6 소수를 소수 첫째 자리에서 반올림하여 어림한 후 소수점의 위치를 찾아 소수점을 찍어 보세요.

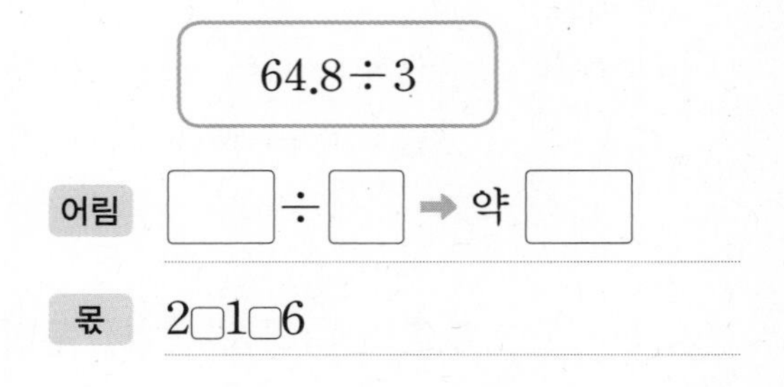

7 몫이 1보다 작은 것을 모두 고르세요.

(　　　　)

① $0.75 \div 3$　② $25.2 \div 4$

③ $31.2 \div 12$　④ $12.88 \div 14$

⑤ $33.92 \div 16$

8 빈칸에 알맞은 수를 써넣으세요.

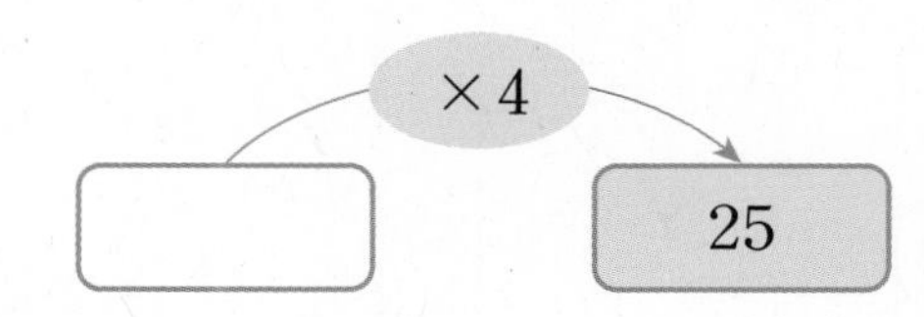

9 다음 마름모의 둘레는 58.8 cm입니다. 마름모의 한 변의 길이는 몇 cm일까요?

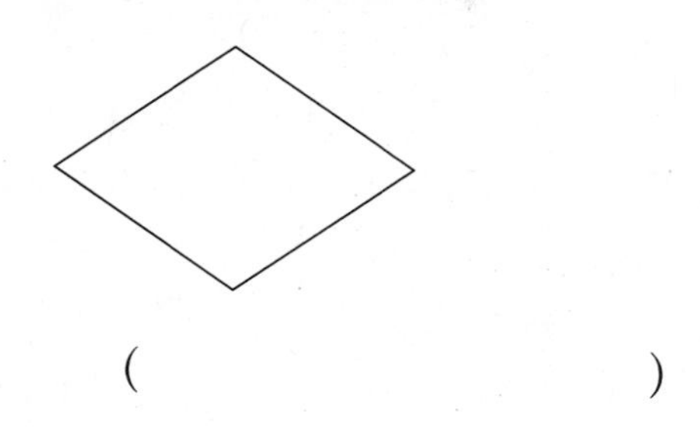

(　　　　　　　　　)

10 몫을 어림해 보고 올바른 식을 찾아 ○표 하세요.

$23.4 \div 6 = 390$	(　　　)
$23.4 \div 6 = 39$	(　　　)
$23.4 \div 6 = 3.9$	(　　　)
$23.4 \div 6 = 0.39$	(　　　)

11 소수 첫째 자리 숫자가 0인 나눗셈식을 모두 찾아 기호를 써 보세요.

㉠ $2.1 \div 2$	㉡ $1.92 \div 3$
㉢ $5.45 \div 5$	㉣ $9.2 \div 8$

(　　　　　　　　　)

12 계산을 잘못한 곳을 찾아 바르게 계산해 보세요.

```
     3.6
25)9
   7 5
   1 5 0
   1 5 0
       0
```

➡ (　　　　　　　　　)

13 똑같은 책 14권의 무게는 45.36 kg입니다. 이 책 한 권의 무게는 몇 kg일까요?

(　　　　　　　　　)

14 ㉠◎㉡＝㉠÷㉡＋4라고 약속할 때 다음을 계산해 보세요.

20.1 ◎ 5

(　　　　　　　　　)

15 조건을 모두 만족하는 ◆, ▲가 각각 어떤 숫자인지 구하세요.

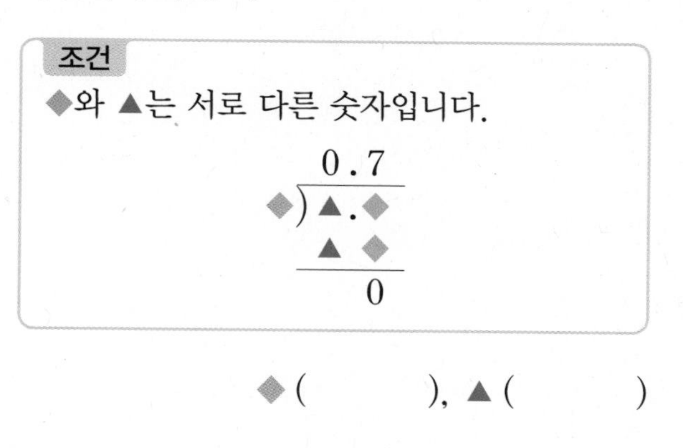

◆ (　　　　), ▲ (　　　　)

3

16 넓이가 $4.15\,m^2$인 직사각형을 5등분 했습니다. 색칠한 부분의 넓이를 구하세요.

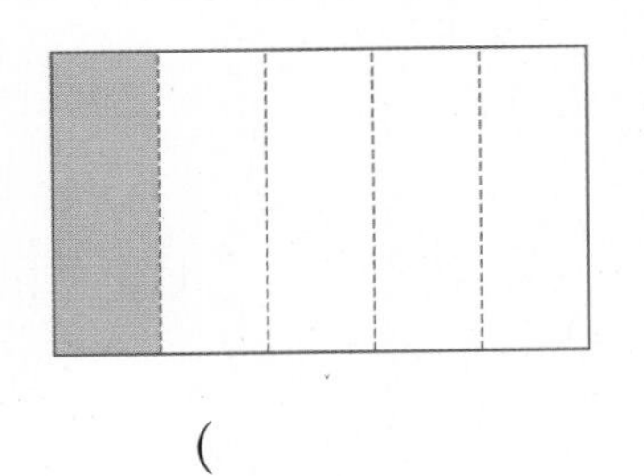

(　　　　　　　　　　)

17 40분에 50 km를 달리는 자동차가 있습니다. 이 자동차가 일정한 빠르기로 달릴 때 1분 동안 달리는 거리는 몇 km일까요?

(　　　　　　　　　　)

18 수 카드 4, 5, 6, 8을 □ 안에 모두 한 번씩 써넣어 나눗셈식을 만들었을 때 가장 큰 몫을 구하세요.

□□.□÷□

(　　　　　　　　　　)

술술 서술형

19 자연수의 나눗셈을 이용하여 소수의 나눗셈의 몫을 구하려고 합니다. 다음 계산이 잘못된 이유를 쓰고 바르게 계산한 몫을 구하세요.

$648 \div 9 = 72$ ➡ $6.48 \div 9 = 7.2$

이유 ....

몫 ....

20 몫의 크기를 비교하여 □ 안에 들어갈 수 있는 소수 한 자리 수는 모두 몇 개인지 풀이 과정을 쓰고 답을 구하세요.

$6.24 \div 8 < \square < 12.74 \div 14$

풀이 ....

답 ....

기출 단원 평가 Level ❷

점수

확인

1 □ 안에 알맞은 수를 써넣으세요.

$2 \quad \div 2 = \square$

$0.18 \div 2 = \square$

$2.18 \div 2 = \square$

2 □ 안에 알맞은 수를 써넣으세요.

(1) $70 \div 2 = 35$ ➡ $0.7 \div 2 = \square$

(2) $924 \div 7 = 132$ ➡ $92.4 \div 7 = \square$

3 몫이 가장 작은 수를 찾아 ○표 하세요.

$14 \div 2 \quad 1.4 \div 2 \quad 0.14 \div 2$

4 □ 안에 알맞은 수를 써넣으세요.

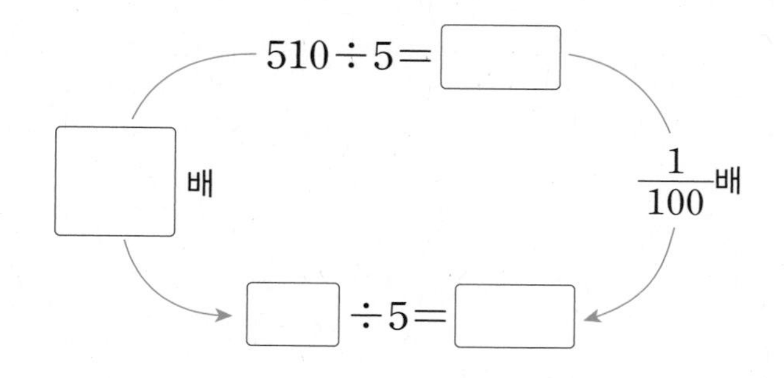

5 ■ = 67.3, ● = 5일 때 다음을 계산해 보세요.

(　　　　　　)

6 ★에 알맞은 수를 구하세요.

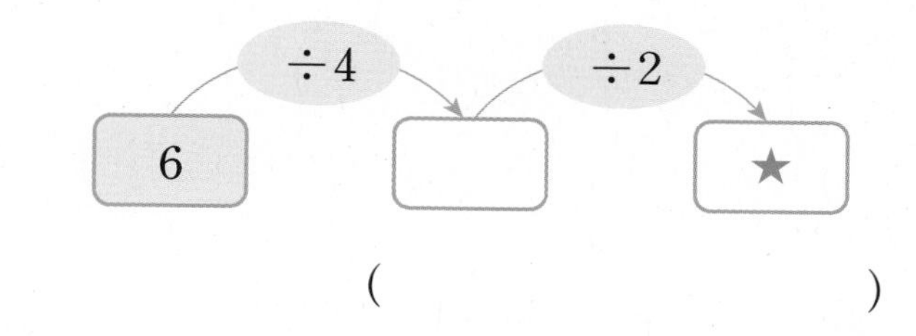

(　　　　　　)

7 □ 안에 알맞은 수를 써넣으세요.

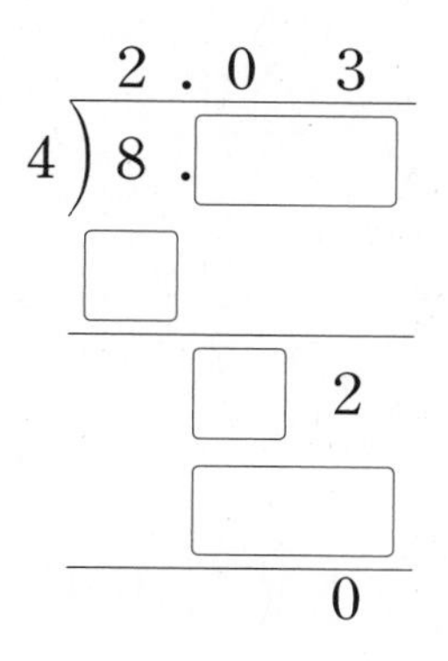

3

8 ㉡에 알맞은 수를 구하세요.

$19 \div 5 = ㉠$ ➜ $㉠ \div 4 = ㉡$

(   )

9 똑같은 구슬 7개의 무게를 재었더니 27.3 g이었습니다. 구슬 한 개는 몇 g일까요?

(   )

10 $43 \div 4$의 몫을 나누어떨어질 때까지 구하려면 나누어지는 수의 끝자리 아래 0을 몇 번 내려서 계산해야 할까요?

(   )

11 □ 안에 알맞은 수를 써넣으세요.

(1) $4 \times \square = 5.4$

(2) $\square \times 13 = 15.6$

12 ㉠은 ㉡의 몇 배일까요?

㉠ $23.76 \div 22$　㉡ $237.6 \div 22$

(   )

13 모든 모서리의 길이가 같은 삼각뿔이 있습니다. 모든 모서리의 길이의 합이 42.3 m일 때 한 모서리의 길이는 몇 m일까요?

(   )

14 어떤 수에 9를 곱했더니 6.12가 되었습니다. 어떤 수를 4로 나누면 몫은 얼마일까요?

(   )

15 수직선을 똑같은 길이로 나눈 것입니다. 눈금 한 칸의 길이를 구하세요.

25　　　　　　　　32

(   )

16 리본 6 m를 5천 원에 팔고 있습니다. 천 원으로는 리본을 몇 m 살 수 있는지 소수로 나타내어 보세요.

( )

17 정은이는 매일 똑같은 시간만큼 8일 동안 운동을 하였습니다. 모두 6시간 동안 운동을 하였다면 정은이가 하루에 운동한 시간은 몇 분일까요?

( )

18 그림을 보고 고구마 한 개와 감자 한 개 중 어느 것이 더 무거운지 구하세요.

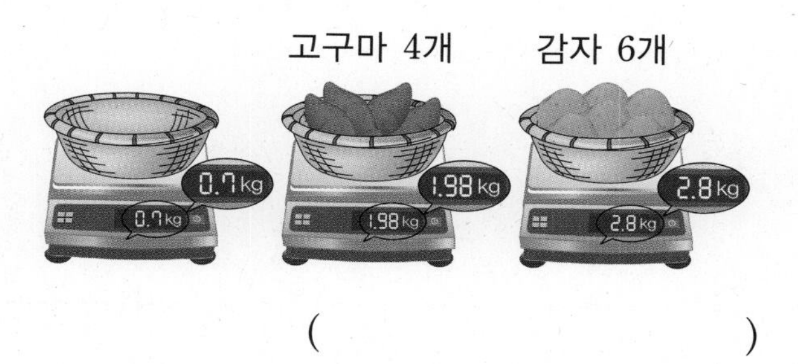

( )

술술 서술형

19 길이가 3.78 km인 도로의 한쪽에 같은 간격으로 43그루의 나무를 심었습니다. 도로의 처음과 끝에도 모두 나무를 심었다면 나무와 나무 사이의 거리는 몇 km인지 풀이 과정을 쓰고 답을 구하세요.

(단, 나무의 두께는 생각하지 않습니다.)

풀이

답

20 일주일에 33.6분씩 빨라지는 시계가 있습니다. 오늘 오전 9시에 시계를 정확히 맞추었다면 내일 오전 9시에 이 시계가 가리키는 시각은 몇 시 몇 분 몇 초인지 풀이 과정을 쓰고 답을 구하세요.

풀이

답

비와 비율

4

	비교하는 양		기준량
비	2	:	5
	÷5 ↓		÷5 ↓
비율	$\frac{2}{5}$	:	1
	×100 ↓		×100 ↓
백분율	40%		100%

전체에서 얼마만큼을 차지하는지 나타낼 수 있어!

전체에 대한 색칠한 부분의

비

3 : 5

(비교하는 양) : (기준량)

전체에 대한 색칠한 부분의

비율

분수 $\frac{3}{5}=0.6$ 소수

$\frac{(비교하는 양)}{(기준량)}$

전체에 대한 색칠한 부분의

백분율

60%

(백분율)(%)=(비율)×100

1 두 수 비교하기

● **변하는 두 양의 관계 알아보기**

남학생 4명, 여학생 2명으로 한 모둠을 구성할 때 모둠 수에 따른 남학생 수와 여학생 수 비교하기

모둠 수	1	2	3	4	5
남학생 수(명)	4	8	12	16	20
여학생 수(명)	2	4	6	8	10

뺄셈으로 비교하기	나눗셈으로 비교하기
➡ 모둠 수에 따라 남학생 수는 여학생 수보다 각각 2명, 4명, 6명, 8명, 10명 더 많습니다.	남학생 수는 항상 여학생 수의 2배입니다.

↳ 뺄셈으로 비교하면 모둠 수에 따라 남학생 수와 여학생 수의 관계가 변하지만 나눗셈으로 비교하면 모둠 수에 따른 남학생 수와 여학생 수의 관계가 변하지 않습니다.

⊕ 보충 개념

• **두 수를 비교하는 방법**
- 뺄셈으로 비교 : 두 사람의 나이 차를 비교하는 경우
  ➡ 절대적 비교
- 나눗셈으로 비교 : 1000원짜리 물건은 500원짜리 물건에 비해 가격이 몇 배인지 구하는 경우
  ➡ 상대적 비교

[1~2] 한 모둠에 찰흙을 2개씩 나누어 주었습니다. 한 모둠이 6명씩일 때 물음에 답하세요.

1 모둠 수에 따른 모둠원 수와 찰흙 수를 구해 표를 완성해 보세요.

모둠 수	1	2	3	4	5
모둠원 수(명)	6	12	18	24	30
찰흙 수(개)	2	4			

2 모둠 수에 따른 모둠원 수와 찰흙 수를 비교해 보세요.

뺄셈으로 비교하기	나눗셈으로 비교하기

3 나무의 높이는 200 cm이고, 어느 시각 나무의 그림자의 길이를 재어 보니 150 cm입니다. 나무의 그림자 길이는 나무의 높이의 몇 배일까요?

( )

▶ **그림으로 비교하기**

높이
그림자 길이
0 50 100 150 200(cm)

2

비 알아보기

정답과 풀이 24쪽

● 비의 뜻

– 두 수를 나눗셈으로 비교하기 위해 기호 :을 사용하여 나타낸 것을 비라고 합니다.

– 두 수 3과 2를 비교할 때 3 : 2라 쓰고 3 대 2라고 읽습니다.

● 비의 여러 가지 표현

3 : 2 ➡
- 3 대 2
- 3과 2의 비
- 2에 대한 3의 비
- 3의 2에 대한 비

기호 :의 오른쪽에 있는 수 2가 기준입니다.

보충 개념

• ■ : ▲와 ▲ : ■는 서로 다른 비입니다.

➡ ■ : ▲는 기준이 ▲이고, ▲ : ■는 기준이 ■입니다.

4 그림을 보고 □ 안에 알맞은 수를 써넣으세요.

(1) 빨간색 차 수와 노란색 차 수의 비 ➡ □ : □

(2) 노란색 차 수에 대한 빨간색 차 수의 비 ➡ □ : □

(3) 빨간색 차 수에 대한 노란색 차 수의 비 ➡ □ : □

'~에 대한'이라는 뜻이 기준을 나타냅니다.

5 □ 안에 알맞은 수를 써넣으세요.

(1) 4 대 5 ➡ □ : □

(2) 6에 대한 7의 비 ➡ □ : □

(3) 3과 8의 비 ➡ □ : □

(4) 2의 9에 대한 비 ➡ □ : □

6 도진이네 반 학생은 25명이고 그중 남학생은 14명, 여학생은 11명입니다. 도진이네 반 학생 수를 비교하여 비로 나타내세요.

(1) 여학생 수의 남학생 수에 대한 비 ➡ □ : □

(2) 남학생 수와 반 전체 학생 수의 비 ➡ □ : □

? 남학생 수와 여학생 수의 비가 3:2라면 남학생이 3명, 여학생이 2명이라고 말할 수 있나요?

아니요. 비가 3 : 2인 것은 상대적인 양을 나타내는 것입니다. 예를 들어 남학생과 여학생이 각각 6명과 4명, 30명과 20명인 경우에도 3 : 2의 비로 나타낼 수 있습니다.

3 비율 알아보기

● **기준량과 비교하는 양**

비 2 : 5에서

기준량은 기호 :의 오른쪽에 있는 5이고,

비교하는 양은 기호 :의 왼쪽에 있는 2입니다.

● **비율**

기준량에 대한 비교하는 양의 크기를 비율이라고 합니다.

(비율)

= (비교하는 양) ÷ (기준량)

$= \frac{(\text{비교하는 양})}{(\text{기준량})}$

비 2 : 5를 비율로 나타내면 $\frac{2}{5}$ 또는 0.4입니다.

보충 개념

• **기준량과 비교하는 양이 달라도 비율이 같을 수 있습니다.**

$15:20 \rightarrow \frac{15}{20} = \frac{3}{4}$

$9:12 \rightarrow \frac{9}{12} = \frac{3}{4}$

!

• 비 7 : 10을 비율로 나타내면 $\frac{\square}{10}$ 또는 ☐입니다.

7 **다음 비의 비교하는 양과 기준량을 각각 찾아 써 보고 비율을 분수와 소수로 나타내어 보세요.**

비	비교하는 양	기준량	비율	
			분수	소수
15 : 20				
24에 대한 12의 비				
18과 30의 비				

8 **직사각형의 세로에 대한 가로의 비율을 구하려고 합니다. 물음에 답하세요.**

(1) 세로에 대한 가로의 비를 써 보세요.

( )

(2) 세로에 대한 가로의 비율을 분수와 소수로 나타내어 보세요.

분수 ( )

소수 ( )

? 비율을 분수로 나타낼 때 반드시 기약분수로 나타내야 하나요?

아니요. 비율을 분수로 나타낼 때 필요한 경우 기약분수로 나타내지만 반드시 그렇게 할 필요는 없습니다.

4 비율이 사용되는 경우 알아보기

정답과 풀이 24쪽

● **걸린 시간에 대한 간 거리의 비율**

400 km를 가는 데 5시간이 걸렸을 때 걸린 시간에 대한 간 거리의 비율 구하기

➡ $(\text{비율})=\frac{(\text{간 거리})}{(\text{걸린 시간})}=\frac{400}{5}=80$

● **넓이에 대한 인구의 비율**

인구는 8400명, 넓이는 $4\ \text{km}^2$일 때 넓이에 대한 인구의 비율 구하기

➡ $(\text{비율})=\frac{(\text{인구})}{(\text{넓이})}=\frac{8400}{4}=2100$

● **소금물 양에 대한 소금 양의 비율**

소금 30 g을 녹여 소금물 200 g을 만들었을 때 소금물 양에 대한 소금 양의 비율 구하기

➡ $(\text{비율})=\frac{(\text{소금의 양})}{(\text{소금물의 양})}=\frac{30}{200}\left(=\frac{15}{100}=0.15\right)$

보충 개념

- 단위 시간에 간 평균 거리를 속력이라고 합니다.
  ➡ $(\text{속력})=\frac{(\text{간 거리})}{(\text{걸린 시간})}$
- $1\ \text{km}^2$에 사는 평균 인구를 인구 밀도라고 합니다.
  ➡ $(\text{인구 밀도})=\frac{(\text{인구})}{(\text{넓이}(\text{km}^2))}$
- 용액에 대한 용질의 양을 용액의 진하기라고 합니다.
  ➡ $(\text{용액의 진하기})=\frac{(\text{용질의 양})}{(\text{용액의 양})}$ (용질: 소금, 용액: 소금물)

9 280 km를 가는 데 4시간이 걸리는 자동차가 있습니다. 이 자동차의 걸린 시간에 대한 달린 거리의 비율을 구하세요.

( )

▶ 먼저 기준량과 비교하는 양을 파악하여 비율을 구합니다.

10 서울의 인구와 넓이를 조사한 것입니다. 서울의 넓이에 대한 인구의 비율은 약 얼마일까요? (단, 비율은 반올림하여 자연수 부분만 씁니다.)

인구(명)	10160000
넓이(km^2)	600

( )

11 준희는 물에 매실 원액 120 mL를 넣어 매실주스 300 mL를 만들었습니다. 매실주스 양에 대한 매실 원액 양의 비율을 구하세요.

( )

5 백분율 알아보기

● **백분율**

– 기준량을 100으로 할 때의 비율을 백분율이라고 합니다.

– 백분율은 기호 %를 사용하여 나타냅니다.

– 비율 $\frac{74}{100}$를 74 %라 쓰고 74퍼센트라고 읽습니다.

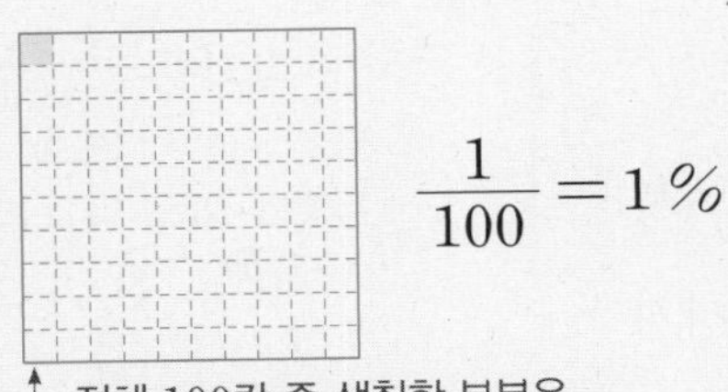

$\frac{1}{100}=1\%$

└전체 100칸 중 색칠한 부분은 1칸입니다.

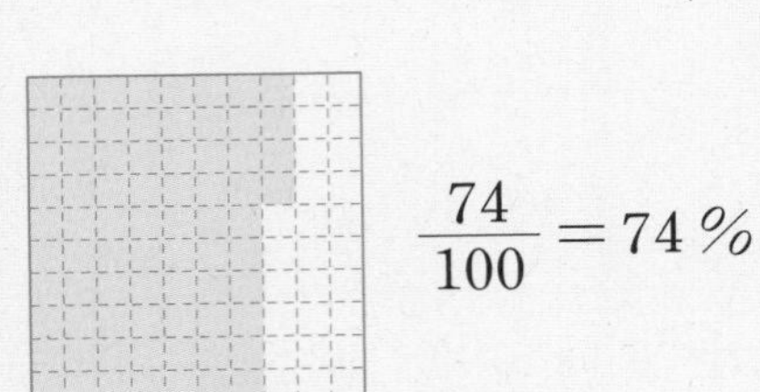

$\frac{74}{100}=74\%$

└전체 100칸 중 색칠한 부분은 74칸입니다.

보충 개념

• **비율 $\frac{1}{4}$을 백분율로 나타내는 방법**

방법 1 기준량이 100인 비율로 나타내기

$\frac{1}{4}=\frac{25}{100}=25\%$

방법 2 비율에 100을 곱해서 나온 값에 % 붙이기

$\frac{1}{4}\times 100=25(\%)$

12 그림을 보고 전체에 대한 색칠한 부분의 비율을 백분율로 나타내어 보세요.

(1) 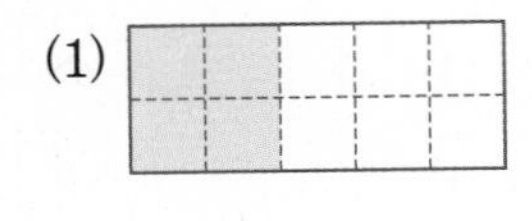

(　　　　　　)

(2) 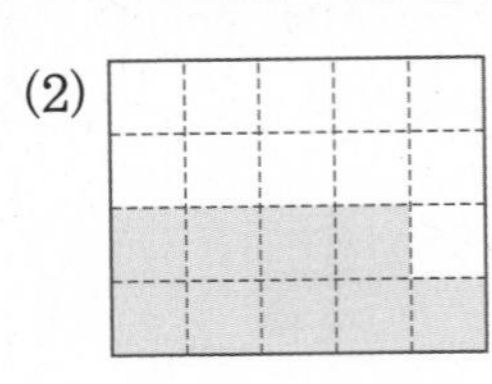

(　　　　　　)

색칠한 부분의 비율은 어떻게 알 수 있나요?

전체 칸 수에 대한 색칠한 부분의 칸 수의 비를 생각해 봅니다.

13 빈칸에 알맞은 수를 써넣으세요.

분수	소수	백분율(%)
$\frac{7}{10}$	0.7	
	0.34	
$\frac{7}{25}$		

14 비율의 크기를 비교하여 ○ 안에 >, =, <를 알맞게 써넣으세요.

(1) 0.52  25 %

(2) $\frac{12}{25}$ 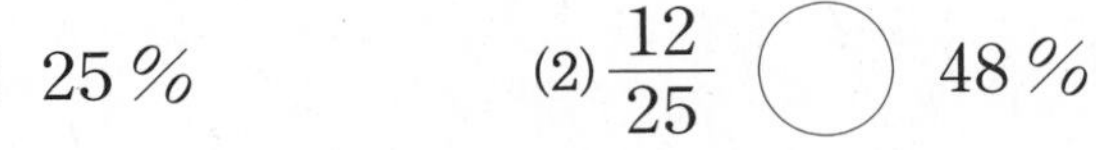 48 %

▶ 비율을 백분율로 통일하여 크기를 비교합니다.

6 백분율이 사용되는 경우 알아보기

정답과 풀이 25쪽

● 물건의 할인율 구하기

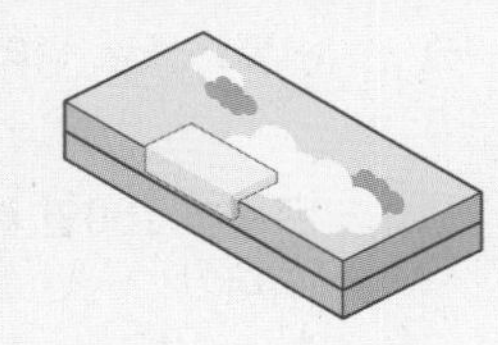

4000원짜리 필통을 할인해 2600원에 판매합니다.

– 필통의 할인율 구하는 방법

방법 1 할인된 판매 가격은 원래 가격의 $\frac{2600}{4000}\times 100=65(\%)$이므로 할인율은 $100-65=35(\%)$입니다.

방법 2 원래 가격에서 할인된 판매 가격을 빼면 $4000-2600=1400$(원)이므로 할인율은 $\frac{1400}{4000}\times 100=35(\%)$입니다.

보충 개념

• 할인율을 구할 때 방법 1 과 방법 2 중 어느 것을 사용해도 결과는 같습니다.

15 어느 서점에서 25000원짜리 책을 20000원에 판매한다고 합니다. 이 책은 몇 %를 할인하여 판매하는 것일까요?

( )

16 찬민이와 현태는 농구 연습을 했습니다. 공을 던진 횟수와 넣은 횟수가 각각 다음과 같을 때 물음에 답하세요.

▶ 넣은 횟수가 많다고 해서 골 성공률이 더 높은 것은 아닙니다. 던진 횟수가 다르므로 던진 횟수를 100으로 하여 비교해 봅니다.

	찬민	현태
던진 횟수(번)	30	25
넣은 횟수(번)	18	16

(1) 찬민이의 골 성공률은 몇 %일까요?

( )

(2) 현태의 골 성공률은 몇 %일까요?

( )

(3) 누구의 골 성공률이 더 높은지 구하세요.

( )의 골 성공률이 더 높습니다.

4

기본에서 응용으로

교과유형

1 두 수 비교하기

• 두 수를 비교하는 방법
  - 뺄셈으로 비교하기
  - 나눗셈으로 비교하기

[1~3] 바구니 한 개에 축구공을 6개, 농구공을 3개씩 담으려고 합니다. 바구니 수에 따른 축구공 수와 농구공 수를 비교해 보세요.

1 바구니 수에 따른 축구공 수와 농구공 수를 구해 표를 완성해 보세요.

바구니 수	1	2	3	4	5
축구공 수(개)	6				
농구공 수(개)					

2 축구공 수와 농구공 수를 나눗셈으로 비교해 보세요.

(축구공 수) ÷ (농구공 수) = □

3 축구공 수와 농구공 수 사이의 관계를 써 보세요.

....

4 모눈종이에 직사각형을 그린 것입니다. 직사각형의 가로와 세로를 나눗셈으로 비교해 보세요.

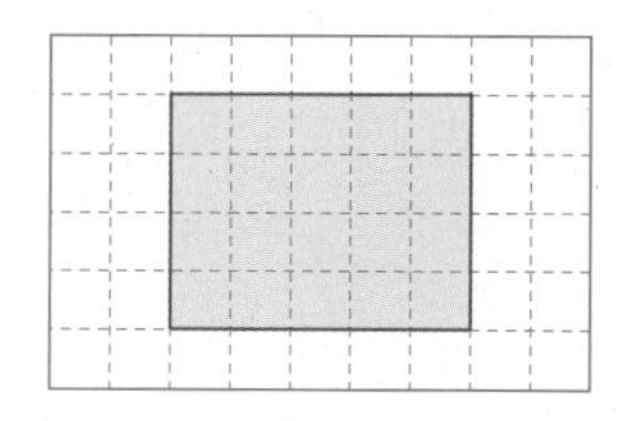

(세로) ÷ (가로) = □ ÷ □ = □

....

서술형

5 태민이네 학교의 6학년 학생 중 남학생은 84명이고, 여학생은 70명입니다. 6학년 남학생 수와 여학생 수를 두 가지 방법으로 비교해 보세요.

방법 1 ....

....

방법 2 ....

....

교과유형

2 비

• 비의 뜻
  - 두 수를 나눗셈으로 비교하기 위해 기호 : 을 사용하여 나타낸 것을 비라고 합니다.
  - 두 수 4와 3을 비교할 때 4 : 3이라 쓰고 4 대 3이라고 읽습니다.

6 다음 중 3 : 7을 잘못 읽은 것은 어느 것일까요? (   )

① 3 대 7　② 3과 7의 비
③ 7의 3에 대한 비　④ 7에 대한 3의 비
⑤ 3의 7에 대한 비

7 그림을 보고 전체에 대한 색칠한 부분의 비를 써 보세요.

(1)
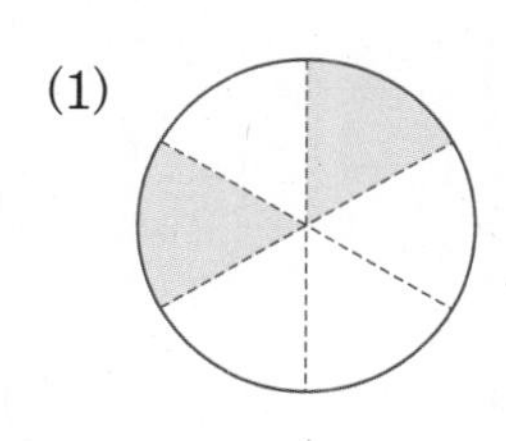
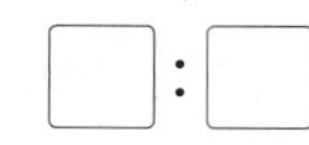

(2)
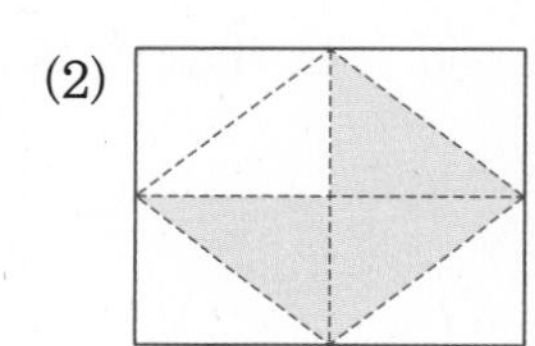
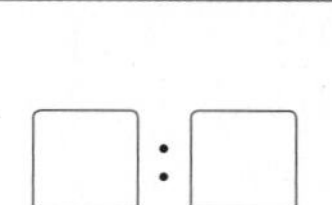

8 파란색 구슬에 대한 노란색 구슬의 비가 3 : 5가 되도록 파란색 구슬과 노란색 구슬을 그려 보세요.

서술형

9 알맞은 말에 ○표 하여 문장을 완성하고, 그 이유를 설명해 보세요.

5 : 2와 2 : 5는 (같습니다 , 다릅니다).

이유

10 주혜는 우유 200 mL와 유산균 요구르트 40 mL를 섞은 후 발효시켜 요거트를 만들었습니다. 만든 요거트의 양에 대한 우유의 양의 비는 얼마일까요?

( )

11 어느 소극장에 입장한 관람객 94명 중 여자는 51명이었습니다. 남자 관람객 수와 여자 관람객 수의 비는 얼마일까요?

( )

교과 유형 **3** 비율

- 기준량은 기호 :의 오른쪽에 있는 수이고, 비교하는 양은 기호 :의 왼쪽에 있는 수입니다.
- 비율 : 기준량에 대한 비교하는 양의 크기

$$(\text{비율}) = \frac{(\text{비교하는 양})}{(\text{기준량})}$$

12 귤이 6개, 사과가 15개 있습니다. 귤 수에 대한 사과 수의 비율을 분수와 소수로 각각 나타내어 보세요.

분수 ( )
소수 ( )

13 기준량이 7인 비를 모두 찾아 기호를 써 보세요.

㉠ 4에 대한 7의 비
㉡ 4와 7의 비
㉢ 4의 7에 대한 비

( )

14 관계있는 것끼리 이어 보세요.

2와 5의 비 •	• 0.35
3 : 8 •	• 0.4
7 대 20 •	• 0.375

15 비율이 다른 하나는 어느 것일까요? ( )

① $\frac{8}{10}$ ② 8 : 10 ③ 10 대 8
④ $\frac{4}{5}$ ⑤ 0.8

4

서술형

16 두 직사각형의 세로에 대한 가로의 비율을 분수와 소수로 각각 나타내어 표를 완성하고 알게된 점을 써 보세요.

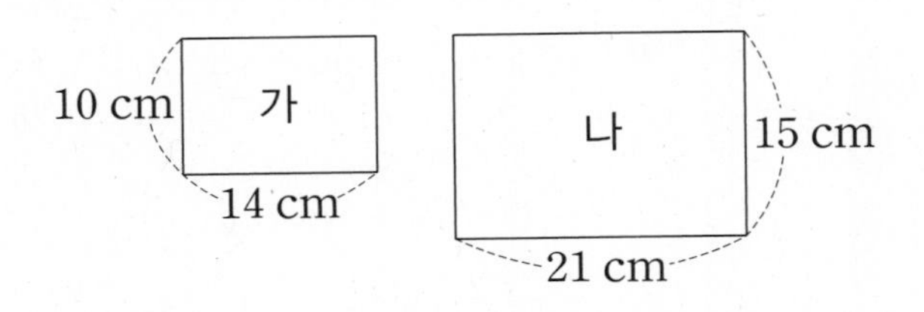

		가	나
비율	분수		
	소수		

알게된 점

17 동전 한 개를 10번 던져서 나온 면을 나타낸 것입니다. 동전을 던진 횟수에 대한 숫자 면이 나온 횟수의 비율을 소수로 나타내어 보세요.

회차	1	2	3	4	5	6	7	8	9	10
나온 면	숫자	숫자	그림	그림	그림	숫자	그림	그림	그림	그림

( )

18 경우네 학교에서 체험 학습을 갔습니다. 경우네 모둠 6명은 10인실을 사용했고, 진아네 모둠 9명은 12인실을 사용했습니다. 어느 모둠이 더 넓게 느꼈을지 써 보세요.

( )

19 연비는 자동차의 단위 연료(1 L)당 주행 거리(km)의 비율입니다. 가와 나 자동차 중 연비가 더 높은 자동차는 어느 자동차일까요?

- 가 자동차 : 30 L로 510 km를 달립니다.
- 나 자동차 : 25 L로 475 km를 달립니다.

( )

교과유형

4 비율이 사용되는 경우

- $(\text{걸린 시간에 대한 간 거리의 비율}) = \dfrac{(\text{간 거리})}{(\text{걸린 시간})}$
- $(\text{넓이에 대한 인구의 비율}) = \dfrac{(\text{인구})}{(\text{넓이})}$
- $(\text{소금물의 진하기}) = \dfrac{(\text{소금의 양})}{(\text{소금물의 양})}$

20 어느 선수가 400 m를 달리는 데 50초가 걸렸습니다. 이 선수가 400 m를 달리는 데 걸린 시간에 대한 달린 거리의 비율을 구하세요.

( )

21 지호네 집에서 학교까지의 실제 거리 800 m인데 지도에서는 1 cm로 그렸습니다. 지호네 집에서 학교까지 실제 거리에 대한 지도에서 거리의 비율을 분수로 나타내어 보세요.

( )

22 야구에서 타율은 전체 타수에 대한 안타 수의 비율입니다. 두 야구 선수의 기록이 다음과 같을 때 누구의 타율이 더 높은지 구하세요.

	타수	안타 수
가 선수	250	90
나 선수	300	96

( )

23 세 나라의 인구와 넓이를 조사한 표입니다. 세 나라 중 인구가 가장 밀집한 나라는 어느 나라일까요?

국가	넓이(km^2)	인구(명)
싱가포르	710	약 5076700
대만	35980	약 23069345
모나코	2	약 33000

( )

[24~25] 현수는 물에 오미자 원액 140 mL를 넣어 오미자주스 500 mL를 만들었고, 재민이는 물에 오미자 원액 90 mL를 넣어 오미자주스 300 mL를 만들었습니다. 물음에 답하세요.

24 현수와 재민이가 만든 오미자주스 양에 대한 오미자 원액의 비율을 각각 구하세요.

현수 ( )
재민 ( )

25 누가 만든 오미자주스가 더 진한지 쓰세요.

( )

서술형
26 같은 시각에 정우와 동생의 그림자의 길이를 재었습니다. 정우와 동생의 키에 대한 그림자의 길이의 비율을 각각 구하고 알게된 점을 써 보세요.

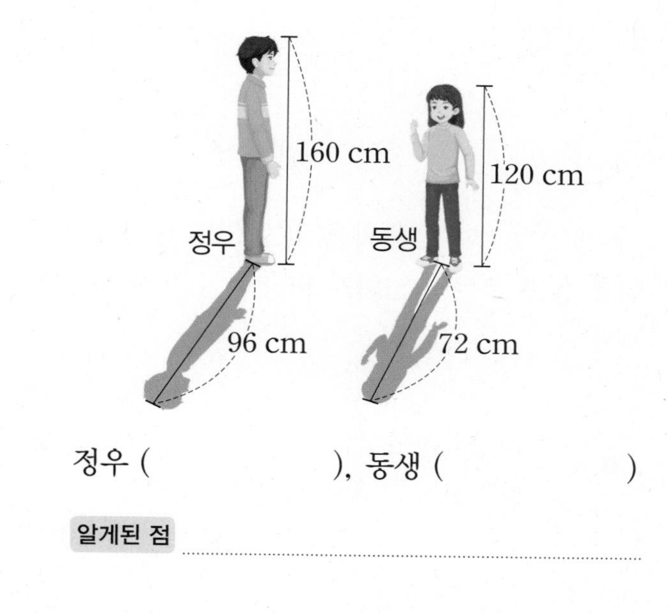

정우 ( ), 동생 ( )

알게된 점 ....

....

개념 5 백분율

- 백분율 : 기준량을 100으로 할 때의 비율
- 백분율은 기호 %를 사용하여 나타냅니다.
- 비율 $\frac{52}{100}$를 52 %라 쓰고 52퍼센트라고 읽습니다.

27 비율을 백분율로 나타내어 보세요.

(1) $\frac{3}{4}$ ( )

(2) 1.28 ( )

28 빈칸에 알맞게 써넣으세요.

비 \ 비율	분수	소수	백분율
7 : 25			
8 : 5			

29 백분율을 분수와 소수로 각각 나타내어 보세요.

21 %

분수 (　　　　　　　)
소수 (　　　　　　　)

[30~31] 밭 전체의 넓이는 300 m^2이고, 고구마를 심은 부분의 넓이는 96 m^2일 때 물음에 답하세요.

30 큰 정사각형이 밭 전체의 넓이를 나타낼 때 고구마를 심은 부분의 넓이만큼 색칠해 보세요.

31 밭 전체의 넓이에 대한 고구마를 심은 부분의 넓이의 비율을 백분율로 나타내어 보세요.

(　　　　　　　)

32 비율만큼 색칠해 보세요.

(1) 40 %

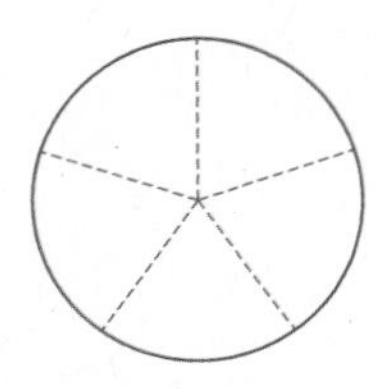

(2) 25 %

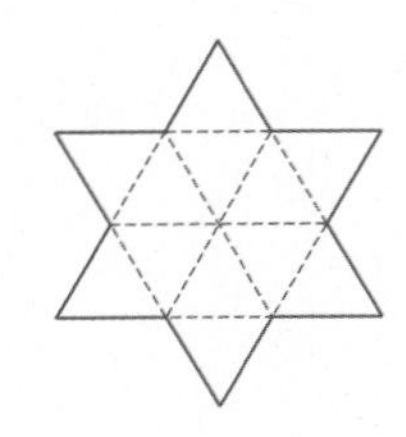

33 비율이 큰 순서대로 기호를 써 보세요.

㉠ 1.27　㉡ $\frac{9}{10}$　㉢ 57 %

(　　　　　　　)

서술형

34 비율 $\frac{1}{5}$을 백분율로 나타내려고 합니다. 두 가지 방법으로 설명해 보세요.

방법 1

방법 2

교과유형 **6** 백분율이 사용되는 경우

• 물건의 할인율 구하기

① 정가에서 할인 후 금액을 빼서 할인 금액을 구합니다.

② (할인율) $= \frac{(\text{할인 금액})}{(\text{정가})} \times 100$을 이용하여 구합니다.

35 어느 인형 가게에서 파는 인형의 정가와 판매 가격을 나타낸 것입니다. 할인율이 더 높은 인형은 어느 것일까요?

인형	정가(원)	판매 가격(원)
곰	20000	17000
토끼	15000	12000

(　　　　　　　)

[36~37] 가, 나, 다 세 공장에서 하루에 만드는 필통 수와 하루에 나오는 불량품의 수가 다음과 같을 때 물음에 답하세요.

공장	만든 필통 수(개)	불량품 수(개)
가	200	30
나	150	15
다	250	45

36 세 공장의 불량품이 나오는 비율을 백분율로 각각 나타내세요.

가 (   ), 나 (   ), 다 (   )

37 불량품을 만드는 비율이 가장 낮은 공장은 어느 공장일까요?

(   )

38 민아는 설탕 75 g을 녹여 설탕물 500 g을 만들었고, 지은이는 설탕 63 g을 녹여 설탕물 420 g을 만들었습니다. 누가 만든 설탕물이 더 진한지 구하세요.

(   )

39 다음 글을 읽고 어느 영화의 인기가 가장 많은지 구하세요.

- 가 영화는 좌석 수에 대한 관객 수의 비율이 65 %입니다.
- 나 영화는 좌석 250석당 190명이 봤습니다.
- 다 영화는 좌석 수에 대한 관객 수의 비율이 $\frac{11}{20}$입니다.

(   )

실전유형

비교하는 양 구하기

(비율) $=\frac{(비교하는 양)}{(기준량)}$이므로

비율과 기준량을 알 때

(비교하는 양) = (기준량) × (비율)입니다.

40 운동장에 학생 100명 중 안경을 쓴 학생의 비율이 $\frac{3}{20}$이라고 합니다. 안경을 쓴 학생은 몇 명일까요?

(   )

41 상자 속에 빨간색과 파란색 구슬이 모두 20개 들어 있습니다. 빨간색 구슬 수가 전체 구슬 수의 40 %일 때 파란색 구슬은 몇 개일까요?

(   )

42 제한 시간 안에 '풍선 많이 터트리기' 경기를 하였습니다. 용석이와 서윤이 중 풍선을 더 많이 터트린 사람은 누구일까요?

이름	시도한 풍선 수	성공률
용석	50	38 %
서윤	40	45 %

(   )

심화유형 1

가격과 비율

문제 풀이

정민이는 지난주에 구슬 8개를 4000원에 샀는데 이번 주에는 똑같은 구슬을 할인하여 7개를 2800원에 샀습니다. 구슬 한 개의 할인율을 백분율로 나타내어 보세요.

( )

● 핵심 NOTE 지난주와 이번 주의 구슬 한 개의 가격을 구한 다음 할인율을 구합니다.

1-1 수호 어머니는 어제 감자 5개를 3000원에 샀는데 오늘은 감자 6개를 4500원에 샀습니다. 오늘은 어제보다 감자 한 개의 값이 몇 % 올랐는지 구하세요.

( )

1-2 어느 제과점에서 원가가 500원인 빵 한 개에 30 %의 이익을 붙여 정가를 정했습니다. 그런데 빵이 팔리지 않아 정가의 20 %를 할인하여 팔려고 합니다. 빵을 얼마에 팔아야 하는지 구하세요.

( )

심화유형 2 비율을 구하여 비교하는 양 구하기

희주 어머니는 쌀의 양과 물의 양의 비를 $2:9$로 하여 죽을 끓이려고 합니다. 쌀을 36 g 넣고 죽을 끓이려면 물을 몇 g 넣어야 할까요?

( )

● 핵심 NOTE (쌀의 양) : (물의 양)과 쌀의 양이 주어졌으므로 쌀의 양을 기준량으로 하는 비율을 구해 비교하는 양인 물의 양을 구합니다.

2-1 성준이의 형은 지원자 수에 대한 합격자 수의 비가 $1:7$인 어느 대학교 미술학과에 합격하였습니다. 이 대학교의 미술학과에 지원한 사람이 350명일 때 합격자 수는 몇 명일까요?

( )

2-2 어떤 축구팀의 승률(참가한 경기 수에 대한 이긴 경기 수의 비율)은 0.75라고 합니다. 이 축구팀이 모두 120번의 경기에 참가했다면 진 경기는 모두 몇 번일까요? (단, 비긴 경우는 없습니다.)

( )

심화유형 3 늘이거나 줄인 도형의 넓이 구하기

오른쪽 직사각형을 가로는 20 %만큼 늘이고, 세로는 25 %만큼 늘여서 새로운 직사각형을 만들었습니다. 새로 만든 직사각형의 넓이는 몇 cm^2일까요?

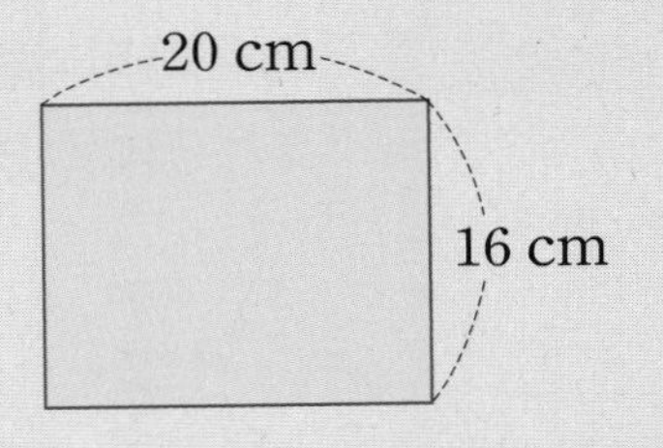

(　　　　　　　　　　)

● 핵심 NOTE　백분율을 이용하여 새로 만든 직사각형의 가로와 세로를 각각 구한 후 직사각형의 넓이를 구합니다.

3-1 오른쪽 삼각형을 밑변은 40 %만큼 줄이고, 높이는 10 %만큼 늘여서 새로운 삼각형을 만들었습니다. 새로 만든 삼각형의 넓이는 몇 cm^2일까요?

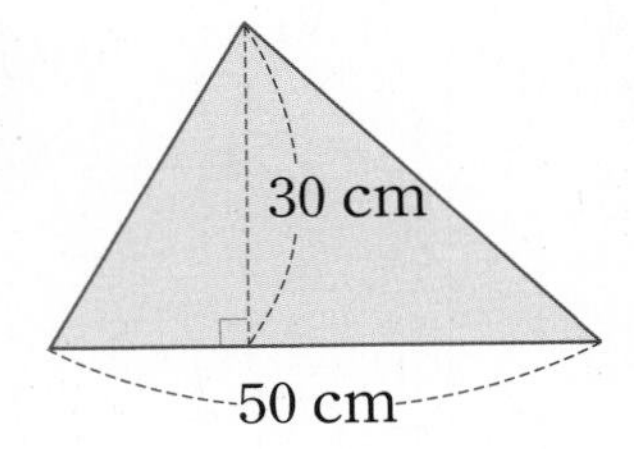

(　　　　　　　　　　)

3-2 오른쪽 마름모에서 두 대각선 중 더 긴 대각선을 일정한 비율로 줄여서 새로운 마름모를 만들었습니다. 새로 만든 마름모의 넓이가 1020 cm^2라면 긴 대각선을 몇 % 줄인 것일까요?

60 cm　40 cm

(　　　　　　　　　　)

정답과 풀이 28쪽

수학 + 체육

비율을 이용하여 마라톤 경기에서 완주한 사람 수 구하기

마라톤은 우수한 심폐기능과 강인한 근력이 필요한 경기로 $42.195\ \mathrm{km}$의 장거리를 달리는 육상 경기의 한 종목입니다. 서울 국제 마라톤 대회에 2000명의 선수가 참가하였는데 그중 결승점까지 달린 선수는 전체 참가자 수의 $70\ \%$였다고 합니다. 결승점까지 달린 선수 중 $25\ \%$가 여자 선수였다면 결승점까지 달린 남자 선수는 몇 명인지 구하세요.

1단계 결승점까지 달린 전체 선수 수 구하기

2단계 결승점까지 달린 여자 선수 수 구하기

3단계 결승점까지 달린 남자 선수 수 구하기

( )

● 핵심 NOTE

1단계 백분율을 이용하여 결승점까지 달린 전체 선수 수를 구합니다.

2단계 백분율을 이용하여 결승점까지 달린 여자 선수 수를 구합니다.

3단계 (결승점까지 달린 남자 선수 수)
=(결승점까지 달린 전체 선수 수)−(결승점까지 달린 여자 선수 수)

4-1 철인 3종 경기는 한 선수가 수영, 사이클, 마라톤의 세 가지 종목을 실시하는 경기로 극한의 인내심을 요구하는 스포츠입니다. 어느 해 철인 3종 경기의 참가자가 3000명이었는데 그중에서 완주자는 $65\ \%$였습니다. 완주자 중 $80\ \%$가 남자였다면 철인 3종 경기 완주자 중 여자는 몇 명인지 구하세요.

( )

4

기출 단원 평가 Level 1

점수

확인

1 태우와 형의 나이를 예상하여 표로 만든 것입니다. □ 안에 알맞은 수를 써넣으세요.

	올해	1년 후	2년 후	3년 후	4년 후
태우 나이(살)	13	14	15	16	17
형 나이(살)	17	18	19	20	21

태우는 형보다 항상 □살 적습니다.

2 경진이의 책꽂이에 동화책이 11권, 위인전이 8권 꽂혀 있습니다. 다음을 비로 나타내어 보세요.

(1) 동화책 수에 대한 위인전 수의 비
( )

(2) 동화책 수의 위인전 수에 대한 비
( )

3 전체에 대한 색칠한 부분의 비가 3 : 7이 되도록 색칠해 보세요.

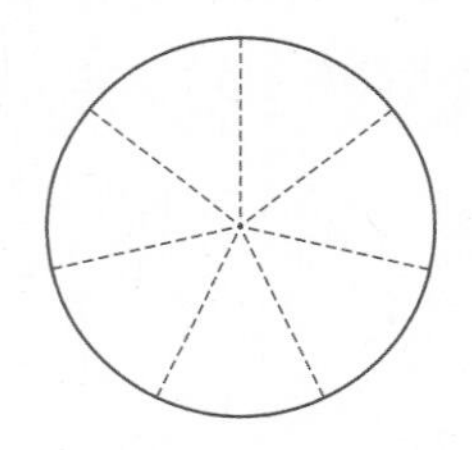

4 비교하는 양이 기준량보다 큰 것은 어느 것일까요? ( )

① 6 : 9
② 5에 대한 7의 비
③ 8과 20의 비
④ 10의 11에 대한 비
⑤ 12 대 15

5 관계있는 것끼리 이어 보세요.

9와 12의 비 •	• 0.8
7 대 8 •	• 0.875
8 : 10 •	• 0.75

6 표를 완성하고 아이스크림이 10개이면 판매 금액은 얼마인지 구하세요.

아이스크림 수(개)	1	2	3	4	5
판매 금액(원)	800	1600			

( )

7 빈칸에 알맞은 수를 써넣으세요.

비	비교하는 양	기준량	비율
1 : 4			
7 : 10			

8 5의 20에 대한 비율을 모두 고르세요.

( )

① $\frac{5}{20}$ ② 5.2 ③ 20 %

④ 0.25 ⑤ $\frac{20}{5}$

9 전체에 대한 색칠한 부분의 비율을 백분율로 나타내어 보세요.

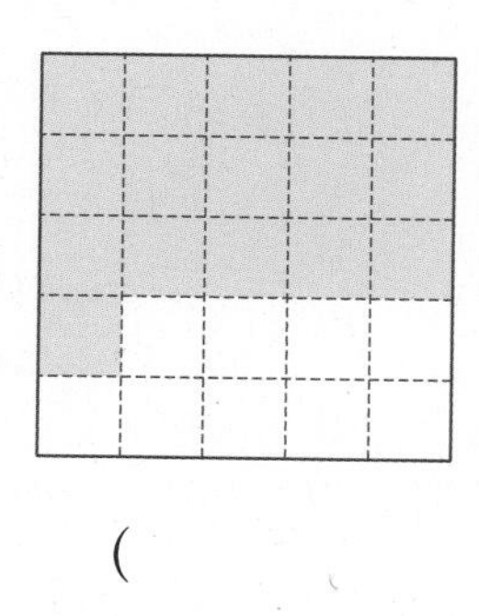

( )

10 정우네 반 학생은 25명입니다. 그중 19명은 휴대 전화를 가지고 있습니다. 전체 학생 수에 대한 휴대 전화를 가지고 있지 않은 학생 수의 비를 써 보세요.

( )

11 어느 농구 선수가 공을 300번 던져서 96번을 넣었습니다. 이 농구 선수의 성공률은 몇 %일까요?

( )

12 백분율을 분수와 소수로 각각 나타내어 보세요.

34 %

분수 ( )

소수 ( )

13 직사각형의 가로에 대한 세로의 비율을 분수로 나타내어 보세요.

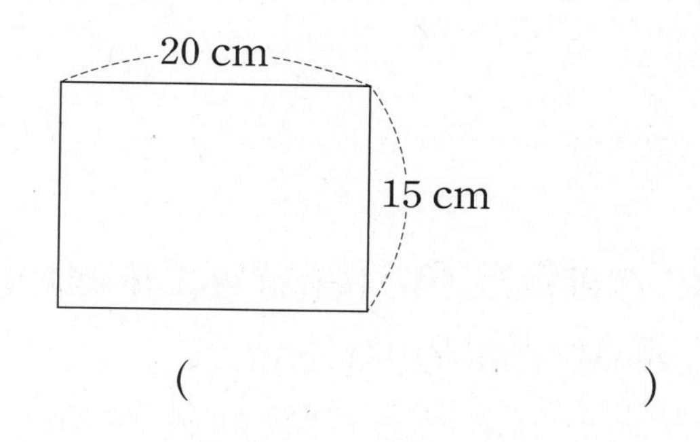

( )

14 비율의 크기를 비교하여 ○ 안에 >, =, <를 알맞게 써넣으세요.

$\frac{9}{20}$ ○ 36 %

15 서진이는 물에 설탕 42 g을 녹여 설탕물 300 g을 만들었습니다. 설탕물의 양에 대한 설탕 양의 비율을 소수로 나타내어 보세요.

( )

16 다음 글을 읽고 어느 영화의 인기가 더 많은지 구하세요.

- 가 영화는 좌석 수에 대한 관객 수의 비율이 65 %입니다.
- 나 영화는 좌석 250석당 190명이 봤습니다.

(　　　　　　　　)

17 50 L들이의 물통에 물이 88 %만큼 들어 있었습니다. 그런데 물통이 깨져서 물통에 들어 있던 물의 0.25만 남았습니다. 물통에 남아 있는 물은 몇 L일까요?

(　　　　　　　　)

18 같은 시각 물체의 길이와 물체의 그림자 길이의 비율은 항상 같습니다. 키가 135 cm인 규현이의 그림자의 길이가 189 cm가 되는 시각에 길이가 275 cm인 전봇대의 그림자는 몇 cm가 될까요?

(　　　　　　　　)

술술 서술형

19 자동차 수와 바퀴 수를 나타낸 것입니다. 바퀴가 36개일 때 자동차는 몇 대인지 풀이 과정을 쓰고 답을 구하세요.

자동차 수(대)	1	2	3	4	5
바퀴 수(개)	4	8	12	16	20

풀이

답

20 어느 가게에서 파는 물건의 정가와 판매 가격을 나타낸 것입니다. 할인율이 더 높은 물건은 무엇인지 풀이 과정을 쓰고 답을 구하세요.

	팽이	야구공
정가(원)	15000	8000
판매 가격(원)	14250	7680

풀이

답

기출 단원 평가 Level ❷

점수

확인

1 문구점에서 한 상자에 연필을 3자루, 지우개를 6개씩 넣어 판매하고 있습니다. 상자 수에 따른 연필 수와 지우개 수를 나눗셈으로 비교해 보세요.

상자 수	1	2	3	4	5
연필 수(자루)	3	6	9	12	15
지우개 수(개)	6	12	18	24	30

연필 수는 지우개 수의 □배입니다.

2 다음 중 5 : 4를 잘못 읽은 것은 어느 것일까요? (　　　)

① 5 대 4　② 4에 대한 5의 비
③ 5의 4에 대한 비　④ 5와 4의 비
⑤ 4의 5에 대한 비

3 체육실에 축구공 25개와 농구공 19개가 있습니다. 전체 공의 수에 대한 축구공 수의 비를 구하세요.

(　　　　　　)

4 두 비율의 크기를 비교하여 작은 쪽에 ○표 하세요.

9 : 4　　7 : 9

(　　)　(　　)

5 동전 한 개를 20번 던졌더니 그림 면이 13번, 숫자 면이 7번 나왔습니다. 동전을 던진 횟수에 대한 그림 면이 나온 횟수의 비율을 분수와 소수로 각각 나타내어 보세요.

분수 (　　　　), 소수 (　　　　)

6 빈칸에 알맞게 써넣으세요.

비 \ 비율	분수	소수	백분율
1 : 8			
12 : 25			

7 비율이 다른 하나는 어느 것일까요?

(　　　)

① 9 : 20　② $\frac{9}{20}$　③ 45 %

④ $\frac{405}{1000}$　⑤ 0.45

8 공장에서 연필을 한 시간에 400자루 만들 때 불량품이 12자루 나온다고 합니다. 한 시간에 만든 연필 수에 대한 불량품 수의 비율을 백분율로 나타내어 보세요.

(　　　　　　)

9 비율만큼 색칠해 보세요.

(1) 55 %

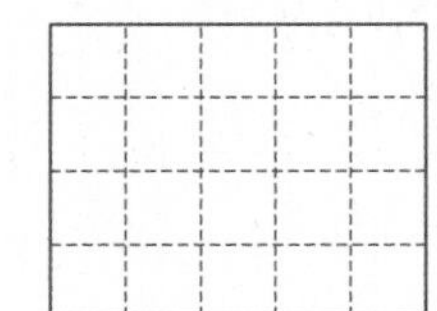

(2) 20 %

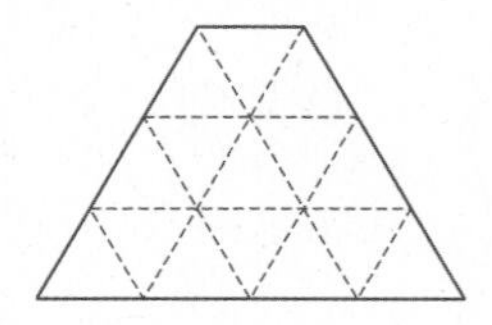

10 비율이 큰 순서대로 기호를 써 보세요.

㉠ 12.3　㉡ 200 %　㉢ $22\frac{3}{4}$

(　　　　　　)

11 기준량이 비교하는 양보다 작은 경우를 모두 찾아 기호를 써 보세요.

㉠ $\frac{2}{5}$　㉡ 15 %　㉢ 1.25　㉣ 120 %

(　　　　　　)

12 빈칸에 알맞게 써넣으세요.

기준량	비교하는 양	비율
20000원		0.45
300 m		$\frac{2}{5}$

13 다음 세 자동차 중 어느 자동차가 가장 빠른지 구하세요.

자동차	간 거리(km)	걸린 시간(시간)
가	360	4
나	480	6
다	195	3

(　　　　　　)

14 똑같은 옷을 백화점에서는 가격이 100000원인데 30 %를 할인해 주고, 홈쇼핑에서는 가격이 90000원인데 20 %를 할인해 준다고 합니다. 옷을 더 싸게 살 수 있는 곳은 어디이고, 얼마에 살 수 있을까요?

(　　　　　　), (　　　　　　)

15 현서와 지운이는 양이 각각 다른 주스를 마시고 있습니다. 현서와 지운이 중 전체 주스의 양에 대한 마시고 남은 주스의 양의 비율이 더 큰 사람은 누구일까요?

현서 : 400 mL 중 280 mL를 마셨습니다.
지운 : 450 mL 중 270 mL를 마셨습니다.

(　　　　　　)

16 소금이 담겨 있는 비커에 물을 넣었더니 진하기가 15 %인 소금물 420 g이 되었습니다. 이 소금물에 녹아 있는 소금의 양은 몇 g일까요?

( )

17 어떤 공을 아래로 떨어뜨렸을 때 떨어진 높이의 70 %만큼 다시 튀어 오른다고 합니다. 이 공을 20 m 높이에서 떨어뜨렸을 때 세 번째로 튀어 올랐을 때의 공의 높이는 몇 m일까요?

( )

18 다음 직사각형을 가로는 15 %만큼 늘이고 세로는 15 %만큼 줄여서 새로운 직사각형을 만들었습니다. 새로 만든 직사각형의 넓이는 몇 cm^2가 될까요?

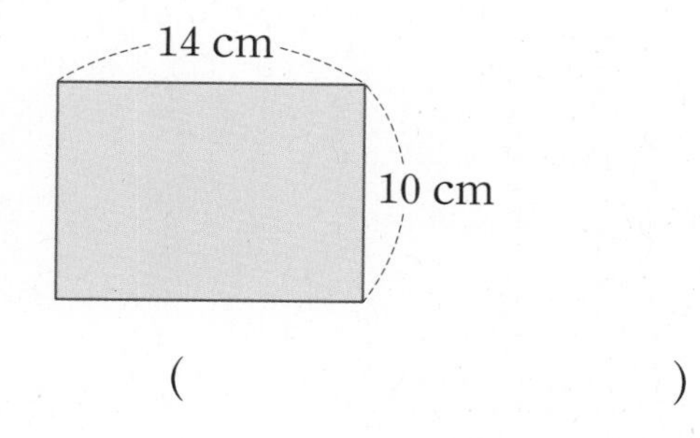

( )

술술 서술형

19 지영이네 집에서 학교까지의 실제 거리는 900 m인데 지도에서는 3 cm로 그렸습니다. 지영이네 집에서 학교까지 실제 거리에 대한 지도에서 거리의 비율을 분수로 나타내려고 합니다. 풀이 과정을 쓰고 답을 구하세요.

풀이

답

20 사과가 지난해에는 5개에 3000원이었는데 올해에는 4개에 3000원이 되었습니다. 올해 사과값은 지난해에 비해 몇 % 올랐는지 풀이 과정을 쓰고 답을 구하세요.

풀이

답

4

여러 가지 그래프

5

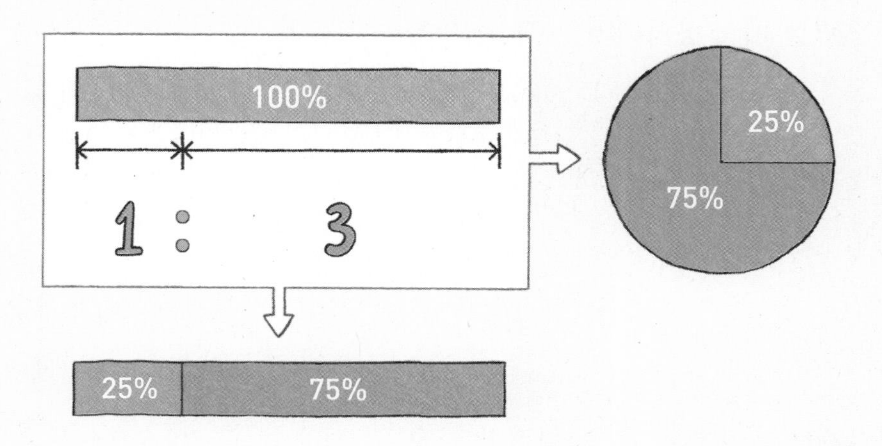

항목별 백분율을 나타내는 띠그래프, 원그래프

혈액형별 학생 수

혈액형	A형	B형	AB형	O형	합계
학생 수(명)	10	5	3	2	20
백분율(%)	50	25	15	10	100

● 띠그래프로 나타내기

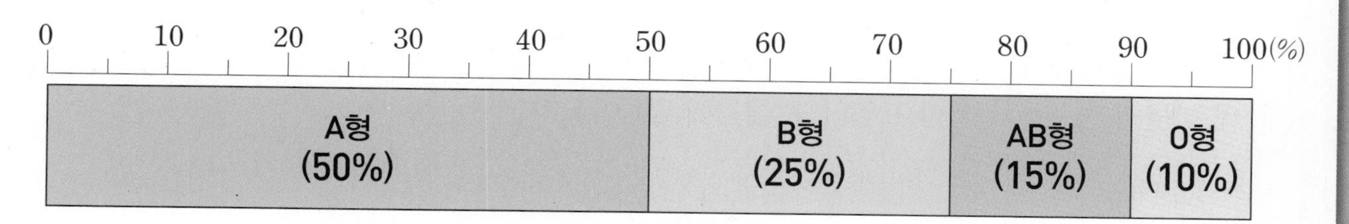

● 원그래프로 나타내기

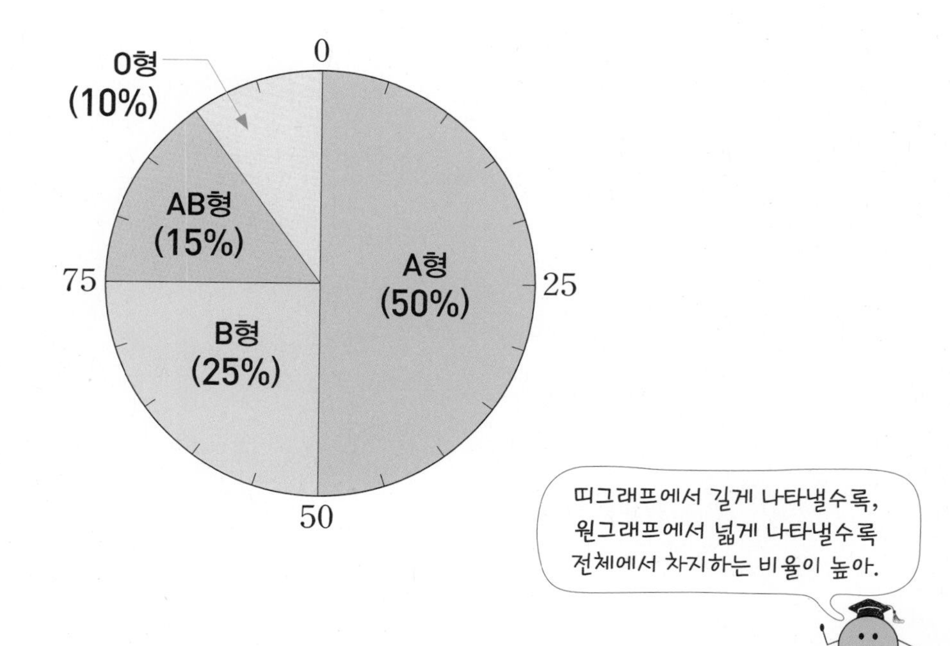

1 그림그래프로 나타내기

- **표를 그림그래프로 나타내기**

권역별 쌀 생산량

권역	서울·인천·경기	강원	대전·세종·충청	대구·부산·울산·경상	광주·전라
쌀 생산량 (만 t)	45	18	73	62	95

– 은 10만 t을 나타내고, 은 1만 t을 나타냅니다.
– 쌀 생산량이 가장 많은 권역은 광주·전라 권역이고, 가장 적은 지역은 강원 권역입니다.
– 서울 · 인천 · 경기 권역의 쌀 생산량은 강원 권역의 쌀 생산량의 약 2배입니다.

[1~2] 네 마을의 인구를 조사한 표입니다. 물음에 답하세요.

마을별 인구 수

마을	가	나	다	라
인구(명)	684	1309	417	1082

1 표를 보고 인구를 십의 자리에서 반올림하여 나타내어 보세요.

마을별 인구 수

마을	가	나	다	라
인구(명)				

2 1의 표를 보고 그림그래프로 나타내어 보세요.

마을별 인구 수

마을	인구
가	
나	
다	
라	

1000명
100명

? 자료를 표로 나타낼 때와 그림그래프로 나타낼 때 어떤 차이점이 있나요?

자료를 표로 나타내면 정확한 수치를 알 수 있고, 그림그래프로 나타내면 그림의 크기로 수량의 많고 적음을 쉽게 알 수 있습니다.

2 띠그래프 알아보기

정답과 풀이 32쪽

● **띠그래프** : 전체에 대한 각 부분의 비율을 띠 모양에 나타낸 그래프

책의 종류별 권수

동화책 (35 %)	과학책 (25 %)	위인전 (20 %)	역사책 (15 %)	기타 (5 %)

0 10 20 30 40 50 60 70 80 90 100(%)

수가 적은 항목들은 기타 항목으로 넣어서 나타냅니다.

띠의 길이가 길수록 비율이 높습니다.

● **띠그래프의 특징**

– 전체에 대한 각 부분의 비율을 쉽게 알 수 있습니다.

– 각 항목끼리의 비율을 쉽게 비교할 수 있습니다.

보충 개념

• 왼쪽 띠그래프에서
전체 비율 : 100 %
작은 눈금 한 칸의 비율 : $100 \div 20 = 5(\%)$
➡ 작은 눈금 ■칸의 비율 : $(5 \times ■)$ %

[3~5] 세은이네 학교 학생들의 혈액형을 조사하여 나타낸 표입니다. 물음에 답하세요.

혈액형별 학생 수

혈액형	O형	A형	B형	AB형	합계
학생 수(명)	175	150	125	50	500

3 혈액형별로 백분율을 구하세요.

O형 : $\frac{175}{500} \times 100 = \square(\%)$, A형 : $\frac{\square}{500} \times 100 = \square(\%)$

B형 : $\frac{\square}{500} \times 100 = \square(\%)$, AB형 : $\frac{\square}{500} \times 100 = \square(\%)$

4 3에서 구한 백분율을 보고 띠그래프를 완성해 보세요.

혈액형별 학생 수

0 10 20 30 40 50 60 70 80 90 100(%)

O형 (□ %)	A형 (30 %)	B형 (□ %)	AB형 (□ %)

5 가장 많은 학생들의 혈액형은 무엇일까요?

( )

띠그래프는 표와 막대그래프에 비해 어떤 점이 좋은가요?

① 표에 비해 각 항목의 비율을 한눈에 알아보기 쉽습니다.
② 막대그래프에 비해 부분과 전체, 부분과 부분의 비율을 비교하기 쉽습니다.

5

3 띠그래프로 나타내기

● **띠그래프로 나타내는 방법**

① 자료를 보고 각 항목의 백분율을 구합니다.
② 각 항목의 백분율의 합계가 100 %가 되는지 확인합니다.
③ 각 항목이 차지하는 백분율의 크기만큼 선을 그어 띠를 나눕니다.
④ 나눈 부분에 각 항목의 내용과 백분율을 씁니다.
⑤ 띠그래프의 제목을 씁니다.

가고 싶어 하는 나라별 학생 수

나라	미국	일본	호주	중국	기타	합계
학생 수(명)	12	10	8	6	4	40
백분율(%)	30	25	20	15	10	100

가고 싶어 하는 나라별 학생 수

0 10 20 30 40 50 60 70 80 90 100(%)

미국 (30 %) | 일본 (25 %) | 호주 (20 %) | 중국 (15 %) | 기타 (10 %)

→ 띠그래프를 그릴 때에는 표의 항목 순서대로 표시합니다.

[6~8] 현준이네 학교 학생들이 좋아하는 색깔을 조사하여 나타낸 표입니다. 물음에 답하세요.

좋아하는 색깔별 학생 수

색깔	빨간색	파란색	노란색	초록색	기타	합계
학생 수(명)	210	150	120	60	60	600
백분율(%)						

6 색깔별로 백분율을 구하여 위의 표를 완성해 보세요.

> **? 각 항목의 백분율은 어떻게 구하나요?**
>
> 백분율은
> $\frac{(\text{각 항목의 수})}{(\text{전체의 수})} \times 100(\%)$
> 로 계산합니다.

7 각 항목의 백분율을 모두 더하면 얼마일까요?

( )

8 위의 표를 보고 띠그래프를 완성해 보세요.

좋아하는 색깔별 학생 수

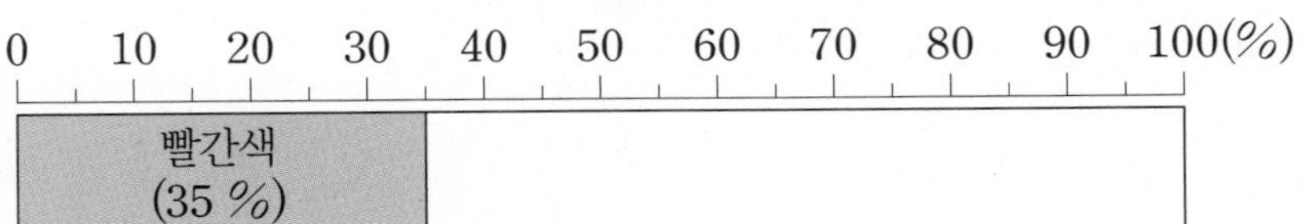

기본에서 응용으로

교과유형

1 그림그래프로 나타내기

• 자료를 그림그래프로 나타내면 좋은 점
- 그림의 크기로 수량의 많고 적음을 한눈에 알 수 있습니다.
- 복잡한 자료를 간단하게 보여 줍니다.

[1~3] 한 달 동안의 배달 음식별 이용 건수를 조사하여 나타낸 그림그래프입니다. 물음에 답하세요.

배달 음식별 이용 건수

음식	이용 건수
치킨	
자장면	
피자	
떡볶이	

100만 건 10만 건

1 치킨의 이용 건수는 몇 건일까요?

( )

2 이용 건수가 가장 많은 음식은 무엇일까요?

( )

3 배달 음식별 이용 건수를 그림그래프로 나타내면 좋은 점을 써 보세요.

좋은 점 ....

[4~6] 권역별 배추 생산량을 나타낸 표와 그림그래프입니다. 물음에 답하세요.

권역별 배추 생산량

권역	생산량(만 t)
서울·인천·경기	
강원	462
대전·세종·충청	127
대구·부산·울산·경상	420
광주·전라	

권역별 배추 생산량

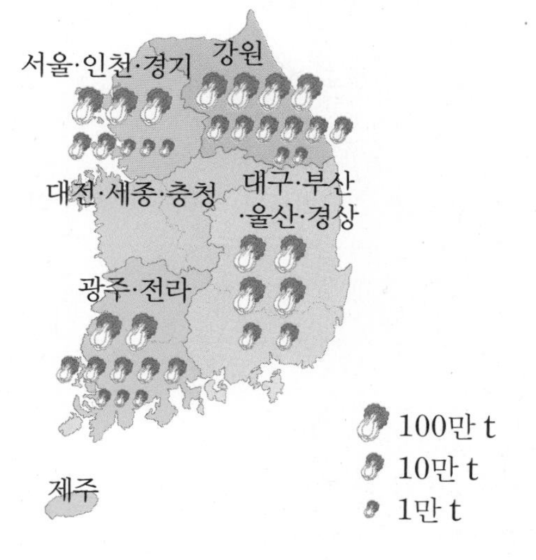

4 서울·인천·경기 권역의 배추 생산량은 몇 만 t일까요?

( )

5 □ 안에 알맞은 수를 써넣으세요.

> 대전·세종·충청 권역의 배추 생산량은 127만 t입니다. 127만 t은 (100만 t 그림)이 □개, (10만 t 그림)이 □개, (1만 t 그림)이 □개 필요합니다.

6 배추 생산량이 가장 많은 권역은 어디일까요?

( )

5

교과유형 2 띠그래프 알아보기

• 띠그래프 : 전체에 대한 각 부분의 비율을 띠 모양으로 나타낸 그래프

[7~9] 수정이네 반 학생들이 좋아하는 계절을 조사하여 나타낸 표입니다. 물음에 답하세요.

좋아하는 계절별 학생 수

계절	봄	여름	가을	겨울	합계
학생 수(명)	8	14	12	6	40

7 □ 안에 알맞은 수를 써넣으세요.

좋아하는 계절별 학생 수

0 10 20 30 40 50 60 70 80 90 100(%)

봄 (20 %)	여름 (□ %)	가을 (□ %)	겨울 (15 %)

8 여름 또는 겨울을 좋아하는 학생은 전체의 몇 %일까요?

( )

9 가을을 좋아하는 학생 수는 겨울을 좋아하는 학생 수의 몇 배일까요?

( )

서술형

10 띠그래프가 표에 비하여 좋은 점은 무엇인지 설명해 보세요.

설명

11 다음은 어느 지역의 지방 자치 단체가 주민들이 희망하는 시설을 조사하여 나타낸 띠그래프입니다. 도서관 또는 문화회관을 희망하는 주민은 전체의 몇 %일까요?

희망하는 시설별 주민 수

도서관 (35 %)	문화회관	쉼터 (20 %)	기타(5 %)

( )

[12~14] 준모네 과수원의 종류별 나무 수를 나타낸 표와 그래프입니다. 물음에 답하세요.

종류별 나무 수

나무	감나무	잣나무	호두나무	기타	합계
수(그루)	42	38	110	10	
백분율(%)	21				100

종류별 나무 수

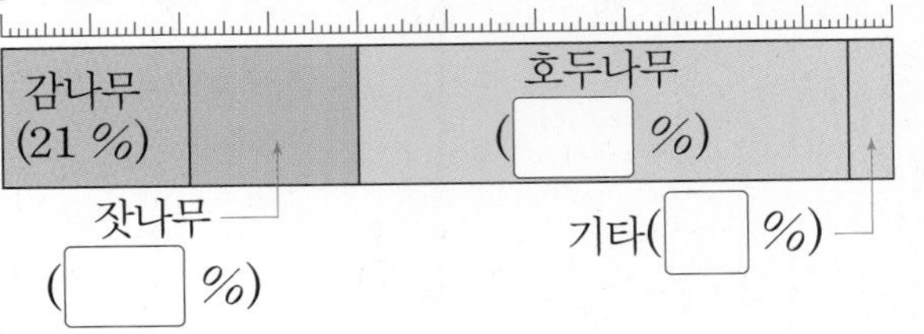

12 준모네 과수원에 심은 나무는 모두 몇 그루일까요?

( )

13 표와 띠그래프의 빈칸에 알맞은 수를 써넣으세요.

14 호두나무를 50그루 줄이고 감나무를 50그루 늘린다면 전체 나무 수에 대한 호두나무 수의 백분율은 얼마일까요?

( )

교과유형 **3 띠그래프로 나타내기**

• 띠그래프 그리는 순서
① 각 항목의 백분율 구하기
② 백분율의 합계가 100 %가 되는지 확인하기
③ 각 항목들의 백분율만큼 띠 나누기
④ 나눈 부분에 각 항목의 내용과 백분율 쓰기
⑤ 띠그래프의 제목 쓰기

[15~17] 은수네 반 학생들이 좋아하는 채소를 조사하여 나타낸 표입니다. 물음에 답하세요.

좋아하는 채소별 학생 수

채소	고구마	감자	양파	당근	기타	합계
학생 수(명)	8	5	5	4	3	25
백분율(%)	32				12	

15 표의 빈칸에 알맞은 수를 써넣으세요.

16 띠그래프를 완성해 보세요.

좋아하는 채소별 학생 수

0 10 20 30 40 50 60 70 80 90 100(%)

고구마 (32 %)

17 백분율과 학생 수 사이의 관계를 써 보세요.

[18~20] 글을 읽고 물음에 답하세요.

민지네 학교 학생 1000명을 대상으로 존경하는 위인을 조사하였더니 이순신 350명, 세종대왕 ☐명, 김구 200명, 안중근 150명, 유관순 35명, 신사임당 15명이었습니다.

18 표를 완성해 보세요.

존경하는 위인별 학생 수

위인	이순신	세종대왕	김구	안중근	기타	합계
학생 수(명)	350		200	150	50	1000
백분율(%)						

19 기타 항목에 넣은 위인을 모두 찾아 쓰세요.

( )

20 띠그래프로 나타내어 보세요.

존경하는 위인별 학생 수

0 10 20 30 40 50 60 70 80 90 100(%)

실전유형

띠그래프에서 항목의 수 구하기

• $(비율) = \dfrac{(비교하는\ 양)}{(기준량)}$이므로

(비교하는 양) = (기준량) × (비율)입니다.

따라서 띠그래프에서 각 항목의 수는(비교하는 양) (조사한 전체 학생 수)(기준량) × (비율)로 구할 수 있습니다.

21 채은이네 마을 학생 400명의 학교급별 학생 수를 조사하여 나타낸 띠그래프입니다. 채은이네 마을의 초등학생은 몇 명일까요?

학교급별 학생 수

초등학생	중학생 (25 %)	고등학생 (18 %)	대학생 (15 %)

(　　　　　　　　　　)

서술형

22 지우네 학교 학생 600명을 대상으로 좋아하는 동물을 조사하여 나타낸 띠그래프입니다. 강아지를 좋아하는 학생은 토끼를 좋아하는 학생보다 몇 명 더 많은지 풀이 과정을 쓰고 답을 구하세요.

좋아하는 동물별 학생 수

0 10 20 30 40 50 60 70 80 90 100(%)

강아지 (30 %)	고양이 (25 %)	토끼 (20 %)	펭귄 (15 %)	기타(10 %)

풀이

답

실전유형

조사한 전체 학생 수 구하기

취미 생활별 학생 수

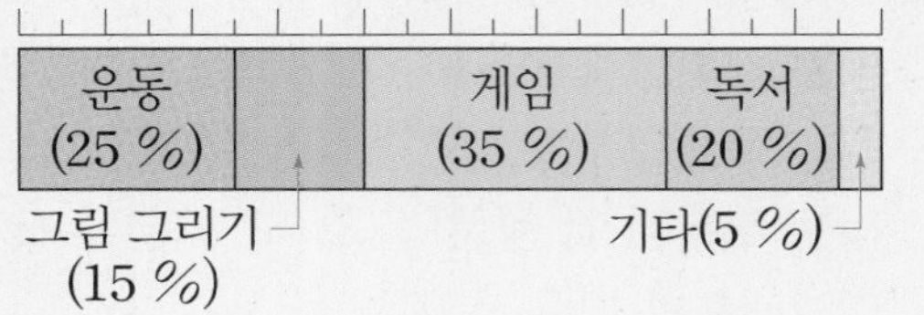

• 취미가 운동인 학생이 40명일 때 조사한 전체 학생 수 구하기

➡ 취미가 운동인 학생의 비율은 25 %이고, 25 %의 4배가 100 %이므로 비율이 100 %인 전체 학생 수는 $40 \times 4 = 160$(명)입니다.

23 희재네 학교 6학년 학생들이 체험 학습으로 가고 싶은 장소를 조사하여 나타낸 띠그래프입니다. 강릉을 가고 싶어 하는 학생이 60명일 때 조사한 학생은 모두 몇 명일까요?

가고 싶은 장소별 학생 수

0 10 20 30 40 50 60 70 80 90 100(%)

제주 (35 %)	경주 (30 %)	강릉 (20 %)	기타 (15 %)

(　　　　　　　　　　)

24 청소년의 스마트폰 1일 사용 시간을 조사하여 나타낸 띠그래프입니다. 2시간 미만 사용한 청소년이 600명일 때 조사한 청소년은 모두 몇 명일까요?

1일 사용 시간별 학생 수

0 10 20 30 40 50 60 70 80 90 100(%)

1시간 미만 (25 %)	1시간 이상 2시간 미만 (15 %)	2시간 이상 3시간 미만 (35 %)	3시간 이상 (25 %)

(　　　　　　　　　　)

4 원그래프 알아보기

정답과 풀이 34쪽

개념 강의

● **원그래프** : 전체에 대한 각 부분의 비율을 원 모양에 나타낸 그래프

● **원그래프의 특징**

- 전체에 대한 각 항목이 차지하는 비율을 쉽게 알 수 있습니다.
- 각 항목끼리의 비율을 쉽게 비교할 수 있습니다.
- 작은 비율까지도 비교적 쉽게 나타낼 수 있습니다.

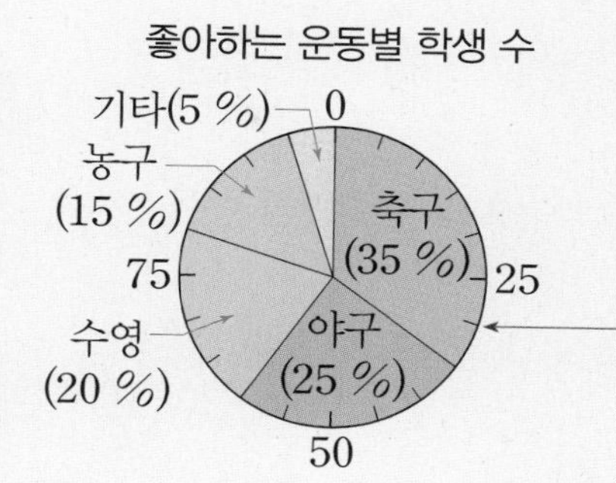

보충 개념

- 왼쪽 원그래프에서
  - 전체 비율 : 100 %
  - 작은 눈금 한 칸의 비율 : $100 \div 20 = 5(\%)$
  - ➡ 작은 ■칸의 비율 : $(5 \times ■)$ %

차지하는 부분의 넓이가 넓을수록 비율이 높습니다.

[1~3] 태균이네 반 학생들이 여가 시간에 하고 싶은 일을 조사하여 나타낸 표입니다. 물음에 답하세요.

하고 싶은 일별 학생 수

종류	컴퓨터	독서	운동	기타	합계
학생 수(명)	14	10	10	6	40

1 여가 시간에 하고 싶은 일별로 백분율을 구하세요.

컴퓨터 : $\frac{14}{40} \times 100 = \square(\%)$, 독서 : $\frac{\square}{40} \times 100 = \square(\%)$

운동 : $\frac{\square}{40} \times 100 = \square(\%)$, 기타 : $\frac{\square}{40} \times 100 = \square(\%)$

2 1에서 구한 백분율을 보고 원그래프를 완성해 보세요.

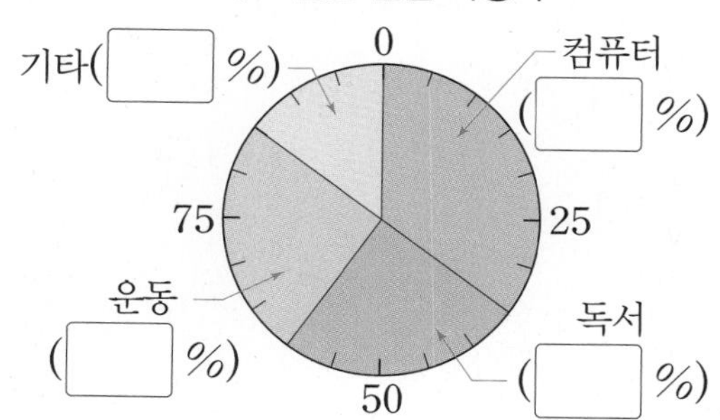

3 가장 많은 학생들이 여가 시간에 하고 싶은 일은 무엇일까요?

(　　　　　　　　)

원그래프와 띠그래프의 공통점은 무엇인가요?

둘 다 비율그래프로 전체를 100 %로 하여 전체에 대한 각 부분의 비율을 알기 편합니다.

5

5 원그래프로 나타내기

● **원그래프로 나타내는 방법**

① 자료를 보고 각 항목의 백분율을 구합니다.
② 각 항목의 백분율의 합계가 100 %가 되는지 확인합니다.
③ 각 항목이 차지하는 백분율의 크기만큼 선을 그어 원을 나눕니다.
④ 나눈 부분에 각 항목의 내용과 백분율을 씁니다.
⑤ 원그래프의 제목을 씁니다.

좋아하는 꽃별 학생 수

꽃	장미	백합	튤립	국화	기타	합계
학생 수(명)	12	10	8	6	4	40
백분율(%)	30	25	20	15	10	100

좋아하는 꽃별 학생 수

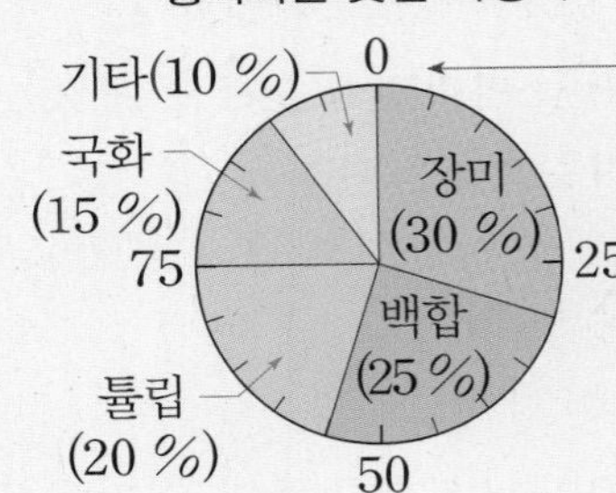

[4~6] 세경이네 반 학생들이 즐겨 보는 TV 프로그램을 조사하여 나타낸 표입니다. 물음에 답하세요.

즐겨 보는 TV 프로그램별 학생 수

프로그램	예능	만화	교육	드라마	기타	합계
학생 수(명)	21	18	12	3	6	60
백분율(%)					10	

4 프로그램별로 백분율을 구하여 위의 표를 완성해 보세요.

5 각 항목의 백분율을 모두 더하면 얼마일까요?

( )

6 위의 표를 보고 원그래프를 완성하세요.

즐겨 보는 TV 프로그램별 학생 수

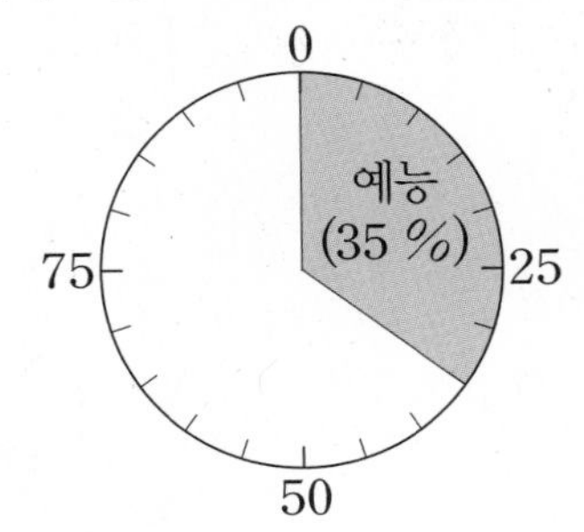

? 원그래프를 그릴 때 주의할 점은 무엇인가요?

원그래프는 원의 중심에서 원주 위에 표시된 눈금까지 선으로 이어서 그려야 합니다. 원의 중심을 지나지 않고 무작위로 원을 나누어서 그래프를 그리지 않도록 합니다.

6 그래프 해석하기

정답과 풀이 35쪽

● 띠그래프 해석하기

생활비의 쓰임새별 금액

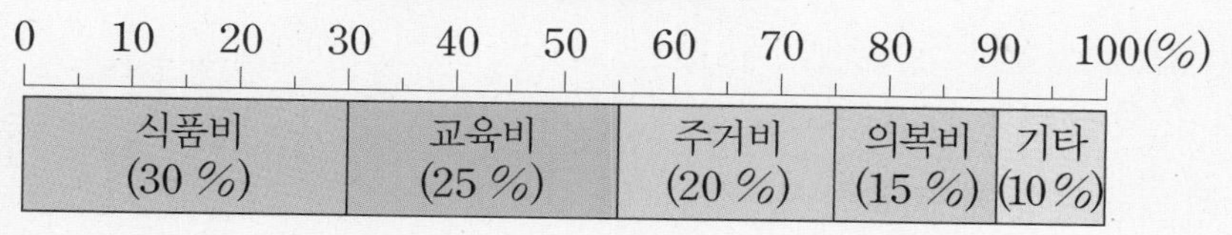

- 가장 많이 지출한 항목은 식품비입니다. ⟶ 비율이 가장 높습니다.
- 교육비는 전체 생활비의 25 %입니다.
- 식품비로 지출한 돈은 의복비로 지출한 돈의 $30 \div 15 = 2$(배)입니다.

● 원그래프 해석하기

취미별 학생 수

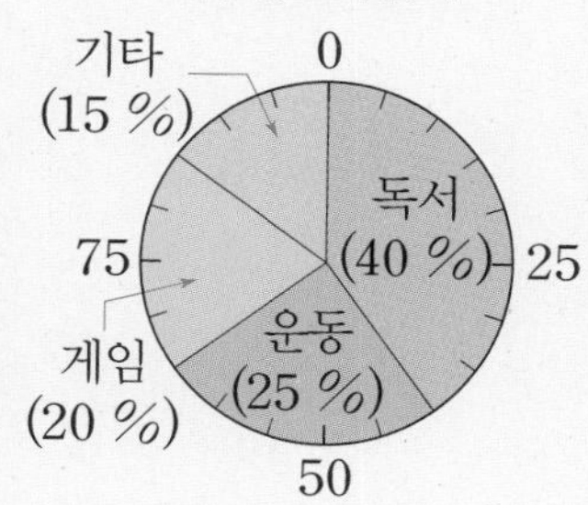

- 가장 많은 학생들의 취미는 독서입니다.
- 취미가 운동인 학생의 비율은 전체의 25 %입니다.
- 독서가 취미인 학생의 비율은 운동이 취미인 학생의 비율의 $40 \div 25 = 1.6$(배)입니다.

연결 개념

- **교육비가 20만 원일 때 전체 생활비 구하기**
  교육비가 차지하는 비율은 25 %입니다. 25 %의 4배가 100 %이므로 전체 생활비는 $20 \times 4 = 80$(만 원)입니다.
- **취미가 게임인 학생이 40명일 때 전체 학생 수 구하기**
  취미가 게임인 학생의 비율은 20 %입니다. 20 %의 5배가 100 %이므로 전체 학생 수는 $40 \times 5 = 200$(명)입니다.

[7~9] 은미네 학교 학생들이 좋아하는 과목을 조사하여 나타낸 띠그래프입니다. 물음에 답하세요.

좋아하는 과목별 학생 수

(눈금: 0 10 20 30 40 50 60 70 80 90 100(%))

수학	과학	영어	국어	기타
(30 %)	(25 %)	(20 %)	(15 %)	(10 %)

7 가장 많은 학생들이 좋아하는 과목은 전체의 몇 %를 차지할까요?

( )

8 수학 또는 영어를 좋아하는 학생은 전체의 몇 %일까요?

( )

9 조사한 전체 학생 수가 400명이라면 과학을 좋아하는 학생은 몇 명일까요?

( )

? 각 항목이 차지하는 비율을 비교할 때에는 어떻게 해야 하나요?

백분율이나 차지하는 눈금의 칸 수를 이용하여 비교하면 편리합니다.

7 여러 가지 그래프 비교하기

정답과 풀이 35쪽

● **여러 가지 그래프의 비교**

구분	특징
그림그래프	그림의 크기와 수로 수량의 많고 적음을 쉽게 알 수 있습니다.
막대그래프	수량의 많고 적음을 한눈에 비교하기 쉽습니다.
꺾은선그래프	시간에 따라 연속적으로 변하는 양을 나타내는 데 편리합니다.
띠그래프	전체에 대한 각 부분의 비율을 한눈에 알아보기 쉽습니다.
원그래프	전체에 대한 각 부분의 비율을 한눈에 알아보기 쉽고, 작은 비율까지도 쉽게 나타낼 수 있습니다.

[10~11] 제과점별 밀가루 사용량을 조사하여 나타낸 그림그래프입니다. 물음에 답하세요.

제과점별 밀가루 사용량

가 나
다 라

500 kg
100 kg

10 **표를 완성해 보세요.**

제과점별 밀가루 사용량

제과점	가	나	다	라	합계
사용량(kg)	600		200		
백분율(%)	30				100

11 **띠그래프와 원그래프로 나타내어 보세요.**

제과점별 밀가루 사용량

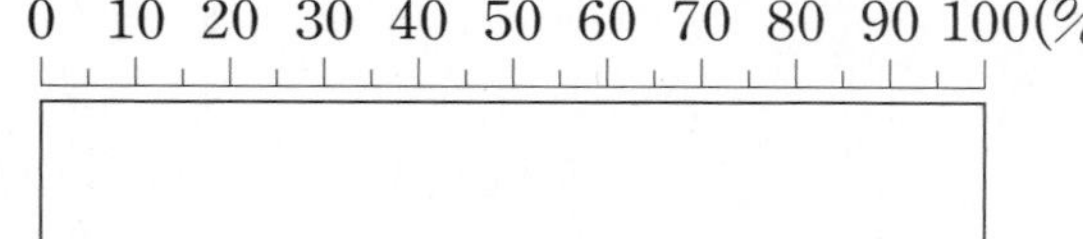

제과점별 밀가루 사용량

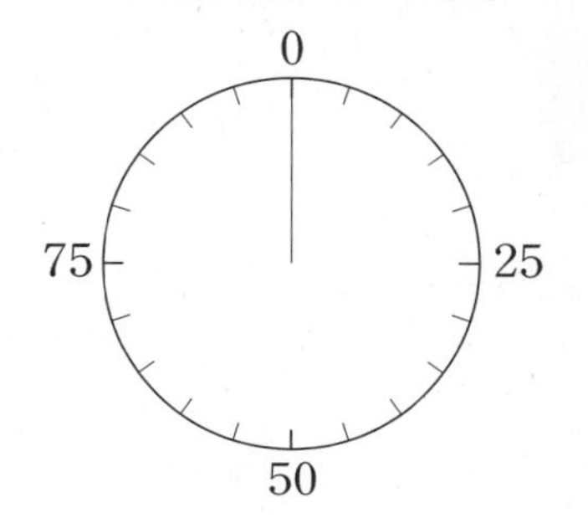

? 띠그래프와 원그래프의 차이점은 무엇인가요?

띠그래프는 가로를 100등분 하여 띠 모양으로 그린 것이고, 원그래프는 원의 중심을 따라 각을 100등분 하여 원 모양으로 그린 것입니다.

기본에서 응용으로

교과유형 4 원그래프 알아보기

• 원그래프 : 전체에 대한 각 부분의 비율을 원 모양으로 나타낸 그래프

[25~28] 준서네 반 학생들이 좋아하는 간식을 조사하여 나타낸 표입니다. 물음에 답하세요.

좋아하는 간식별 학생 수

간식	햄버거	피자	떡볶이	김밥	기타	합계
학생 수(명)	12	10	8	5	5	40
백분율(%)	30					

25 위의 표를 완성해 보세요.

26 원그래프를 완성해 보세요.

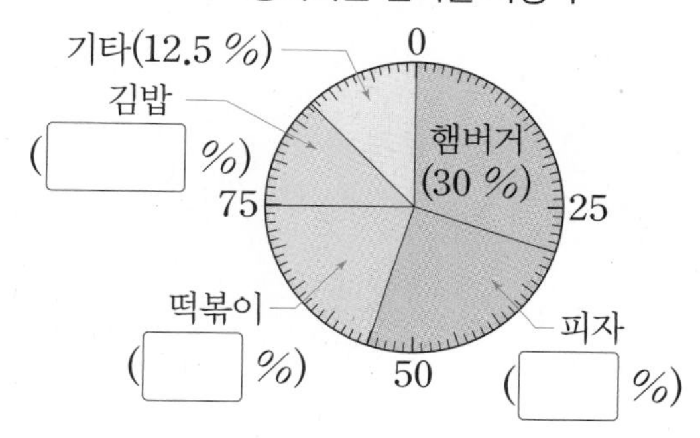

27 가장 많은 학생들이 좋아하는 간식은 무엇일까요?

( )

28 피자를 좋아하는 학생은 김밥을 좋아하는 학생의 몇 배일까요?

( )

서술형

29 원그래프가 표에 비하여 좋은 점은 무엇인지 설명해 보세요.

설명

교과유형 5 원그래프로 나타내기

• 원그래프 그리는 순서
① 각 항목들의 백분율 구하기
② 백분율의 합계가 100 %가 되는지 확인하기
③ 각 항목들의 백분율만큼 원 나누기
④ 나눈 부분 위에 각 항목의 이름과 백분율 쓰기
⑤ 원그래프의 제목 쓰기

[30~32] 나영이네 마을의 의료 시설 수를 조사하여 나타낸 표입니다. 물음에 답하세요.

의료 시설 수

시설명	약국	병원	한의원	기타	합계
시설 수(개)	90		40		200
백분율(%)		30		5	

30 표의 빈칸에 알맞은 수를 써넣으세요.

31 원그래프로 나타내어 보세요.

의료 시설 수

0

75 25

50

32 병원 수는 한의원 수의 몇 배일까요?

( )

5

[33~34] 어느 중학교에서 남학생과 여학생의 등교 수단을 조사한 것입니다. 물음에 답하세요.

남학생은 버스 19 %, 자전거 35 %, 도보 30 %, 지하철 16 %로 자전거를 가장 많이 이용하였고, 여학생은 버스 32 %, 자전거 8 %, 도보 45 %, 지하철 15 %로 도보가 가장 많았습니다.

33 남학생과 여학생의 등교 수단별 학생 수의 백분율을 각각 표로 나타내어 보세요.

남학생의 등교 수단별 학생 수

등교 수단	버스	자전거	도보	지하철	합계
백분율(%)					

여학생의 등교 수단별 학생 수

등교 수단	버스	자전거	도보	지하철	합계
백분율(%)					

34 남학생과 여학생의 등교 수단별 학생 수의 백분율을 각각 원그래프로 나타내어 보세요.

남학생의 등교 수단별 학생 수

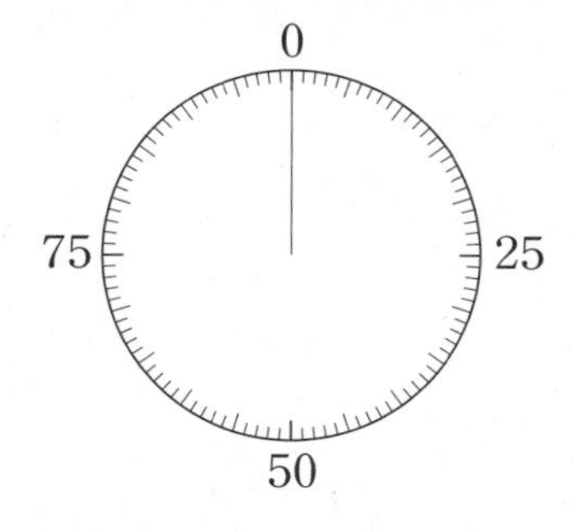

여학생의 등교 수단별 학생 수

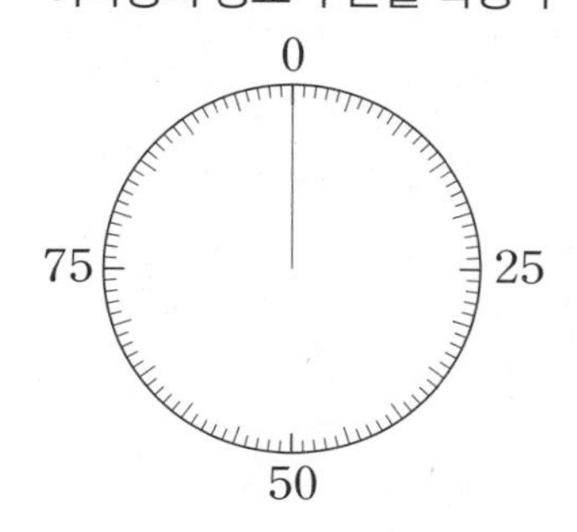

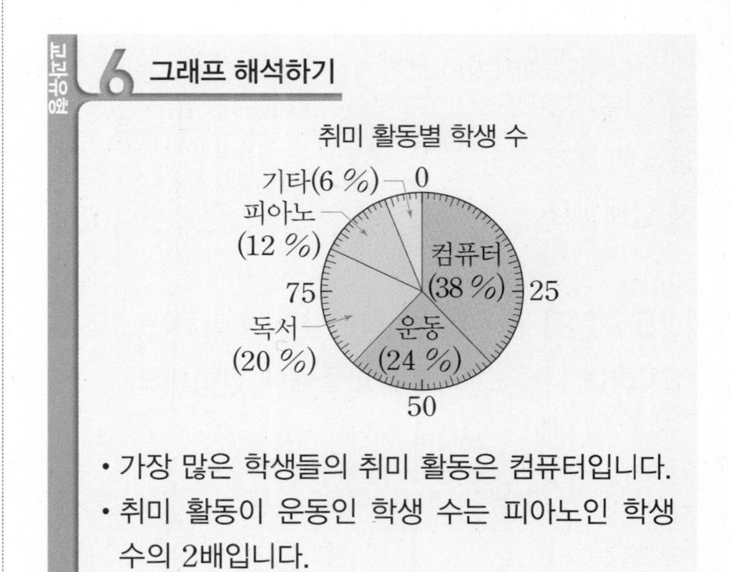

[35~37] 태훈이네 집에서 한 달 동안 쓴 생활비의 쓰임새를 조사하여 나타낸 띠그래프입니다. 물음에 답하세요.

생활비의 쓰임새별 금액

0 10 20 30 40 50 60 70 80 90 100(%)

교육비 (30 %)	저축 (25 %)	식품비 (25 %)	기타 (20 %)

35 저축 또는 식품비로 쓴 생활비는 전체의 몇 %일까요?

( )

36 한 달 동안 쓴 생활비가 200만 원이라면 교육비로 쓴 돈은 얼마일까요?

( )

37 식품비의 반을 줄여 저축을 더 한다면 저축의 비율은 몇 %가 될까요?

( )

[38~41] 어느 도시에서 1년 동안 발생한 쓰레기의 양을 조사하여 나타낸 원그래프입니다. 발생한 음식물 쓰레기의 양이 160만 t이라고 할 때 물음에 답하세요.

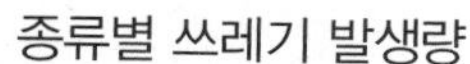

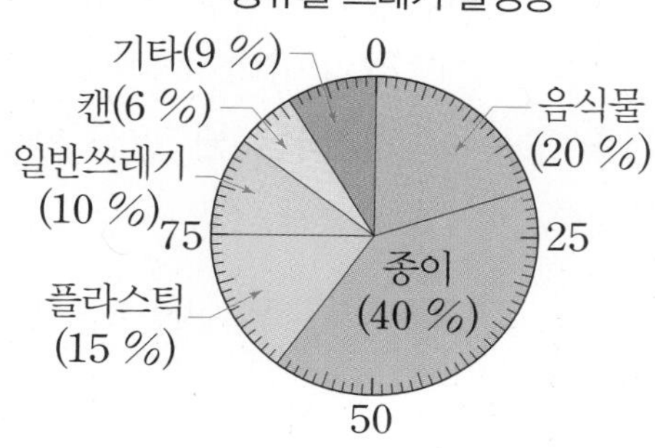

38
이 도시에서 발생한 쓰레기 중에서 가장 많이 줄여야 할 것은 무엇일까요?

(　　　　　　　　)

39
이 도시에서 발생한 쓰레기 중 10 % 미만인 것을 모두 써 보세요.

(　　　　　　　　)

40
이 도시에서 1년 동안 발생한 음식물 쓰레기의 80 %가 거름으로 재활용된다고 합니다. 재활용되는 음식물 쓰레기의 양은 몇 t일까요?

(　　　　　　　　)

41
이 도시에서 1년 동안 발생한 전체 쓰레기의 양은 몇 t일까요?

(　　　　　　　　)

교과 유형 **7** 여러 가지 그래프 비교하기

자료	그래프
시간별 교실의 온도	꺾은선그래프
지역별 사과 수확량	그림그래프, 막대그래프, 띠그래프, 원그래프
지난달 생활비 내역	띠그래프, 원그래프

[42~43] 승준이네 학교 6학년 학생들의 장래 희망을 조사하여 나타낸 표입니다. 표를 완성하고 물음에 답하세요.

장래 희망별 학생 수

장래 희망	선생님	연예인	운동 선수	요리사	기타	합계
학생 수(명)	48	30	24	12	6	
백분율(%)						

서술형

42
승준이네 학교 6학년 학생들의 장래 희망을 그래프로 나타내려고 합니다. 어떤 그래프로 나타내면 좋을지 쓰고 그 이유를 써 보세요.

답 ....

이유 ....

43
42에서 정한 그래프로 나타내어 보세요.

[44~46] 마을별 초등학생 수를 조사하여 나타낸 그림그래프입니다. 물음에 답하세요.

마을별 초등학생 수

가	나
다	라

1000명 100명

44 표를 완성해 보세요.

마을별 초등학생 수

마을	가	나	다	라	합계
학생 수(명)	1200				
백분율(%)					

45 막대그래프로 나타내어 보세요.

마을별 초등학생 수

학생 수 (명) \ 마을	가	나	다	라
1500				
1000				
500				
0				

46 띠그래프로 나타내어 보세요.

마을별 초등학생 수

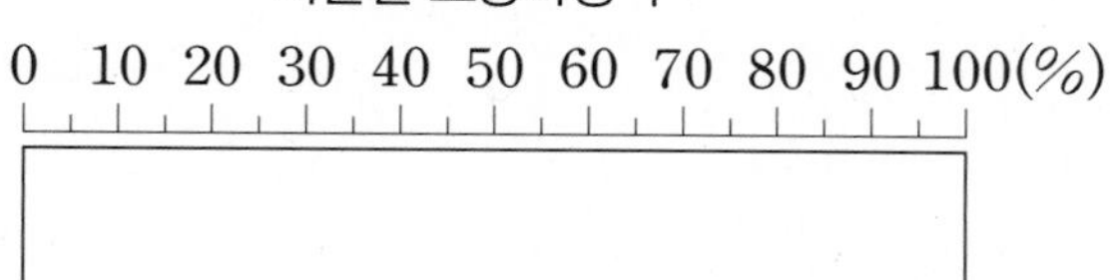

실전유형

비율그래프로 나타내고 활용하기

① 주어진 그래프를 보고 항목별 백분율 알아보기
② 다른 비율그래프로 나타내기

[47~49] 올해 영수의 할아버지께서 심은 곡물별 밭의 넓이를 조사하여 나타낸 원그래프입니다. 물음에 답하세요.

곡물별 밭의 넓이

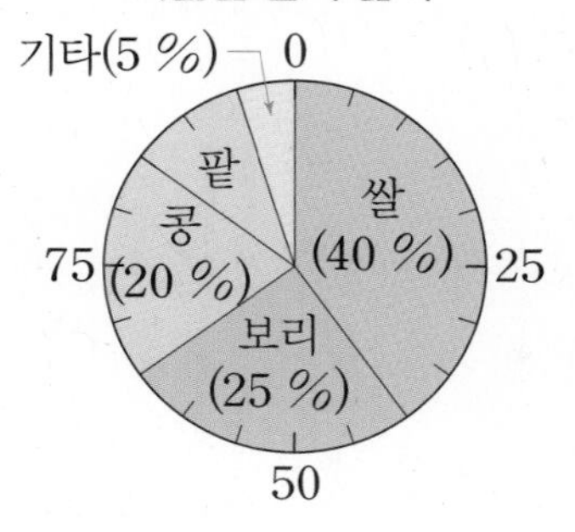

47 원그래프를 보고 띠그래프로 나타내어 보세요.

곡물별 밭의 넓이

0 10 20 30 40 50 60 70 80 90 100(%)

48 쌀을 심은 밭의 넓이가 $1200\ m^2$일 때 팥을 심은 밭의 넓이를 구하세요.

( )

49 할아버지께서는 내년에 올해 보리밭의 $\frac{2}{5}$를 줄이고 그만큼 콩밭을 더 늘리려고 합니다. 내년에 콩을 심을 밭의 넓이는 밭 전체의 넓이의 몇 %가 될까요?

( )

정답과 풀이 37쪽

문제 풀이

심화유형 1 띠그래프에서 항목의 길이 구하기

현진이가 한 달 동안 쓴 용돈의 쓰임새별 금액을 조사하여 나타낸 표입니다. 표를 보고 전체 길이가 30 cm인 띠그래프로 나타낼 때 지출이 가장 많은 항목이 차지하는 부분의 길이는 몇 cm일까요?

용돈의 쓰임새별 금액

용돈의 쓰임새	간식	학용품	저축	기타	합계
금액(원)	12250	10500	7000	5250	35000

( )

● 핵심 NOTE
- 금액이 많을수록 띠그래프에서 차지하는 비율이 높습니다.
- 길이가 ■ cm인 띠그래프에서 비율이 ▲ %인 항목의 길이 : $(■\times\frac{▲}{100})$ cm

1-1 수영이네 가족이 여행을 하는 동안 쓴 경비의 쓰임새별 금액을 조사하여 나타낸 표입니다. 표를 보고 전체 길이가 20 cm인 띠그래프로 나타낼 때 지출이 가장 많은 항목이 차지하는 부분의 길이는 몇 cm일까요?

경비의 쓰임새별 금액

경비의 쓰임새	식비	숙박비	교통비	선물비	기타	합계
금액(원)	120000	100000	80000	60000	40000	400000

( )

1-2 혜민이네 학교 학생 1800명의 등교 방법을 조사하여 나타낸 표입니다. 표를 보고 길이가 25 cm인 띠그래프로 나타낼 때 가장 많은 학생들의 등교 방법이 차지하는 부분의 길이는 몇 cm일까요?

등교 방법별 학생 수

등교 방법	학생 수(명)	등교 방법	학생 수(명)
자전거	540	자가용	180
버스	270	지하철	70
도보		기타	20

( )

비율그래프에서 모르는 항목의 수 구하기

다현이네 마을 학생 150명을 대상으로 학교급별 학생 수를 조사하여 나타낸 띠그래프입니다. 초등학생이 중학생의 2배일 때 초등학생은 몇 명일까요?

학교급별 학생 수

초등학생	중학생	고등학생 (18 %)	대학생 (10 %)

( )

● 핵심 NOTE

- 중학생의 비율이 ■ %이면 초등학생의 비율은 (■×2)%임을 이용하여 전체 항목의 비율이 100 %가 되는 식을 만들어 봅니다.
- (각 항목의 수)=(전체의 수)×(각 항목의 비율)

2-1 오른쪽은 우주네 학교 학생 1200명이 좋아하는 동물을 조사하여 나타낸 원그래프입니다. 고양이를 좋아하는 학생 수가 기타인 학생 수의 3배일 때 고양이를 좋아하는 학생은 몇 명일까요?

좋아하는 동물별 학생 수

( )

2-2 오른쪽은 선우네 마을 사람 240명이 구독하는 신문을 조사하여 나타낸 원그래프입니다. 가 신문을 구독하는 사람이 다 신문을 구독하는 사람의 2배일 때 가 신문을 구독하는 사람은 몇 명일까요?

신문별 구독 부수

( )

두 개의 그래프를 보고 해결하기

어느 지역의 땅 이용률과 농경지의 넓이 비율을 조사하여 나타낸 그래프입니다. 땅의 전체 넓이가 $1000\ \mathrm{km}^2$라면 밭이 차지하는 넓이는 몇 km^2일까요?

땅 이용률

임야 (35 %)	농경지 (30 %)	건물 (20 %)	기타 (15 %)

농경지의 넓이 비율

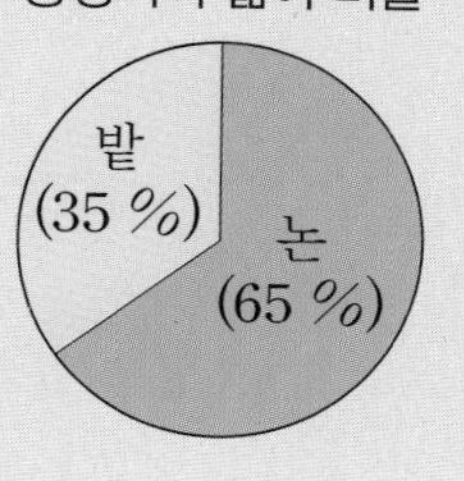

( )

● 핵심 NOTE 비율그래프의 제목을 보면 어떤 항목의 비율을 나타내는지 알 수 있습니다.

3-1 어느 지역에 사는 외국인의 나라별 비율과 중국인의 남녀 비율을 조사하여 나타낸 그래프입니다. 이 지역의 외국인 수가 400명이라면 중국인 남자는 몇 명일까요?

외국인의 나라별 비율

베트남 (30 %)	중국 (40 %)	미국 (20 %)	기타 (10 %)

중국인의 남녀 비율

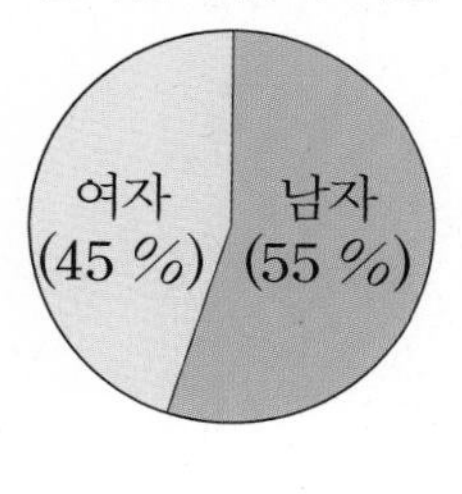

( )

3-2 민종이의 하루 일과를 조사하여 나타낸 원그래프입니다. 하루 중 세면 및 식사 시간은 몇 시간일까요?

하루 일과 비율

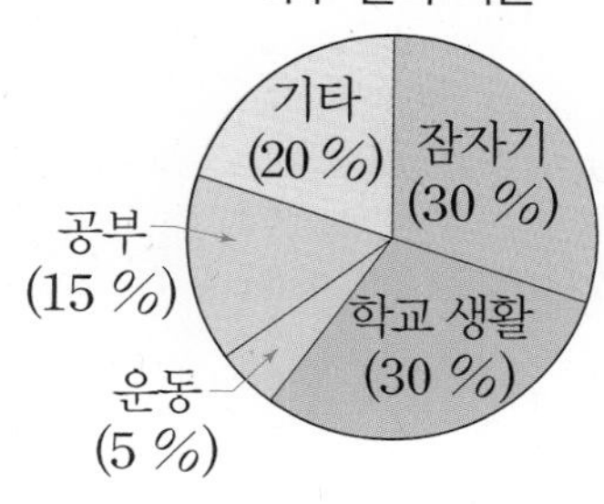

기타 시간의 일과 비율

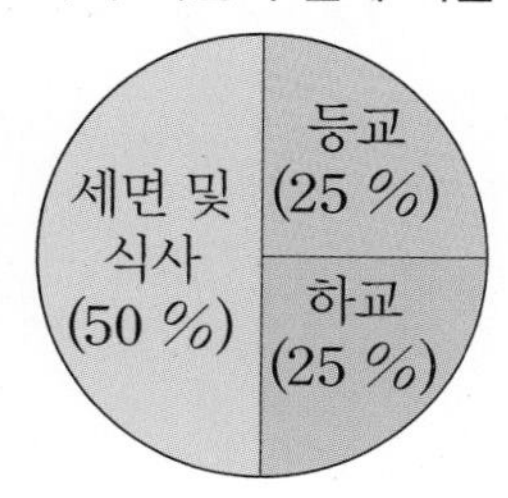

( )

5

정답과 풀이 37쪽

수학 + 사회

여러 개의 띠그래프로 구성비의 변화 알아보기

신라시대의 촌락 문서에는 촌락의 면적, 인구 수, 가축과 나무의 수 등이 기록되어 있습니다. 신라시대 어느 촌락의 연령별 인구 구성비의 변화를 3년마다 조사하여 나타낸 띠그래프입니다. 60세 이상 인구 비율이 825년에는 819년에 비해 몇 배로 늘어났는지 구하세요.

연령별 인구 구성비의 변화

	15세 미만	15세 이상 60세 미만	60세 이상
819년	44.6 %	52.4 %	
822년	45.2 %	51.4 %	
825년	46.5 %	49.6 %	

1단계 819년과 825년에 60세 이상의 인구 비율을 각각 구하기

2단계 60세 이상의 인구 비율이 825년에는 819년에 비해 몇 배로 늘어났는지 구하기

( )

● 핵심 NOTE

1단계 비율그래프에서 백분율의 합계는 100 %임을 이용하여 60세 이상의 인구 비율을 구합니다.

2단계 819년과 825년의 60세 이상의 인구 비율을 비교합니다.

4-1

신라시대 어느 촌락에서 기르는 가축별 구성비의 변화를 나타낸 띠그래프입니다. 말의 비율이 834년에는 828년에 비해 약 몇 배로 늘어났는지 반올림하여 소수 첫째 자리까지 나타내세요.

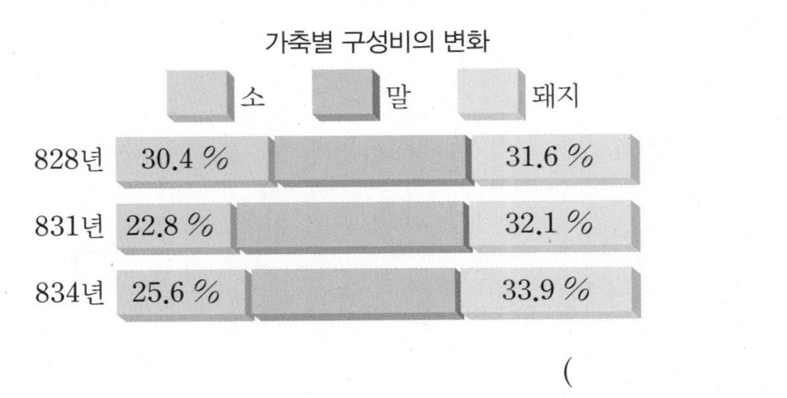

( )

기출 단원 평가 Level 1

점수

확인

1 그림그래프로 나타내기에 적당하지 않은 것은 어느 것일까요? (　　　　)

① 동별 학생 수
② 지역별 쌀 생산량
③ 마을별 사과 생산량
④ 국가별 석유 매장량
⑤ 진희의 1년간 키 변화

[2~4] 마을별 초등학교 수를 조사하여 나타낸 표입니다. 물음에 답하세요.

마을별 초등학교 수

마을	가	나	다	라
학교 수(개)	145	218	123	77

2 학교 수를 일의 자리에서 반올림하여 십의 자리까지 나타내어 보세요.

마을별 초등학교 수

마을	가	나	다	라
학교 수(개)				

3 2의 표를 보고 그림그래프를 완성해 보세요.

마을별 초등학교 수

마을	학교 수
가	
나	
다	
라	

100개 10개

4 마을별 학교 수의 많고 적음을 쉽게 알 수 있는 것은 표와 그림그래프 중 어느 것인지 쓰세요.

(　　　　　　　　)

[5~8] 소희네 반 학생들이 즐겨 보는 운동 경기를 조사하여 나타낸 띠그래프입니다. 물음에 답하세요.

즐겨 보는 운동 경기별 학생 수

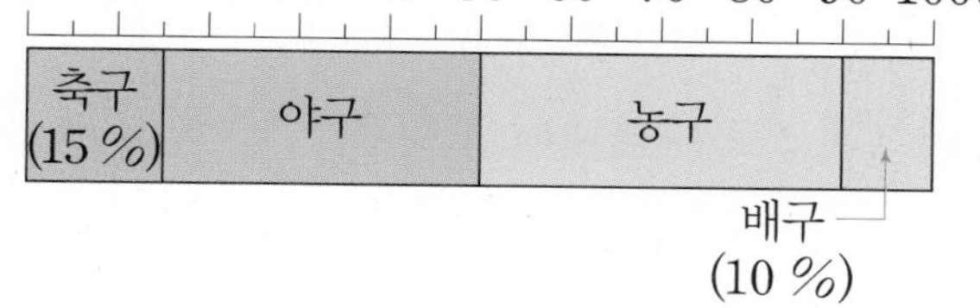

5 야구를 즐겨 보는 학생은 전체의 몇 %일까요?

(　　　　　　　　)

6 가장 많은 학생들이 즐겨 보는 운동 경기는 무엇일까요?

(　　　　　　　　)

7 야구를 즐겨 보는 학생의 비율은 배구를 즐겨 보는 학생의 비율의 몇 배일까요?

(　　　　　　　　)

8 농구를 즐겨 보는 학생이 20명이라면 배구를 즐겨 보는 학생은 몇 명일까요?

(　　　　　　　　)

5

[9~10] 준영이네 학교 학생들이 좋아하는 음식을 조사하여 나타낸 표입니다. 물음에 답하세요.

좋아하는 음식별 학생 수

음식	피자	치킨	자장면	기타	합계
학생 수(명)	42	38	110	10	
백분율(%)	21				

9 표를 완성해 보세요.

10 띠그래프로 나타내어 보세요.

좋아하는 음식별 학생 수

0 10 20 30 40 50 60 70 80 90 100(%)

11 띠그래프 또는 원그래프를 이용하여 나타내기에 알맞은 것을 모두 찾아 기호를 쓰세요.

㉠ 이번 달 날씨와 온도의 변화
㉡ 우리 반 학생들이 좋아하는 색깔
㉢ 월별 수학 시험의 점수의 변화
㉣ 어느 지역의 각 마을의 인구

( )

[12~15] 효진이네 학교 6학년 학생들이 여름 방학에 가고 싶은 곳을 조사하여 나타낸 표입니다. 물음에 답하세요.

가고 싶은 곳별 학생 수

장소	바다	산	계곡	박물관	기타	합계
학생 수(명)	80	40	30	30	20	200
백분율(%)						

12 장소별로 백분율을 구하여 표의 빈칸에 알맞은 수를 써넣으세요.

13 원그래프로 나타내어 보세요.

가고 싶은 곳별 학생 수

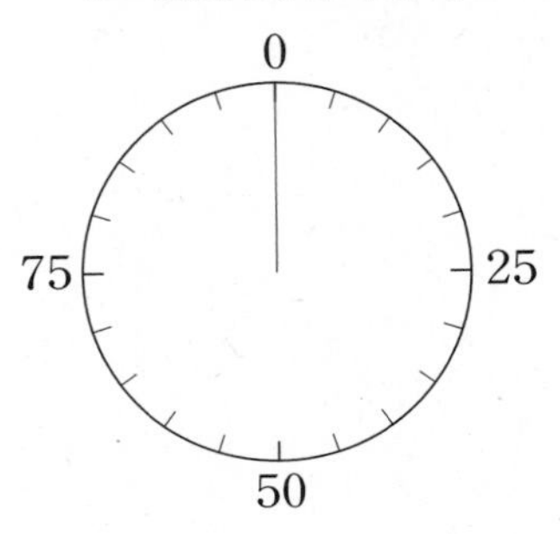

14 산 또는 계곡에 가고 싶어 하는 학생은 전체의 몇 %일까요?

( )

15 위의 원그래프를 띠그래프로 나타내려고 합니다. 산을 가고 싶은 학생을 4 cm로 나타낸다면 띠그래프의 전체 길이는 몇 cm인지 구하세요.

( )

[16~18] 정수네 반 학생들이 방학 동안 읽은 책을 조사하여 나타낸 원그래프입니다. 동화책의 비율이 학습 만화의 비율의 3배일 때 물음에 답하세요.

읽은 책별 학생 수

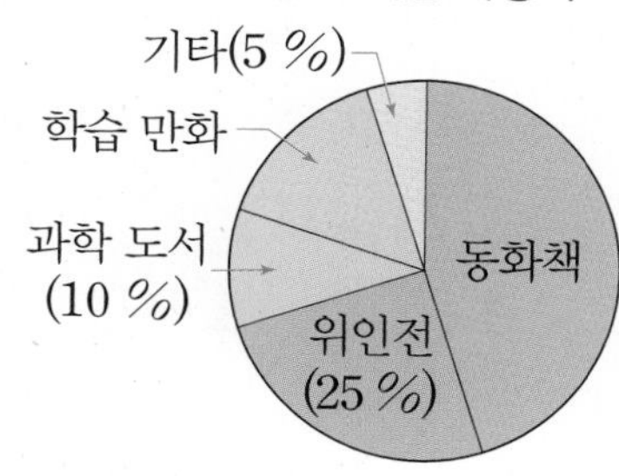

16 동화책의 비율은 몇 %일까요?

( )

17 위의 원그래프를 띠그래프로 나타내어 보세요.

읽은 책별 학생 수

0 10 20 30 40 50 60 70 80 90 100(%)

18 방학 동안 읽은 위인전이 30권일 때 동화책은 몇 권 읽었는지 구하세요.

( )

술술 서술형

19 어느 지역의 과일 생산량을 조사하여 나타낸 띠그래프입니다. 이 띠그래프를 보고 알 수 있는 사실을 2가지 써 보세요.

과일별 생산량

0 10 20 30 40 50 60 70 80 90 100(%)

사과 (45 %)	복숭아 (20 %)	감 (15 %)	포도 (12 %)	기타 (8 %)

사실

20 진아네 학교 학생들의 등교 시간을 조사하여 나타낸 원그래프입니다. 진아네 학교 전체 학생이 500명일 때 등교 시간이 20분 미만인 학생은 몇 명인지 풀이 과정을 쓰고 답을 구하세요.

등교 시간별 학생 수

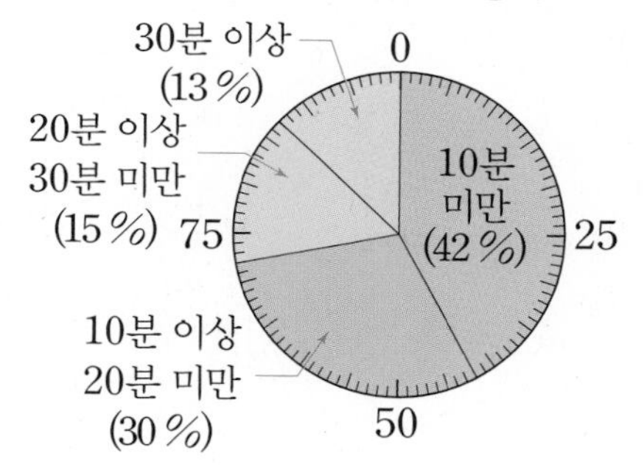

풀이

답

5

기출 단원 평가 Level ❷

점수

확인

[1~3] 승연이네 학교 학생들이 사는 마을을 조사하여 나타낸 표입니다. 물음에 답하세요.

마을별 학생 수

마을	가	나	다	라	합계
학생 수(명)	168	112	84	36	400
백분율(%)					

1 마을별 백분율을 구하여 표를 완성해 보세요.

2 원그래프를 완성해 보세요.

마을별 학생 수

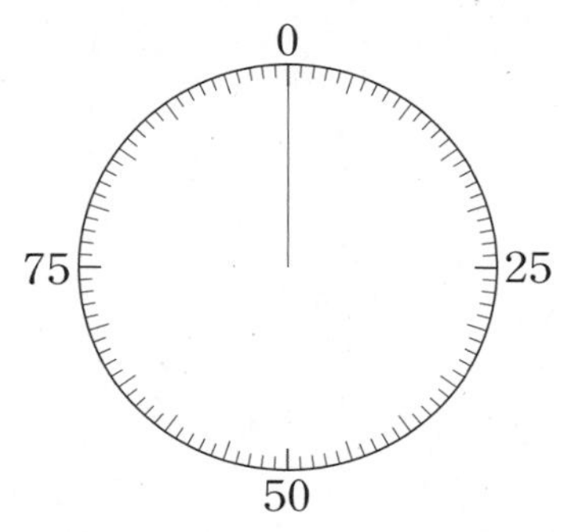

3 학생 수가 다 마을에 사는 학생 수의 2배인 마을은 어느 마을일까요?

(　　　　　　　　　　)

[4~5] 한나네 반 학생들이 받고 싶은 선물을 조사하여 나타낸 띠그래프입니다. 물음에 답하세요.

받고 싶은 선물별 학생 수

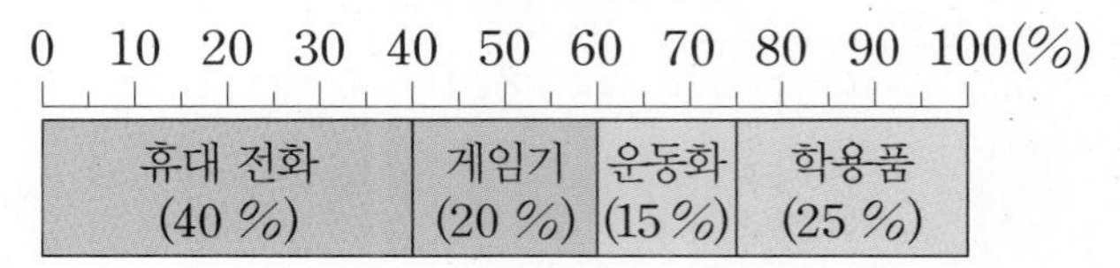

4 비율이 높은 순서대로 선물을 쓰세요.

(　　　　　　　　　　)

5 게임기를 받고 싶어 하는 학생이 8명일 때 휴대 전화를 받고 싶어 하는 학생은 몇 명일까요?

(　　　　　　　　　　)

[6~7] 피자 600 g에 들어 있는 영양소를 조사하여 나타낸 원그래프입니다. 물음에 답하세요.

들어 있는 영양소

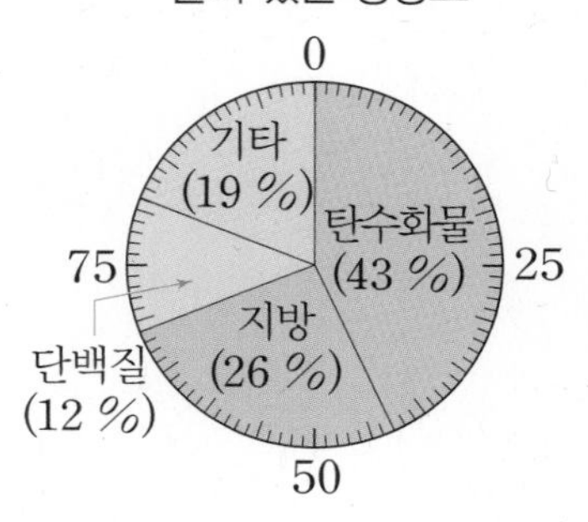

6 두 번째로 많이 들어 있는 영양소는 무엇일까요?

(　　　　　　　　　　)

7 원그래프를 보고 표를 완성해 보세요.

들어 있는 영양소

영양소	탄수화물	지방	단백질	기타	합계
무게(g)					

[8~11] 태성이네 학교 학생들이 좋아하는 산을 조사하여 나타낸 띠그래프입니다. 물음에 답하세요.

좋아하는 산별 학생 수

0 10 20 30 40 50 60 70 80 90 100(%)

한라산 (30 %)	백두산	설악산 (15 %)	지리산 (12 %)	금강산 (18 %)

8 백두산을 좋아하는 학생은 전체의 몇 %일까요?

( )

9 백두산을 좋아하는 학생은 지리산을 좋아하는 학생의 약 몇 배인지 반올림하여 소수 첫째 자리까지 나타내세요.

( )

10 조사한 전체 학생 수가 400명이라면 한라산을 좋아하는 학생은 몇 명일까요?

( )

11 위의 그래프를 전체 길이가 20 cm인 띠그래프로 다시 나타내려고 합니다. 금강산이 차지하는 부분은 몇 cm로 해야 할까요?

( )

[12~15] 영소네 집의 6월과 7월의 생활비 내역을 조사하여 나타낸 띠그래프입니다. 물음에 답하세요.

생활비의 쓰임새별 금액

0 10 20 30 40 50 60 70 80 90 100(%)

월				
6월	식품비 (35 %)	주거광열비 (25 %)	교육비 (18 %)	기타 (22 %)
7월	식품비 (30 %)	주거광열비 (32 %)	교육비 (24 %)	기타 (14 %)

12 6월의 생활비 중 식품비는 주거광열비의 몇 배일까요?

( )

13 7월의 생활비 중 주거광열비 또는 교육비로 쓴 돈은 전체 생활비의 몇 %일까요?

( )

14 주거광열비는 6월에 비해 7월에 몇 배 늘어났을까요?

( )

15 6월의 생활비 총액은 300만 원이고, 7월의 생활비 총액은 350만 원입니다. 7월의 교육비는 6월의 교육비보다 얼마 더 늘었을까요?

( )

[16~17] 마트에서 식품을 사고 받은 영수증의 일부가 찢어져서 보이지 않습니다. 지불한 합계 금액에 대한 식품별 지출 금액의 비율이 오른쪽과 같을 때 물음에 답하세요.

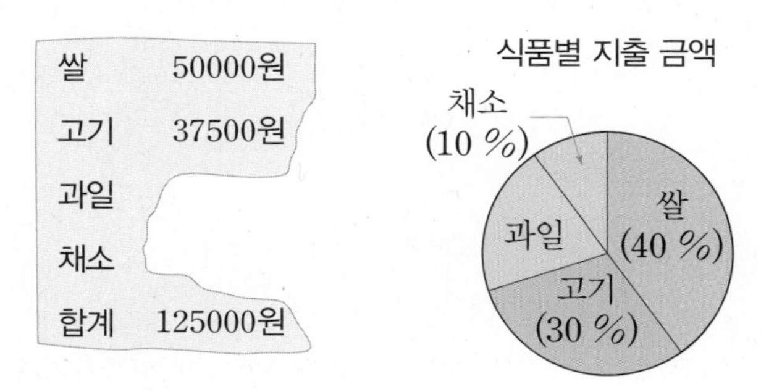

16 과일을 사는 데 지출한 금액은 얼마일까요?

( )

17 지출 금액이 가장 많은 식품과 가장 적은 식품의 금액의 차를 구하세요.

( )

18 어느 지역의 마을별 인구와 다 마을의 남녀 비율을 나타낸 원그래프입니다. 이 지역의 인구가 15000명일 때 다 마을에 사는 여자는 몇 명일까요?

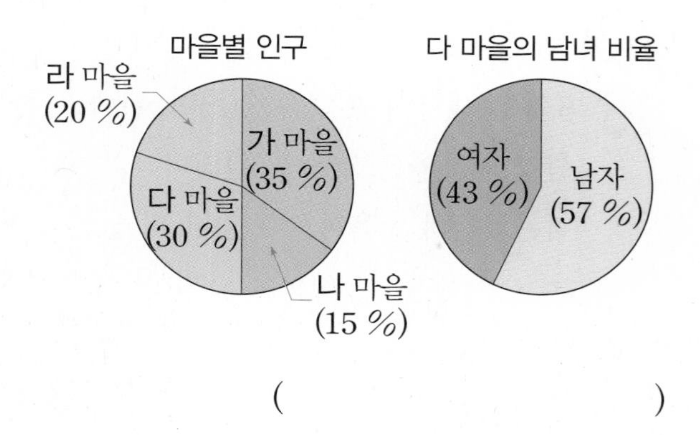

( )

술술 서술형

19 주영이네 학교 학생 560명이 좋아하는 음료수를 조사하여 나타낸 띠그래프입니다. 주스를 좋아하는 학생 중 딸기주스를 좋아하는 학생이 25 %일 때 딸기주스를 좋아하는 학생은 몇 명인지 풀이 과정을 쓰고 답을 구하세요.

좋아하는 음료수별 학생 수

0 10 20 30 40 50 60 70 80 90 100(%)

주스 (40 %) | 콜라 (16 %) | 우유 (32 %) | 사이다(12 %)

풀이

답

20 수정이네 학교 6학년 학생 회장 선거에서 후보자별 득표율을 조사하여 나타낸 원그래프입니다. 은지의 득표수가 80표일 때 투표를 한 학생은 모두 몇 명인지 풀이 과정을 쓰고 답을 구하세요. (단, 무효표는 없습니다.)

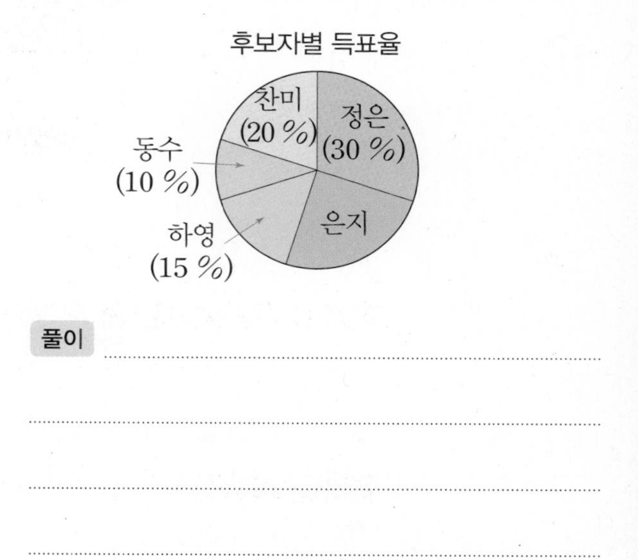

풀이

답

사고력이 반짝

● 빨간 점에서 시작해 모든 정사각형을 통과한 후 빨간 점으로 돌아오세요. (단, 모든 정사각형은 한 번만 지나갈 수 있으며 대각선으로는 지나갈 수 없습니다.)

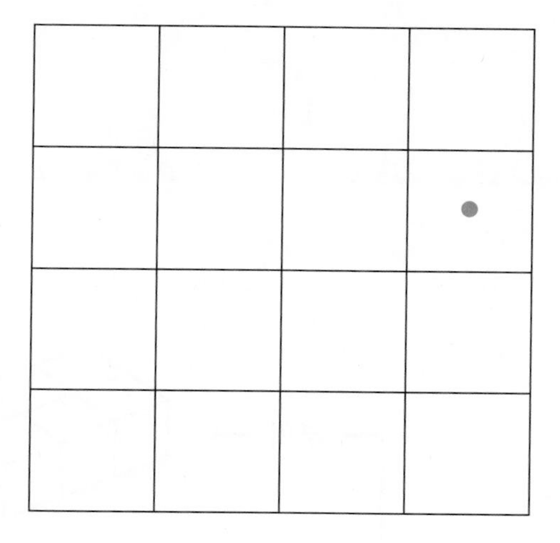

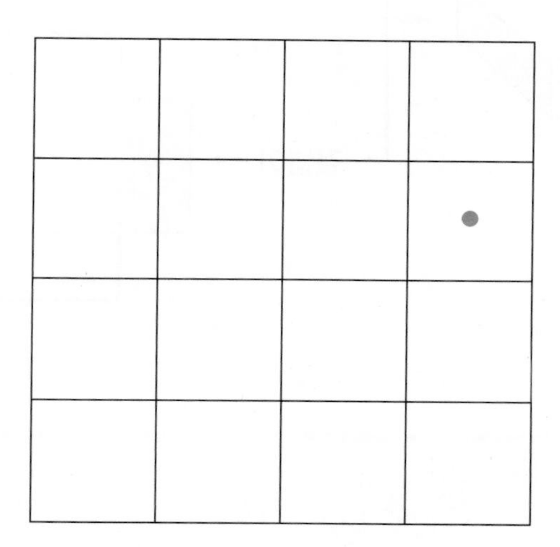

직육면체의 부피와 겉넓이

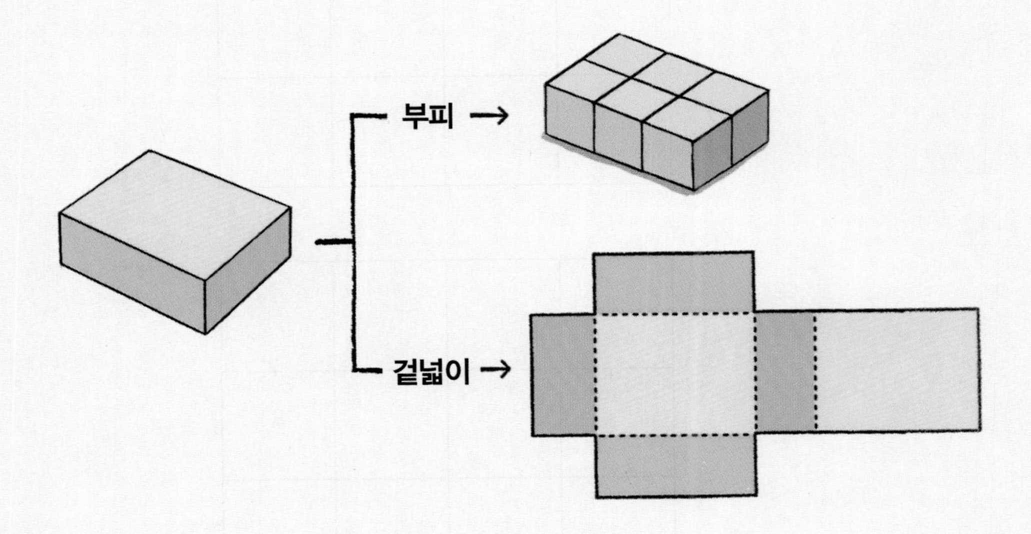

부피는 부피의 단위로, 겉넓이는 넓이의 단위로!

● **직육면체의 부피: 부피의 단위의 개수**

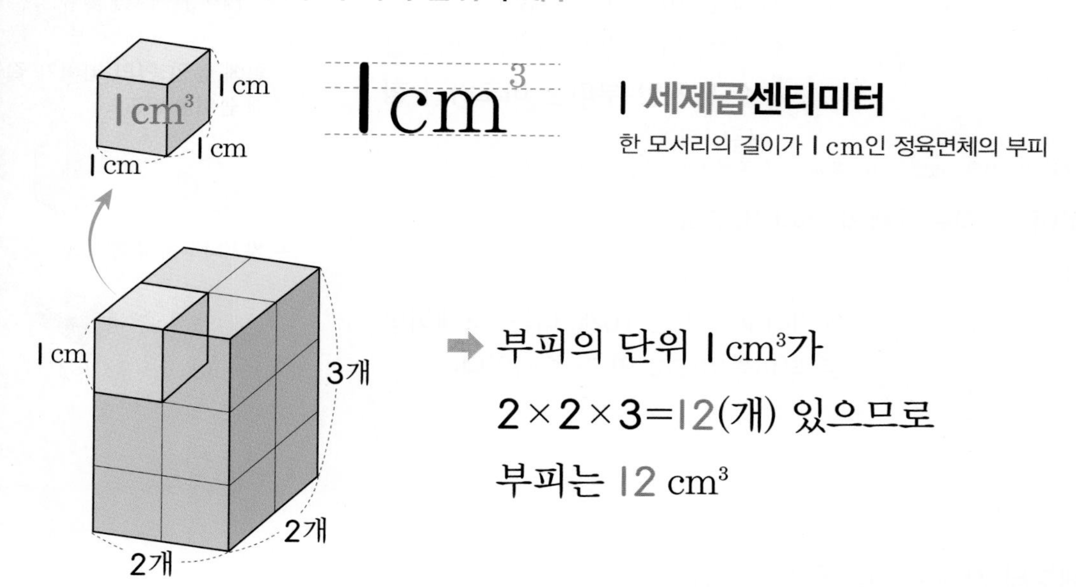

➡ 부피의 단위 1 cm³가
$2\times2\times3=12$(개) 있으므로
부피는 12 cm³

● **직육면체의 겉넓이: 직육면체의 전개도에서 여섯 면의 넓이의 합**

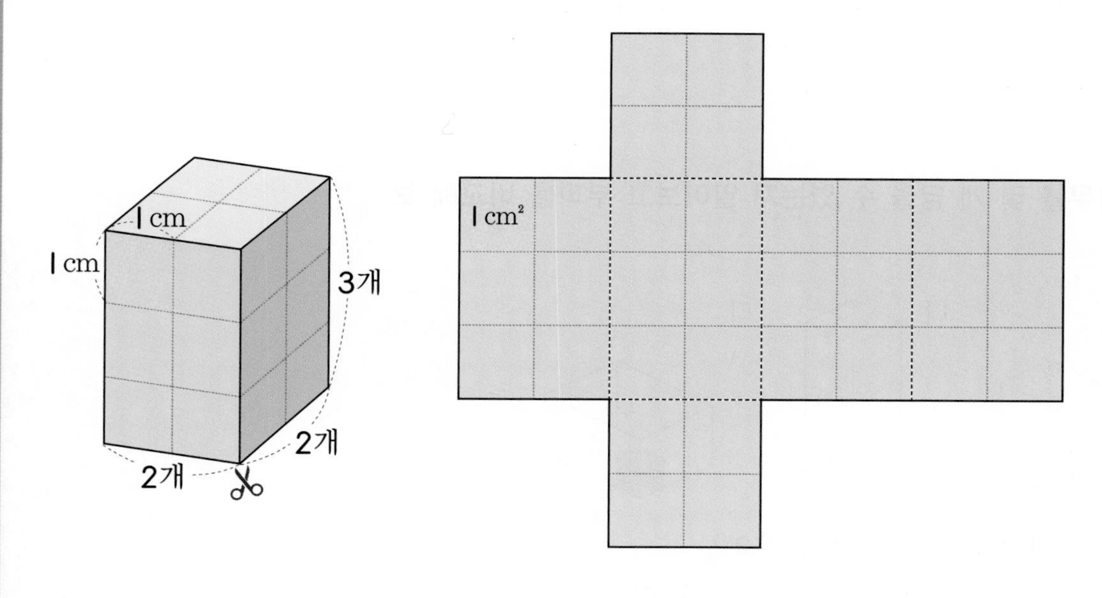

➡ 넓이의 단위 1 cm²가 32개 있으므로
겉넓이는 32 cm²

1 직육면체의 부피 비교하기

● 직접 맞대어 부피 비교하기

부피 ← 어떤 물건이 공간에서 차지하는 크기

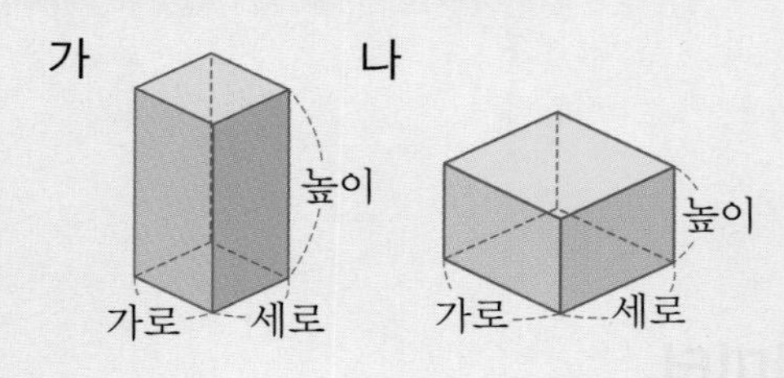

(가의 가로) < (나의 가로)
(가의 세로) < (나의 세로)
(가의 높이) > (나의 높이)
➡ 가로, 세로, 높이는 직접 비교할 수 있지만 부피는 비교하기 힘듭니다.

→ 직접 맞대어 비교하려면 가로, 세로, 높이 중에서 두 종류 이상의 길이가 같아야 합니다.

● 쌓기나무를 사용하여 두 직육면체의 부피 비교하기

가 나

쌓기나무가 가는 16개, 나는 18개이므로 부피를 비교하면 가 < 나입니다.

보충 개념

• 부피를 비교하는 방법
– 각 변의 길이를 맞대어 비교

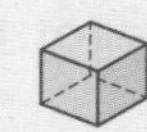
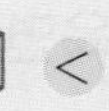
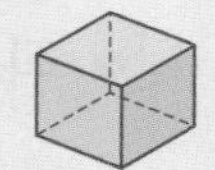

– 밑에 놓인 면의 넓이가 같을 때 높이를 비교

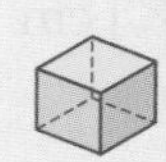
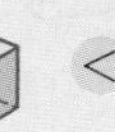
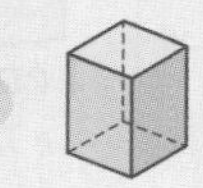

– 쌓기나무의 수를 비교

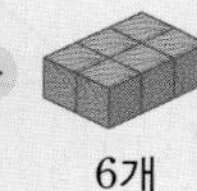

1 부피가 큰 직육면체부터 차례로 기호를 써 보세요.

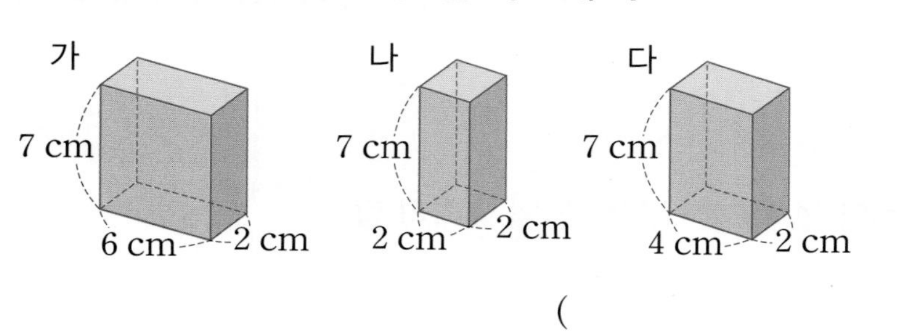

( )

2 상자 안에 쌓기나무를 몇 개 담을 수 있는지 알아보고 부피를 비교해 보세요.

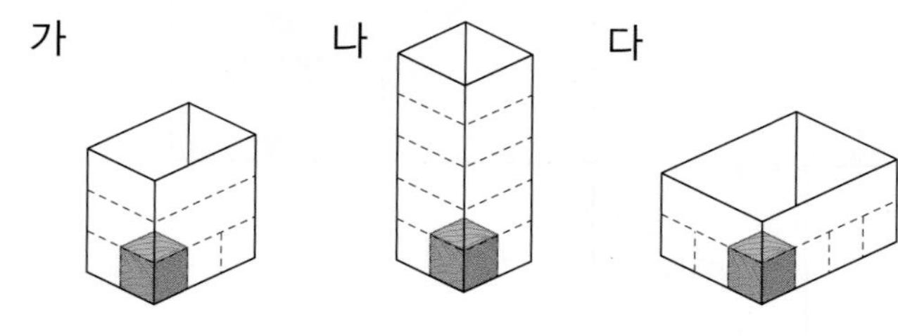

(1) 쌓기나무를 각각 몇 개씩 담을 수 있을까요?

가 ( ), 나 ( ), 다 ( )

(2) 상자의 부피가 큰 것부터 차례로 기호를 써 보세요.

( )

? 맞대어 비교하기 어려운 상자의 부피는 어떻게 비교하면 좋을까요?

상자 속을 크기와 모양이 같은 물건으로 채워 부피를 비교할 수 있습니다.

2 부피의 단위(1)

정답과 풀이 41쪽

- $1\ cm^3$: 한 모서리의 길이가 $1\ cm$인 정육면체의 부피

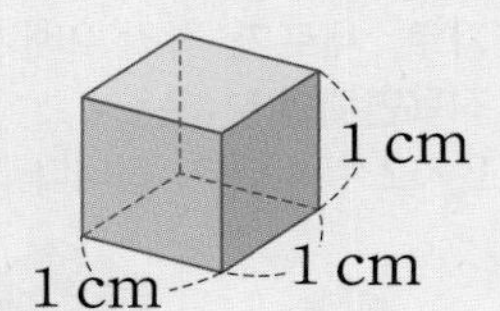

쓰기	$1\ cm^3$
읽기	1 세제곱센티미터

- 부피가 $1\ cm^3$인 쌓기나무로 쌓은 직육면체의 부피 구하기

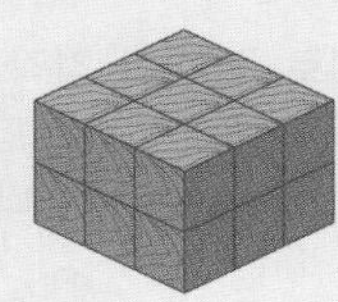

(쌓기나무의 수) $= 3 \times 3 \times 2 = 18$(개)
➡ (직육면체의 부피) $= 18\ cm^3$

보충 개념

직육면체 모양으로 쌓은 쌓기나무의 수는 한 층에 놓인 쌓기나무의 수와 층수를 곱하여 구하면 편리합니다.
➡ (쌓기나무의 수)
　= (한 층에 놓인 쌓기나무의 수) × (층수)

!
- 부피가 $1\ cm^3$와 가장 비슷한 물건은 (필통 , 연결큐브 , 휴대 전화)입니다.

3 부피가 $1\ cm^3$인 쌓기나무로 다음과 같이 직육면체를 만들었습니다. 물음에 답하세요.

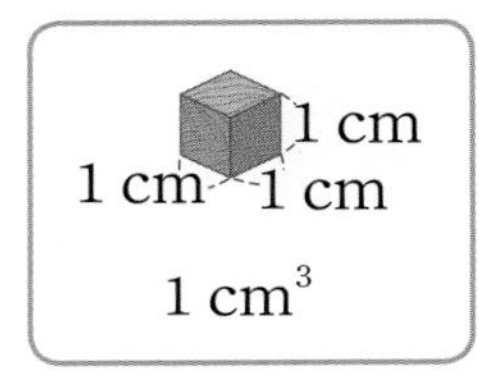

가
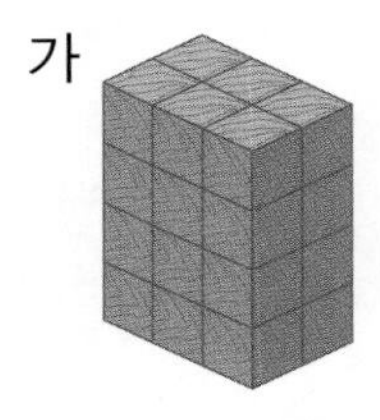

나
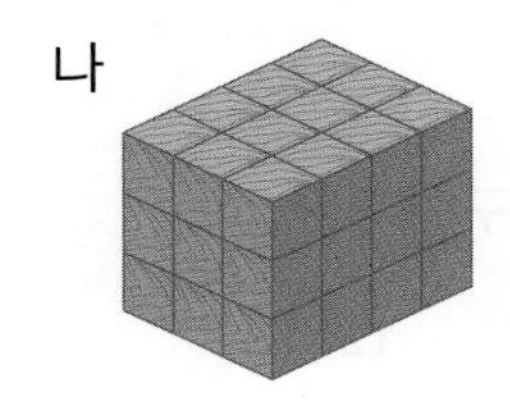

(1) 쌓기나무의 수를 세어 가와 나 직육면체의 부피를 각각 구하세요.

가 (　　　　　　　　)

나 (　　　　　　　　)

(2) 나 직육면체는 가 직육면체보다 부피가 얼마나 더 큰지 구하세요.

(　　　　　　　　)

▶ $1\ cm^3$가 ■개인 직육면체의 부피는 ■ cm^3입니다.

4 부피가 $1\ cm^3$인 쌓기나무를 다음과 같이 쌓았습니다. 쌓기나무의 수를 곱셈식으로 나타내어 부피를 구하세요.

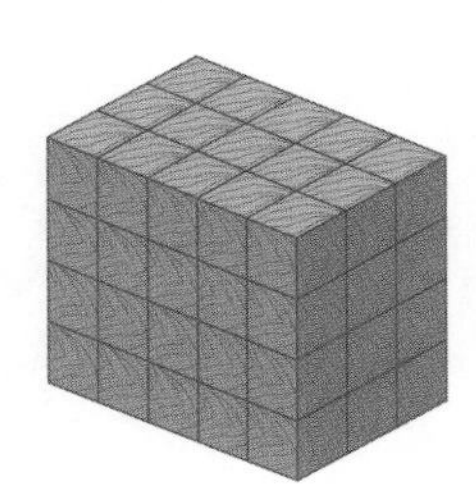

$\square \times \square \times \square = \square (cm^3)$

▶ 가로, 세로, 높이에 있는 쌓기나무의 수를 곱하여 구할 수 있습니다.

3 직육면체의 부피 구하는 방법

● **직육면체의 부피**

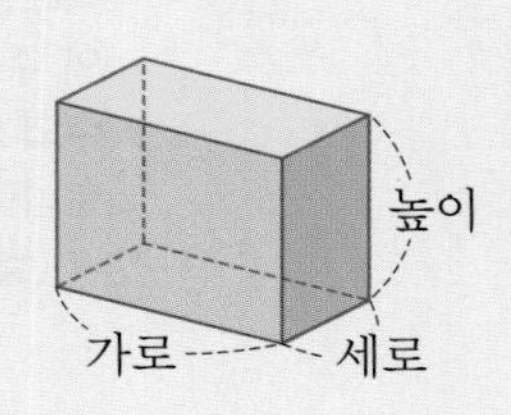

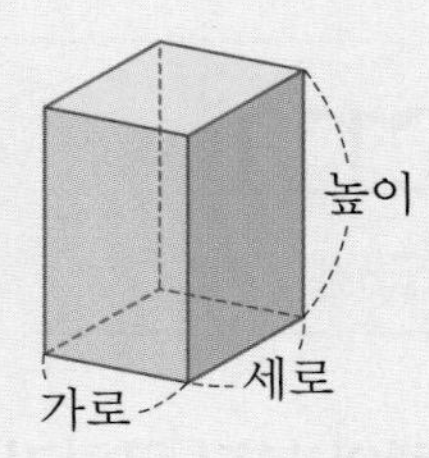

(직육면체의 부피) = (가로) × (세로) × (높이)
(밑면의 넓이)

● **정육면체의 부피** 정육면체는 가로, 세로, 높이가 모두 같습니다.

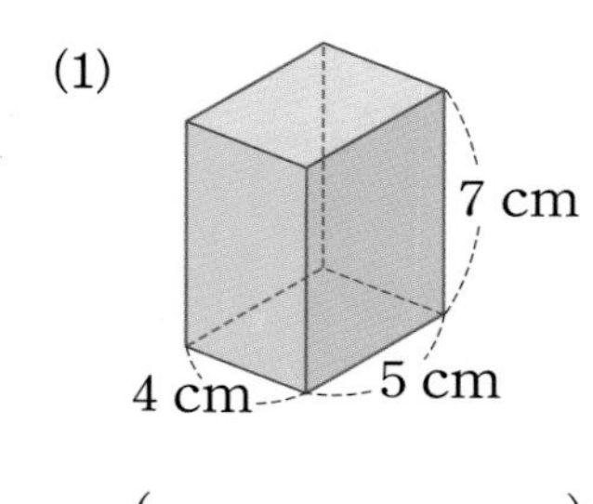

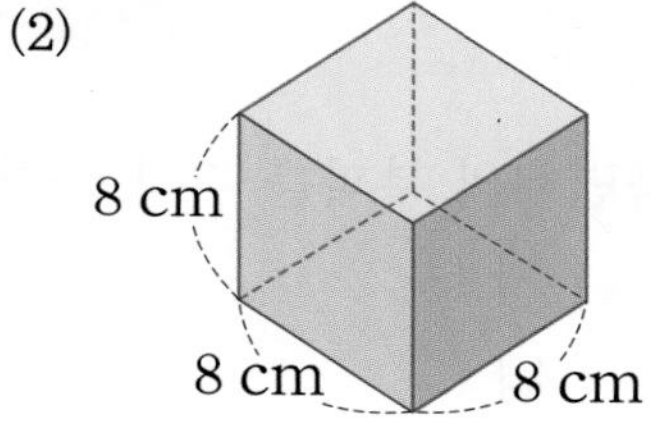

(정육면체의 부피)
= (한 모서리의 길이) × (한 모서리의 길이) × (한 모서리의 길이)

보충 개념

• 가로, 세로가 각각 2배가 되면 직육면체의 부피는 $2 \times 2 = 4$(배)가 됩니다.

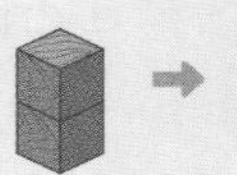

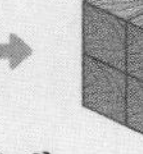

$2\text{ cm}^3 \xrightarrow{4\text{배}} 8\text{ cm}^3$

• 가로, 세로, 높이가 각각 2배가 되면 직육면체의 부피는 $2 \times 2 \times 2 = 8$(배)가 됩니다.

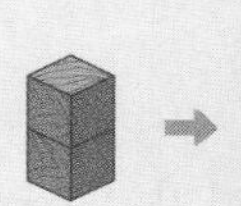

$2\text{ cm}^3 \xrightarrow{8\text{배}} 16\text{ cm}^3$

5 **직육면체와 정육면체의 부피를 구하세요.**

(1)

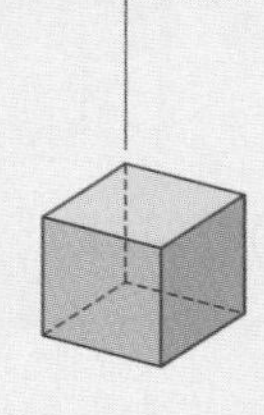

(　　　　　)

(2)

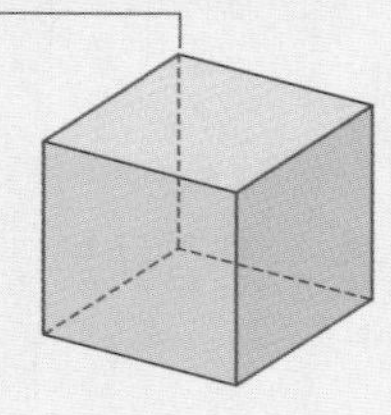

(　　　　　)

6 **직육면체 모양의 상자의 부피는 160 cm^3입니다. 이 상자의 높이를 구하세요.**

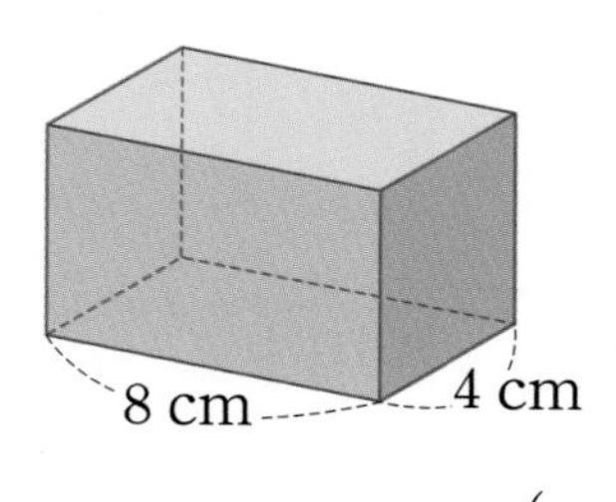

(　　　　　)

▸ (직육면체의 부피)
= (밑면의 넓이) × (높이)
로도 구할 수 있습니다.

4 부피의 단위(2)

정답과 풀이 42쪽

- 1 m^3 : 한 모서리의 길이가 1 m인 정육면체의 부피

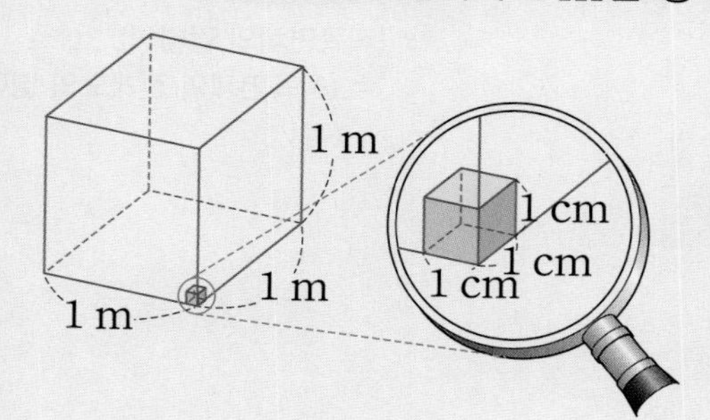

쓰기	1 m^3
읽기	1 세제곱미터

- 1 m^3와 1 cm^3의 관계

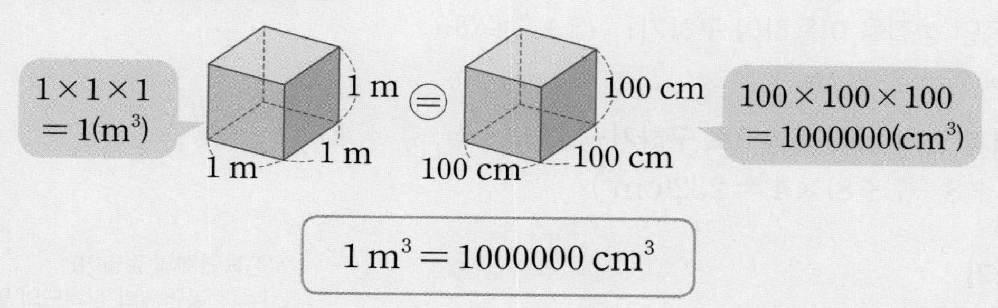

$$1\text{ m}^3 = 1000000\text{ cm}^3$$

보충 개념

- **큰 직육면체의 부피를 m^3로 나타내기**

직육면체의 한 모서리가 1 m 또는 100 cm가 넘을 때에는 cm를 m로 바꾼 후에 부피를 m^3로 나타내는 것이 편리합니다.

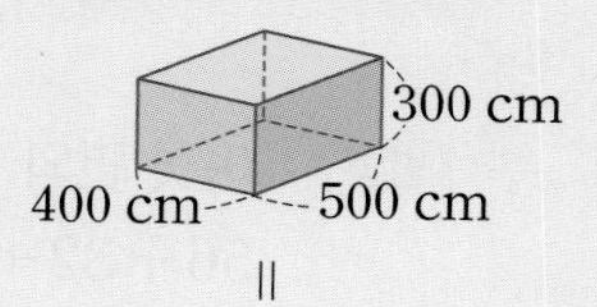

||

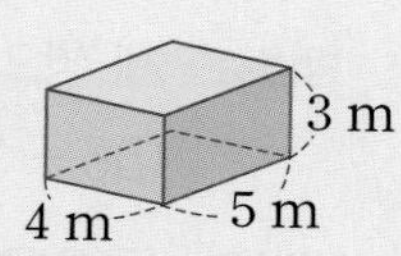

$(\text{직육면체의 부피}) = 4\times5\times3$
$= 60(\text{m}^3)$

!

- 수영장의 부피를 나타내는 데 알맞은 단위는 (m^3 , m^2 , cm^3)입니다.
- 필통의 부피를 나타내는 데 알맞은 단위는 (m^3 , m^2 , cm^3)입니다.

7 직육면체를 보고 물음에 답하세요.

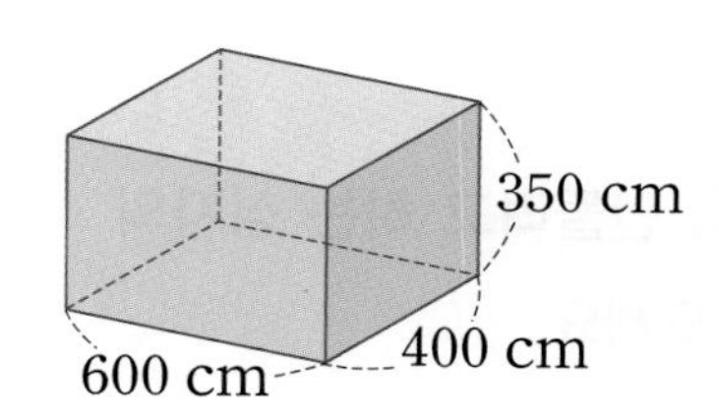

(1) 직육면체의 가로, 세로, 높이를 m로 나타내어 보세요.

가로 (　　　　), 세로 (　　　　), 높이 (　　　　)

(2) 직육면체의 부피는 몇 m^3일까요?

(　　　　　　)

8 □ 안에 알맞은 수를 써넣으세요.

(1) $9\text{ m}^3 = \square\text{ cm}^3$　(2) $1.7\text{ m}^3 = \square\text{ cm}^3$

(3) $4000000\text{ cm}^3 = \square\text{ m}^3$　(4) $6300000\text{ cm}^3 = \square\text{ m}^3$

? 부피의 단위 1 m^3를 사용하는 이유는 무엇인가요?

크기가 아주 큰 부피를 나타낼 때 cm^3 단위를 사용하면 수가 너무 커져서 읽기도 어렵고 표현하기에도 불편하기 때문입니다.

5 직육면체의 겉넓이 구하는 방법

정답과 풀이 42쪽

직육면체 겉면의 넓이

● **직육면체의 겉넓이 구하기**

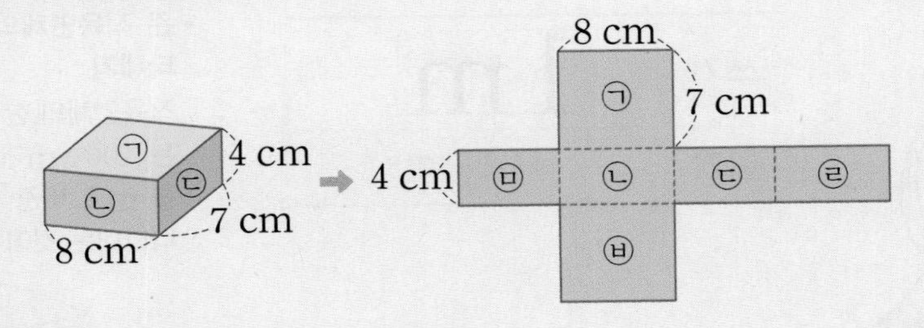

방법 1 여섯 면의 넓이의 합으로 구하기 ← ㉠+㉡+㉢+㉣+㉤+㉥

$56+32+28+32+28+56=232(\text{cm}^2)$

방법 2 세 쌍의 면이 합동인 성질을 이용하여 구하기 ← (㉠+㉡+㉢)×2

$(56+32+28)\times 2=232(\text{cm}^2)$

방법 3 두 밑면의 넓이와 옆면의 넓이의 합으로 구하기 ← ㉠×2+(㉤, ㉡, ㉢, ㉣)

$(8\times 7)\times 2+(7+8+7+8)\times 4=232(\text{cm}^2)$

보충 개념

(직육면체의 겉넓이)
=(직육면체의 전개도의 넓이)

● **정육면체의 겉넓이 구하기**

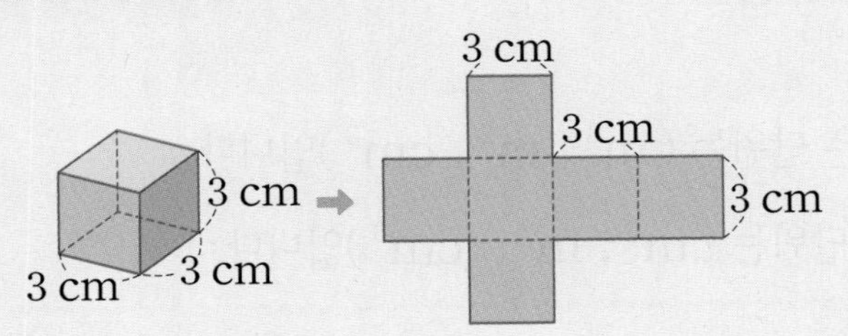

(정육면체의 겉넓이)=(한 면의 넓이)×6$=3\times 3\times 6=54(\text{cm}^2)$

(정육면체의 겉넓이)
=(정육면체의 전개도의 넓이)

9 다음 전개도를 이용하여 상자를 만들려고 합니다. 만들려고 하는 상자의 겉넓이는 몇 cm^2인지 ☐ 안에 알맞은 수를 써넣으세요.

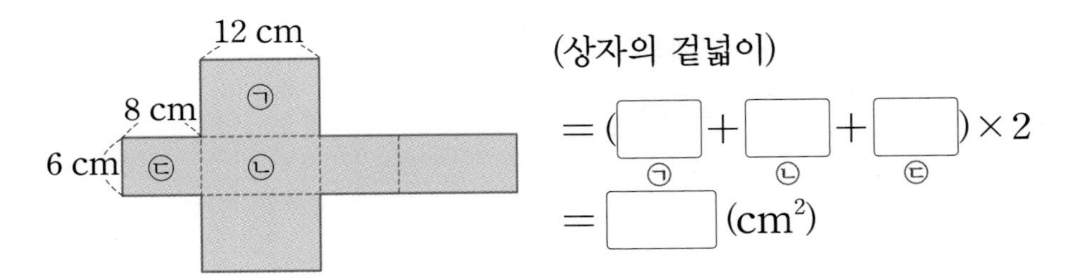

(상자의 겉넓이)
=(☐㉠+☐㉡+☐㉢)×2
=☐(cm^2)

10 직육면체와 정육면체의 겉넓이를 구하세요.

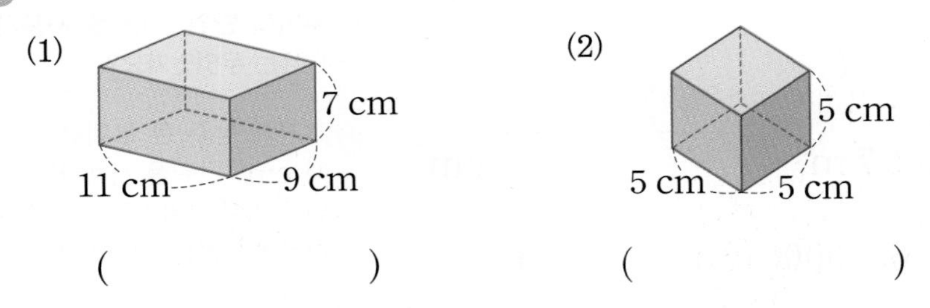

(1) (　　　　　)　(2) (　　　　　)

? **전개도를 이용하여 겉넓이를 구하는 이유는 무엇일까요?**

입체도형을 펼친 전개도를 이용하면 평면의 넓이로 겉넓이를 쉽게 구할 수 있어요.

기본에서 응용으로

교과유형 1 직육면체의 부피 비교

• 부피를 비교하는 방법
  - 직접 맞대어 비교하기 : 직육면체의 가로, 세로, 높이가 각각 다를 때 부피를 비교하기 어렵습니다.
  - 쌓기나무를 사용하여 비교하기 : 쌓기나무의 수를 세어 비교할 수 있으므로 직접 대어 보지 않아도 부피를 비교할 수 있습니다.

1 부피가 작은 직육면체부터 차례로 기호를 써 보세요.

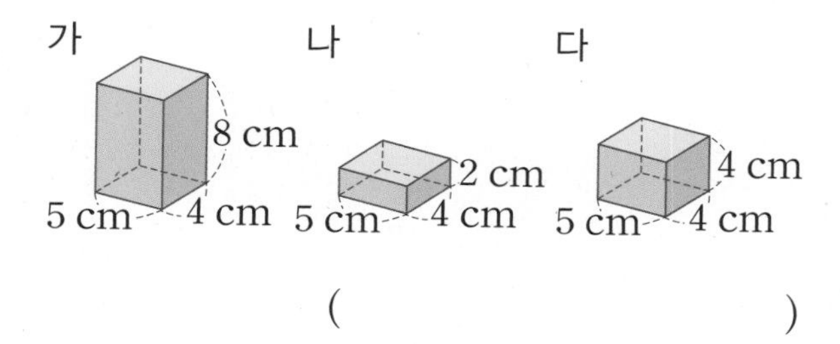

( )

2 ○ 안에 >, =, <를 알맞게 써넣으세요.

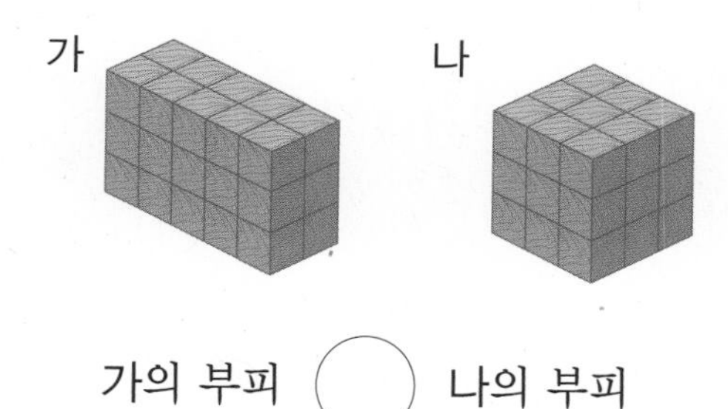

가의 부피 ○ 나의 부피

3 모양과 크기가 같은 떡을 가장 많이 담을 수 있는 상자를 찾아 기호를 써 보세요.

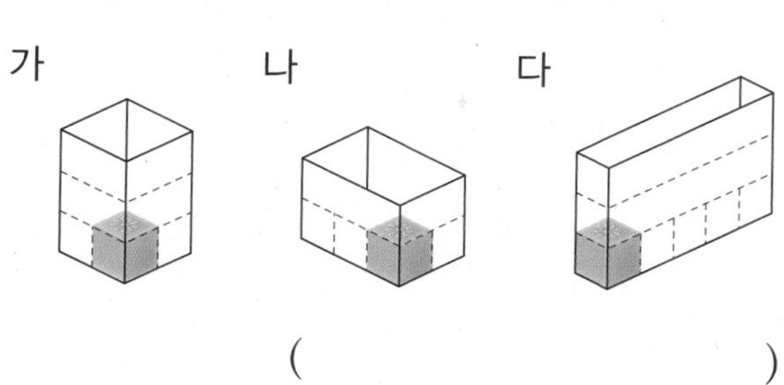

( )

서술형

4 직접 맞대었을 때 부피를 비교할 수 있는 상자끼리 짝 지어 보고 그 이유를 써 보세요.

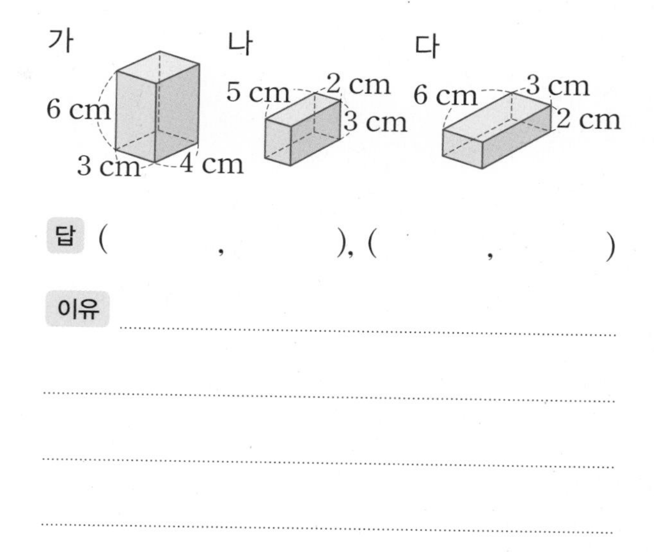

답 (,), (,)

이유

교과유형 2 부피의 단위 (1)

• $1\ cm^3$: 한 모서리의 길이가 $1\ cm$인 정육면체의 부피

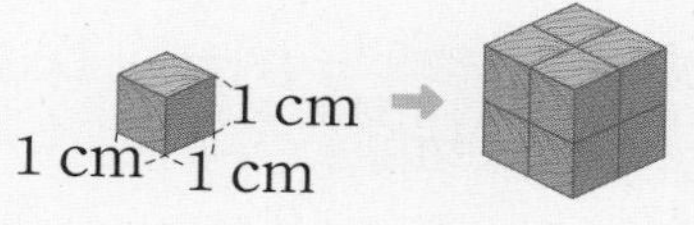

(쌓기나무의 수) $= 2 \times 2 \times 2 = 8$(개)
➡ (부피) $= 8\ cm^3$

5 한 모서리의 길이가 $1\ cm$인 쌓기나무로 쌓은 직육면체입니다. 이 직육면체의 부피는 몇 cm^3일까요?

( )

6 윤주는 부피가 $1\ cm^3$인 쌓기나무를 쌓아서 부피가 $96\ cm^3$인 직육면체를 만들었습니다. 사용한 쌓기나무는 모두 몇 개일까요?

( )

[7~8] 직육면체 모양의 상자를 각각 크기가 다른 쌓기나무를 사용하여 가득 채웠습니다. 승주와 재희가 사용한 쌓기나무가 다음과 같을 때 물음에 답하세요.

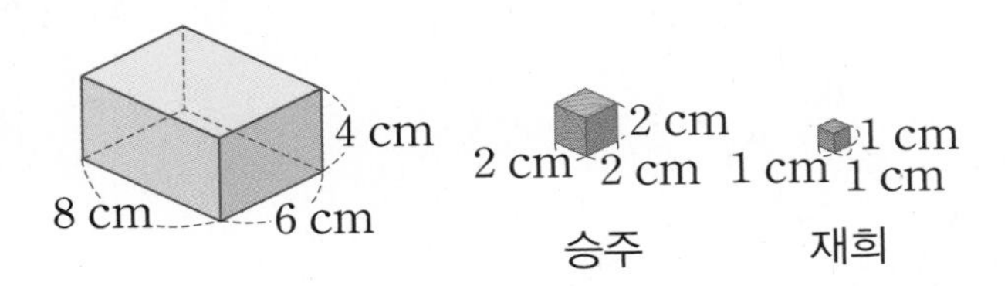

7 승주와 재희가 사용한 쌓기나무는 각각 몇 개인지 구하세요.

승주 (　　　　　), 재희 (　　　　　)

8 직육면체 모양의 상자의 부피를 구하세요.

(　　　　　)

3 직육면체의 부피 구하는 방법

- (직육면체의 부피) = (가로) × (세로) × (높이)
- (정육면체의 부피)
  = (한 모서리의 길이) × (한 모서리의 길이)
  × (한 모서리의 길이)

9 가로가 8 cm, 세로가 5 cm, 높이가 10 cm인 직육면체의 부피는 몇 cm^3일까요?

(　　　　　)

10 직육면체 모양 상자의 부피가 270 cm^3일 때 □ 안에 알맞은 수를 써넣으세요.

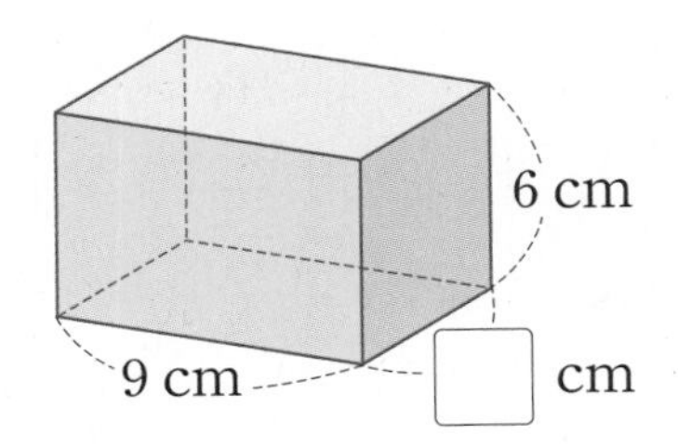

11 다음 전개도로 만든 직육면체의 부피는 몇 cm^3일까요?

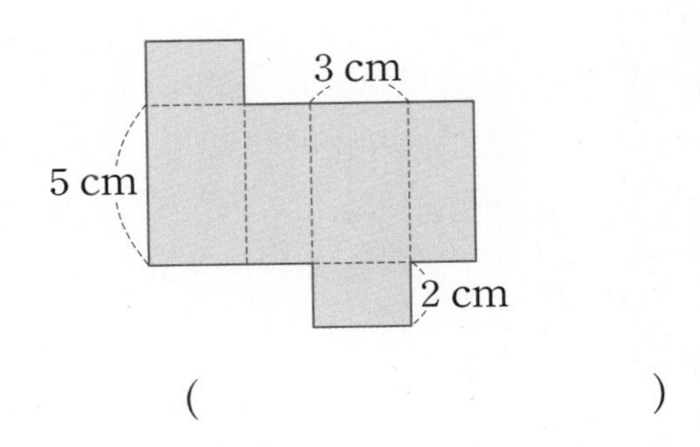

(　　　　　)

12 두 직육면체 가와 나의 부피가 같을 때 □ 안에 알맞은 수를 써넣으세요.

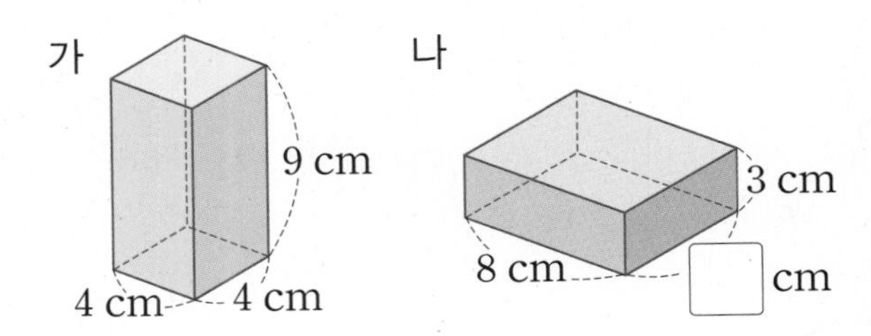

13 오른쪽 그림은 작은 정육면체 여러 개를 정육면체 모양으로 쌓은 것입니다. 쌓은 정육면체의 부피가 512 cm^3일 때 작은 정육면체의 한 모서리의 길이는 몇 cm일까요?

(　　　　　)

14 한 모서리의 길이가 11 cm인 정육면체 모양의 상자가 있습니다. 이 상자의 각 모서리의 길이를 3배로 늘인다면 상자의 부피는 처음 부피의 몇 배가 될까요?

(　　　　　)

서술형

15 한 면의 둘레가 40 cm인 정육면체의 부피는 몇 cm^3인지 풀이 과정을 쓰고 답을 구하세요.

풀이

답

16 부피가 다음 직육면체의 2배와 같은 정육면체의 한 모서리의 길이는 몇 cm일까요?

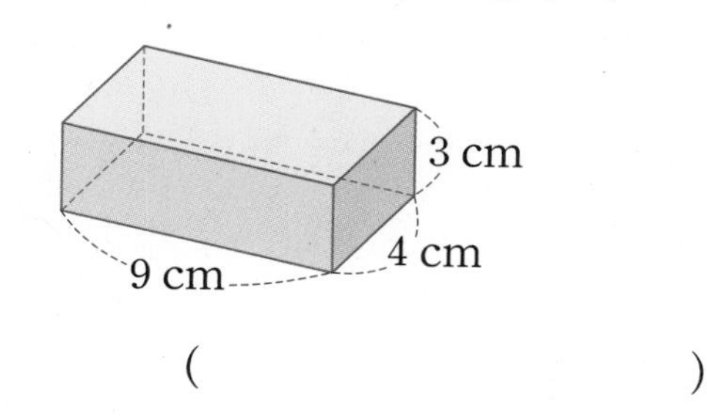

(　　　　　　　　)

17 그림과 같은 직육면체 모양의 떡을 잘라서 정육면체 모양으로 만들려고 합니다. 만들 수 있는 가장 큰 정육면체 모양의 부피는 몇 cm^3일까요?

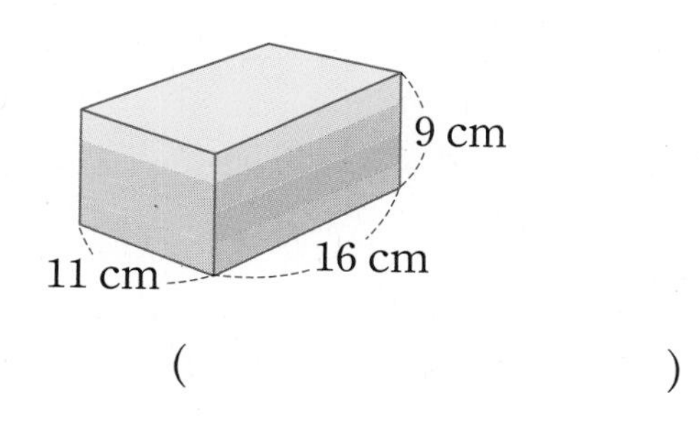

(　　　　　　　　)

교과유형 **4 부피의 단위(2)**

• $1\ m^3$: 한 모서리의 길이가 1 m인 정육면체의 부피

$$1\ m^3 = 1000000\ cm^3$$

18 직육면체의 부피는 몇 m^3일까요?

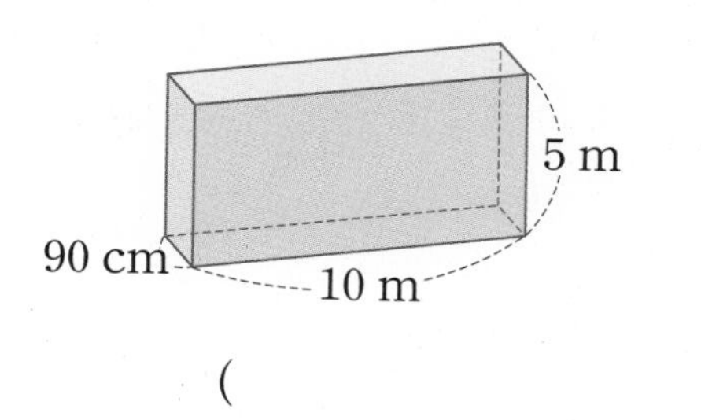

(　　　　　　　　)

19 ○ 안에 >, =, <를 알맞게 써넣으세요.

$4600000\ cm^3$ ○ $4.9\ m^3$

20 부피가 큰 순서대로 기호를 써 보세요.

㉠ $57000\ cm^3$　　㉡ $0.35\ m^3$
㉢ 한 모서리의 길이가 30 cm인 정육면체의 부피
㉣ 가로가 0.7 m, 세로가 0.2 m, 높이가 60 cm인 직육면체의 부피

(　　　　　　　　)

21 직육면체의 부피가 $0.18\ m^3$일 때 □ 안에 알맞은 수를 써넣으세요.

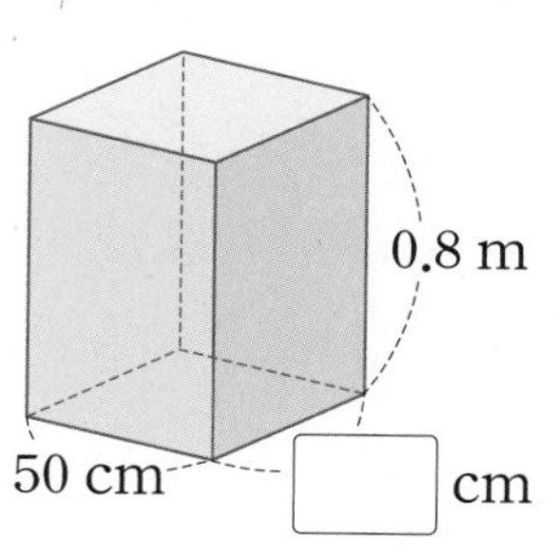

22 가로가 5 m, 세로가 3 m, 높이가 4 m인 직육면체 모양의 창고가 있습니다. 이 창고에 한 모서리의 길이가 20 cm인 정육면체 모양의 상자를 빈틈없이 쌓으려고 합니다. 정육면체 모양의 상자를 모두 몇 개 쌓을 수 있을까요?

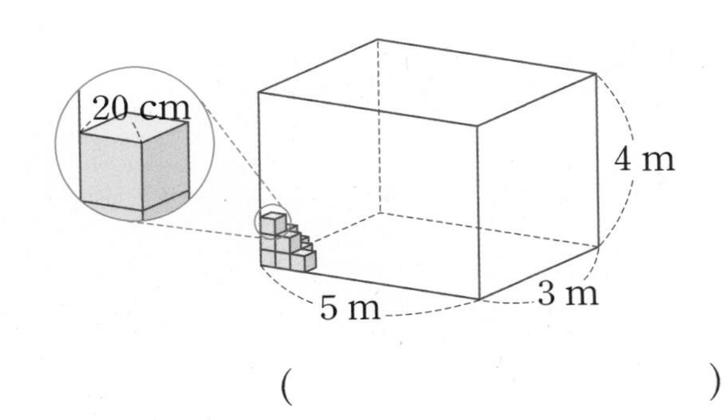

(　　　　　　　　　)

교과유형 **5 직육면체의 겉넓이 구하는 방법**

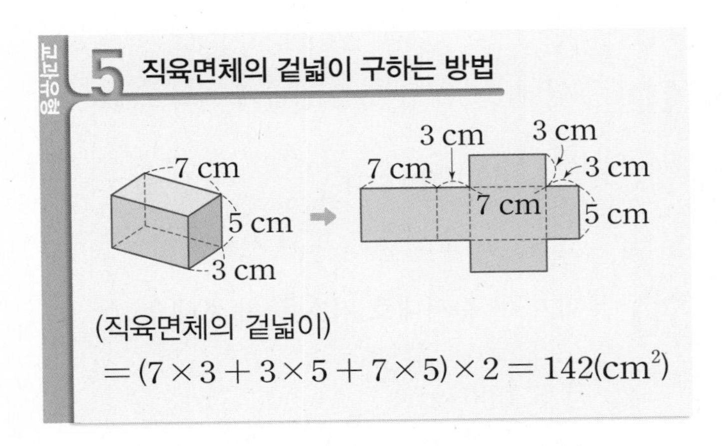

(직육면체의 겉넓이)

$=(7\times3+3\times5+7\times5)\times2=142(\text{cm}^2)$

23 다음 전개도로 만든 직육면체의 겉넓이는 몇 cm^2일까요?

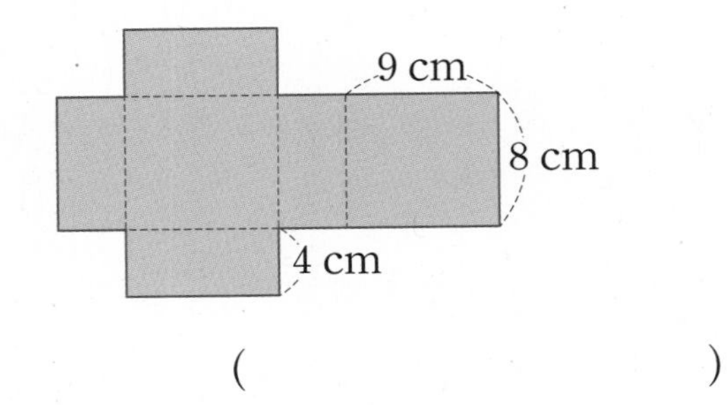

(　　　　　　　　　)

24 한 면의 넓이가 오른쪽과 같은 정육면체의 겉넓이는 몇 cm^2일까요?

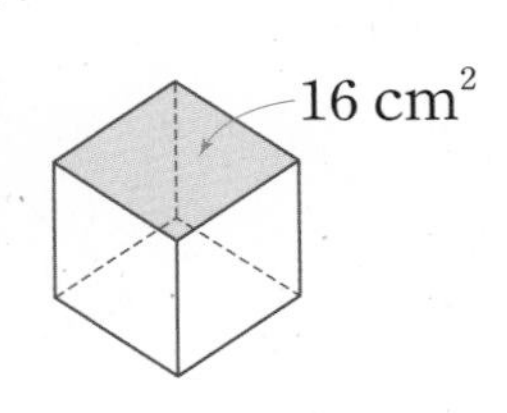

(　　　　　　　　　)

서술형

25 준하는 가로가 9 cm, 세로가 7 cm, 높이가 13 cm인 직육면체의 겉넓이를 다음과 같이 구했습니다. 잘못된 이유를 설명하고 바르게 계산하세요.

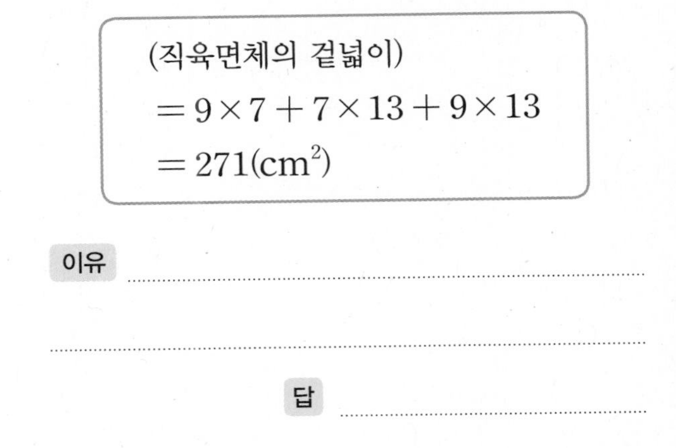

(직육면체의 겉넓이)

$=9\times7+7\times13+9\times13$

$=271(\text{cm}^2)$

이유 ....

....

답 ....

26 다음 전개도로 만든 정육면체의 겉넓이가 216 cm^2일 때 □ 안에 알맞은 수를 써넣으세요.

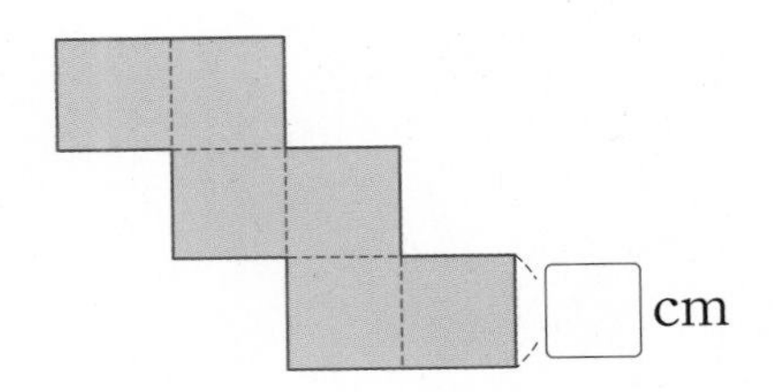

27 다음 직육면체의 겉넓이는 210 cm^2입니다. □ 안에 알맞은 수를 써넣으세요.

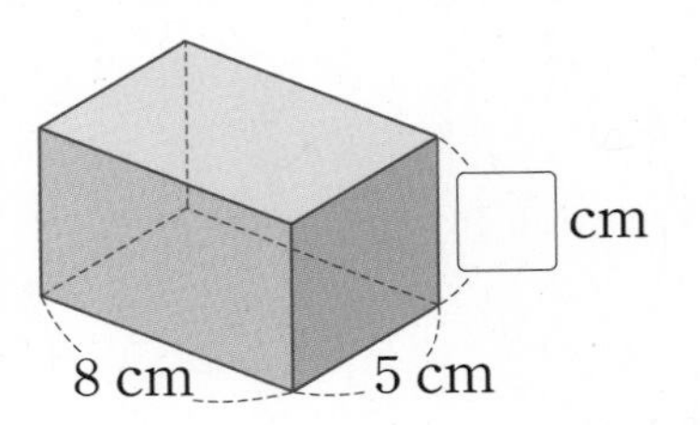

28 진성이와 유미가 각각 선물 상자를 포장한 것입니다. 누가 포장한 상자의 겉넓이가 몇 cm^2 더 넓을까요?

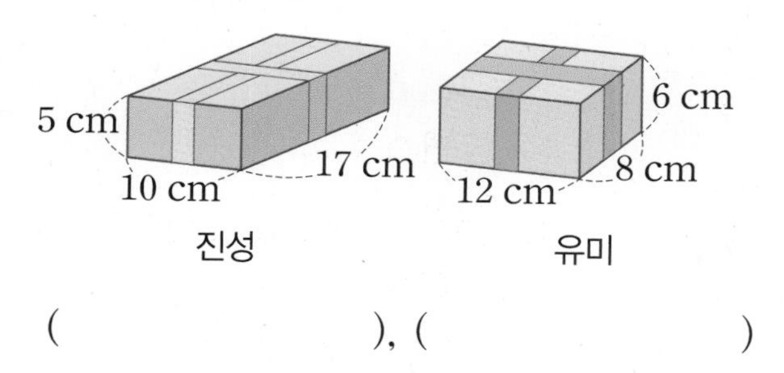

(　　　　　　　　), (　　　　　　　　)

29 다음 전개도로 겉넓이가 $228\ cm^2$인 직육면체 모양의 비누를 포장하였더니 꼭 맞았습니다. □ 안에 알맞은 수를 써넣으세요.

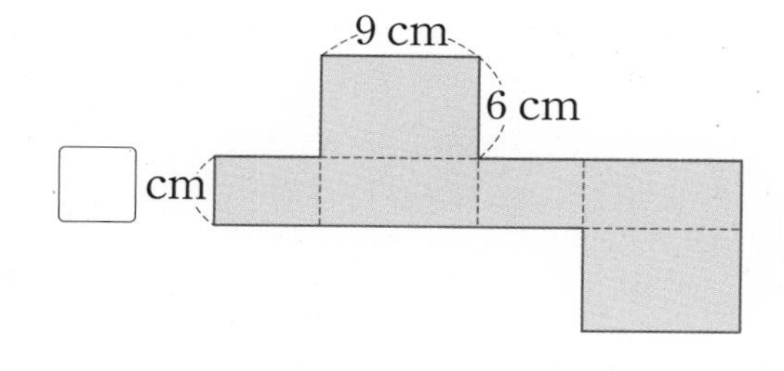

30 다음 직육면체와 겉넓이가 같은 정육면체의 한 모서리의 길이는 몇 cm일까요?

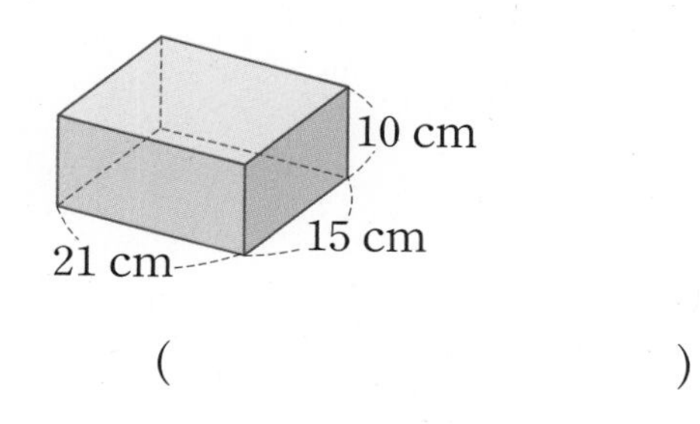

(　　　　　　　　)

실전유형

복잡한 입체도형의 부피 구하기

두 개의 직육면체가 합쳐져 있다고 보고 두 직육면체의 부피를 따로 구하여 더합니다.

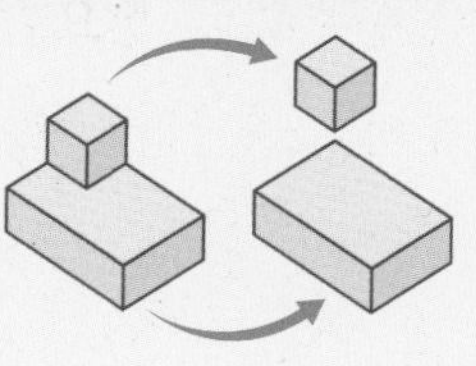

31 입체도형의 부피는 몇 cm^3일까요?

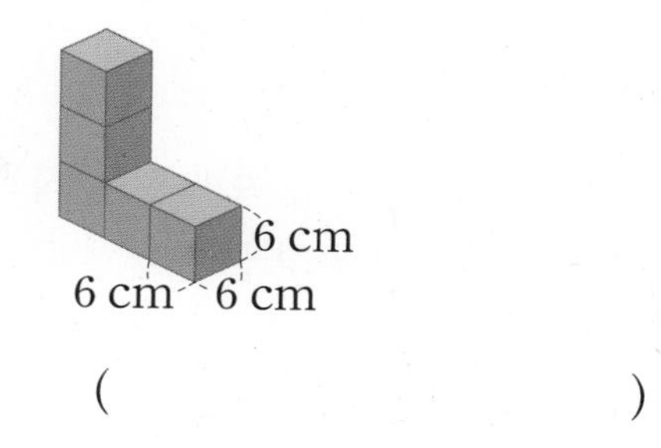

(　　　　　　　　)

32 입체도형의 부피는 몇 cm^3일까요?

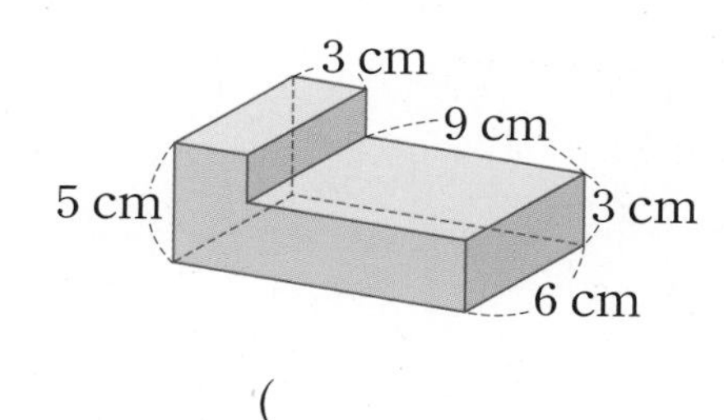

(　　　　　　　　)

33 입체도형의 부피는 몇 cm^3일까요?

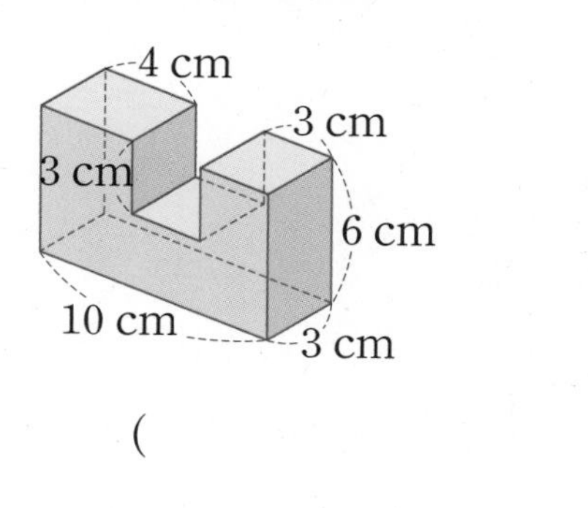

(　　　　　　　　)

심화유형 1 늘어난 물의 부피를 이용하여 물체의 부피 구하기

오른쪽과 같은 직육면체 모양의 수조에 돌을 넣었더니 돌이 물속에 완전히 잠기면서 물의 높이가 $2\,\text{cm}$만큼 높아졌습니다. 이 돌의 부피는 몇 cm^3일까요?

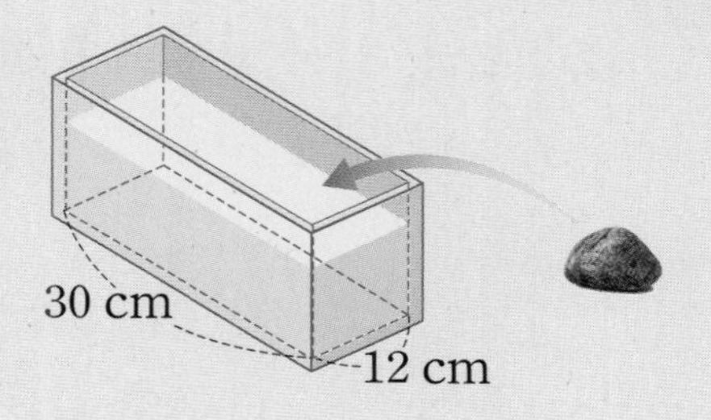

(　　　　　　　　　　)

● 핵심 NOTE　돌의 부피는 늘어난 물의 부피와 같습니다.
이때 늘어난 물의 부피는 (수조의 안치수의 가로) × (수조의 안치수의 세로) × (늘어난 물의 높이)임을 이용하여 구합니다.

1-1 오른쪽과 같은 직육면체 모양의 그릇에 벽돌을 넣었더니 벽돌이 물속에 완전히 잠기면서 물의 높이가 $3\,\text{cm}$만큼 높아졌습니다. 이 벽돌의 부피는 몇 cm^3일까요?

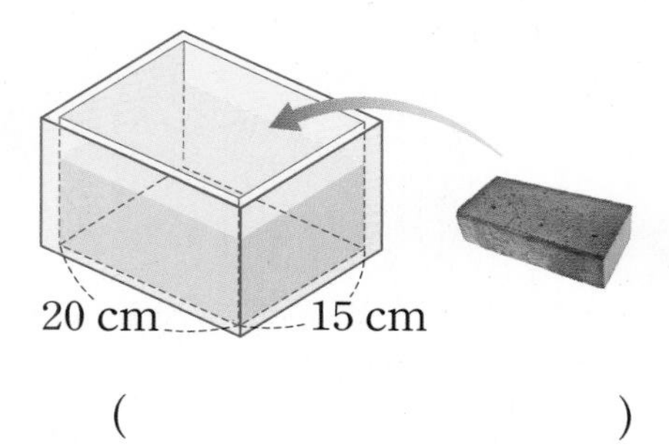

(　　　　　　　　　　)

1-2 오른쪽과 같은 직육면체 모양의 어항에 물이 $13\,\text{cm}$ 높이만큼 들어 있었습니다. 어항을 꾸미기 위하여 바닥에 작은 돌들을 깔았더니 물의 높이가 $17\,\text{cm}$가 되었습니다. 어항에 넣은 작은 돌들의 부피는 모두 몇 cm^3일까요?

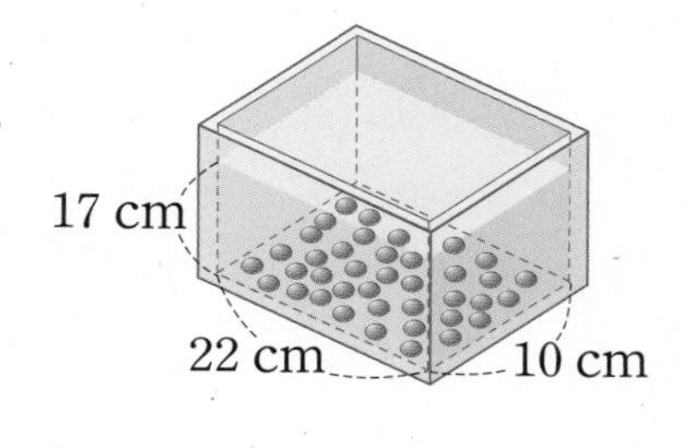

(　　　　　　　　　　)

심화유형 2 복잡한 입체도형의 겉넓이 구하기

쌓기나무 4개를 쌓아서 입체도형을 만든 것입니다. 만든 입체도형의 겉넓이는 몇 cm^2일까요?

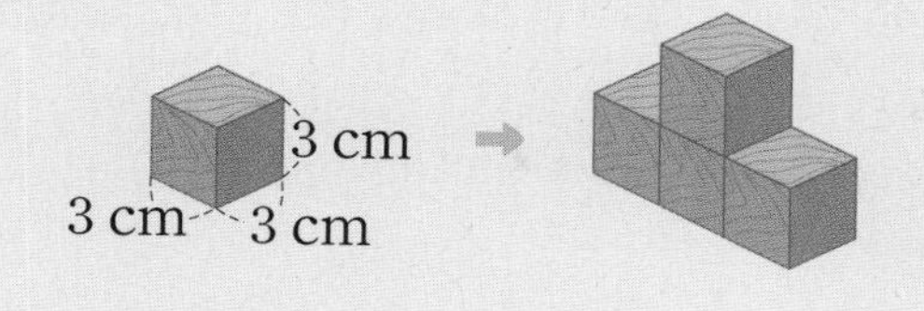

( )

● 핵심 NOTE 먼저 입체도형을 여러 방향으로 보면서 쌓기나무의 면의 개수를 세어 봅니다.
입체도형의 겉넓이는 (한 면의 넓이) × (겉에 있는 면의 개수)로 구합니다.

2-1 한 모서리의 길이가 $4\ \text{cm}$인 정육면체 모양의 블록 모형 5개를 그림과 같이 이어 붙여서 포장을 하려고 합니다. 포장지는 적어도 몇 cm^2 필요할까요?

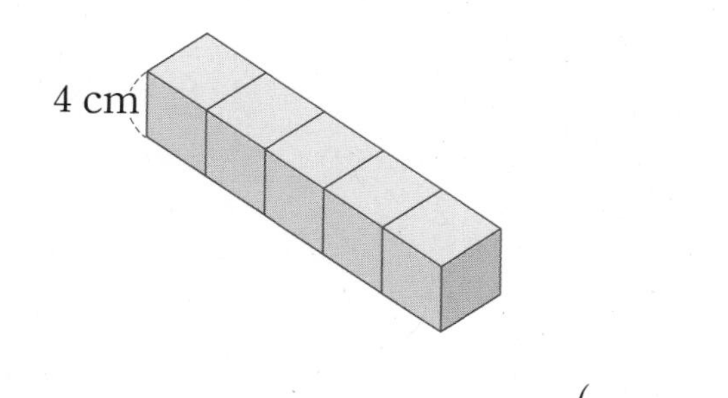

( )

2-2 오른쪽은 한 모서리의 길이가 $2\ \text{cm}$인 정육면체 모양의 쌓기나무 36개를 쌓아 만든 입체도형입니다. 이 입체도형의 겉넓이는 몇 cm^2일까요?

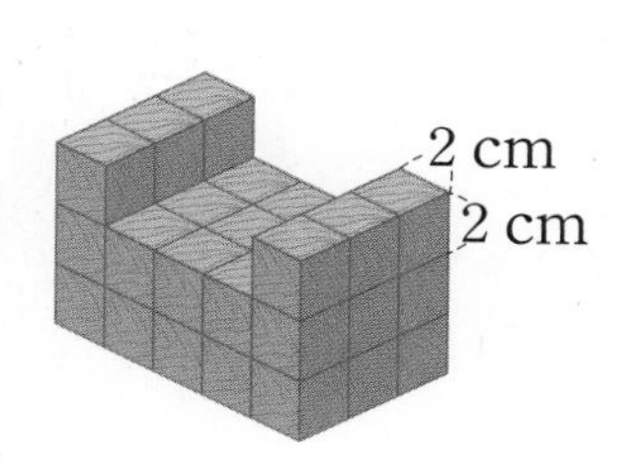

( )

6

직육면체를 쌓아서 만든 정육면체의 부피 구하기

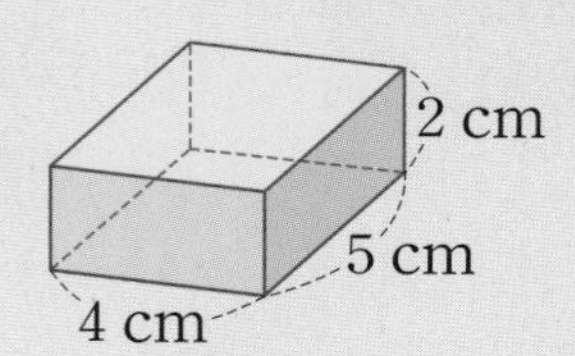

오른쪽 직육면체 여러 개를 가로, 세로, 높이로 빈틈없이 쌓아서 정육면체를 만들려고 합니다. 만들 수 있는 가장 작은 정육면체의 부피는 몇 cm^3일까요?

( )

● 핵심 NOTE

- 직육면체를 쌓아 만들 수 있는 가장 작은 정육면체의 한 모서리의 길이는 직육면체의 가로, 세로, 높이의 최소공배수입니다.
- 세 수의 최소공배수 구하는 방법
  각 수를 1이 아닌 공약수로 계속 나눕니다. 세 수의 공약수가 없으면 두 수의 공약수로 나눕니다. 이때 공약수가 없는 수는 그대로 내려 쓴 후 나누어 준 공약수와 마지막 몫을 곱합니다.

  2) 6 5 2
  3 5 1

  최소공배수 : $2\times3\times5\times1=30$

3-1

오른쪽 직육면체 여러 개를 가로, 세로, 높이로 빈틈없이 쌓아서 정육면체를 만들려고 합니다. 만들 수 있는 가장 작은 정육면체의 부피는 몇 cm^3 일까요?

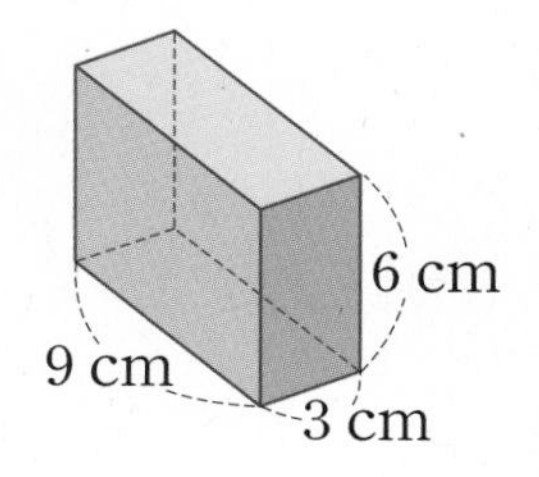

( )

3-2

우체국에서 오른쪽과 같은 택배 상자를 가로, 세로, 높이로 빈틈없이 쌓아서 가장 작은 정육면체 모양으로 만들려고 합니다. 만들어지는 정육면체의 부피는 몇 m^3일까요?

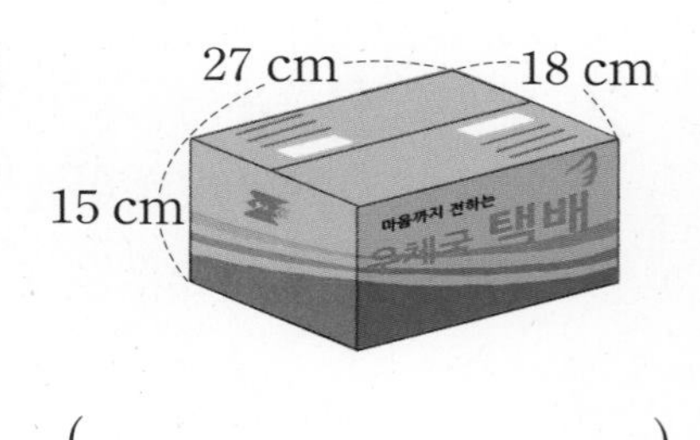

( )

정답과 풀이 44쪽

분리되는 두 물질의 부피 구하기

물과 식용유는 서로 섞이지 않습니다. 이것은 물은 물끼리, 식용유는 식용유끼리 뭉치려는 성질 때문입니다. 또 식용유는 물보다 가벼운 물질이기 때문에 섞으면 물 위로 뜨게 됩니다. 물이 든 페트병에 식용유를 넣고 흔든 후 부피가 360 cm^3이고 가로가 6 cm, 세로가 5 cm인 직육면체 모양의 투명한 그릇에 모두 부었더니 가득 찼습니다. 잠시 후 물과 식용유가 2개의 층으로 분리되었을 때 물 부분의 높이를 재어 보니 8 cm이었다면 분리된 식용유 부분의 부피는 몇 cm^3인지 구하세요. (단, 그릇의 두께는 생각하지 않습니다.)

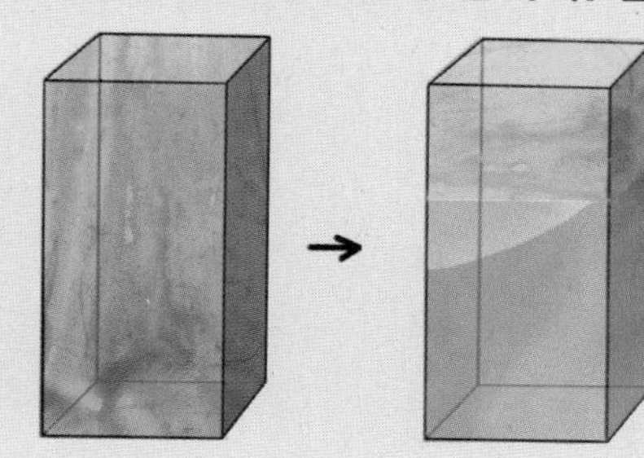

1단계 그릇의 높이 구하기

2단계 분리된 식용유 부분의 높이 구하기

3단계 식용유 부분의 부피 구하기

(　　　　　　　)

● **핵심 NOTE**

1단계 그릇의 부피를 구하는 식을 이용하여 그릇의 높이를 구합니다.

2단계 그릇의 높이에서 물 부분의 높이를 빼서 식용유 부분의 높이를 구합니다.

3단계 식용유 부분의 높이를 이용하여 부피를 구합니다.

4-1 간장과 참기름은 언뜻 보면 잘 어울리는 조합인 것 같지만 사실은 서로 섞이지 않는 물질입니다. 간장이 든 페트병에 참기름을 넣고 흔든 후 부피가 420 cm^3이고 가로가 7 cm, 세로가 4 cm인 직육면체 모양의 투명한 그릇에 모두 부었더니 가득 찼습니다. 잠시 후 간장과 참기름이 2개의 층으로 분리되었을 때 간장 부분의 높이를 재어 보니 9 cm였다면 분리된 참기름 부분의 부피는 몇 cm^3일까요? (단, 그릇의 두께는 생각하지 않습니다.)

(　　　　　　　)

기출 단원 평가 Level 1

점수

확인

1 부피가 작은 직육면체부터 차례로 기호를 써 보세요.

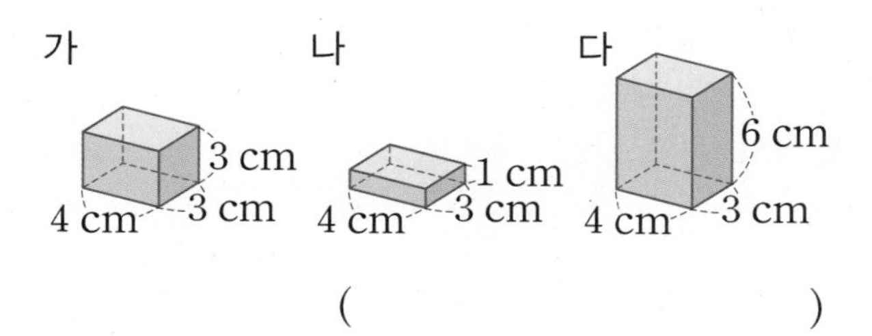

(　　　　　　　　　　)

2 왼쪽과 같은 쌓기나무로 만든 직육면체의 부피는 몇 cm^3일까요?

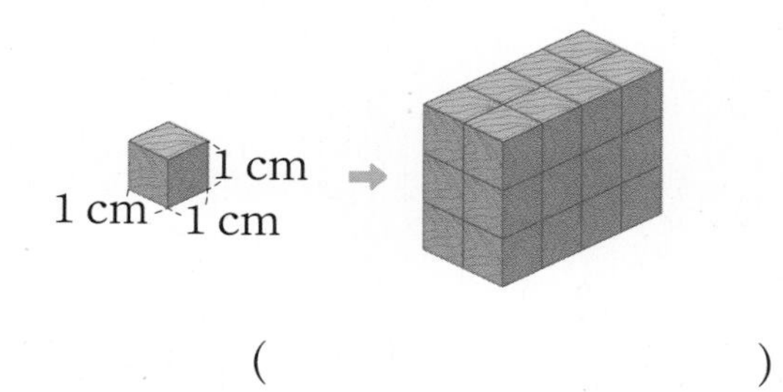

(　　　　　　　　　　)

3 다음 직육면체는 합동인 세 면의 넓이의 합이 $264\ cm^2$입니다. 이 직육면체의 겉넓이는 몇 cm^2일까요?

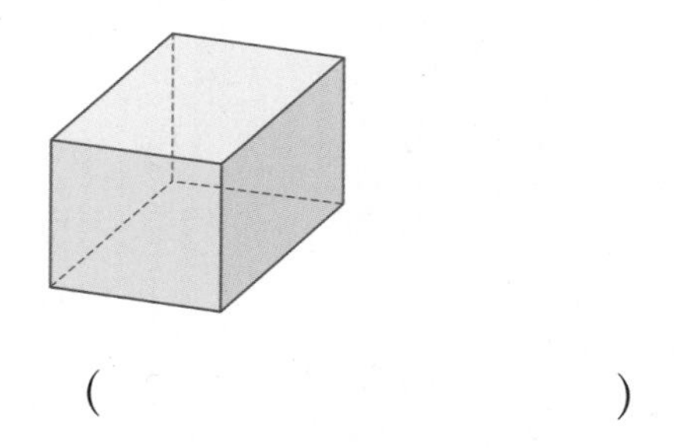

(　　　　　　　　　　)

4 정육면체의 부피는 몇 cm^3일까요?

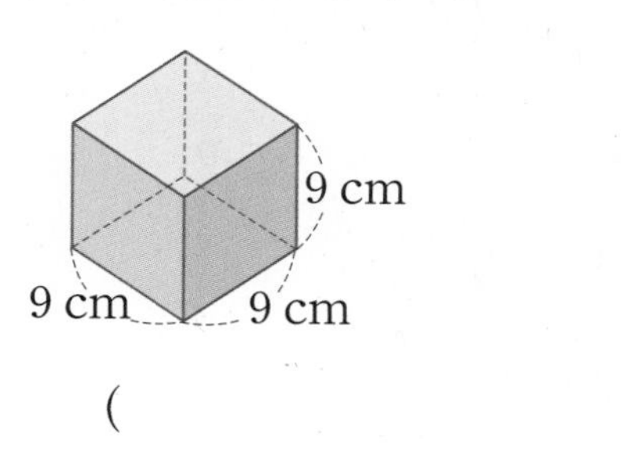

(　　　　　　　　　　)

5 직육면체의 겉넓이는 몇 cm^2일까요?

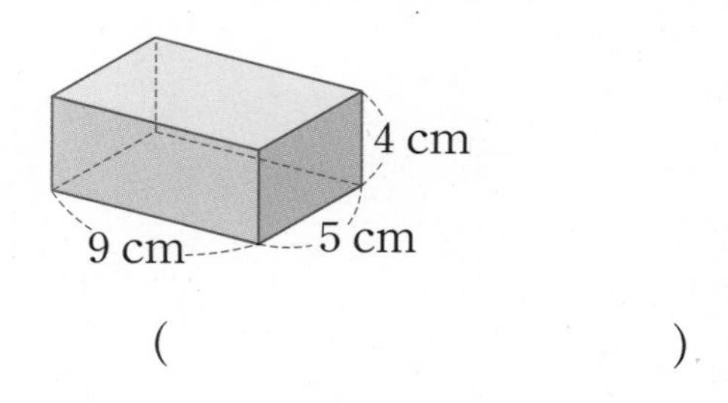

(　　　　　　　　　　)

6 한 면의 넓이가 다음과 같은 정육면체의 겉넓이는 몇 cm^2일까요?

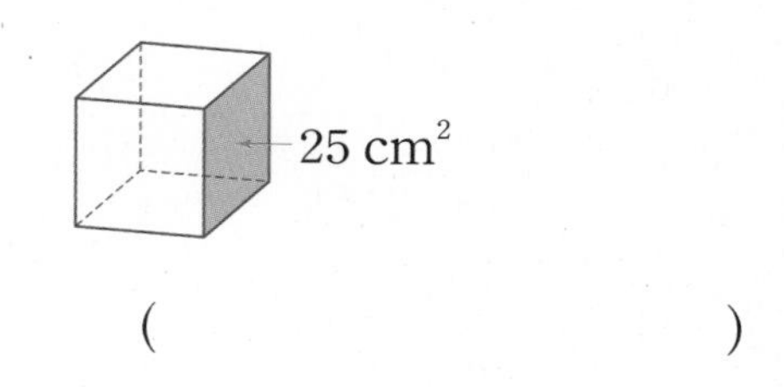

(　　　　　　　　　　)

7 □ 안에 알맞은 수를 써넣으세요.

(1) $0.8\ m^3 =$ □ cm^3

(2) $4200000\ cm^3 =$ □ m^3

8 다음 정육면체의 부피는 $64\ cm^3$입니다. □ 안에 알맞은 수를 써넣으세요.

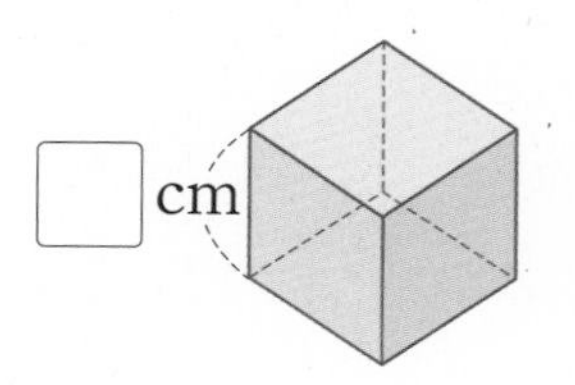

9 높이가 9 cm인 다음 직육면체의 부피는 288 cm^3입니다. 이 직육면체의 한 밑면의 넓이를 구하세요.

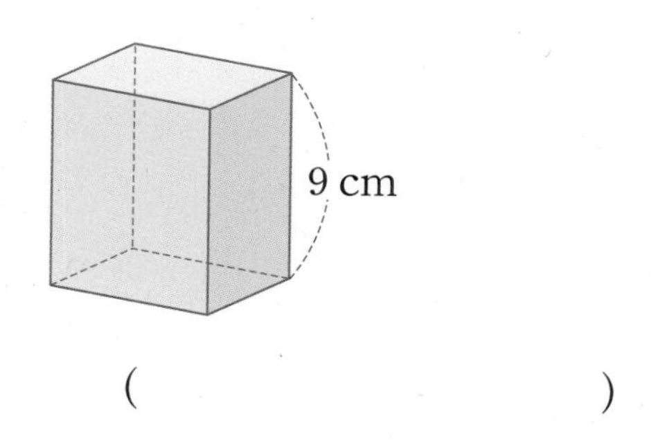

(　　　　　　　　)

10 가로 14 cm, 세로 8 cm, 높이 5 cm인 상자가 있습니다. 이 상자에 가로 2 cm, 세로 2 cm, 높이 1 cm인 직육면체가 빈틈없이 가득 들어 있다면 상자에 들어 있는 직육면체는 모두 몇 개일까요?

(　　　　　　　　)

11 다음 전개도로 만든 직육면체의 부피와 겉넓이를 각각 구하세요.

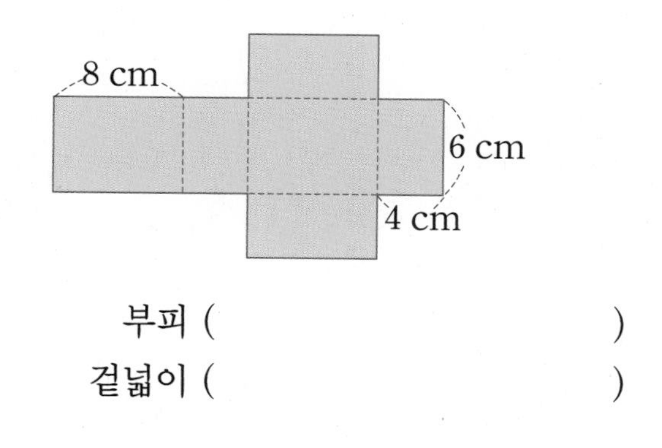

부피 (　　　　　　　　)

겉넓이 (　　　　　　　　)

12 한 모서리가 20 cm인 정육면체의 부피는 한 모서리가 2 cm인 정육면체의 부피의 몇 배일까요?

(　　　　　　　　)

13 직육면체의 부피는 몇 m^3일까요?

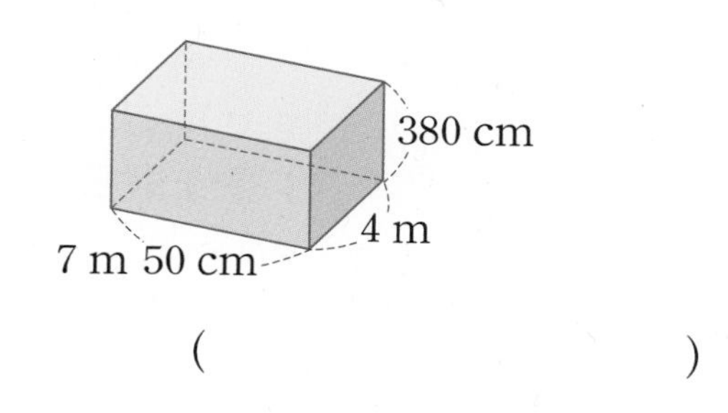

(　　　　　　　　)

14 두 직육면체의 부피는 각각 720 cm^3입니다. □ 안에 알맞은 수를 써넣으세요.

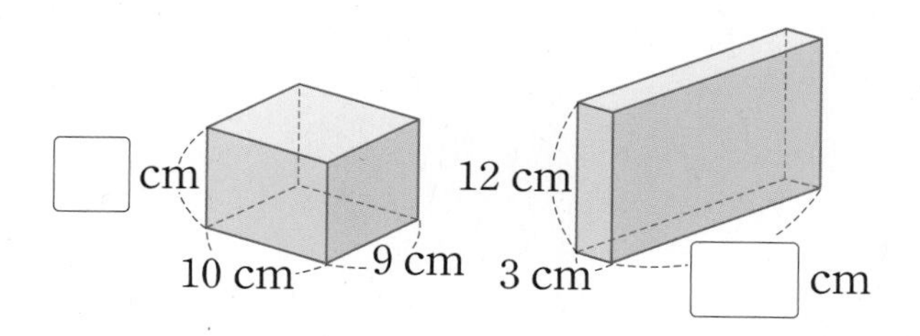

15 다연이가 친구에게 줄 정육면체 모양의 선물 상자를 겹치는 부분 없이 포장하려고 합니다. 사용한 포장지의 넓이가 150 cm^2일 때 이 선물 상자의 부피는 몇 cm^3일까요?

(　　　　　　　　)

16 왼쪽 직육면체와 겉넓이가 같은 정육면체의 한 모서리의 길이를 구하세요.

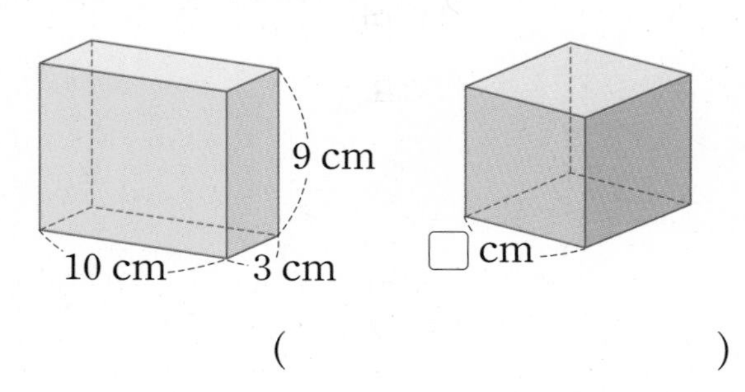

( )

17 직육면체 모양의 통에 돌을 넣고 물을 가득 채운 후, 돌을 꺼내었더니 다음과 같이 되었습니다. 돌의 부피는 몇 cm^3일까요?

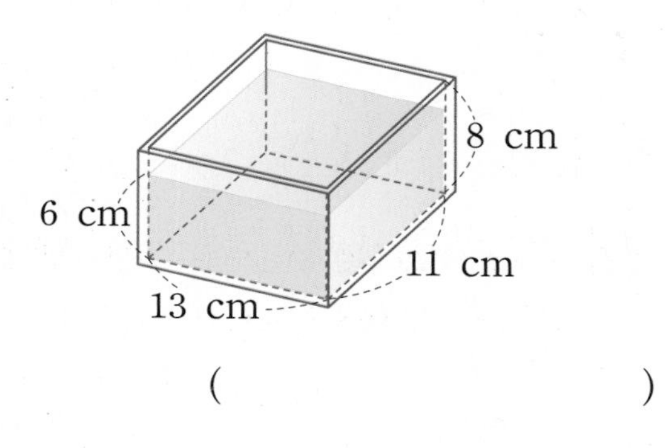

( )

18 다음 직육면체 여러 개를 가로, 세로, 높이로 빈틈없이 쌓아서 정육면체를 만들려고 합니다. 만들 수 있는 가장 작은 정육면체의 부피는 몇 cm^3일까요?

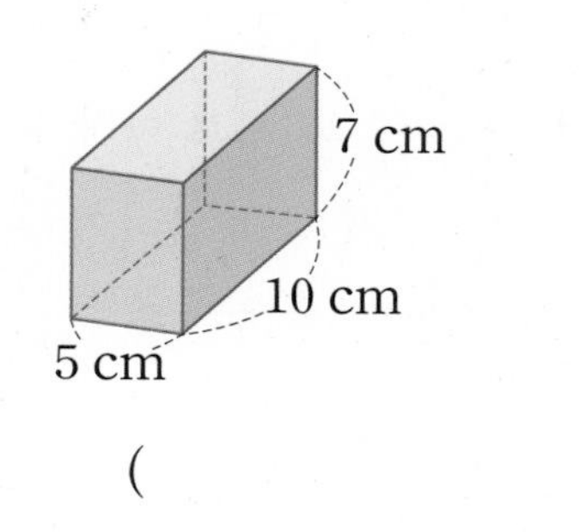

( )

술술 서술형

19 부피가 다음 직육면체의 부피의 4배와 같은 정육면체의 한 모서리의 길이는 몇 cm인지 풀이 과정을 쓰고 답을 구하세요.

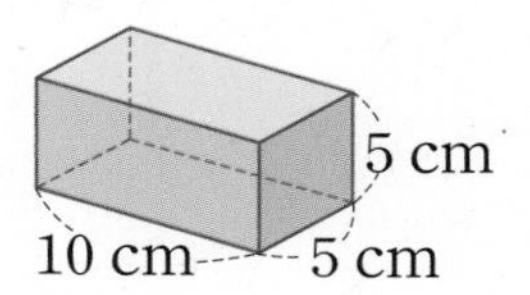

풀이

답

20 직육면체의 겉넓이가 322 cm^2일 때 □ 안에 알맞은 수는 얼마인지 풀이 과정을 쓰고 답을 구하세요.

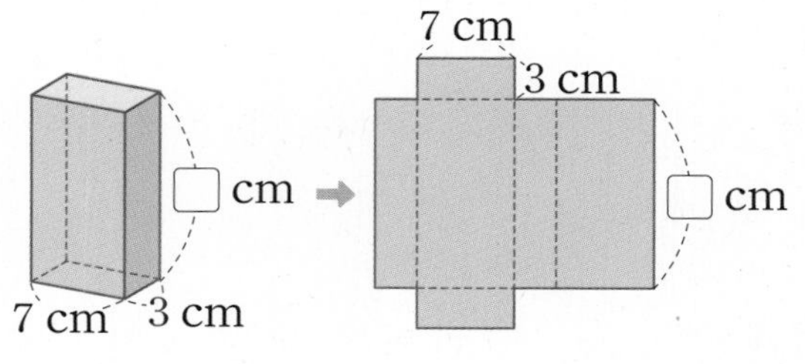

풀이

답

기출 단원 평가 Level 2

점수

확인

1 크기가 같은 정육면체 모양의 쌓기나무로 만든 직육면체입니다. 부피가 큰 것부터 차례로 기호를 써 보세요.

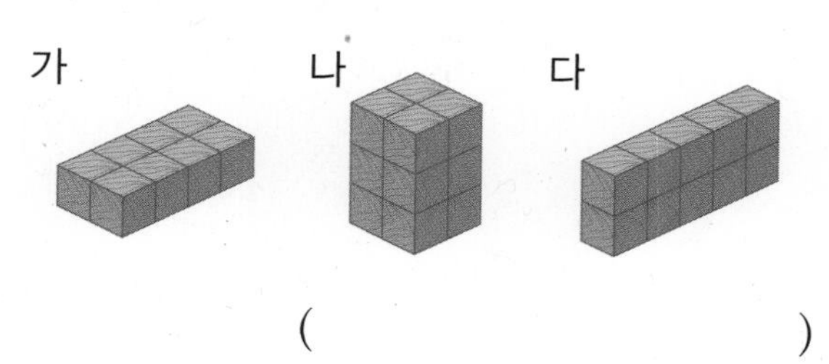

(　　　　　　　　)

2 쌓기나무를 더 많이 담을 수 있는 상자는 어느 것일까요?

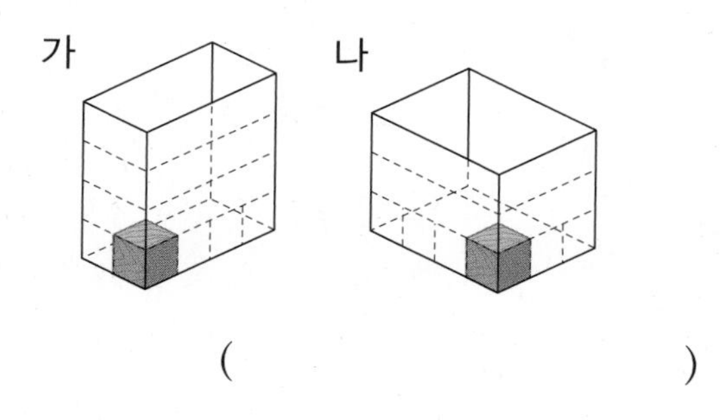

(　　　　　　　　)

3 실제 부피에 가장 가까운 것을 찾아 이어 보세요.

필통

서랍장

• $20\ m^3$

• $350\ cm^3$

• $0.2\ m^3$

4 직육면체의 부피는 몇 cm^3일까요?

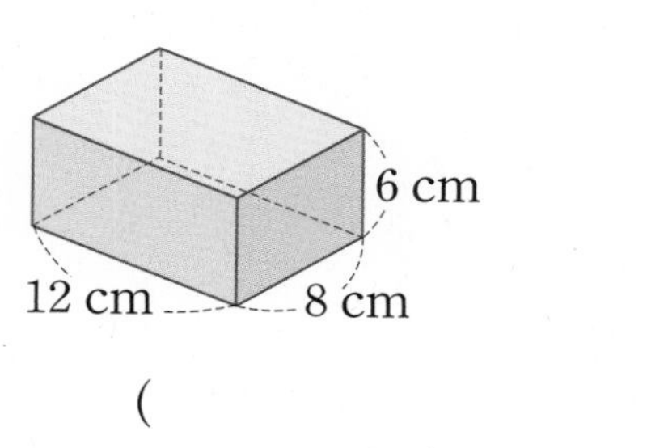

(　　　　　　　　)

5 크기를 비교하여 ○ 안에 >, =, <를 알맞게 써넣으세요.

(1) $51\ m^3$ ○ $5100000\ cm^3$

(2) $4.4\ m^3$ ○ $43000000\ cm^3$

6 한 모서리의 길이가 10 cm인 정육면체의 겉넓이는 몇 cm^2일까요?

(　　　　　　　　)

7 한 면의 둘레가 52 cm인 정육면체의 부피는 몇 cm^3일까요?

(　　　　　　　　)

8 다음과 같은 직육면체 모양 상자의 겉면에 포장지를 붙이려고 합니다. 포장지는 적어도 몇 cm^2 필요할까요?

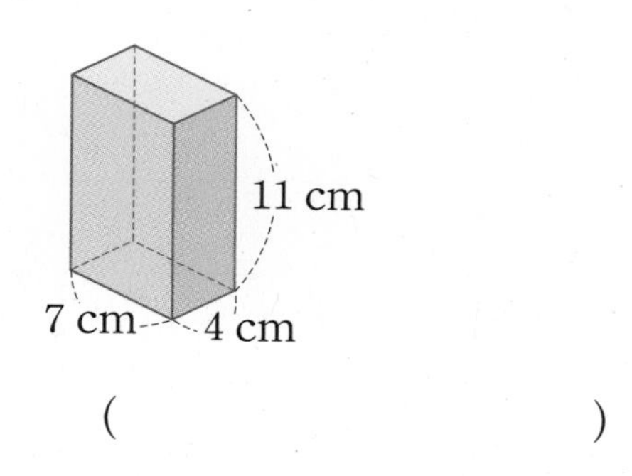

(　　　　　　　　)

6

9 직육면체 모양의 물건 중 부피가 가장 큰 것을 찾아 기호를 써 보세요.

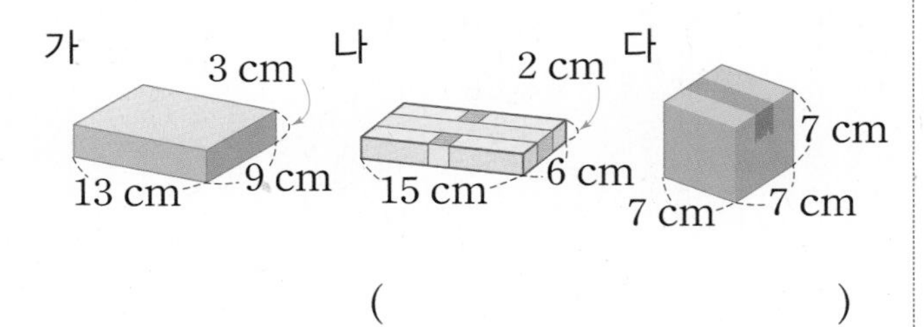

( )

10 부피가 $0.048\,m^3$이고 밑에 놓인 한 면의 넓이가 $600\,cm^2$인 직육면체가 있습니다. 이 직육면체의 높이는 몇 cm일까요?

( )

11 오른쪽 정육면체의 겉넓이는 $216\,cm^2$입니다. 한 모서리의 길이는 몇 cm일까요?

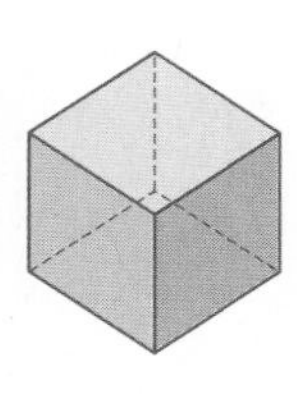

( )

12 다음 전개도를 이용하여 정육면체 모양의 상자를 만들었습니다. 만든 상자의 겉넓이를 구하세요.

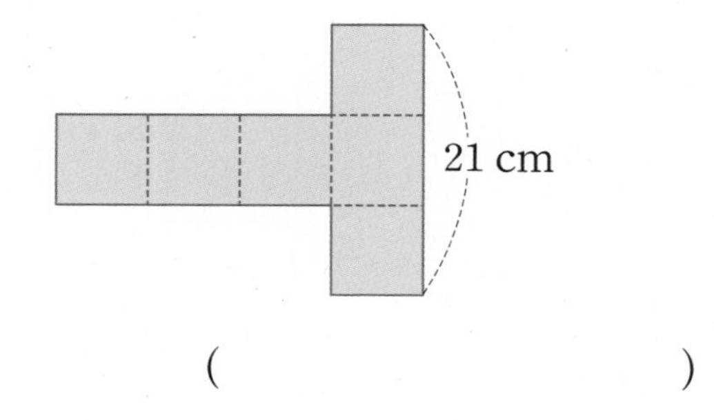

( )

13 그림과 같은 직육면체 모양의 나무 도막을 잘라 정육면체 모양을 만들려고 합니다. 만들 수 있는 가장 큰 정육면체의 부피는 몇 cm^3일까요?

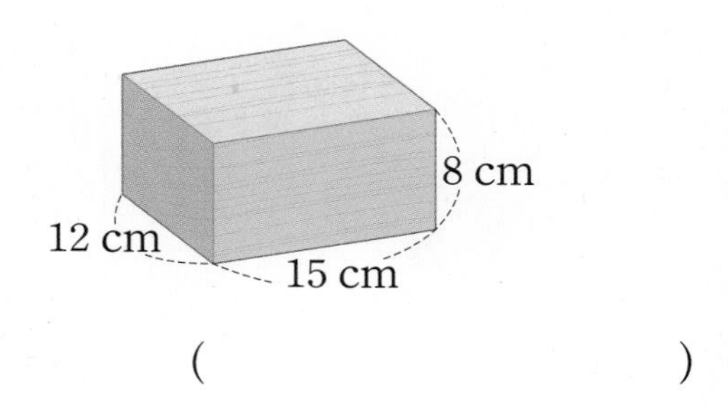

( )

14 입체도형의 부피는 몇 cm^3일까요?

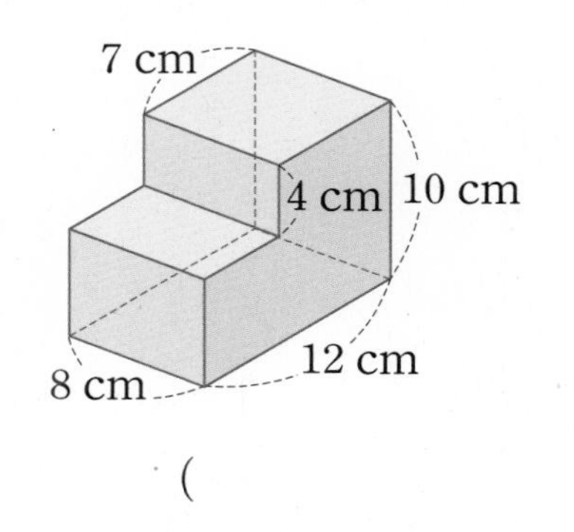

( )

15 한 모서리의 길이가 2 cm인 쌓기나무를 빈틈없이 쌓아 만든 입체도형입니다. 이 입체도형의 부피는 몇 cm^3일까요?

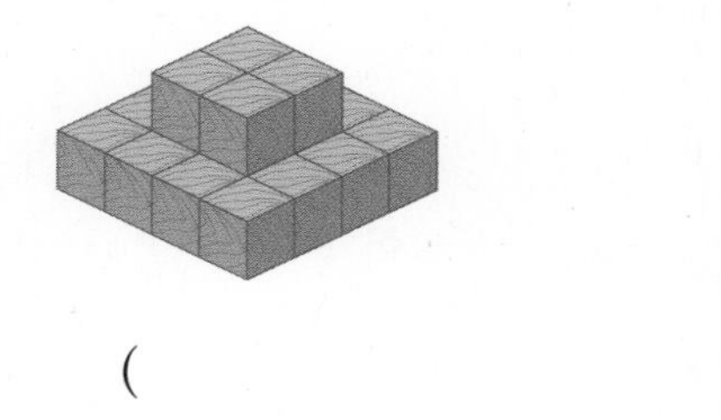

( )

16 부피가 184704 cm^3인 직육면체 모양의 투표함을 위와 앞에서 본 모양이 각각 다음과 같을 때 □ 안에 알맞은 수를 써넣으세요.

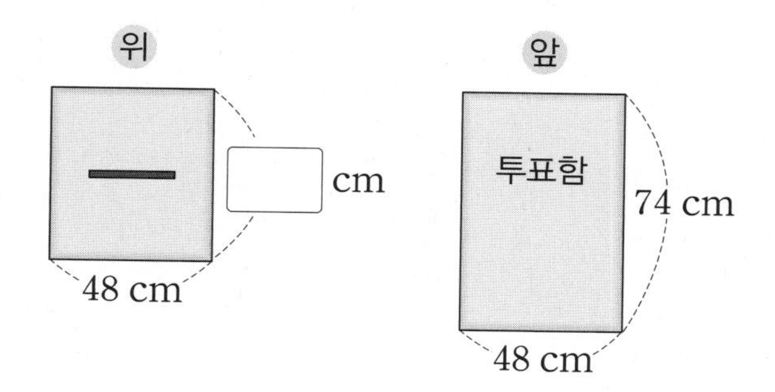

17 지우개를 똑같이 2조각으로 자를 때 지우개 2조각의 겉넓이의 합은 처음 지우개보다 120 cm^2 늘어납니다. 지우개를 똑같이 4조각으로 나눌 때 지우개 4조각의 겉넓이의 합은 처음 지우개의 겉넓이보다 얼마나 늘어나는지 구하세요.

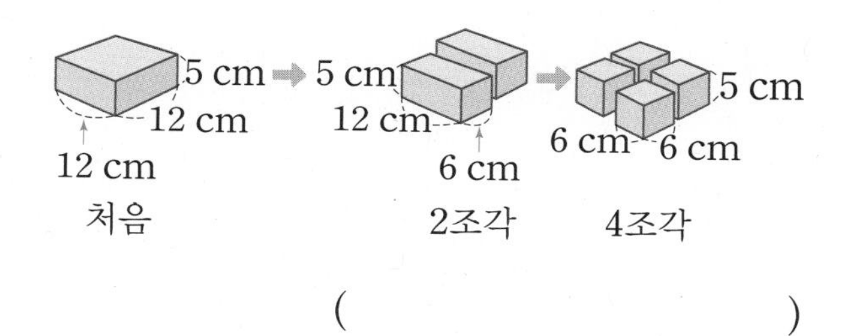

( )

18 크기가 같은 쌓기나무 30개로 다음과 같은 직육면체를 만들었습니다. 이 입체도형의 겉넓이가 558 cm^2일 때 부피를 구하세요.

( )

술술 서술형

19 영서네 집에 있는 냉장고의 부피는 1.2 m^3이고, 옷장의 부피는 650000 cm^3입니다. 냉장고와 옷장의 부피의 차는 몇 cm^3인지 풀이 과정을 쓰고 답을 구하세요.

풀이

답

20 다음 직육면체의 부피는 120 cm^3입니다. 이 직육면체의 겉넓이는 몇 cm^2인지 풀이 과정을 쓰고 답을 구하세요.

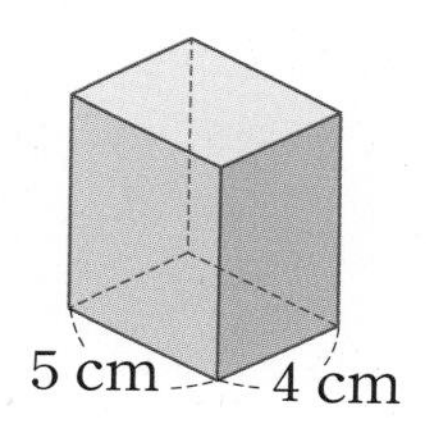

풀이

답

수능까지 연결되는 독해 로드맵

디딤돌 독해력은 수능까지 연결되는 체계적인 라인업을 통하여
수능에서 요구하는 핵심 독해 원리에 대한 이해는 물론,
단계 별로 심화되며 연결되는 학습의 과정을 통해
깊이 있고 종합적인 독해 사고의 능력까지 기를 수 있도록 도와줍니다.

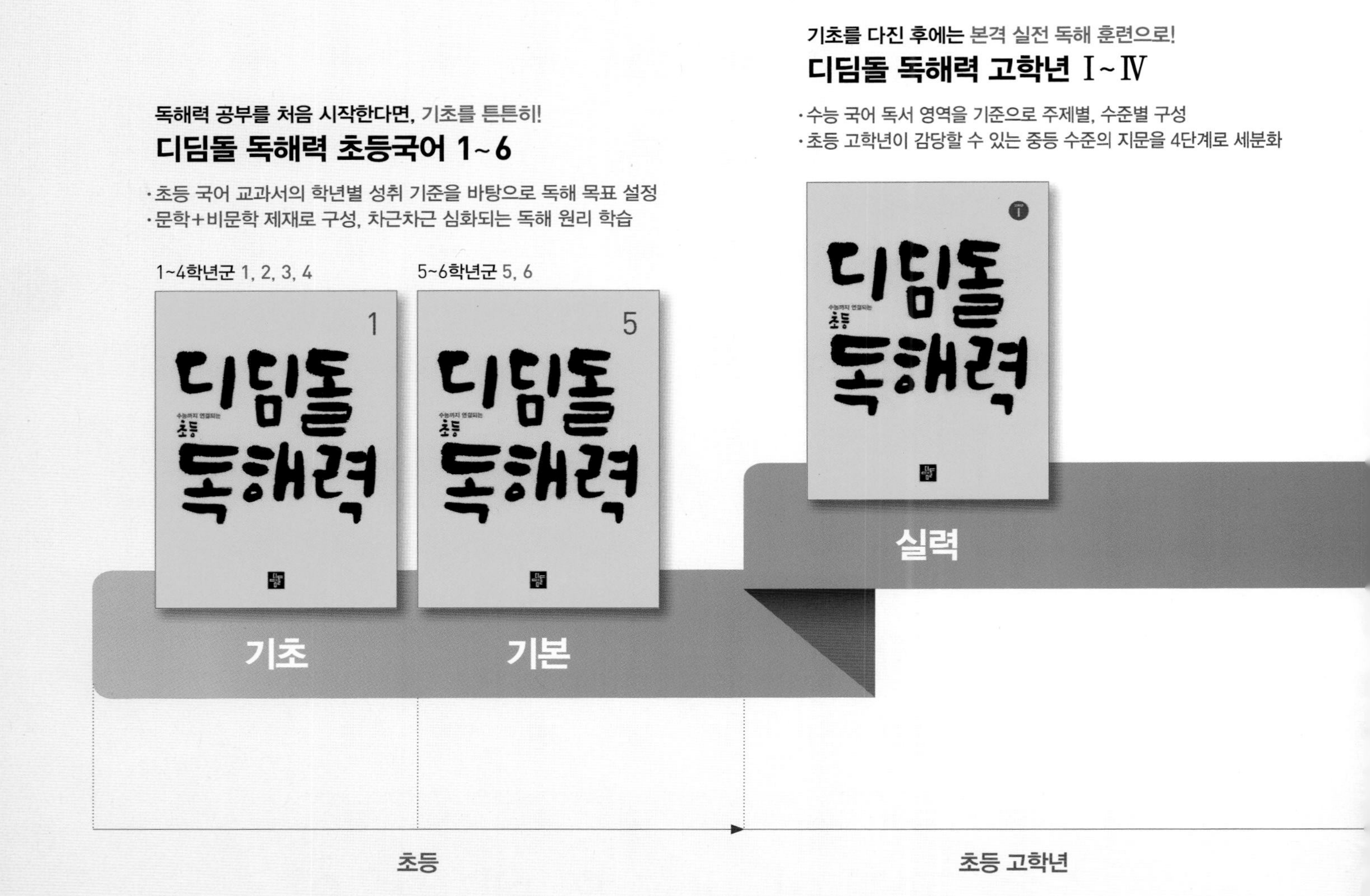

수학 좀 한다면

디딤돌

응용탄탄북

6-1

차례

수학 좀 한다면

초등수학

응용탄탄북

6-1

• **서술형 문제** | 서술형 문제를 집중 연습해 보세요.

• **기출 단원 평가** | 시험에 잘 나오는 문제를 한 번 더 풀어 단원을 확실하게 마무리해요.

서술형 문제

1

길이가 $4\frac{1}{6}$ m인 끈을 5명에게 똑같이 나누어 주려고 합니다. 한 사람이 끈을 몇 m씩 가질 수 있는지 풀이 과정을 쓰고 답을 구하세요.

▶ (대분수)÷(자연수)의 계산을 해서 구합니다.

풀이

답

2

수정이는 매일 학교 운동장을 한 바퀴씩 달립니다. 수정이가 3일 동안 달린 거리가 $\frac{15}{7}$ km일 때 학교 운동장 한 바퀴는 몇 km인지 풀이 과정을 쓰고 답을 구하세요.

▶ (가분수)÷(자연수)의 계산을 해서 구합니다.

풀이

답

3

직사각형을 똑같이 8등분해서 3칸에 색칠했습니다. 직사각형의 넓이가 $9\frac{1}{7}$ cm^{2}일 때, 색칠한 부분의 넓이는 몇 cm^{2}인지 풀이 과정을 쓰고 답을 구하세요.

풀이

답

▶ (직사각형의 한 칸의 넓이)
=(직사각형의 넓이)÷8

4

길이가 $\frac{37}{4}$ km인 도로의 한쪽에 처음부터 끝까지 63그루의 나무를 같은 간격으로 심었습니다. 나무와 나무 사이의 거리는 몇 km인지 풀이 과정을 쓰고 답을 구하세요. (나무의 두께는 생각하지 않습니다.)

풀이

답

▶ 나무와 나무 사이의 간격의 수를 먼저 구합니다.

5

오른쪽 삼각형의 넓이는 $15\frac{2}{5}$ cm^{2}이고, 높이는 7 cm입니다. 이 삼각형의 밑변은 몇 cm인지 풀이 과정을 쓰고 답을 구하세요.

7 cm

▶ (삼각형의 넓이) = (밑변) × (높이) ÷ 2

풀이

답

6

어떤 수를 3으로 나누어야 할 것을 잘못하여 3을 곱했더니 $1\frac{1}{5}$이 되었습니다. 바르게 계산하면 얼마인지 풀이 과정을 쓰고 답을 구하세요.

▶ 어떤 수를 □라고 놓고 잘못 계산한 식을 세워서 어떤 수를 구합니다.

풀이

답

[7~8] 재연이는 브라우니를 7개 만들기로 했습니다. 브라우니 5개를 만드는 데 필요한 재료가 다음과 같을 때 물음에 답하세요.

> 브라우니(5개)
> 밀가루 $5\frac{3}{4}$컵, 우유 3컵
> 달걀 1개, 코코아 파우더 $5\frac{3}{4}$컵

7

재연이가 준비해야 할 밀가루는 몇 컵인지 풀이 과정을 쓰고 답을 구하세요.

풀이 ....

답 ....

▶ 브라우니 5개를 만드는 데 필요한 밀가루는 $5\frac{3}{4}$컵이므로 브라우니 1개를 만드는 데 필요한 밀가루는 몇 컵인지 생각해 봅니다.

1

8

재연이가 준비해야 할 우유는 몇 컵인지 풀이 과정을 쓰고 답을 구하세요.

풀이 ....

답 ....

▶ 브라우니 5개를 만드는 데 필요한 우유는 3컵이므로 브라우니 1개를 만드는 데 필요한 우유는 몇 컵인지 생각해 봅니다.

다시 점검하는 기출 단원 평가 Level 1

점수 | 확인

1 관계있는 것끼리 이어 보세요.

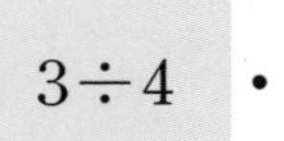

$3 \div 4$ •　　　　• $\frac{4}{3}$

$4 \div 3$ •　　　　• $\frac{3}{4}$

2 그림을 보고 $\frac{1}{3} \div 4$를 곱셈으로 나타내어 계산해 보세요.

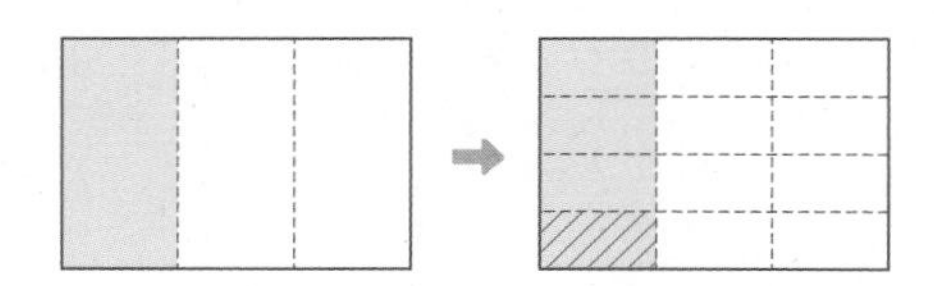

$\frac{1}{3} \div 4 = \frac{1}{3} \times \frac{\square}{\square} = \frac{\square}{\square}$

3 □ 안에 알맞은 수를 써넣어 계산해 보세요.

$\frac{2}{5} \div 3 = \frac{\square}{15} \div 3 = \frac{\square \div 3}{15} = \frac{\square}{15}$

4 소금 5 kg을 6개의 통에 똑같이 나누어 담으려고 합니다. 한 통에 몇 kg을 담아야 하는지 분수로 나타내세요.

(　　　　　　　　)

5 계산해 보세요.

(1) $\frac{2}{15} \div 8$

(2) $\frac{6}{11} \div 4$

6 나눗셈의 몫이 다른 하나를 찾아 기호를 쓰세요.

㉠ $\frac{3}{8} \div 3$	㉡ $\frac{1}{2} \div 4$
㉢ $\frac{1}{8} \div 2$	㉣ $\frac{5}{8} \div 5$

(　　　　　　　　)

7 대분수를 자연수로 나눈 몫을 구하세요.

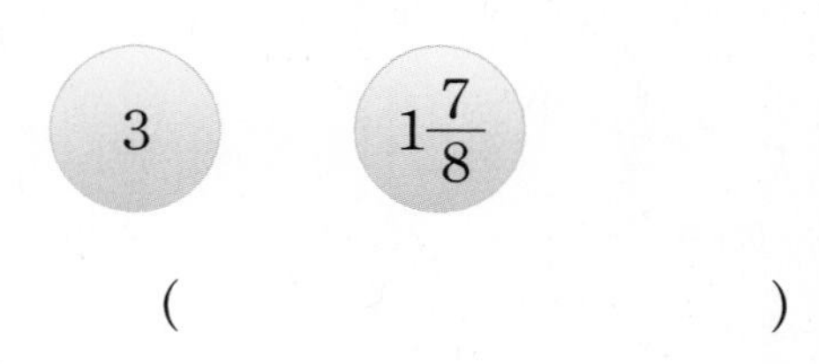

(　　　　　　　　)

8 몫의 크기를 비교하여 ○ 안에 >, =, <를 알맞게 써넣으세요.

$\frac{8}{9} \div 2$ ○ $\frac{28}{9} \div 4$

9 나눗셈의 몫이 더 작은 것의 기호를 쓰세요.

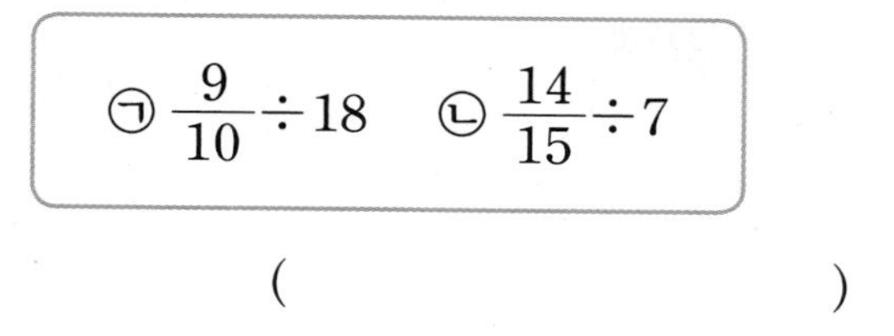

(　　　　　　　　　)

10 □ 안에 알맞은 수를 써넣으세요.

(1) 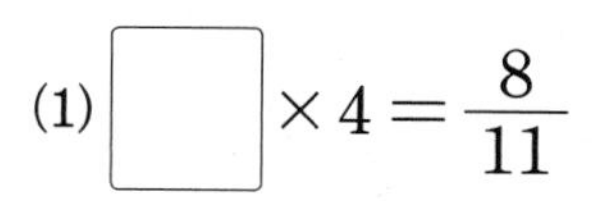 $\square \times 4 = \frac{8}{11}$

(2) $10 \times \square = \frac{15}{16}$

11 ㉠과 ㉡의 차를 구하세요.

㉠ $\frac{16}{9} \div 4$　　㉡ $\frac{28}{3} \div 7$

(　　　　　　　　　)

12 빈칸에 알맞은 수를 써넣으세요.

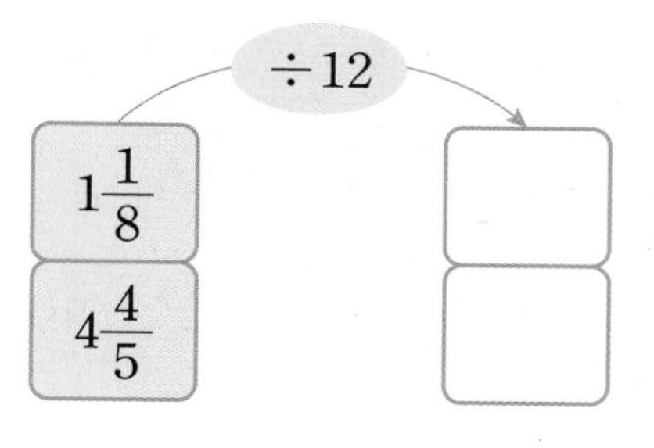

13 몫이 1보다 큰 것을 모두 고르세요. (　　　　　)

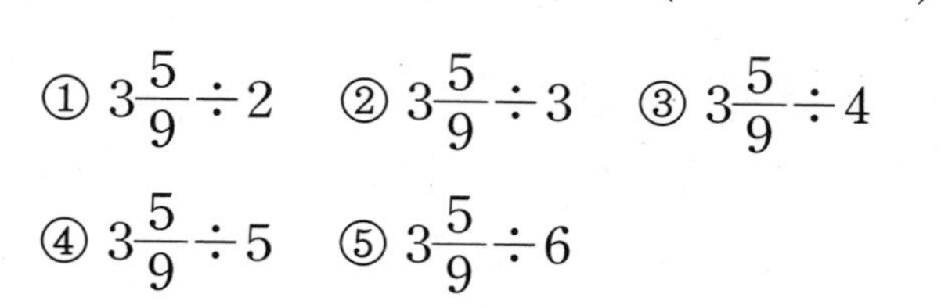

① $3\frac{5}{9} \div 2$　② $3\frac{5}{9} \div 3$　③ $3\frac{5}{9} \div 4$

④ $3\frac{5}{9} \div 5$　⑤ $3\frac{5}{9} \div 6$

14 길이가 $8\frac{8}{9}$ m인 철사를 6명이 똑같이 나누어 가지려고 합니다. 한 명이 가지게 되는 철사는 몇 m일까요?

(　　　　　　　　　)

15 다음 중 가장 큰 수와 가장 작은 수의 곱을 나머지 수로 나눈 몫을 구하세요.

5　$7\frac{2}{9}$　3

(　　　　　　　　　)

16 정사각형의 둘레는 $10\frac{2}{5}$ cm입니다. 이 정사각형의 한 변은 몇 cm일까요?

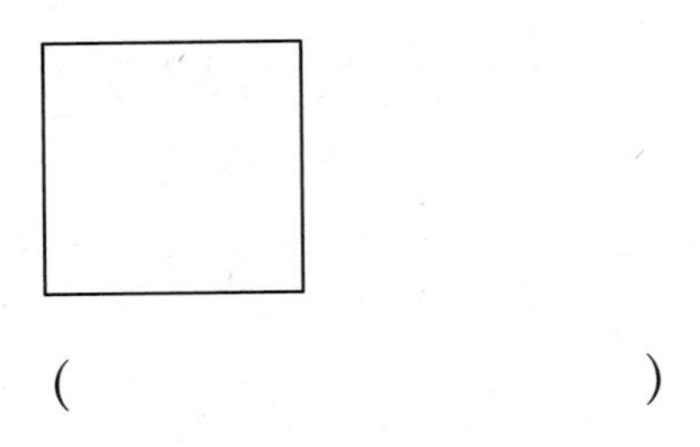

(　　　　　　　　　　)

17 수 카드 2장을 사용하여 (진분수)÷(자연수)의 식을 만들려고 합니다. 몫이 가장 작게 되도록 식을 완성하세요.

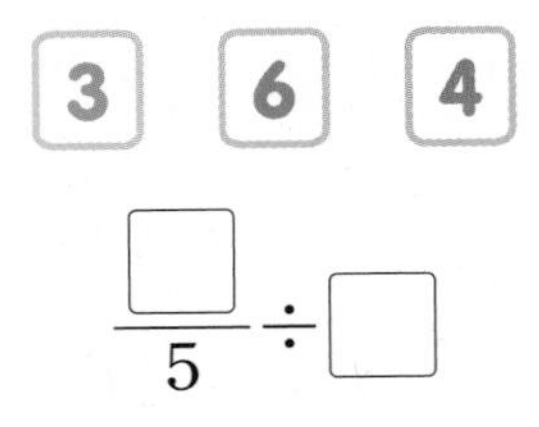

$\frac{\square}{5} \div \square$

18 지호네 학교 꽃밭의 넓이는 $6\frac{2}{9}$ m^2입니다. 이 꽃밭을 6개 학년이 각 반마다 똑같이 나누어 이용하려고 합니다. 각 학년에는 네 반씩 있을 때 지호네 반의 꽃밭의 넓이는 몇 m^2일까요?

(　　　　　　　　　　)

술술 서술형

19 수직선에서 ㉠이 나타내는 기약분수를 구하려고 합니다. 풀이 과정을 쓰고 답을 구하세요.

0　　　　　㉠　　$\frac{4}{15}$

풀이

답

20 어떤 수를 10으로 나누어야 할 것을 잘못하여 10을 곱했더니 $3\frac{1}{5}$이 되었습니다. 바르게 계산하면 얼마인지 풀이 과정을 쓰고 답을 구하세요.

풀이

답

다시 점검하는 기출 단원 평가 Level 2

점수 | 확인

1 보기 와 같은 방법으로 $5 \div 8$의 몫을 그림으로 나타내고, 분수로 나타내세요.

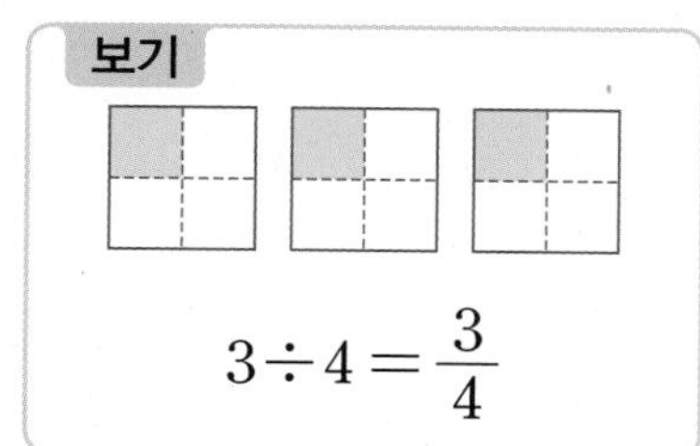

$3 \div 4 = \frac{3}{4}$

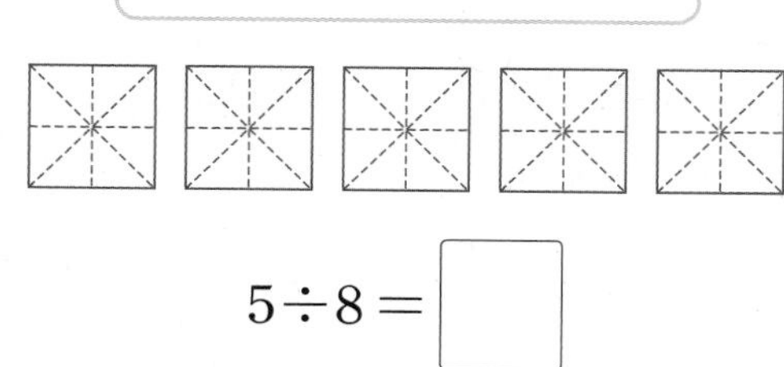

$5 \div 8 = \square$

2 $7 \div 4$의 몫을 분수로 나타내세요.

( )

3 빈칸에 알맞은 기약분수를 써넣으세요.

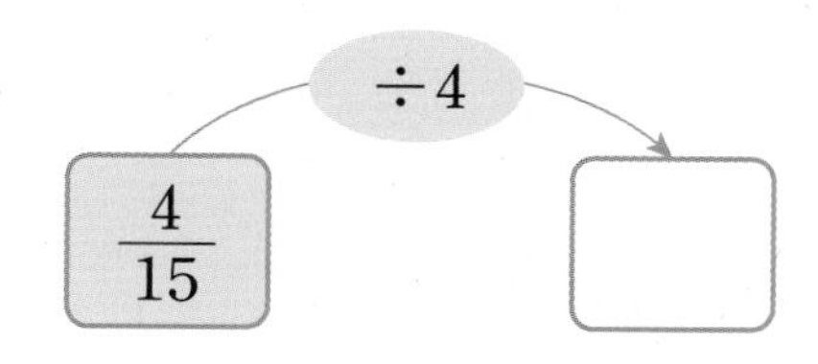

$\frac{4}{15}$ → $\square$

4 나눗셈의 몫이 같은 것끼리 이어 보세요.

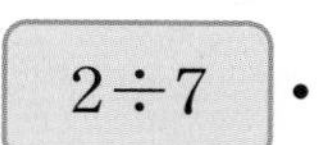

$2 \div 7$ •	• $3 \div 5$
$6 \div 10$ •	• $4 \div 14$

5 몫의 크기를 비교하여 ○ 안에 >, =, <를 알맞게 써넣으세요.

(1) $\frac{3}{7} \div 6$ ○ $\frac{5}{9} \div 10$

(2) $\frac{3}{14} \div 9$ ○ $\frac{11}{20} \div 11$

6 □ 안에 알맞은 수를 써넣으세요.

$\square \times 3 = \frac{21}{25}$

7 잘못 계산한 곳을 찾아 바르게 계산하세요.

$3\frac{3}{5} \div 3 = 3\frac{\overset{1}{\cancel{3}}}{5} \times \frac{1}{\underset{1}{\cancel{3}}} = 3\frac{1}{5}$

→ $3\frac{3}{5} \div 3$ ……………………

8 고구마 $\frac{21}{4}$ kg을 상자 3개에 똑같이 나누어 담으려고 합니다. 상자 한 개에 몇 kg씩 담아야 할까요?

( )

9 몫이 1보다 큰 것은 어느 것일까요?

( )

① $4 \div 5$　② $\frac{3}{5} \div 6$　③ $8 \div 3$

④ $1\frac{4}{5} \div 3$　⑤ $2\frac{3}{4} \div 11$

10 잘못 계산한 사람의 이름을 쓰고, 바르게 계산한 값을 구하세요.

현아 : $\frac{10}{13} \div 3 = \frac{10}{39}$

영진 : $1\frac{3}{5} \div 4 = \frac{2}{15}$

( ), ( )

11 나눗셈의 몫이 작은 것부터 차례로 기호를 쓰세요.

㉠ $\frac{6}{7} \div 3$　㉡ $2\frac{4}{5} \div 7$　㉢ $\frac{8}{3} \div 4$

( )

12 빈칸에 알맞은 수를 써넣으세요.

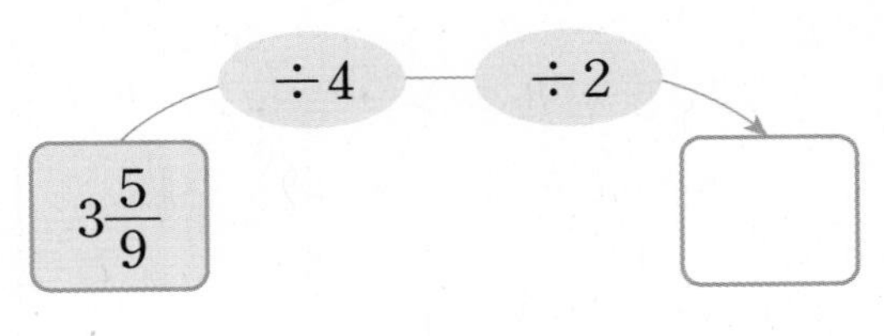

13 직사각형의 넓이가 $91\frac{1}{2}$ cm^2일 때 이 직사각형의 가로는 몇 cm일까요?

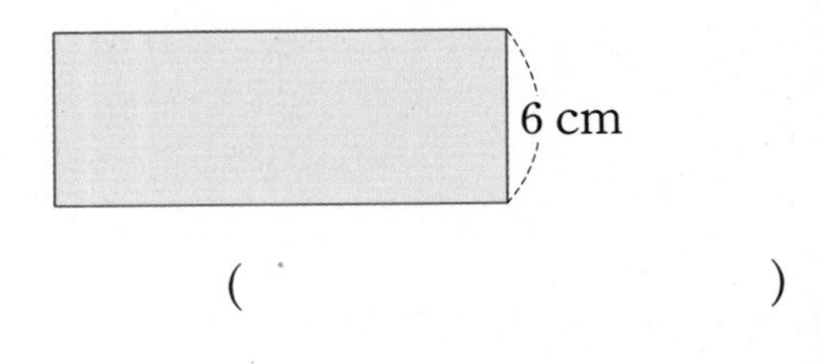

( )

14 곱셈식에서 일부가 지워져 보이지 않습니다. 보이지 않는 수를 구하세요.

$5 \times$ ▒ $= 3\frac{3}{14}$

( )

15 1부터 9까지의 수 중 □ 안에 들어갈 수 있는 자연수를 모두 구하세요.

$\square < \frac{45}{4} \div 5$

( )

16 다음과 같은 직사각형 모양의 색종이를 똑같이 6조각으로 나누려고 합니다. 색종이 한 조각의 넓이는 몇 cm^2일까요?

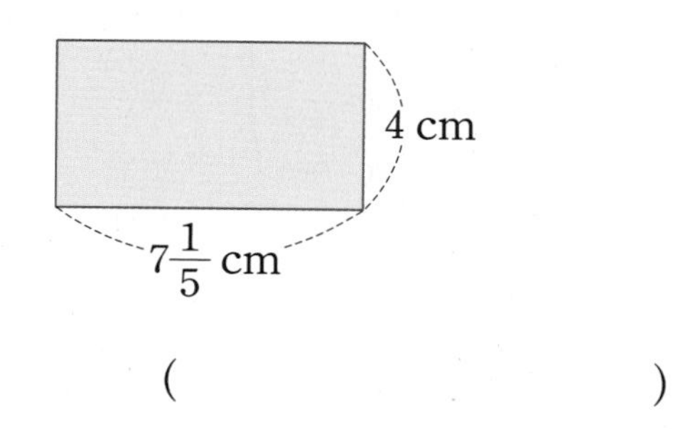

(　　　　　　　　　)

17 어떤 분수에 15를 곱하면 $\frac{9}{14}$가 됩니다. 어떤 분수를 3으로 나누면 얼마일까요?

(　　　　　　　　　)

18 수 카드 4장을 모두 사용하여 계산 결과가 가장 큰 나눗셈식을 만들고 계산해 보세요.

3　2　6　5

$\square\frac{\square}{\square} \div \square$

(　　　　　　　　　)

술술 서술형

19 무게가 똑같은 배가 5개씩 들어 있는 바구니 8개의 무게는 $13\frac{4}{7}$ kg입니다. 배 한 개의 무게는 몇 kg인지 풀이 과정을 쓰고 답을 구하세요. (단, 바구니의 무게는 생각하지 않습니다.)

풀이

답

20 □ 안에 들어갈 수 있는 자연수 중에서 가장 작은 수를 구하려고 합니다. 풀이 과정을 쓰고 답을 구하세요.

$$\frac{1}{6} \div \square < \frac{1}{50}$$

풀이

답

서술형 문제

1 다음은 사각기둥의 전개도가 아닙니다. 그 이유를 써 보세요.

이유

▶ 전개도를 접었을 때 사각기둥이 만들어지지 않는 이유를 생각해 봅니다.

2 다음 입체도형이 각뿔이 아닌 이유를 써 보세요.

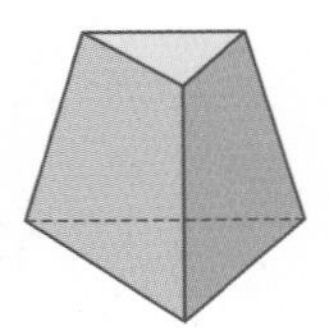

이유

▶ 밑면과 옆면의 모양을 살펴봅니다.

3 모서리의 길이가 모두 같은 삼각뿔이 있습니다. 이 삼각뿔의 한 모서리의 길이가 2 cm일 때 모든 모서리의 길이의 합은 몇 cm인지 풀이 과정을 쓰고 답을 구하세요.

풀이

답

▶ 삼각뿔을 그려서 삼각뿔의 모서리가 모두 몇 개인지 알아봅니다.

4

팔각기둥의 꼭짓점과 모서리의 수의 차는 몇 개인지 풀이 과정을 쓰고 답을 구하세요.

풀이

답

▶ (각기둥의 꼭짓점의 수)
=(한 밑면의 변의 수)$\times$2
(각기둥의 모서리의 수)
=(한 밑면의 변의 수)$\times$3

5

밑면과 옆면의 수의 차가 3개인 각기둥이 있습니다. 이 각기둥의 이름은 무엇인지 풀이 과정을 쓰고 답을 구하세요.

풀이

답

▶ 각기둥의 한 밑면의 변의 수를 □개라 하고 식을 세웁니다.

6

다음에서 설명하는 입체도형의 이름은 무엇인지 풀이 과정을 쓰고 답을 구하세요.

- 밑면은 다각형이고 옆면은 모두 직사각형입니다.
- 꼭짓점은 22개입니다.

풀이

답

▶ 밑면이 다각형이고 옆면이 모두 직사각형이면 각기둥입니다.

7

다음을 만족하는 각뿔의 꼭짓점은 몇 개인지 풀이 과정을 쓰고 답을 구하세요.

(면의 수) $+$ (모서리의 수) $=25$

풀이

답

▶ 각뿔의 밑면의 변의 수를 □개라고 하면
(면의 수) $=$ (□$+1$)개
(모서리의 수) $=$ (□$\times 2$)개
(꼭짓점의 수) $=$ (□$+1$)개
입니다.

[8~9] 민정이는 육각기둥을 만들기 위해 다음과 같이 밑면의 모양이 정육각형인 전개도를 그렸습니다. 물음에 답하세요.

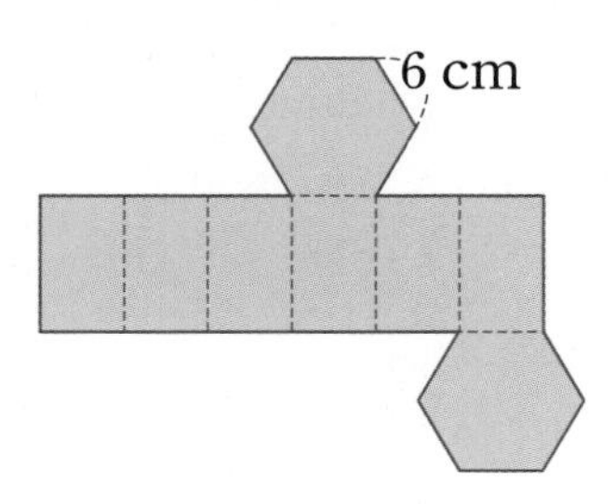

8

전개도의 둘레가 140 cm일 때 육각기둥의 높이는 몇 cm인지 풀이 과정을 쓰고 답을 구하세요.

풀이

답

▶ 전개도에서 길이가 6 cm인 선분과 높이를 나타내는 선분의 수를 각각 구해 봅니다.

9

민정이가 만든 육각기둥의 면, 모서리, 꼭짓점의 수의 합은 얼마인지 풀이 과정을 쓰고 답을 구하세요.

풀이

답

▶ 각기둥의 한 밑면의 변의 수를 □개라고 하면
(면의 수) = (□ + 2)개
(모서리의 수) = (□ × 3)개
(꼭짓점의 수) = (□ × 2)개
입니다.

다시 점검하는 기출 단원 평가 Level 1

점수 | 확인

1 □ 안에 알맞은 말을 써넣으세요.

각기둥의 모서리를 잘라서 펼쳐 놓은 그림을 각기둥의 □라고 합니다.

[2~3] 입체도형을 보고 물음에 답하세요.

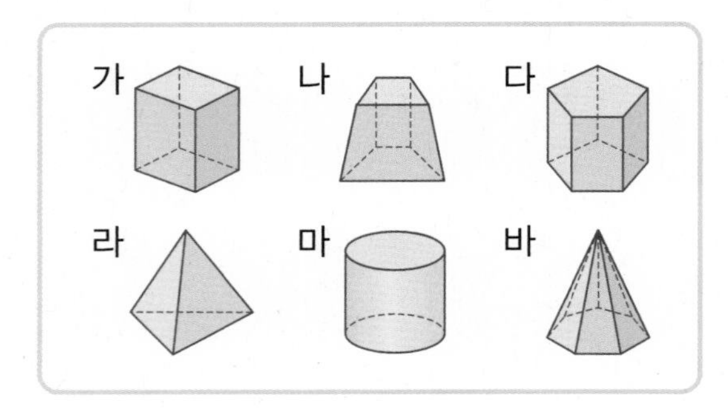

2 각기둥을 모두 찾아 기호를 쓰세요.

(　　　　　　　　)

3 각뿔은 모두 몇 개일까요?

(　　　　　　　　)

4 각기둥의 높이는 몇 cm일까요?

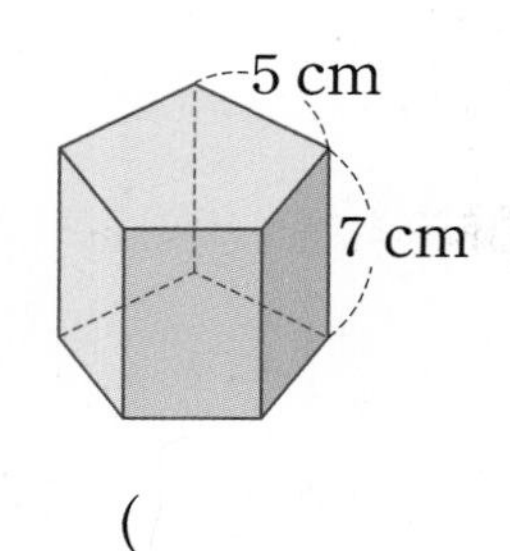

(　　　　　　　　)

[5~6] 오른쪽 입체도형을 보고 물음에 답하세요.

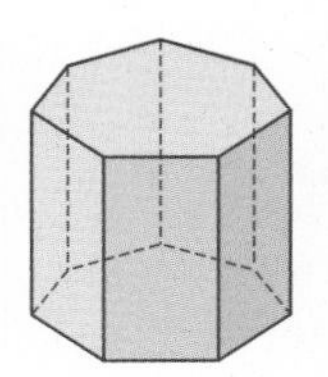

5 입체도형의 이름을 쓰세요.

(　　　　　　　　)

6 입체도형의 꼭짓점은 몇 개일까요?

(　　　　　　　　)

7 전개도를 접었을 때 만들어지는 입체도형의 이름을 쓰세요.

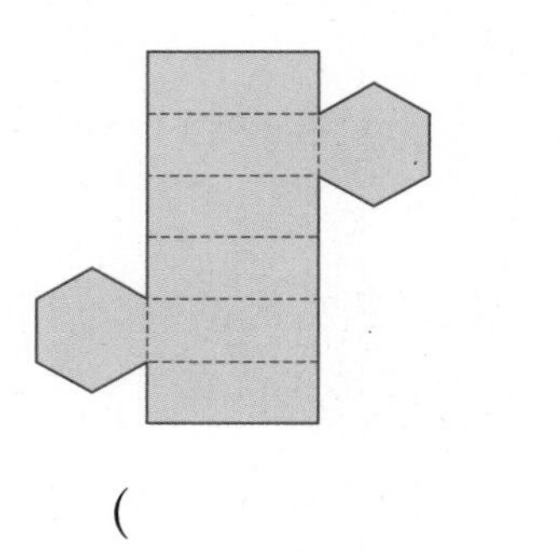

(　　　　　　　　)

8 빈칸에 알맞은 수를 써넣으세요.

입체도형	꼭짓점의 수(개)	면의 수(개)	모서리의 수(개)
팔각기둥			

[9~10] 사각기둥의 전개도입니다. 물음에 답하세요.

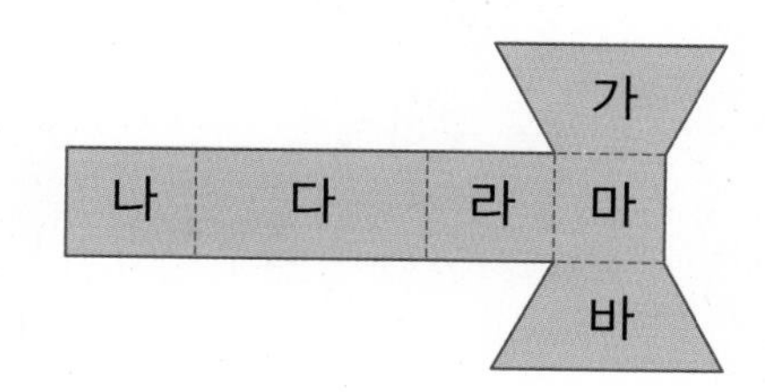

9 전개도를 접었을 때 면 가와 평행한 면을 찾아 쓰세요.

( )

10 전개도를 접었을 때 면 가와 수직인 면을 모두 찾아 쓰세요.

( )

11 삼각기둥과 삼각뿔에 대해 <u>잘못</u> 설명한 사람은 누구일까요?

진수 : 밑면의 모양이 같아.
경호 : 옆면의 수가 같아.
민지 : 옆면의 모양이 같아.

( )

12 전개도를 접어서 만들어지는 입체도형의 밑면의 수와 옆면의 수의 합을 구하세요.

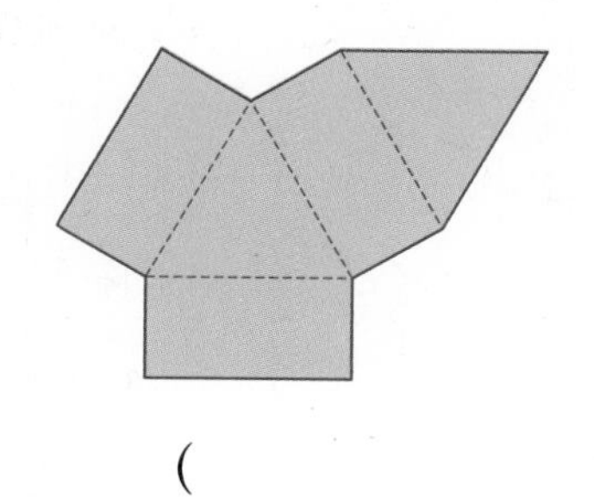

( )

13 은주는 가게에서 과자를 2개 샀습니다. 은주가 산 두 과자 상자의 모서리의 수의 합을 구하세요.

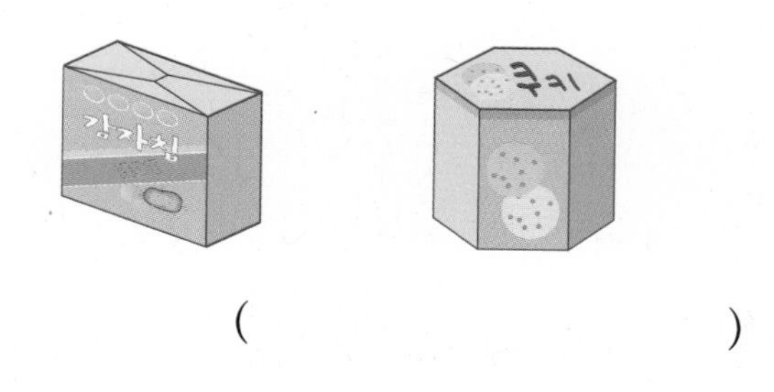

( )

14 수가 많은 것부터 차례로 기호를 쓰세요.

㉠ 오각기둥의 면의 수
㉡ 육각뿔의 모서리의 수
㉢ 구각기둥의 모서리의 수
㉣ 십각뿔의 꼭짓점의 수

( )

15 각뿔이 되려면 면은 적어도 몇 개 있어야 할까요?

( )

16 다음에서 설명하는 입체도형의 이름을 쓰세요.

- 밑면은 다각형으로 1개이고, 옆면은 모두 이등변삼각형입니다.
- 면은 10개입니다.

(　　　　　　　　　　)

17 전개도를 접었을 때 만들어지는 입체도형의 모든 모서리의 길이의 합은 몇 cm일까요?

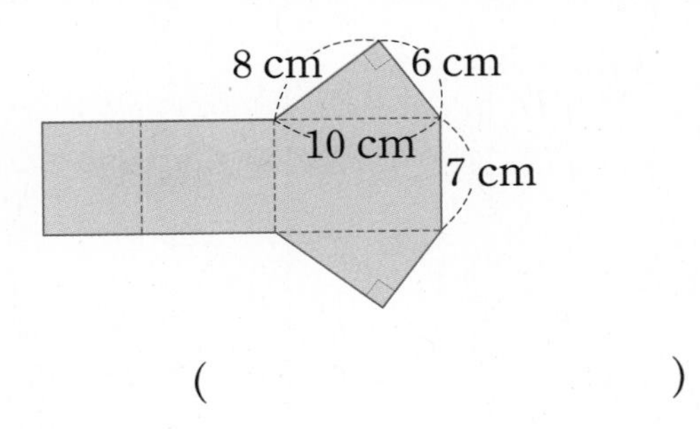

(　　　　　　　　　　)

18 옆면이 이등변삼각형 7개로 이루어진 각뿔의 모서리는 몇 개일까요?

(　　　　　　　　　　)

술술 서술형

19 밑면의 모양이 오른쪽과 같은 각뿔의 모서리는 몇 개인지 풀이 과정을 쓰고 답을 구하세요.

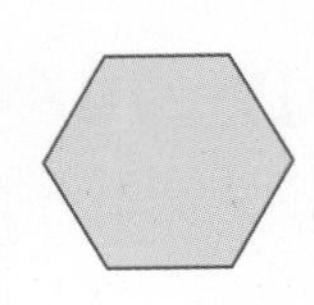

풀이

답

20 ㉠과 ㉡의 합은 얼마인지 풀이 과정을 쓰고 답을 구하세요.

㉠ 면이 11개인 각기둥의 모서리의 수
㉡ 모서리가 6개인 각뿔의 면의 수

풀이

답

다시 점검하는 기출 단원 평가 Level 2

점수 | 확인

1 각기둥을 모두 고르세요. (　　　　)

① 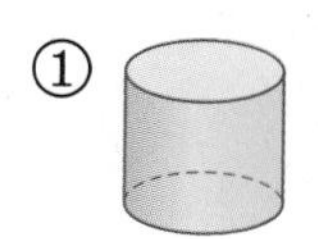
② 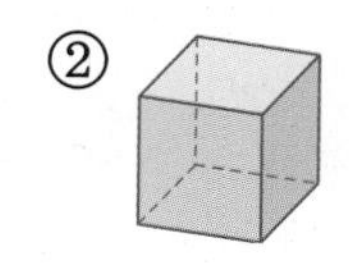
③ 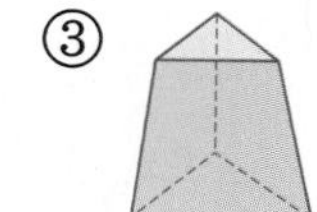
④ 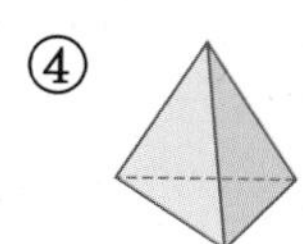
⑤ 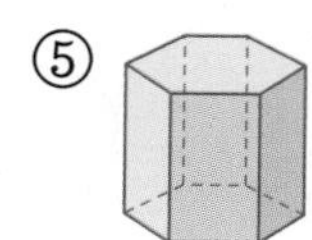

2 □ 안에 알맞은 말을 써넣으세요.

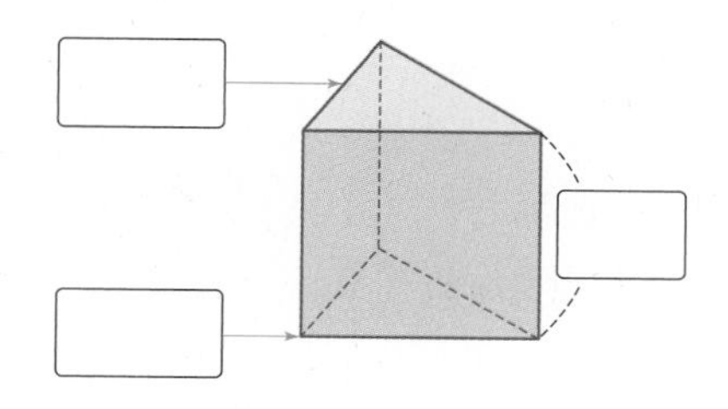

3 각뿔은 모두 몇 개일까요?

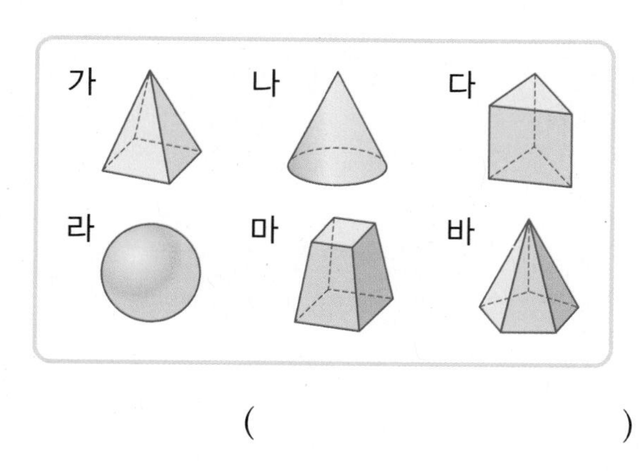

(　　　　　　　　)

4 각기둥을 보고 물음에 답하세요.

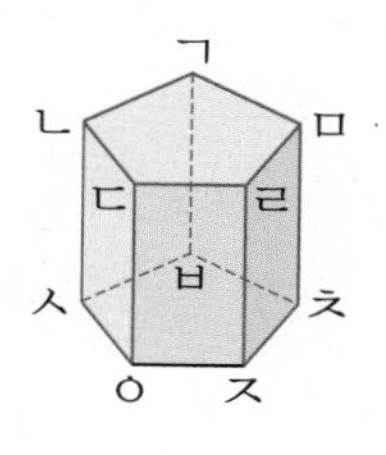

(1) 밑면을 모두 찾아 쓰세요.

(　　　　　　　　)

(2) 옆면은 어떤 모양일까요?

(　　　　　　　　)

5 각뿔의 높이를 나타내세요.

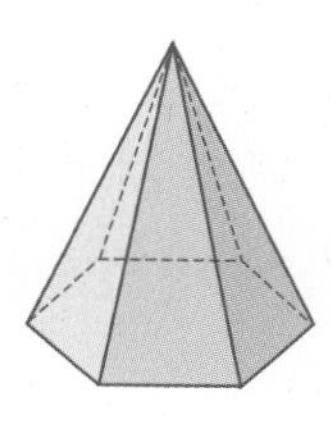

6 어떤 입체도형의 밑면과 옆면의 모양입니다. 이 입체도형의 이름을 쓰세요.

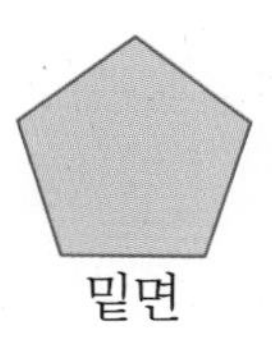
밑면

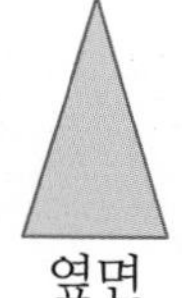
옆면

(　　　　　　　　)

7 한 밑면에 그을 수 있는 대각선이 5개인 각뿔이 있습니다. 이 각뿔의 이름을 쓰세요.

(　　　　　　　　)

2

8 칠각뿔의 밑면의 수와 옆면의 수의 차를 구하세요.

(　　　　　　　　)

9 전개도를 접었을 때 만들어지는 입체도형의 이름을 쓰세요.

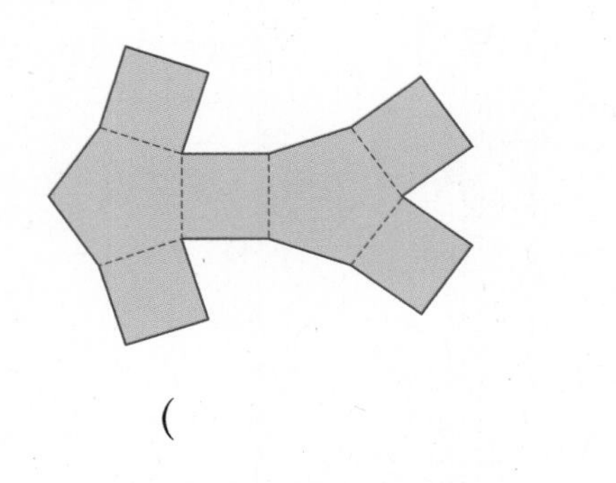

(　　　　　　　　)

10 오른쪽 삼각기둥의 전개도를 두 가지 방법으로 그려 보세요.

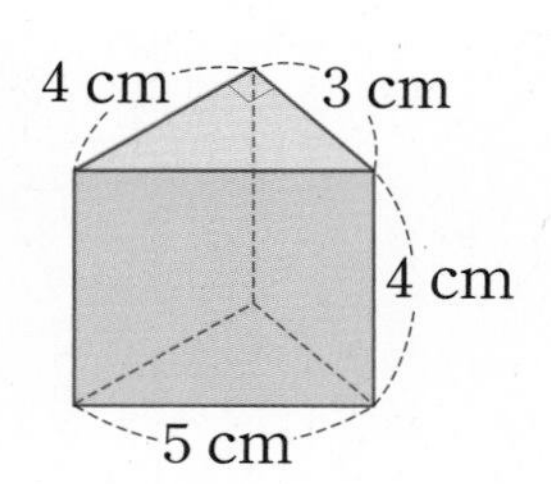

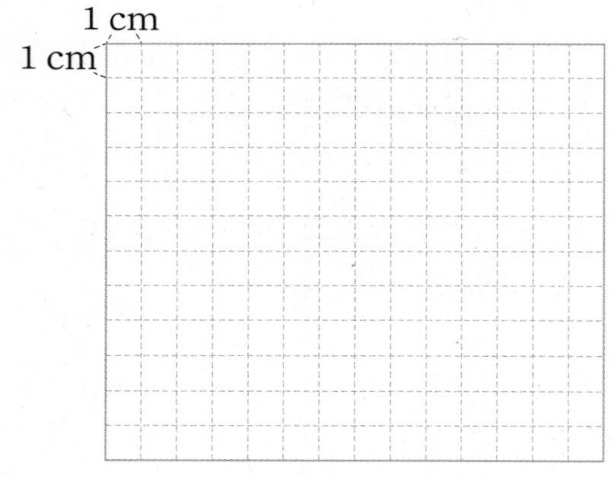

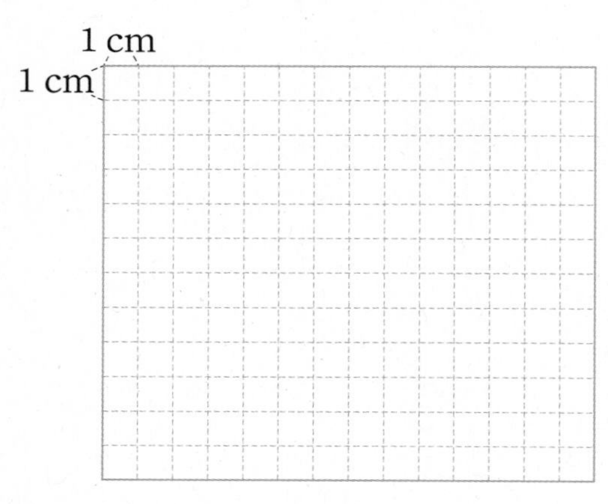

11 빈칸에 알맞은 수를 써넣으세요.

입체도형	꼭짓점의 수(개)	면의 수(개)	모서리의 수(개)
삼각기둥			
구각뿔			

12 사각기둥의 전개도를 보고 물음에 답하세요.

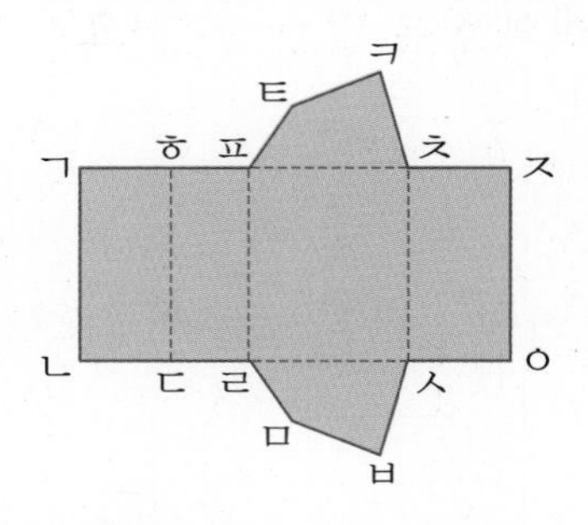

(1) 전개도를 접었을 때 변 ㄱㅎ과 맞닿는 변을 찾아 쓰세요.

(　　　　　　　　)

(2) 전개도를 접었을 때 점 ㄴ과 만나는 점을 모두 찾아 쓰세요.

(　　　　　　　　)

[13~14] 다음 설명에 알맞은 입체도형의 이름을 쓰세요.

13 면이 10개인 각기둥

(　　　　　　　　)

14 꼭짓점이 4개인 각뿔

(　　　　　　　　)

15 꼭짓점이 8개인 각뿔의 모서리는 몇 개일까요?

( )

16 오른쪽 각기둥의 밑면이 정사각형일 때 모든 모서리의 길이의 합은 몇 cm일까요?

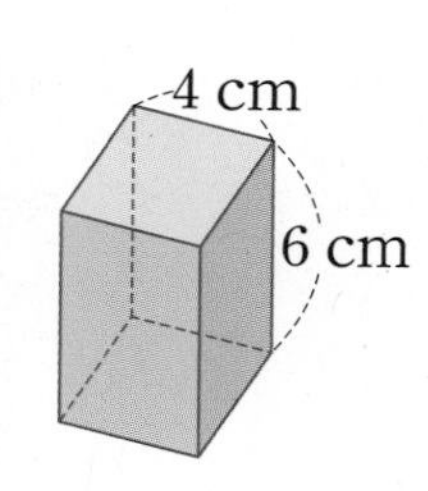

( )

17 모서리의 길이가 모두 같은 사각뿔이 있습니다. 이 사각뿔의 모든 모서리의 길이의 합이 136 cm일 때 한 모서리의 길이는 몇 cm일까요?

( )

18 각뿔의 면, 모서리, 꼭짓점의 수 사이에 어떤 규칙이 있는지 알아보려고 합니다. □ 안에 알맞은 수를 구하세요.

(꼭짓점의 수) + (면의 수)
− (모서리의 수) = □

( )

술술 서술형

19 어떤 입체도형의 밑면은 한 변의 길이가 14 cm인 정사각형이고 옆면은 모두 다음과 같은 이등변삼각형입니다. 이 입체도형의 모든 모서리의 길이의 합은 몇 cm인지 풀이 과정을 쓰고 답을 구하세요.

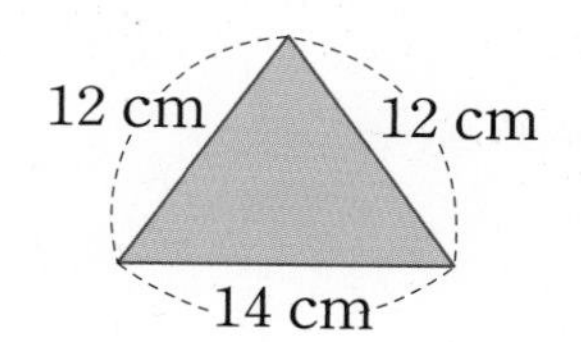

풀이

답

20 면의 수와 꼭짓점의 수의 차가 2인 각기둥이 있습니다. 이 각기둥의 모서리는 몇 개인지 풀이 과정을 쓰고 답을 구하세요.

풀이

답

서술형 문제

1 $12.96 \div 4 = 3.24$입니다. 왜 3.24인지 두 가지 방법으로 설명하세요.

방법 1

방법 2

▶ 분수로 바꾸어 계산하는 방법, 자연수의 나눗셈을 이용하여 계산하는 방법, 세로로 계산하는 방법이 있습니다.

2 둘레가 12.12 cm인 정육각형이 있습니다. 이 정육각형의 한 변은 몇 cm인지 풀이 과정을 쓰고 답을 구하세요.

풀이

답

▶ 정육각형은 변 6개의 길이가 모두 같습니다.

3

한 시간 동안 2.56 cm씩 타는 양초가 있습니다. 양초가 일정한 빠르기로 탄다면 15분 동안 몇 cm가 탄 것인지 풀이 과정을 쓰고 답을 구하세요.

풀이

답

▶ 한 시간은 15분의 몇 배인지 알아봅니다.

4

둘레가 67.6 m인 원 모양의 연못 둘레에 나무 8그루를 같은 간격으로 심으려고 합니다. 나무 사이의 간격은 몇 m로 해야 하는지 풀이 과정을 쓰고 답을 구하세요. (나무의 두께는 생각하지 않습니다.)

풀이

답

▶ 원 모양의 둘레에 나무를 심을 때 나무 사이의 간격 수는 나무 수와 어떤 관계가 있는지 알아봅니다.

5

768÷8을 이용하여 ㉠과 ㉡을 계산하고, ㉠은 ㉡의 몇 배인지 풀이 과정을 쓰고 답을 구하세요.

㉠ 7.68÷8 ㉡ 76.8÷8

풀이

답

▶ 768의 $\frac{1}{10}$배는 76.8, $\frac{1}{100}$배는 7.68입니다.

6

☐ 안에 들어갈 수 있는 소수 한 자리 수는 모두 몇 개인지 구하려고 합니다. 풀이 과정을 쓰고 답을 구하세요.

$4.5 \div 2 < \square < 21.6 \div 8$

풀이

답

▶ (소수)÷(자연수)의 계산에서 나누어떨어지지 않을 때에는 소수의 끝자리에 0이 있는 것으로 생각하고 계속 내려 계산합니다.

[7~8] 태극기를 만들 때 다음과 같이 원의 지름에 따라 가로와 세로의 길이가 결정된다고 합니다. 물음에 답하세요.

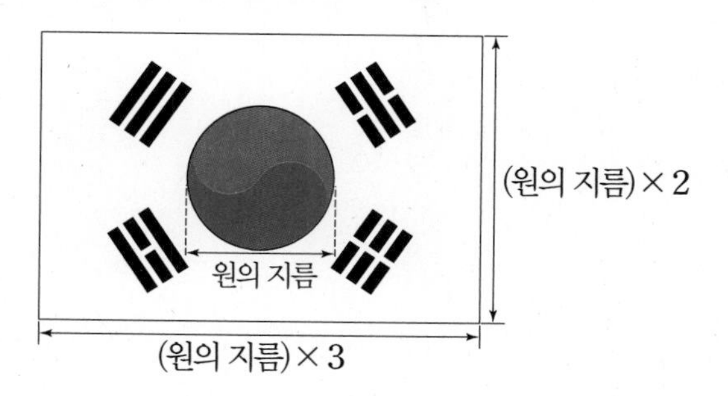

7

태극기의 가로가 37.5 cm일 때 원의 지름은 몇 cm인지 풀이 과정을 쓰고 답을 구하세요.

풀이

답

▶ 태극기의 가로와 원의 지름의 관계를 이용하여 식을 세워 원의 지름을 구합니다.

8

태극기의 세로가 21.6 cm일 때 원의 지름은 몇 cm인지 풀이 과정을 쓰고 답을 구하세요.

풀이

답

▶ 태극기의 세로와 원의 지름의 관계를 이용하여 식을 세워 원의 지름을 구합니다.

기출 단원 평가 Level 1

점수 | 확인

1 보기 와 같이 계산하세요.

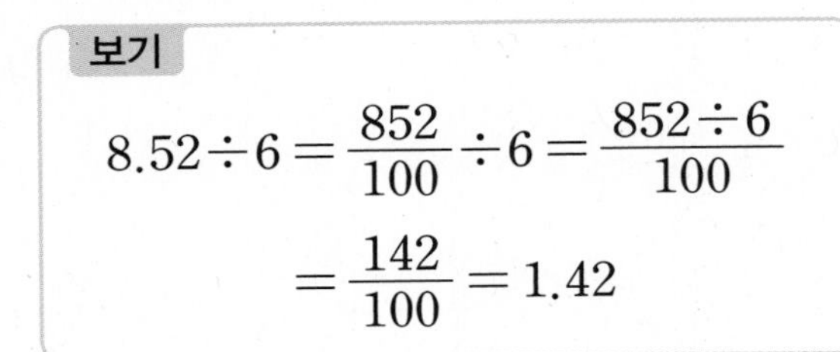
보기

$$8.52 \div 6 = \frac{852}{100} \div 6 = \frac{852 \div 6}{100} = \frac{142}{100} = 1.42$$

$10.24 \div 8$

2 자연수의 나눗셈을 이용하여 소수의 나눗셈을 해 보세요.

(1) $588 \div 6 = 98$

➡ $58.8 \div 6 = \square$

(2) $2181 \div 3 = 727$

➡ $21.81 \div 3 = \square$

3 계산해 보세요.

(1) $7\overline{)22.4}$

(2) $5\overline{)20.75}$

4 빈칸에 알맞은 수를 써넣으세요.

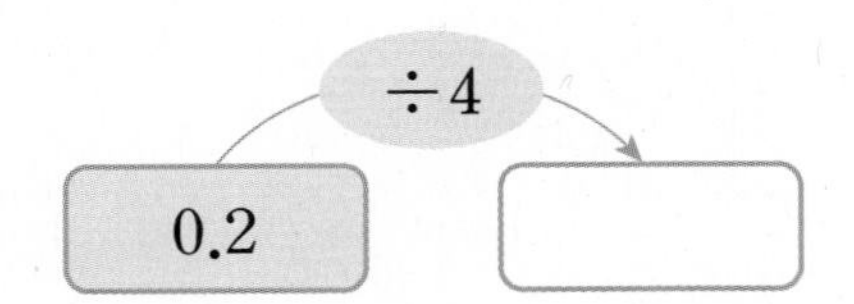

5 소수를 자연수로 나눈 몫을 구하세요.

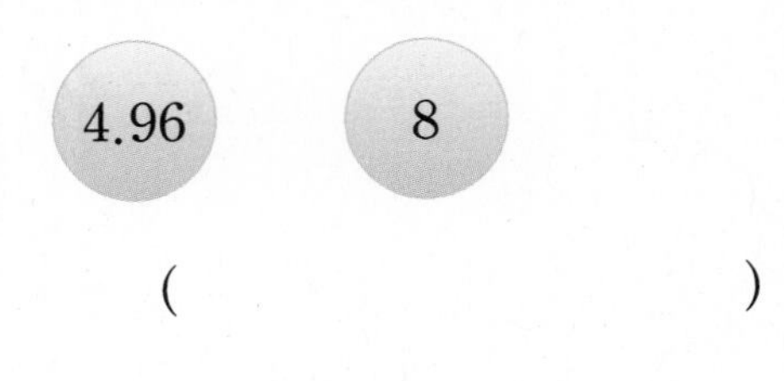

(　　　　　　　　　　)

6 똑같은 가방 6개의 무게는 7.32 kg입니다. 가방 한 개의 무게는 몇 kg일까요?

(　　　　　　　　　　)

7 빈칸에 알맞은 수를 써넣으세요.

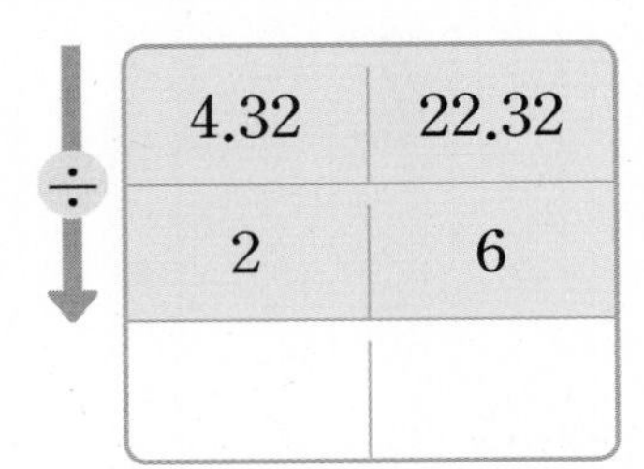

÷		
	4.32	22.32
	2	6

8 2.88 m의 색 테이프를 4등분 하였습니다. 한 도막의 길이는 몇 m일까요?

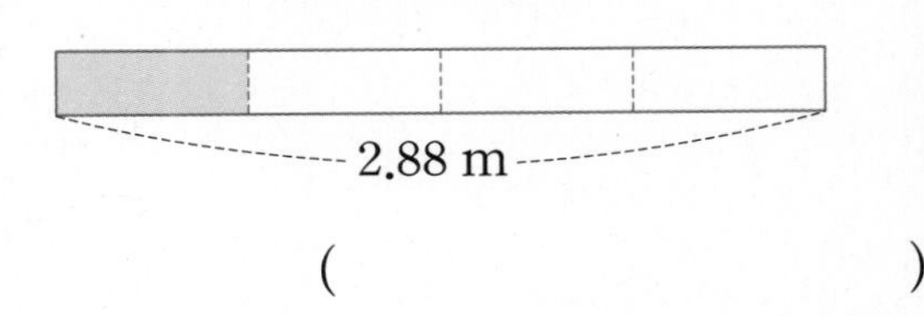

(　　　　　　　　　　)

9 계산해 보세요.

(1) $6\overline{)8.1}$

(2) $5\overline{)7.4}$

10 빈칸에 알맞은 수를 써넣으세요.

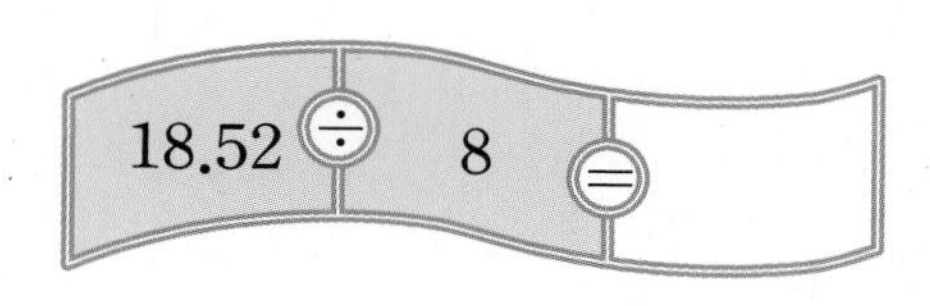

11 계산을 잘못한 곳을 찾아 바르게 계산해 보세요.

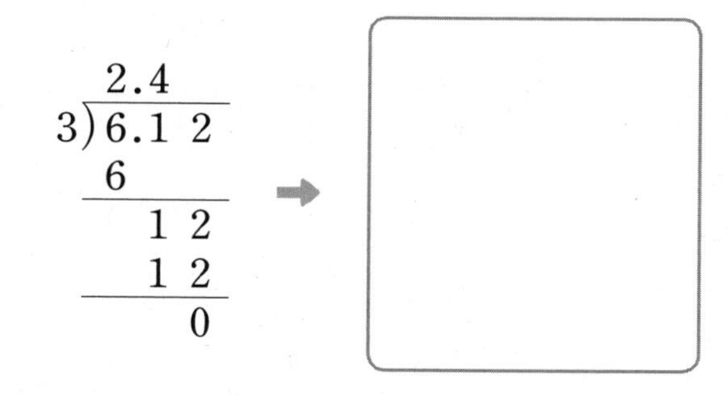

12 넓이가 $15.4\,\text{cm}^2$인 정삼각형을 똑같이 4칸으로 나눈 것입니다. 색칠한 부분의 넓이를 구하세요.

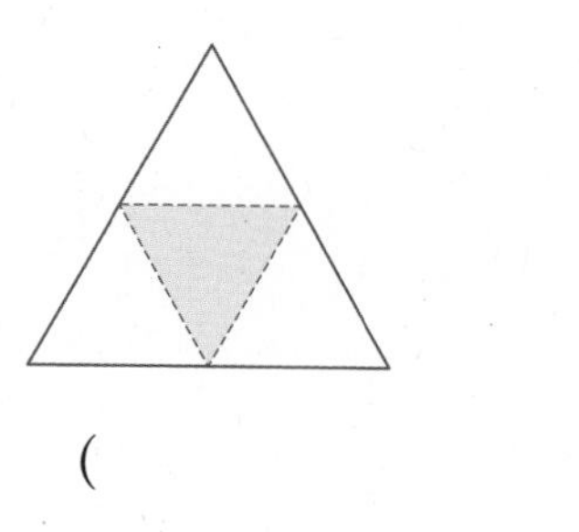

(　　　　　　　　)

13 어떤 수에 7을 곱했더니 21.35가 되었습니다. 어떤 수는 얼마일까요?

(　　　　　　　　)

14 몫이 가장 큰 것을 찾아 기호를 쓰세요.

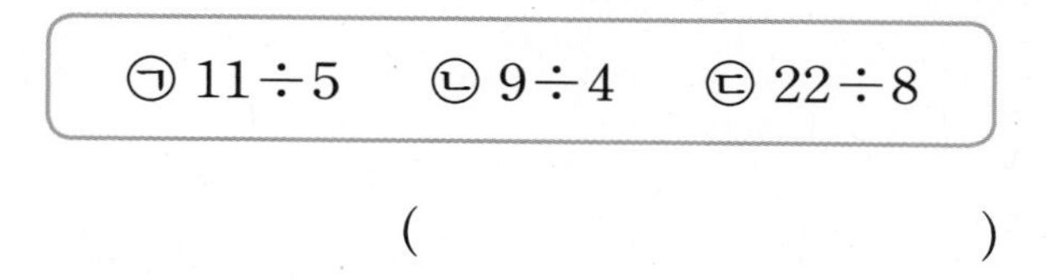

㉠ $11 \div 5$　㉡ $9 \div 4$　㉢ $22 \div 8$

(　　　　　　　　)

15 다음 도형의 넓이는 $151.2\,\text{cm}^2$입니다. ㉠에 알맞은 수를 구하세요.

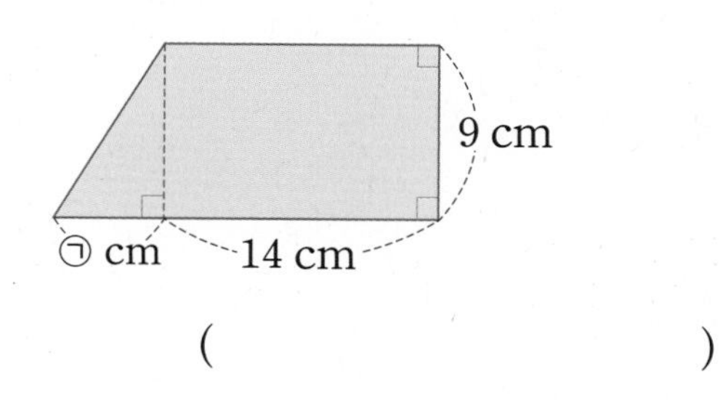

(　　　　　　　　)

16 어림셈하여 몫의 소수점의 위치를 찾아 소수점을 찍어 보세요.

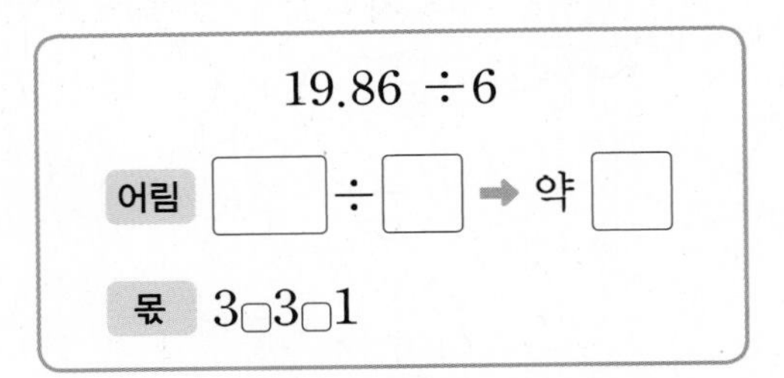

17 9 L로 283.5 km를 갈 수 있는 자동차가 있습니다. 이 자동차는 1 L로 몇 km를 갈 수 있을까요?

(　　　　　　　　　　)

18 수 카드 2, 5, 7, 8 을 □ 안에 모두 한 번씩 써넣어 나눗셈식을 만들었을 때 가장 큰 몫을 구하세요.

□□.□÷□

(　　　　　　　　　　)

술술 서술형

19 □ 안에 알맞은 수를 써넣고 그 이유를 써 보세요.

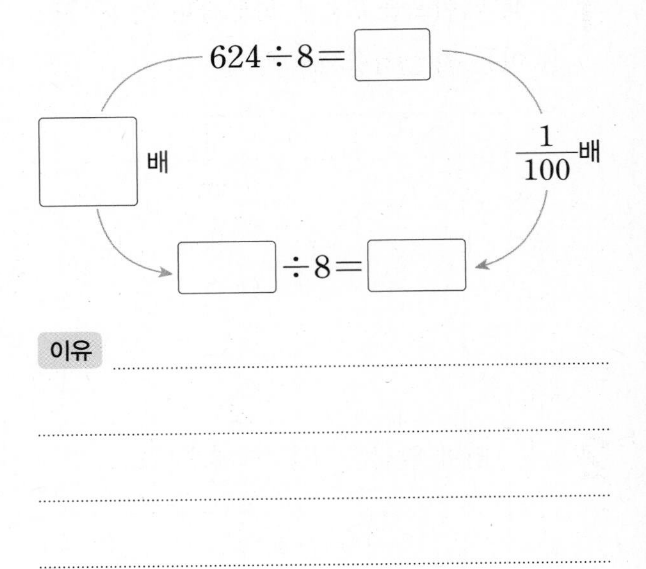

이유 ....

20 □ 안에 들어갈 수 있는 수 중에서 가장 큰 소수 두 자리 수를 구하려고 합니다. 풀이 과정을 쓰고 답을 구하세요.

$\square \times 8 < 48.32$

풀이 ....

답 ....

다시 점검하는 기출 단원 평가 Level 2

점수 | 확인

1 색 테이프를 7등분 하였습니다. 한 도막의 길이는 몇 cm일까요?

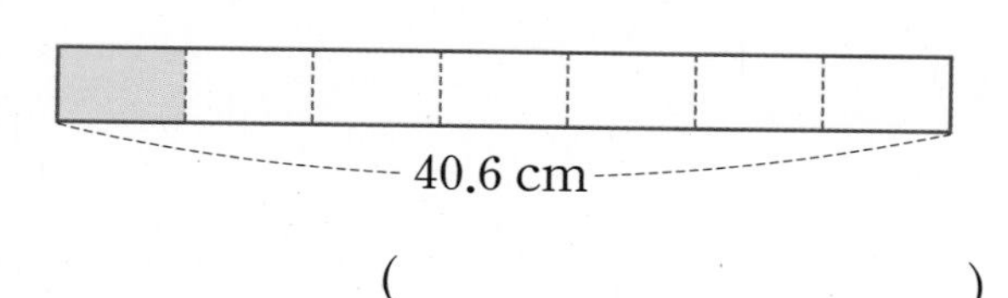

(　　　　　　　　)

2 □ 안에 알맞은 수를 써넣으세요.

$628 \div 4 = \square$

$62.8 \div 4 = \square$

$6.28 \div 4 = \square$

3 $258 \div 6 = 43$을 이용하여 ㉠에 알맞은 수를 구하세요.

㉠$\div 6 = 4.3$

(　　　　　　　　)

4 빈칸에 알맞은 수를 써넣으세요.

÷ →

14.04	6	
37.68	12	

5 몫이 큰 것부터 차례로 기호를 쓰세요.

㉠ $6.28 \div 4$　㉡ $62.8 \div 4$　㉢ $628 \div 4$

(　　　　　　　　)

6 계산을 잘못한 곳을 찾아 바르게 계산해 보세요.

```
   7.6
8)6.0 8
  5 6
  ----
    4 8
    4 8
    ---
      0
```
→ □

7 무게가 똑같은 멜론 5개의 무게가 4.55 kg일 때 멜론 한 개의 무게는 몇 kg일까요?

(　　　　　　　　)

8 관계있는 것끼리 이어 보세요.

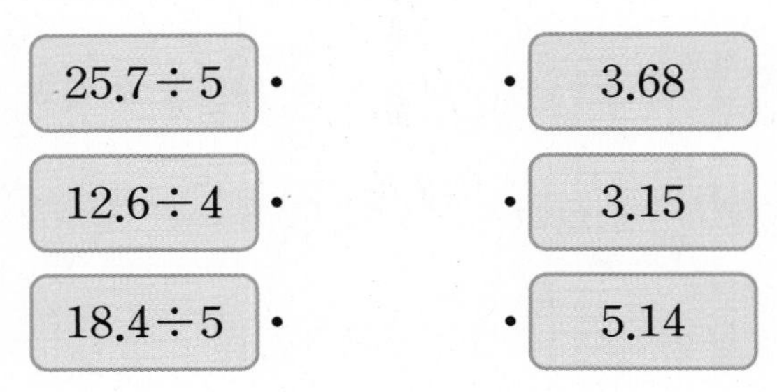

9 큰 수를 작은 수로 나눈 몫을 빈칸에 써넣으세요.

8	18.24

10 □ 안에 알맞은 수를 써넣으세요.

(1) $8\times\square=0.4$

(2) $\square\times 6=30.12$

11 다음 도형은 평행사변형입니다. □ 안에 알맞은 수를 써넣으세요.

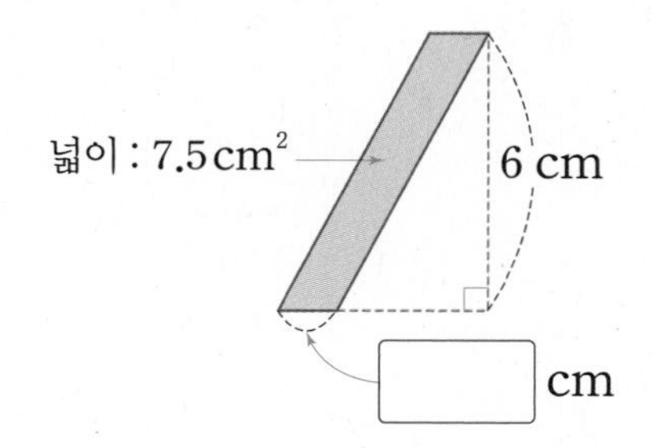

12 몫을 어림하여 몫이 1보다 큰 나눗셈을 모두 찾아 기호를 쓰세요.

㉠ $6.04\div 6$ ㉡ $3.92\div 4$
㉢ $1.29\div 3$ ㉣ $7.3\div 7$

( )

13 영아는 콩 2.16 kg으로 운동회 날 사용할 콩 주머니를 만들려고 합니다. 영아네 모둠 학생 8명이 한 개씩 갖도록 만들려면 콩 주머니 한 개에 콩 몇 kg을 담으면 될까요?

( )

14 어떤 수에 6을 곱하면 6.3이 됩니다. 어떤 수는 얼마일까요?

( )

15 ㉠◎㉡=6+㉠÷㉡이라고 약속할 때 다음을 계산하세요.

31.6◎5

( )

16 57÷8의 몫을 나누어떨어질 때까지 구하려면 나누어지는 수의 소수점 아래 0을 몇 번 내려서 계산해야 할까요? (　　　)

① 0번　② 1번　③ 2번
④ 3번　⑤ 4번

17 1시간에 9 cm씩 타는 양초가 있습니다. 일정한 빠르기로 양초가 탈 때 1분 동안에는 몇 cm씩 타는지 구하세요.

(　　　　　　　　)

18 길이가 4 m인 선분 위에 다음과 같이 처음부터 끝까지 같은 간격으로 점 26개를 찍으려고 합니다. 점과 점 사이의 간격은 몇 m로 해야 하는지 구하세요.

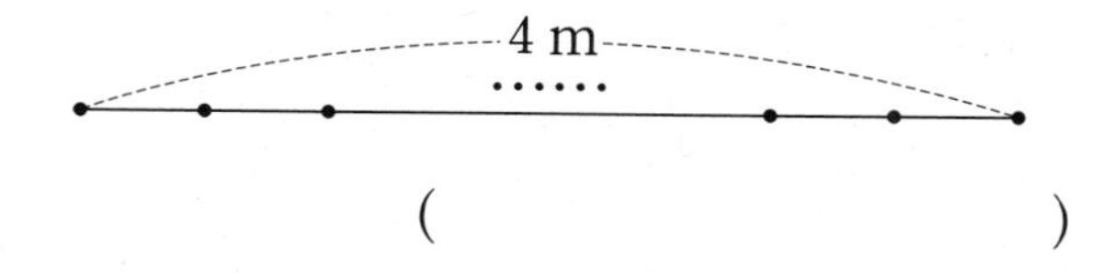

(　　　　　　　　)

술술 서술형

19 무게가 같은 빵이 한 봉지에 5개씩 있습니다. 12봉지의 무게가 9 kg일 때 빵 한 개의 무게는 몇 kg인지 풀이 과정을 쓰고 답을 구하세요. (단, 봉지의 무게는 생각하지 않습니다.)

풀이

답

20 다음 그림은 가로가 3.5 cm, 세로가 1.8 cm인 직사각형을 똑같은 크기로 나눈 것입니다. 색칠한 부분의 넓이는 몇 cm^2인지 풀이 과정을 쓰고 답을 구하세요.

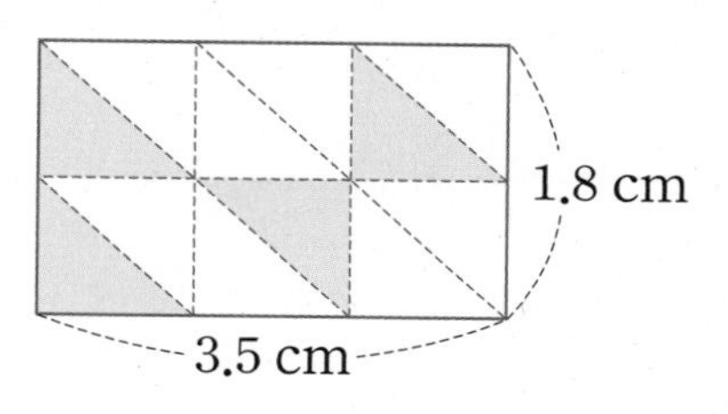

풀이

답

서술형 문제

1

오렌지가 10개, 사과가 2개 있습니다. 오렌지 수와 사과 수를 2가지 방법으로 비교하세요.

▶ 뺄셈과 나눗셈으로 비교해 봅니다.

방법 1

방법 2

2

주어진 비의 비율을 3가지 방법으로 나타내려고 합니다. 풀이 과정을 쓰고 답을 구하세요.

▶ 비율을 분수, 소수, 백분율로 나타낼 수 있습니다.

3의 20에 대한 비

풀이

답

3 혜정이네 반 남학생은 12명이고, 여학생은 17명입니다. 혜정이네 반 전체 학생 수에 대한 여학생 수의 비를 구하려고 합니다. 풀이 과정을 쓰고 답을 구하세요.

풀이

답

▶ (전체 학생 수)
=(남학생 수)+(여학생 수)

4 어느 가게에서는 신발을 25000원에 사 와서 8 %의 이익을 붙여 판매한다고 합니다. 신발의 판매 가격은 얼마인지 풀이 과정을 쓰고 답을 구하세요.

풀이

답

▶ $8\% = \frac{8}{100}$입니다.

5

같은 시각 어떤 물체의 길이에 대한 그 물체의 그림자 길이의 비는 항상 같습니다. 키가 135 cm인 나래의 그림자가 162 cm가 되는 시각에 길이가 300 cm인 나무의 그림자는 몇 cm가 되는지 풀이 과정을 쓰고 답을 구하세요.

▶ 먼저 나래의 키에 대한 그림자의 비율을 구합니다.

풀이

답

6

전교 어린이 회장 선거에서 후보별 득표수를 나타낸 것입니다. 득표율이 가장 높은 후보가 당선되었다면 당선된 후보의 득표율은 몇 %인지 풀이 과정을 쓰고 답을 구하세요.

▶ 득표수가 많으면 득표율이 높습니다.

후보	㉮	㉯	㉰	무효표
득표수(표)	216	228	151	5

풀이

답

7 오른쪽 직사각형의 가로를 20 % 늘이고 세로를 20 % 줄인다면 넓이는 몇 cm^2가 되는지 풀이 과정을 쓰고 답을 구하세요.

30 cm
35 cm

풀이

답

▶ 늘인 직사각형의 가로와 줄인 직사각형의 세로의 길이를 각각 구합니다.

8 효린이는 수학 시험 20문제 중에서 15문제를 맞혔고, 과학 시험 16문제 중에서 10문제를 맞혔습니다. 효린이는 두 시험 중에서 어느 과목 시험을 더 잘 본 편인지 풀이 과정을 쓰고 답을 구하세요.

풀이

답

▶ 전체 문제 수에 대한 맞힌 문제 수의 비율을 각각 구해서 비교합니다.

다시 점검하는 기출 단원 평가 Level 1

점수 | 확인

1 500원짜리 동전 수와 100원짜리 동전 수를 비교하려고 합니다. □ 안에 알맞은 수를 써넣으세요.

500원짜리 동전 수(개)	1	2	3	4	5
100원짜리 동전 수(개)	5	10	15	20	25

➡ 100원짜리 동전 수는 500원짜리 동전 수의 □배입니다.

2 그림을 보고 전체에 대한 색칠한 부분의 비를 쓰세요.

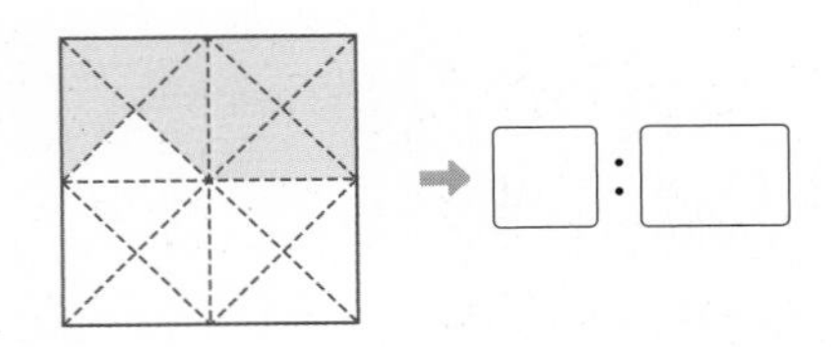

➡ □ : □

3 기준량이 9인 것을 모두 찾아 기호를 쓰세요.

㉠ 9에 대한 5의 비
㉡ 9와 5의 비
㉢ 5의 9에 대한 비

( )

4 윤지네 반 학생은 29명입니다. 그중에서 남학생이 14명일 때 윤지네 반 전체 학생 수에 대한 여학생 수의 비는 얼마일까요?

( )

5 관계있는 것끼리 이어 보세요.

2와 25의 비 •	• 0.4
6 : 15 •	• 0.45
9 대 20 •	• 0.08

6 빈칸에 알맞게 써넣으세요.

비율 \ 비	9의 50에 대한 비
분수	
소수	
백분율	

7 백분율을 분수와 소수로 나타내세요.

159 %

분수 ( )
소수 ( )

8 다음 중 기준량이 비교하는 양보다 작은 비율을 모두 고르세요. (　　　　　)

① $\frac{4}{15}$　　② 1.15
③ 9.2 %　　④ 12 %
⑤ 2에 대한 3의 비

9 비율이 더 큰 것의 기호를 쓰세요.

㉠ $\frac{5}{8}$　　㉡ 62 %

(　　　　　　　　)

10 오른쪽 직사각형의 넓이가 $72\,cm^2$일 때 가로에 대한 세로의 비율을 분수로 나타내세요.

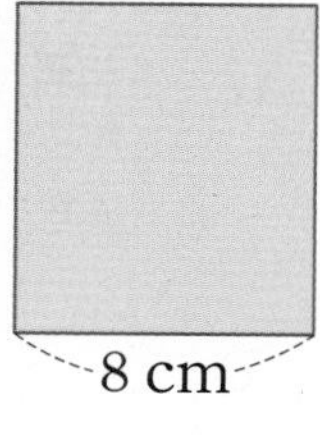

(　　　　　　　　)

11 어느 야구 선수가 지난해 400타수 중에서 안타를 116개 쳤습니다. 이 선수의 지난해 타율을 소수로 나타내세요.

(　　　　　　　　)

12 남현이네 학교 전체 학생은 320명입니다. 그 중에서 144명이 여학생입니다. 여학생은 전체 학생의 몇 %일까요?

(　　　　　　　　)

13 소금 18 g을 녹여 소금물 200 g을 만들었습니다. 소금물의 양에 대한 소금 양의 비율은 몇 %일까요?

(　　　　　　　　)

14 상자에 사과와 배가 모두 24개 들어 있습니다. 사과가 전체 과일의 25 %일 때 배는 몇 개일까요?

(　　　　　　　　)

15 인구가 더 밀집한 지역의 기호를 쓰세요.

지역	넓이(km^2)	인구(명)
가	45	27000
나	130	71500

(　　　　　　　　)

16 준기가 놀이공원에 갔습니다. 놀이공원 입장료는 25000원인데 준기는 할인권을 이용하여 입장료로 20000원을 냈습니다. 몇 % 할인받은 것일까요?

( )

17 직사각형의 가로를 50 % 늘이고 세로를 40 % 늘인다면 넓이는 몇 cm^2가 될까요?

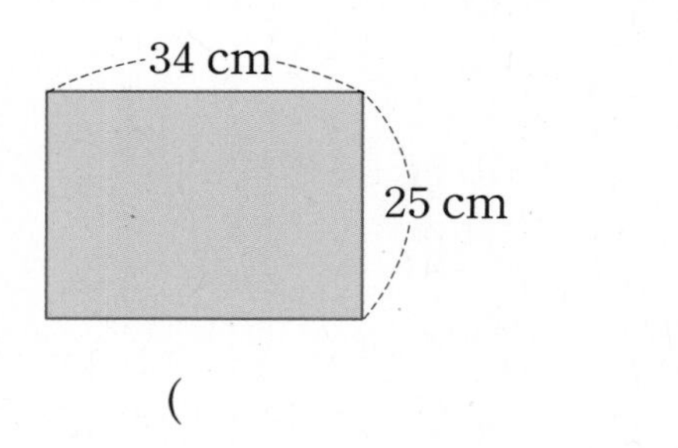

( )

18 어느 지역의 총 인구는 70000명입니다. 이 지역의 총 인구의 32 %는 회사원이고 그중에서 $\frac{7}{20}$ 이 여자일 때 여자 회사원은 몇 명일까요?

( )

술술 서술형

19 우리 주변에서 백분율이 사용되는 경우를 3가지 찾아 써 보세요.

20 진하기가 14 %인 소금물 8 kg을 만들려고 합니다. 소금과 물은 각각 몇 g 필요한지 풀이 과정을 쓰고 답을 구하세요.

풀이

답

다시 점검하는 기출 단원 평가 Level ❷

점수 | 확인

1 그림을 보고 □ 안에 알맞은 수를 써넣으세요.

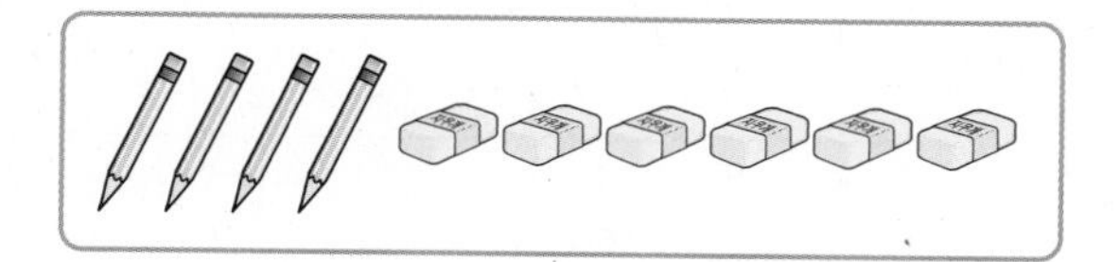

(1) 연필 수에 대한 지우개 수의 비

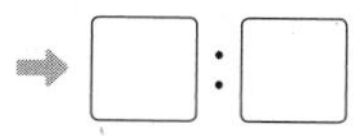

(2) 지우개 수에 대한 연필 수의 비

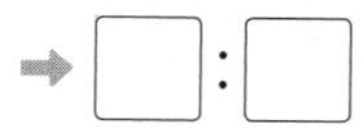

2 전체에 대한 색칠한 부분의 비가 7 : 8이 되도록 색칠하세요.

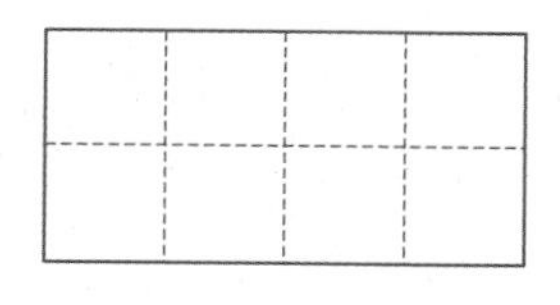

3 밑변의 길이가 5 cm인 다음 삼각형에서 높이에 대한 밑변의 길이의 비를 구하세요.

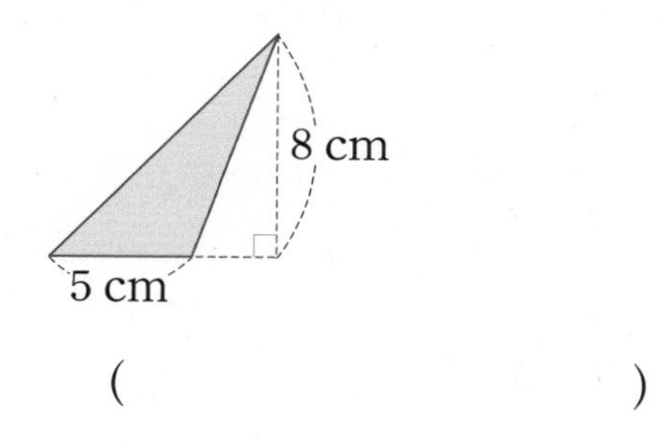

(　　　　　　　　)

4 그림을 보고 사과 수와 전체 과일 수의 비를 구하세요.

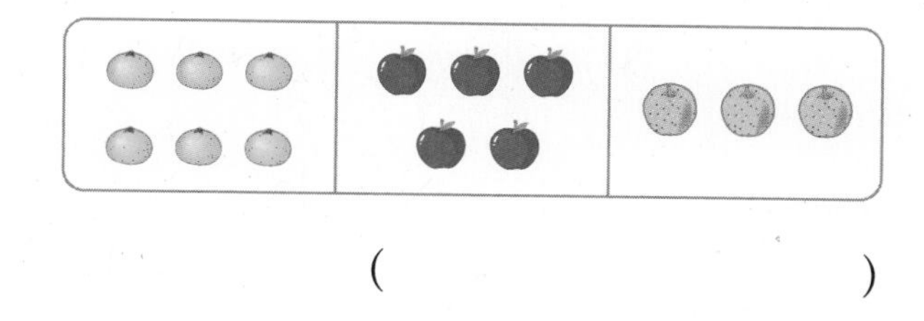

(　　　　　　　　)

5 표를 완성하고 다리가 72개이면 메뚜기는 몇 마리인지 구하세요.

메뚜기 수(마리)	1	2	3	4	5
다리 수(개)	6				

(　　　　　　　　)

6 기준량이 가장 작은 것을 찾아 기호를 쓰세요.

㉠ 8 : 11　　㉡ 18의 4에 대한 비
㉢ 5 대 10　　㉣ 13에 대한 8의 비

(　　　　　　　　)

7 티셔츠가 17벌, 바지가 10벌 있습니다. 바지 수에 대한 티셔츠 수의 비율을 분수와 소수로 각각 나타내세요.

분수 (　　　　　　　　)
소수 (　　　　　　　　)

8 비율을 백분율로 나타내려고 합니다. 빈칸에 알맞게 써넣으세요.

분수	소수	백분율
$\frac{9}{20}$		

9 색칠한 부분은 전체의 몇 %일까요?

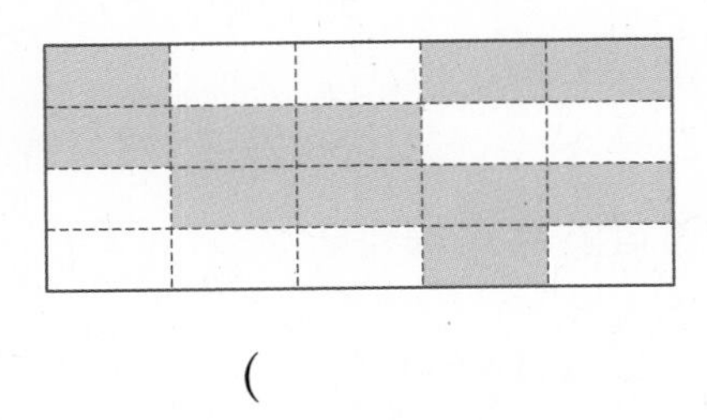

( )

10 빈칸에 알맞은 수를 써넣으세요.

백분율(%)	분수	소수
37		
6		
127		

11 비율이 큰 것부터 차례로 기호를 쓰세요.

㉠ $\frac{31}{50}$ ㉡ 20 % ㉢ 0.71

( )

12 간식으로 피자를 먹는 것에 찬성하는 학생 수를 조사했습니다. 각 반의 찬성률을 %로 나타내어 보고, 찬성률이 더 높은 반은 몇 반인지 구하세요.

	전체 학생 수(명)	찬성하는 학생 수(명)	찬성률(%)
1반	25	18	
2반	30	24	

( )

13 어느 매장에서 48000원 하는 원피스를 할인하여 39360원에 판매하고 있습니다. 이 원피스는 몇 %를 할인하여 판매하는 것일까요?

( )

14 더 빠른 운송 수단은 어느 것일까요?

운송 수단	간 거리(km)	걸린 시간(시간)
트럭	792	9
택시	630	7

( )

15 예진이네 반 학생은 35명입니다. 그중에서 봉사 활동 경험이 있는 학생은 전체의 20 %입니다. 예진이네 반에서 봉사 활동 경험이 있는 학생은 몇 명일까요?

( )

16 소금이 담겨 있는 비커에 물을 넣었더니 진하기가 16 %인 소금물 500 g이 되었습니다. 이 소금물에 녹아 있는 소금의 양은 몇 g일까요?

( )

17 호박이 지난주에는 한 개에 600원이었는데 이번 주에는 지난주에 비해 가격이 15 % 올랐습니다. 슬기가 호박 2개를 사고 2000원을 냈다면 거스름돈으로 얼마를 받아야 할까요?

( )

18 다음은 튼튼 은행과 부자 은행에 예금한 돈과 예금한 기간, 이자를 나타낸 것입니다. 두 은행 중에서 어느 은행에 예금하는 것이 더 이익일까요?

은행	예금한 돈	예금한 기간	이자
튼튼 은행	30000원	1개월	750원
부자 은행	10000원	1개월	200원

( )

술술 서술형

19 대준이는 밭에서 고구마를 1.5 kg 수확했습니다. 수확한 고구마 중 0.32가 썩어서 버렸다면 버린 고구마는 몇 g인지 풀이 과정을 쓰고 답을 구하세요.

풀이

답

20 형주가 가지고 싶은 로봇을 시장에서는 가격이 20000원인데 10 %를 할인해 주고, 백화점에서는 가격이 25000원인데 20 %를 할인해 준다고 합니다. 로봇을 더 싸게 살 수 있는 곳은 어디인지 풀이 과정을 쓰고 답을 구하세요.

풀이

답

서술형 문제

1 주미네 반 학급문고를 조사하여 나타낸 띠그래프입니다. 주미네 반 학급문고에서 $\frac{1}{4}$을 차지하는 책의 종류는 무엇인지 풀이 과정을 쓰고 답을 구하세요.

▶ $\frac{1}{4}$을 백분율로 나타내어 봅니다.

책의 종류별 권수

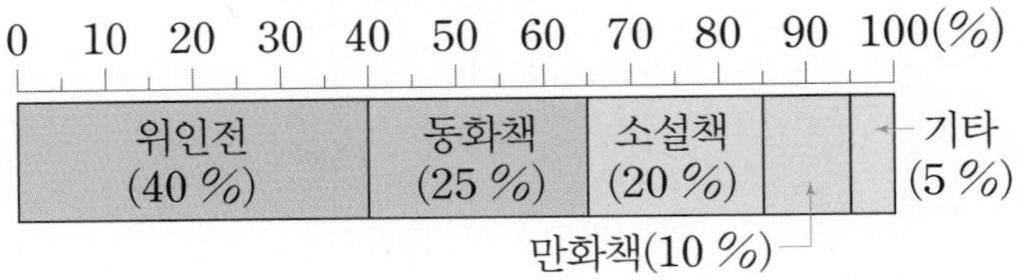
0 10 20 30 40 50 60 70 80 90 100(%)
위인전 (40 %)
동화책 (25 %)
소설책 (20 %)
기타 (5 %)
만화책(10 %)

풀이 ....

답 ....

2 지원이네 반 학생들이 기르고 싶어 하는 동물을 조사하여 나타낸 띠그래프입니다. 띠그래프를 보고 알 수 있는 내용을 2가지 쓰세요.

▶ 전체에 대한 각 부분의 비율을 보고 알 수 있는 내용을 써 봅니다.

기르고 싶어 하는 동물별 학생 수

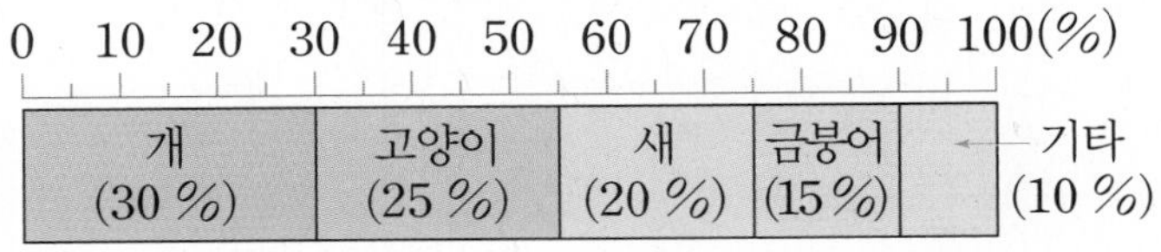
0 10 20 30 40 50 60 70 80 90 100(%)
개 (30 %)
고양이 (25 %)
새 (20 %)
금붕어 (15 %)
기타 (10 %)

내용 ....

3

월별 나의 키의 변화를 그래프로 나타낼 때 막대그래프, 꺾은선그래프, 그림그래프, 띠그래프 중에서 어느 그래프로 나타내는 것이 가장 좋을지 쓰고, 그 이유를 써 보세요.

답

이유

▶ 각 그래프의 특징을 생각해 봅니다.

4

희수네 학교 학생 280명이 좋아하는 색을 조사하여 나타낸 원그래프입니다. 파란색을 좋아하는 학생은 몇 명인지 풀이 과정을 쓰고 답을 구하세요.

좋아하는 색별 학생 수

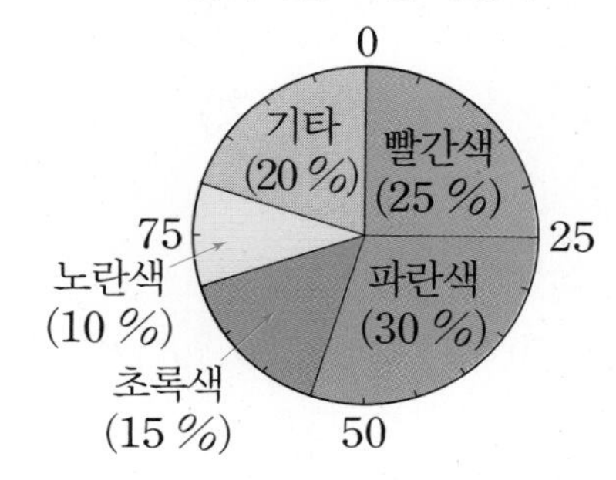

풀이

답

▶ 파란색을 좋아하는 학생은 희수네 학교 학생 전체의 30 %입니다.

5

5

어느 과일 가게에서 판매한 과일의 종류를 조사하여 나타낸 원그래프입니다. 원그래프를 보고 알 수 있는 내용을 2가지 쓰세요.

판매한 종류별 과일 수

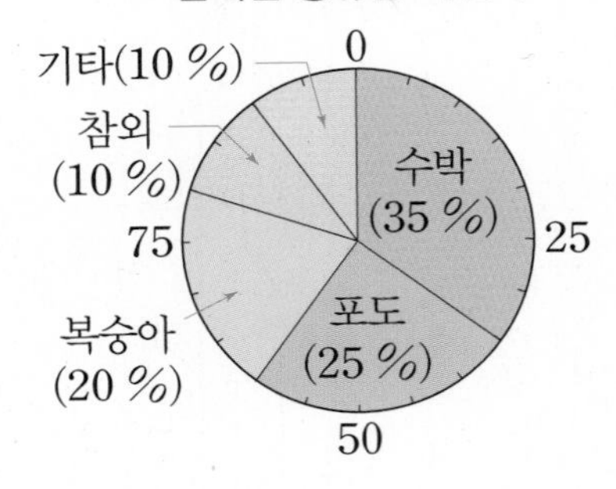

내용 ....

....

....

▶ 판매한 전체 과일 수에 대한 종류별 과일 수의 백분율을 원그래프로 나타낸 것입니다.

6

유진이네 집 한 달 생활비의 쓰임새를 조사하여 나타낸 띠그래프입니다. 교육비 중에서 학원비가 60 %를 차지합니다. 학원비는 유진이네 집 한 달 생활비 전체의 몇 %인지 풀이 과정을 쓰고 답을 구하세요.

생활비의 쓰임새별 금액

0 10 20 30 40 50 60 70 80 90 100(%)

식품비 (35 %)	교육비 (20 %)	의료비 (25 %)	의복비 (15%)	기타 (5 %)

풀이 ....

....

....

답 ....

▶ 학원비는 교육비의 60 %를 차지합니다.

7

다음은 미선이네 밭에서 생산한 채소 300 kg을 조사하여 나타낸 원그래프입니다. 생산한 상추를 한 상자에 3 kg씩 담으려면 상자는 모두 몇 상자가 필요한지 풀이 과정을 쓰고 답을 구하세요.

▶ 상추의 비율을 구하면 상추의 생산량도 구할 수 있습니다.

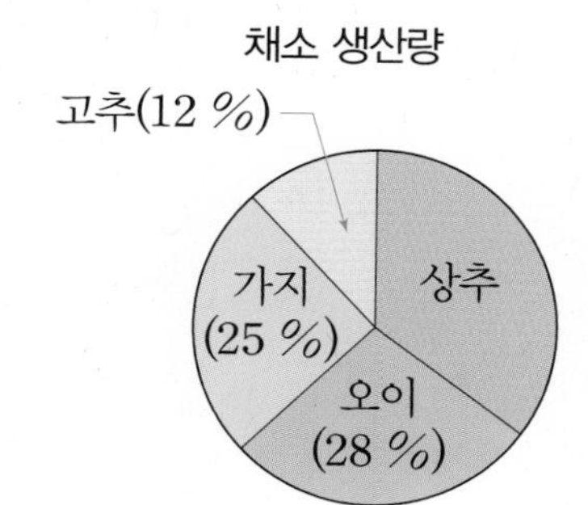

풀이 ....

답 ....

8

영수네 반 학생들이 좋아하는 나라를 조사하여 나타낸 원그래프를 전체 길이가 20 cm인 띠그래프로 나타내려고 합니다. 프랑스가 차지하는 길이는 몇 cm인지 풀이 과정을 쓰고 답을 구하세요.

▶ 전체 길이가 20 cm인 띠그래프에서 프랑스가 차지하는 비율은 15 %입니다.

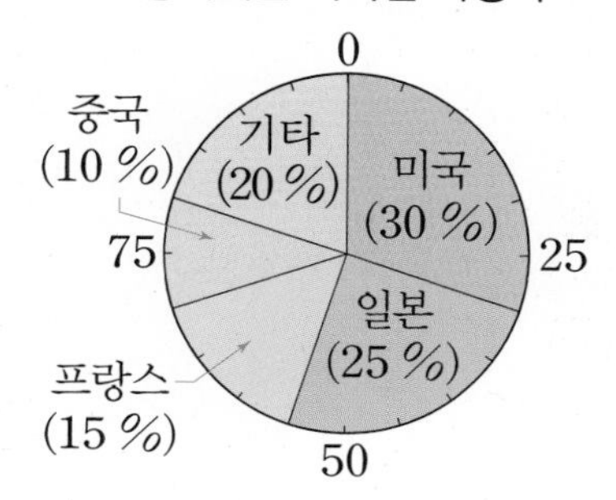

풀이 ....

답 ....

다시 점검하는 기출 단원 평가 Level ❶

점수 | 확인

[1~4] 민정이네 학교 학생들이 좋아하는 간식을 조사하여 나타낸 띠그래프입니다. 물음에 답하세요.

좋아하는 간식별 학생 수

0 10 20 30 40 50 60 70 80 90 100(%)

떡볶이 (45 %)	과자	빵 (15 %)	기타 (10 %)

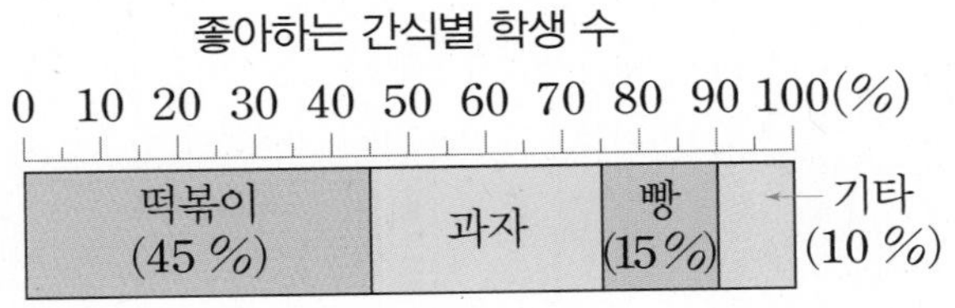

1 과자를 좋아하는 학생은 전체의 몇 %일까요?

( )

2 가장 많은 학생들이 좋아하는 간식은 무엇일까요?

( )

3 떡볶이를 좋아하는 학생 수는 과자를 좋아하는 학생 수의 몇 배일까요?

( )

4 과자를 좋아하는 학생이 60명이라면 빵을 좋아하는 학생은 몇 명일까요?

( )

[5~8] 영준이네 집에 있는 책의 종류를 조사하여 나타낸 띠그래프입니다. 물음에 답하세요.

책의 종류별 권수

0 10 20 30 40 50 60 70 80 90 100(%)

참고서 (35 %)	위인전 (30 %)	과학책 (20 %)	만화책(10 %)	기타 (5 %)

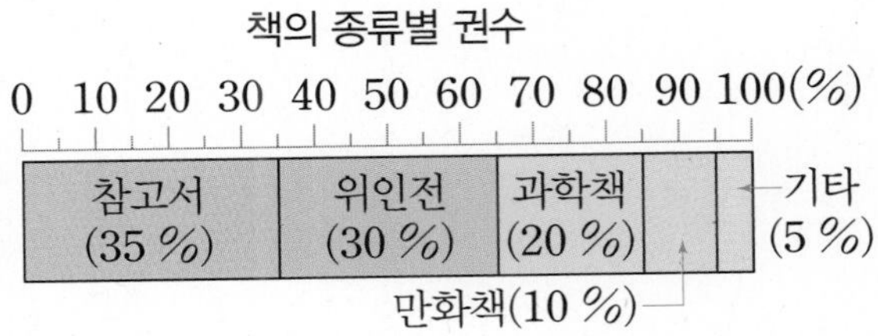

5 위인전과 만화책의 비율은 전체의 몇 %일까요?

( )

6 참고서의 비율은 과학책의 비율의 몇 배일까요?

( )

7 영준이네 집에 있는 책이 200권이라면 위인전은 몇 권일까요?

( )

8 위의 그래프를 전체 길이가 20 cm인 띠그래프로 다시 나타내려고 합니다. 참고서가 차지하는 부분은 몇 cm로 해야 할까요?

( )

[9~12] 어느 지역의 종류별 병원 수를 조사하여 나타낸 표입니다. 물음에 답하세요.

종류별 병원 수

종류	외과	내과	안과	피부과	기타	합계
병원 수(개)	6	5	4	3	2	20
백분율(%)						100

9 종류별로 백분율을 구하여 표의 빈칸에 알맞은 수를 써넣으세요.

10 표를 보고 원그래프를 그려 보세요.

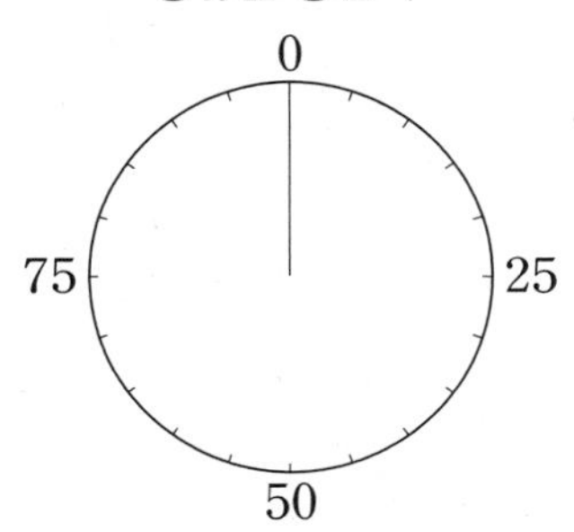

11 이 지역의 병원 중 가장 많은 병원은 무엇일까요?

(　　　　　　　　)

12 안과와 피부과의 비율은 전체의 몇 %일까요?

(　　　　　　　　)

[13~14] 진우네 집 한 달 생활비의 쓰임새를 조사하여 나타낸 원그래프입니다. 물음에 답하세요.

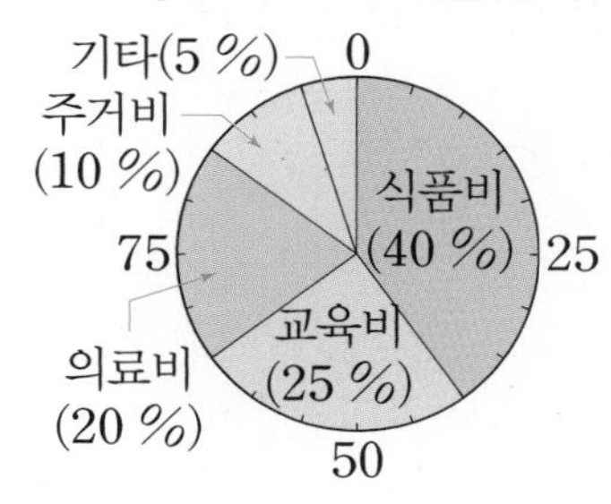

13 세 번째로 많이 지출한 것은 무엇일까요?

(　　　　　　　　)

14 원그래프를 보고 표를 완성하세요.

생활비 지출 항목

항목	식품비	교육비	의료비	주거비	기타	합계
백분율(%)	40					100
금액(만 원)						300

15 선호네 학교 학생들이 좋아하는 과목을 조사하여 나타낸 원그래프입니다. 선호네 학교 전체 학생이 500명이라면 수학을 좋아하는 학생은 몇 명일까요?

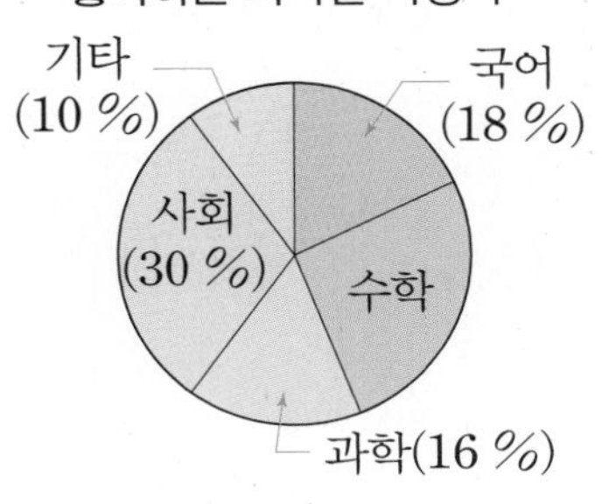

(　　　　　　　　)

[16~17] 유리네 학교 학생 300명이 받고 싶은 선물을 조사하여 나타낸 원그래프입니다. 물음에 답하세요.

받고 싶은 선물별 학생 수

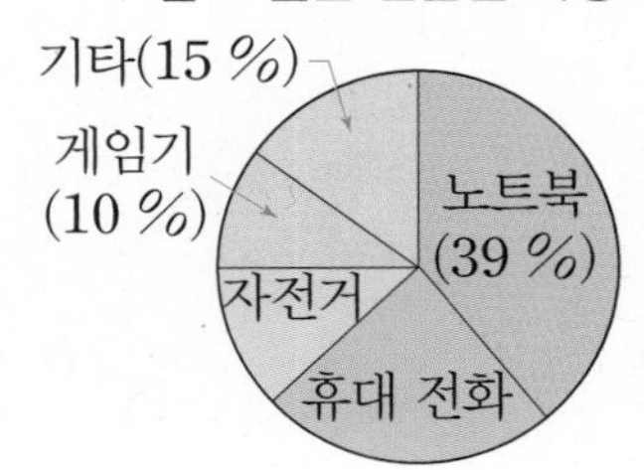

16 휴대 전화의 비율이 자전거의 비율의 2배일 때 휴대 전화의 비율은 전체의 몇 %일까요?

( )

17 받고 싶은 선물이 게임기인 학생의 80 %가 남학생이라면 게임기를 받고 싶어 하는 남학생은 몇 명일까요?

( )

18 주미네 학교 남학생과 여학생 수의 비율과 남학생의 등교 방법을 나타낸 원그래프입니다. 주미네 학교 전체 학생이 600명이라면 자전거로 등교하는 남학생은 몇 명일까요?

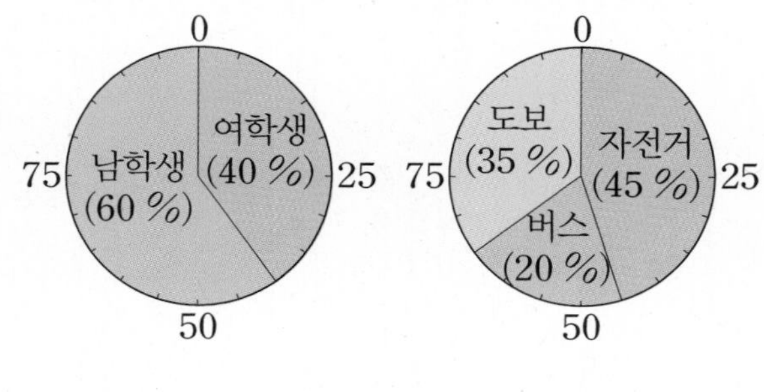

( )

술술 서술형

19 어느 지역 마을별 감자 생산량을 어림하여 나타낸 표와 그림그래프입니다. 감자 생산량을 어떻게 어림하여 그림그래프로 나타내었는지 설명하고 그림그래프를 완성하세요.

마을별 감자 생산량

마을	가	나	다	라
생산량(kg)		452	485	557

마을별 감자 생산량

마을	생산량
가	
나	
다	
라	

100 kg 10 kg

설명

20 현주네 반 학생들이 어린이날에 가고 싶은 곳을 조사하여 나타낸 원그래프입니다. 이 원그래프를 보고 알 수 있는 내용을 2가지 쓰세요.

가고 싶은 곳별 학생 수

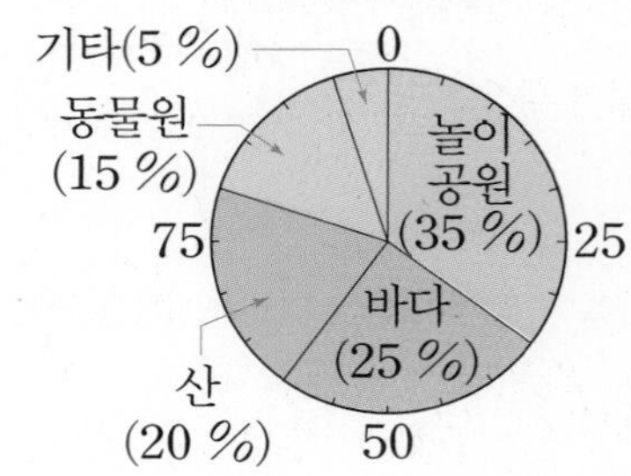

내용

다시 점검하는 기출 단원 평가 Level 2

점수 | 확인

[1~2] 재현이네 반 학생들의 취미 생활을 조사하여 나타낸 표입니다. 물음에 답하세요.

취미 생활별 학생 수

취미 생활	게임	독서	운동	기타	합계
학생 수(명)	12	9	6	3	30

1 □ 안에 알맞은 수를 써넣으세요.

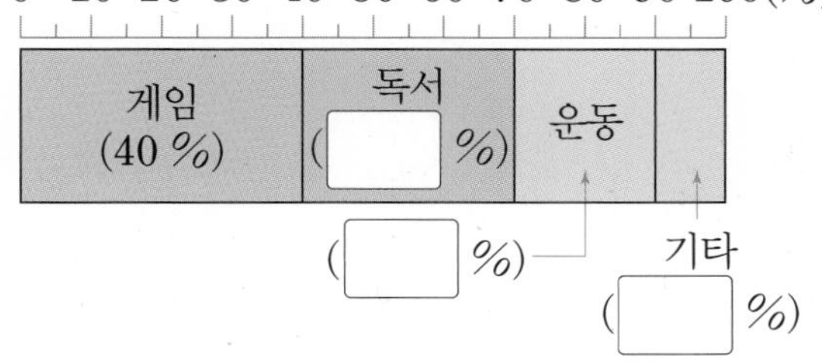

2 가장 많은 학생들이 하는 취미 생활은 무엇일까요?

( )

3 어느 지역의 곡물 생산량을 조사하여 나타낸 표입니다. 표의 빈칸에 알맞은 수를 써넣고 띠그래프를 완성하세요.

곡물별 생산량

곡물	쌀	보리	수수	콩	기타	합계
생산량(kg)	175	125	75	75	50	500
백분율(%)	35					100

곡물별 생산량

0 10 20 30 40 50 60 70 80 90 100(%)

쌀 (35 %)

[4~5] 혜영이네 학교 학생들의 혈액형을 조사하여 나타낸 띠그래프입니다. 물음에 답하세요.

혈액형별 학생 수

0 10 20 30 40 50 60 70 80 90 100(%)

A형 (40 %) | B형(10 %) | O형 (30 %) | AB형 (20 %)

4 학생 수가 많은 순서대로 혈액형을 쓰세요.

( )

5 B형인 학생이 52명일 때 O형인 학생은 몇 명일까요?

( )

[6~7] 동물원에 있는 종류별 동물 수를 조사하여 나타낸 띠그래프입니다. 물음에 답하세요.

종류별 동물 수

0 10 20 30 40 50 60 70 80 90 100(%)

원숭이 (30 %) | 호랑이 (25 %) | 사자 (15%) | 기린(10 %) | 기타 (20 %)

6 전체 동물 수가 300마리라면 원숭이는 몇 마리일까요?

( )

7 사자 수의 $\frac{1}{3}$을 다른 동물원에서 호랑이와 바꾼다면 호랑이의 비율은 전체의 몇 %가 될까요?

( )

8 수현이네 반 학생들이 좋아하는 운동을 조사하여 나타낸 표와 원그래프입니다. □ 안에 알맞은 수를 써넣으세요.

좋아하는 운동별 학생 수

운동	수영	야구	농구	축구	기타	합계
학생 수(명)	18	15	12	9	6	60

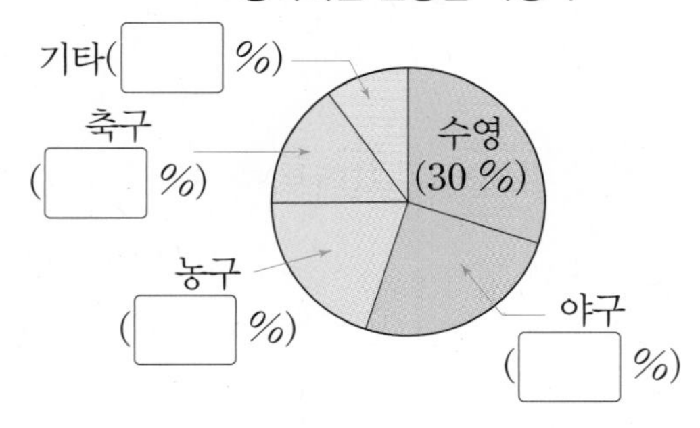

[9~10] 현수네 마을에서 기르는 종류별 가축 수를 조사하여 나타낸 표입니다. 물음에 답하세요.

종류별 가축 수

가축	돼지	닭	소	오리	기타	합계
가축 수(마리)	104	65	39	26	26	260
백분율(%)	40					100

9 표의 빈칸에 알맞은 수를 써넣으세요.

10 표를 보고 원그래프를 완성하세요.

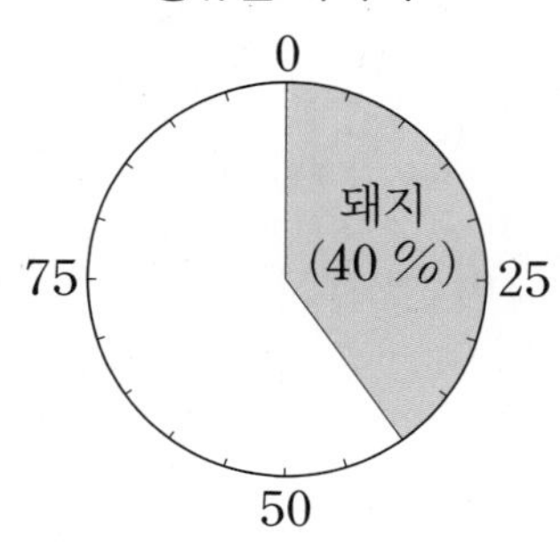

[11~14] 민주네 반 학생들이 좋아하는 음식을 조사하여 나타낸 원그래프입니다. 물음에 답하세요.

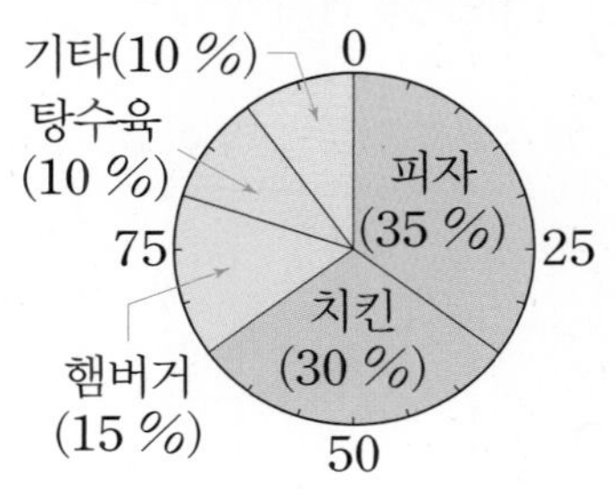

11 치킨을 좋아하는 학생 수는 햄버거를 좋아하는 학생 수의 몇 배일까요?

( )

12 탕수육을 좋아하는 학생이 4명이라면 조사한 전체 학생은 몇 명일까요?

( )

13 원그래프를 보고 띠그래프로 나타내세요.

좋아하는 음식별 학생 수

0 10 20 30 40 50 60 70 80 90 100(%)

14 위의 그래프를 전체 길이가 40 cm인 띠그래프로 나타내려고 합니다. 피자가 차지하는 부분은 몇 cm로 해야 할까요?

( )

[15~16] 명훈이는 뉴스에서 요즘 초등학생들이 좋아하는 TV 프로그램을 조사한 원그래프를 보았습니다. 물음에 답하세요.

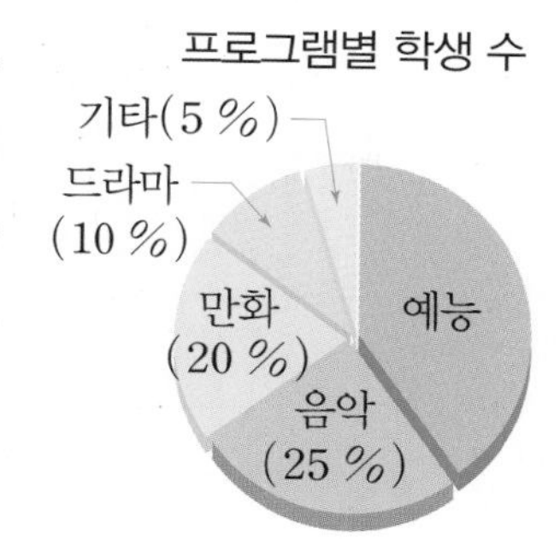

15 예능 프로그램을 좋아하는 학생은 전체의 몇 %일까요?

( )

16 조사한 학생 수가 900명이라면 예능 프로그램을 좋아하는 학생은 음악 프로그램을 좋아하는 학생보다 몇 명 더 많을까요?

( )

17 경선이네 마을 500가구가 구독하는 신문을 조사하여 나타낸 띠그래프입니다. 다 신문을 구독하는 가구 수가 라 신문을 구독하는 가구 수의 4배일 때 라 신문을 구독하는 가구는 몇 가구일까요?

신문별 구독 부수

가 신문 (175가구)	나 신문 (150가구)	다 신문	라 신문

( )

18 유정이네 아파트에서 6월과 7월에 종류별 쓰레기 배출량을 조사하여 나타낸 띠그래프입니다. 음식물 쓰레기의 비율이 7월에는 6월의 몇 배가 되었는지 구하세요.

종류별 쓰레기 배출량

	음식물	종이	플라스틱	유리, 캔	기타
6월			25 %	14 %	16 %	10 %
7월	49 %	9 %	12 %	20 %	10 %

( )

술술 서술형

19 도시별 전철 이용자 수를 나타낸 그림그래프입니다. 전철 이용자 수가 가장 많은 도시와 가장 적은 도시의 이용자 수의 차는 몇억 명인지 풀이 과정을 쓰고 답을 구하세요.

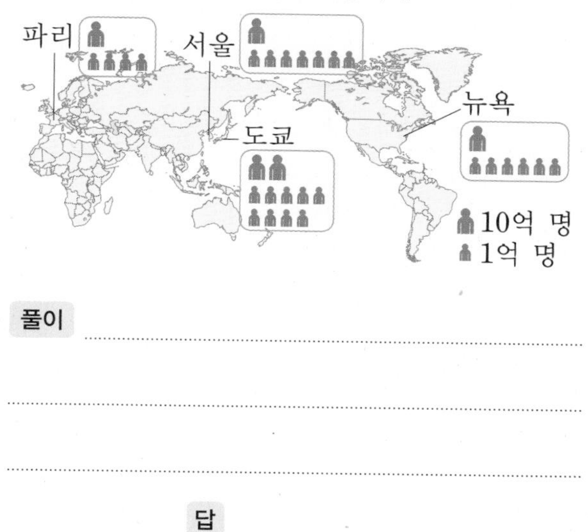

풀이

답

20 어느 지역의 땅의 넓이는 2000 km^2입니다. 그래프를 보고 주거지 중 아파트가 차지하는 넓이는 몇 km^2인지 풀이 과정을 쓰고 답을 구하세요.

땅 이용률

0 10 20 30 40 50 60 70 80 90 100(%)

주거지 (40 %)	임야 (25 %)	농경지 (15 %)	기타 (20 %)

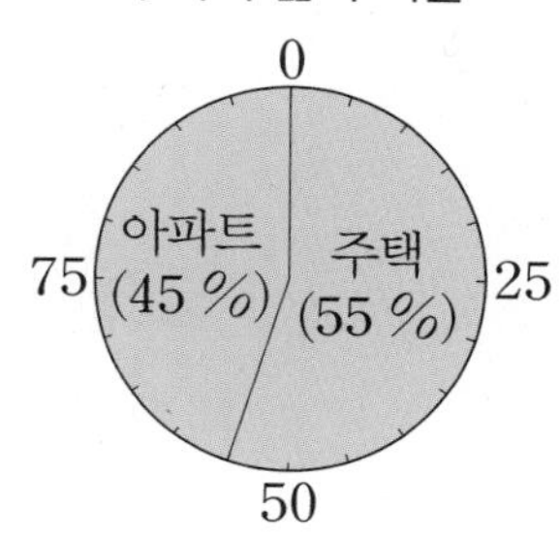

풀이

답

5

서술형 문제

1 부피가 작은 것부터 차례로 기호를 쓰려고 합니다. 풀이 과정을 쓰고 답을 구하세요.

▶ 부피의 단위를 통일합니다.

㉠ $2.4\,m^3$
㉡ $300000\,cm^3$
㉢ 한 모서리의 길이가 100 cm인 정육면체의 부피

풀이

답

2 정육면체 가와 나의 부피의 차는 몇 cm^3인지 풀이 과정을 쓰고 답을 구하세요.

▶ 정육면체는 모든 모서리의 길이가 같습니다.

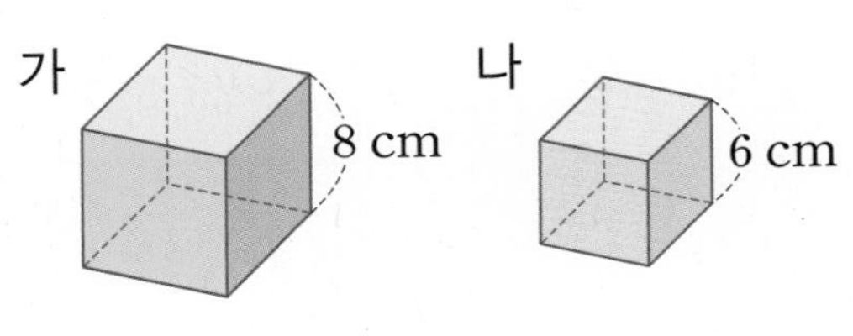

풀이

답

3

직육면체의 부피는 몇 m^3인지 풀이 과정을 쓰고 답을 구하세요.

140 cm
150 cm
80 cm

풀이

답

▶ $1\,m^3 = 1000000\,cm^3$ 입니다.

4

정육면체의 모든 모서리의 길이를 3배로 늘이면 겉넓이는 처음 겉넓이의 몇 배가 되는지 풀이 과정을 쓰고 답을 구하세요.

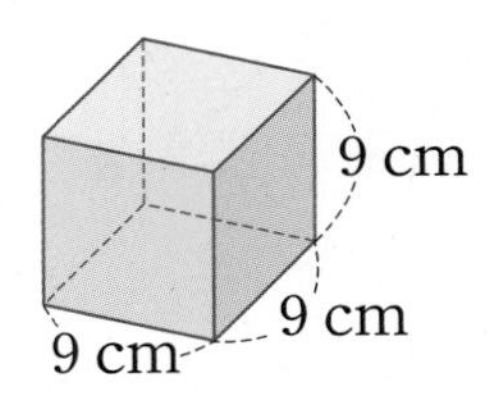

풀이

답

▶ 정육면체의 겉넓이는 (한 면의 넓이)×6입니다.

6

5

한 모서리의 길이가 4 cm인 정육면체 3개를 이어 붙여 다음과 같은 입체도형을 만들었습니다. 이 입체도형의 겉넓이는 몇 cm^2인지 풀이 과정을 쓰고 답을 구하세요.

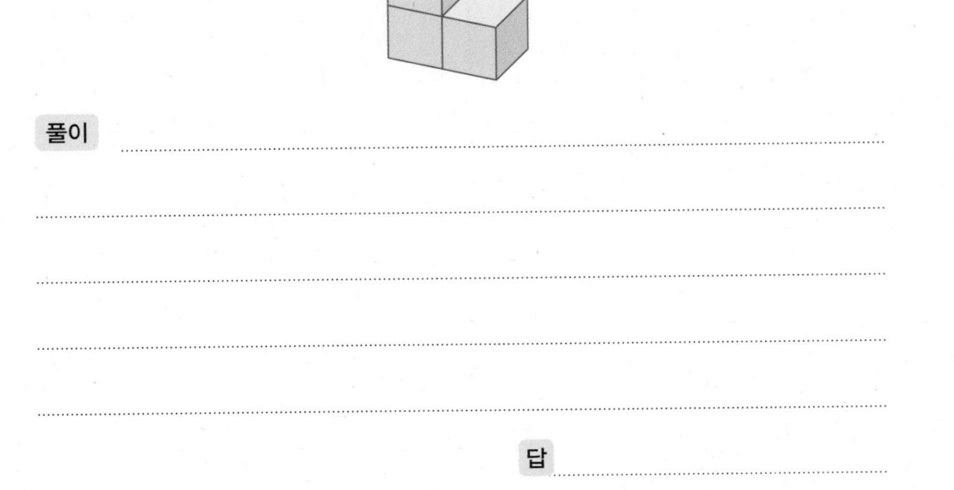

풀이

답

▶ 입체도형의 겉면은 정육면체의 한 면이 몇 개인지 구합니다.

6

가로가 1 m, 세로가 2 m, 높이가 3 m인 직육면체 모양의 창고가 있습니다. 이 창고에 한 모서리의 길이가 20 cm인 정육면체 모양의 상자를 빈틈없이 쌓으려고 합니다. 정육면체 모양의 상자를 모두 몇 개 쌓을 수 있는지 풀이 과정을 쓰고 답을 구하세요.

풀이

답

▶ 1 m에는 한 모서리의 길이가 20 cm인 정육면체 모양의 상자를 몇 개 놓을 수 있는지 구합니다.

7

입체도형의 부피는 몇 cm^3인지 풀이 과정을 쓰고 답을 구하세요.

5 cm
4 cm
9 cm
5 cm
5 cm
5 cm

풀이

답

▶ 큰 직육면체의 부피에서 작은 직육면체의 부피를 빼서 입체도형의 부피를 구합니다.

8

다음과 같은 직육면체 모양의 수조에 돌을 넣었더니 물의 높이가 5 cm만큼 높아졌습니다. 이 돌의 부피는 몇 cm^3인지 풀이 과정을 쓰고 답을 구하세요.

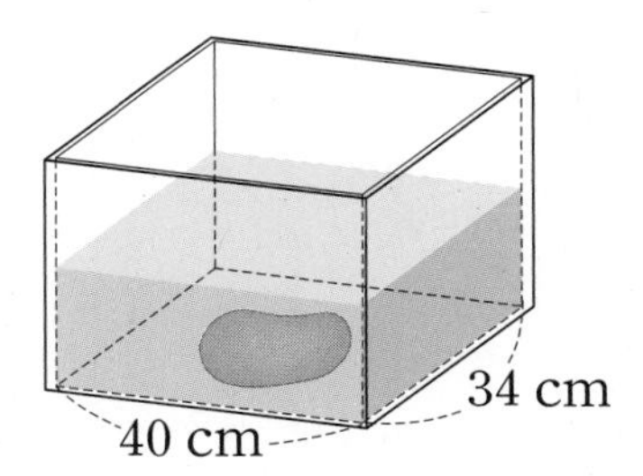

풀이

답

▶ 돌의 부피는 늘어난 물의 부피와 같습니다.

6

다시 점검하는 기출 단원 평가 Level 1

점수 | 확인

1 쌓기나무로 만든 직육면체입니다. 가와 나 중에서 부피가 더 큰 것은 어느 것일까요?

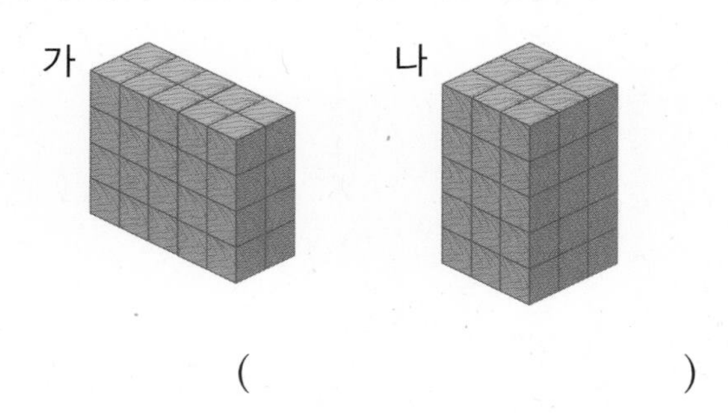

( )

[2~3] 정육면체를 보고 물음에 답하세요.

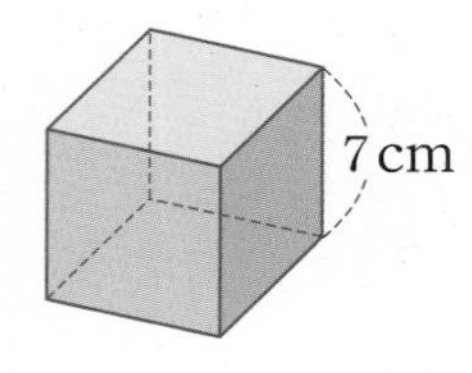

2 정육면체의 부피는 몇 cm^3일까요?

( )

3 정육면체의 겉넓이는 몇 cm^2일까요?

( )

4 □ 안에 알맞은 수를 써넣으세요.

(1) $2.9\ m^3 =$ □ cm^3

(2) $51000000\ cm^3 =$ □ m^3

[5~6] 다음과 같은 전개도로 직육면체를 만들었습니다. 물음에 답하세요.

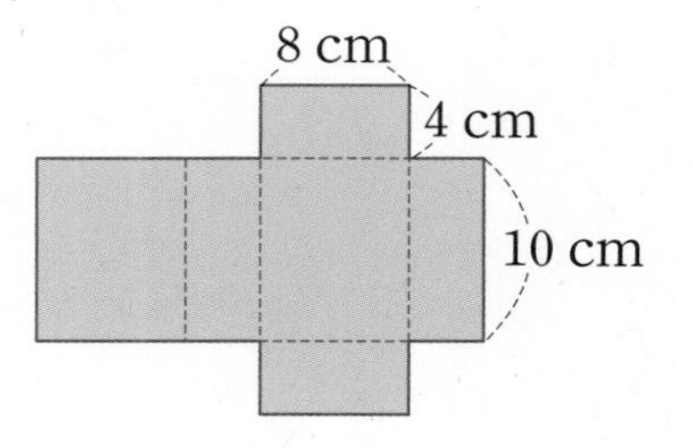

5 만든 직육면체의 부피는 몇 cm^3일까요?

( )

6 만든 직육면체의 겉넓이는 몇 cm^2일까요?

( )

[7~8] □ 안에 알맞은 수를 써넣으세요.

7

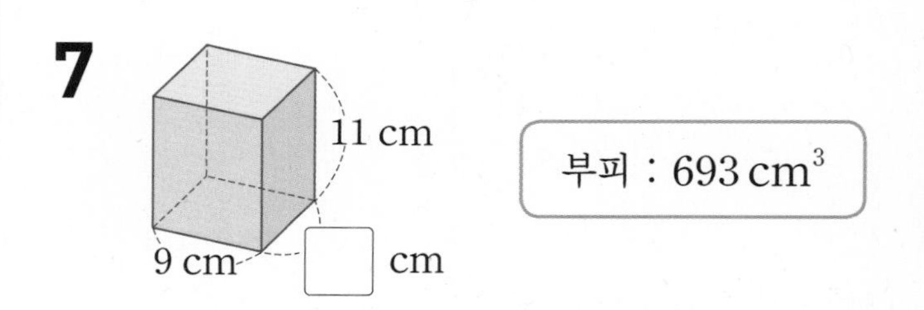

8

□ cm^2

9 cm

부피 : $504\ cm^3$

9 한 모서리의 길이가 3 cm인 쌓기나무 8개로 정육면체를 만들었습니다. 만든 정육면체의 부피는 몇 cm^3일까요?

( )

10 직육면체의 부피는 몇 m^3일까요?

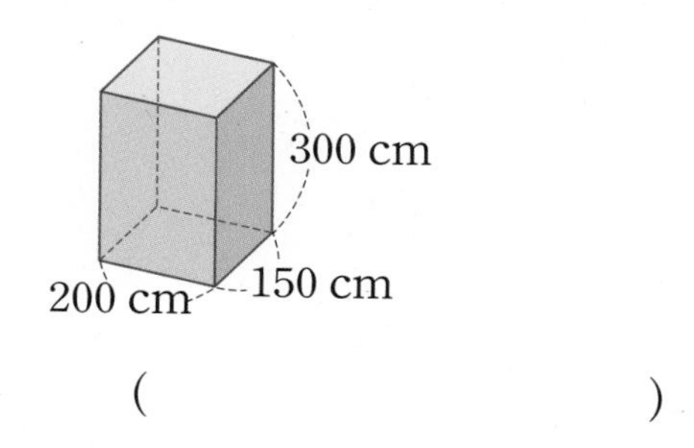

( )

11 직육면체를 위와 앞에서 본 모양입니다. 이 직육면체의 부피는 몇 cm^3일까요?

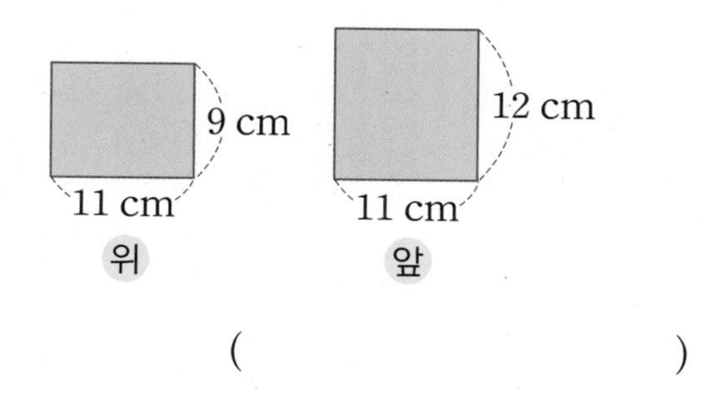

( )

12 다음과 같은 직육면체 모양의 빵을 잘라 만들 수 있는 가장 큰 정육면체의 겉넓이는 몇 cm^2일까요?

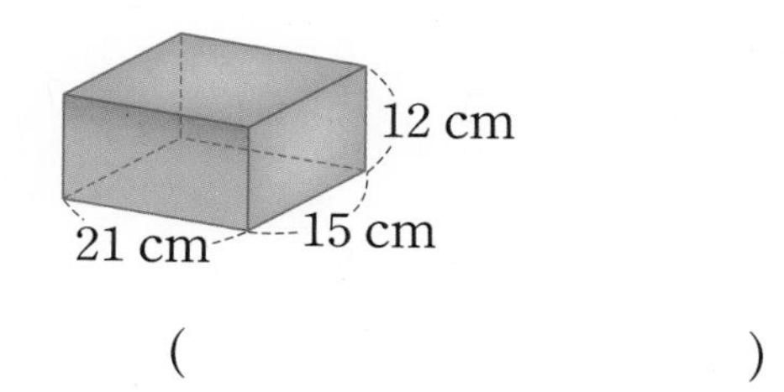

( )

13 다음 중 부피가 가장 큰 입체도형을 찾아 기호를 쓰세요.

> ㉠ 한 모서리의 길이가 6 cm인 정육면체
> ㉡ 한 면의 넓이가 25 cm^2인 정육면체
> ㉢ 가로가 10 cm, 세로가 5 cm, 높이가 4 cm인 직육면체

( )

14 한 모서리의 길이가 3 cm인 쌓기나무 4개를 쌓아서 그림과 같은 입체도형을 만들었습니다. 이 입체도형의 겉넓이는 몇 cm^2일까요?

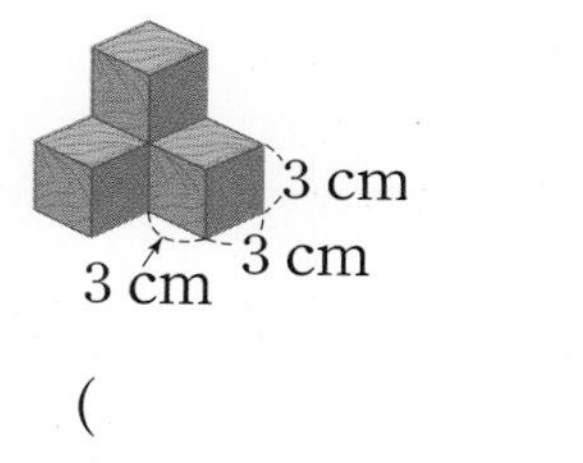

( )

15 겉넓이가 4860000 cm^2인 정육면체의 부피는 몇 m^3일까요?

( )

16 다음 직육면체의 모든 모서리의 길이를 2배로 늘이면 부피는 처음 부피의 몇 배가 될까요?

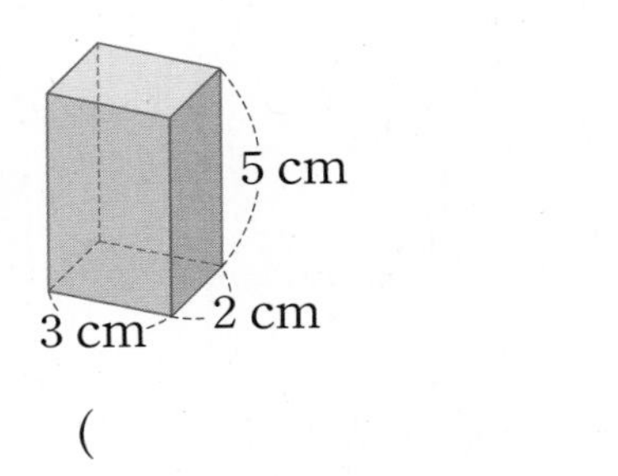

(　　　　　　　　)

17 입체도형의 부피는 몇 cm^3일까요?

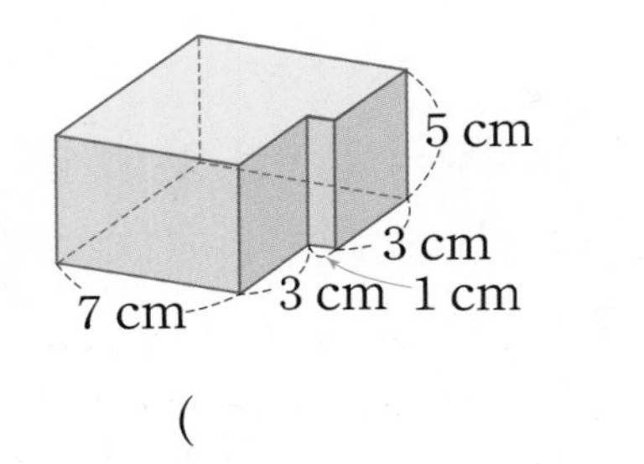

(　　　　　　　　)

18 어느 부품공장에서는 한 모서리의 길이가 6 cm인 정육면체 모양의 부품을 다음과 같은 큰 직육면체 모양의 상자에 넣어 포장하려고 합니다. 상자 안에 부품을 몇 개까지 넣을 수 있을까요? (단, 상자의 두께는 생각하지 않습니다.)

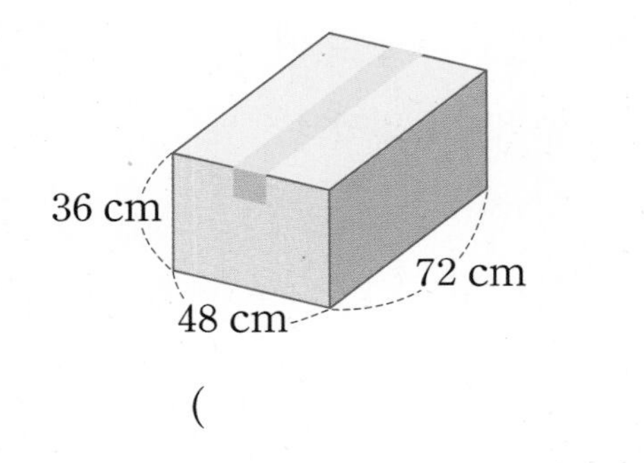

(　　　　　　　　)

술술 서술형

19 직육면체의 겉넓이가 $382\ cm^2$일 때 □ 안에 알맞은 수는 얼마인지 풀이 과정을 쓰고 답을 구하세요.

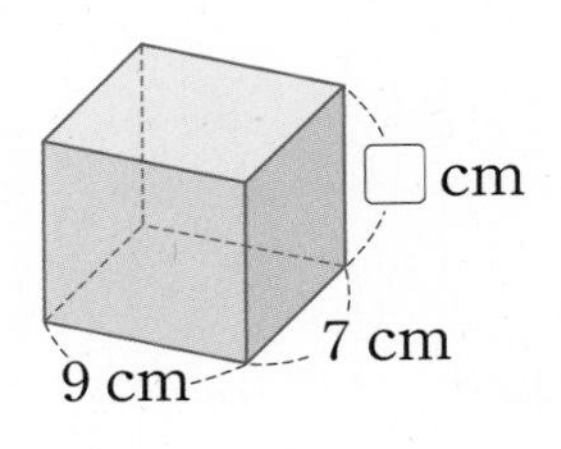

풀이

답

20 다음 직육면체와 부피가 같은 정육면체의 한 모서리의 길이는 몇 cm인지 풀이 과정을 쓰고 답을 구하세요.

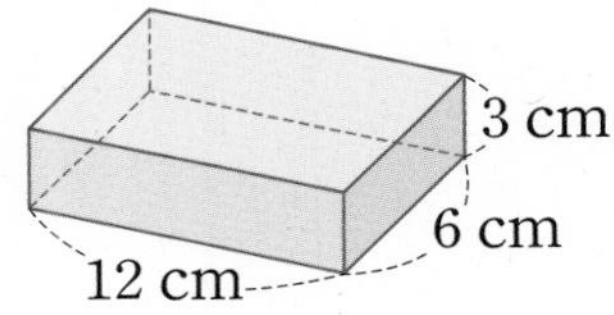

풀이

답

다시 점검하는 기출 단원 평가 Level 2

점수 | 확인

1 한 개의 부피가 $1\,cm^3$인 쌓기나무로 다음과 같은 정육면체를 만들었습니다. 사용한 쌓기나무의 수와 정육면체의 부피를 구하세요.

쌓기나무의 수 (   )
부피 (   )

2 직육면체의 겉넓이를 구하려고 합니다. □ 안에 알맞은 수를 써넣으세요.

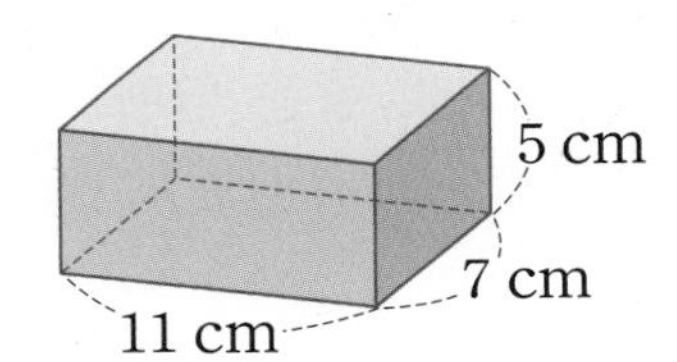

(직육면체의 겉넓이)
$= (11 \times 7 + 7 \times \square + 11 \times \square) \times 2$
$= (77 + \square + \square) \times 2$
$= \square (cm^2)$

3 가로가 7 cm, 세로가 4 cm, 높이가 11 cm인 직육면체의 부피는 몇 cm^3일까요?

(   )

4 한 모서리의 길이가 8 cm인 정육면체의 겉넓이는 몇 cm^2일까요?

(   )

5 직육면체의 겉넓이는 몇 cm^2일까요?

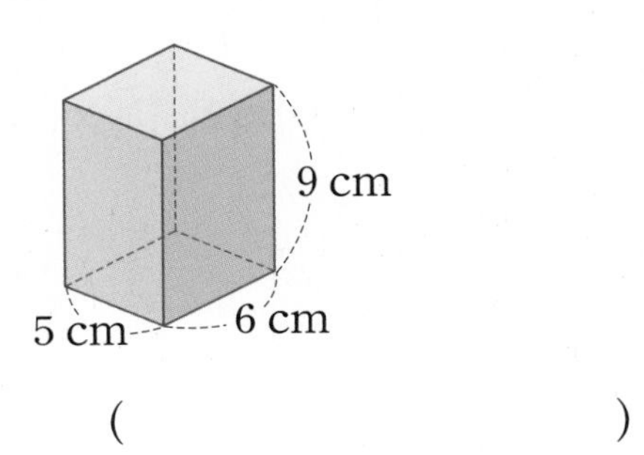

(   )

6 한 면의 둘레가 48 cm인 정육면체의 부피는 몇 cm^3일까요?

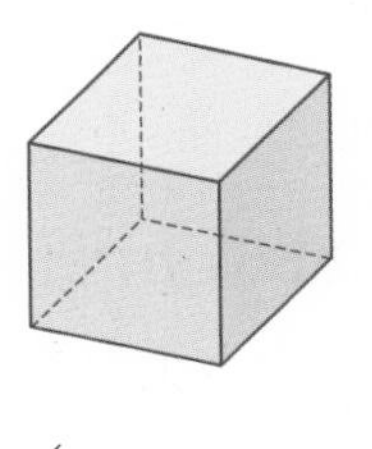

(   )

7 정육면체의 부피는 $64\,cm^3$입니다. □ 안에 알맞은 수를 써넣으세요.

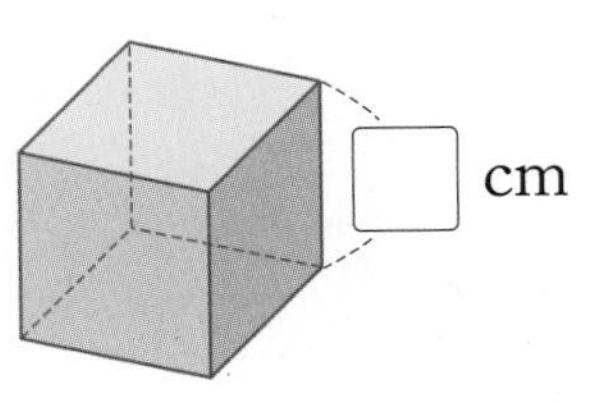

8 부피를 비교하여 ○ 안에 >, =, <를 알맞게 써넣으세요.

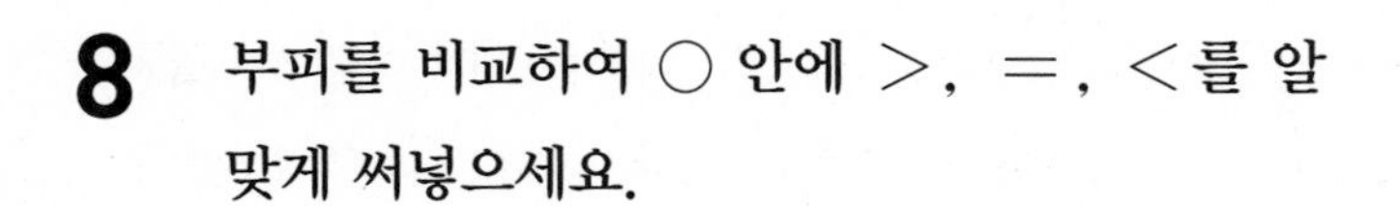

9 기준이와 수영이가 시완이 생일 파티에 가지고 갈 선물 상자를 포장한 것입니다. 누가 포장한 선물 상자의 겉넓이가 몇 cm^2 더 넓을까요?

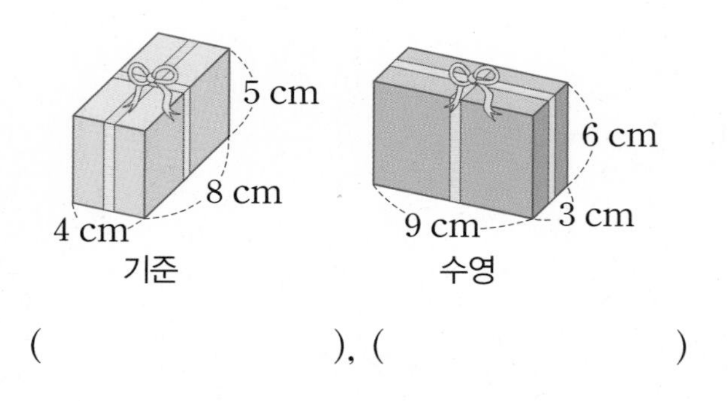

( ), ( )

10 겉넓이가 486 cm^2인 정육면체의 한 모서리의 길이는 몇 cm일까요?

( )

11 다음 전개도로 만든 정육면체의 겉넓이는 몇 cm^2일까요?

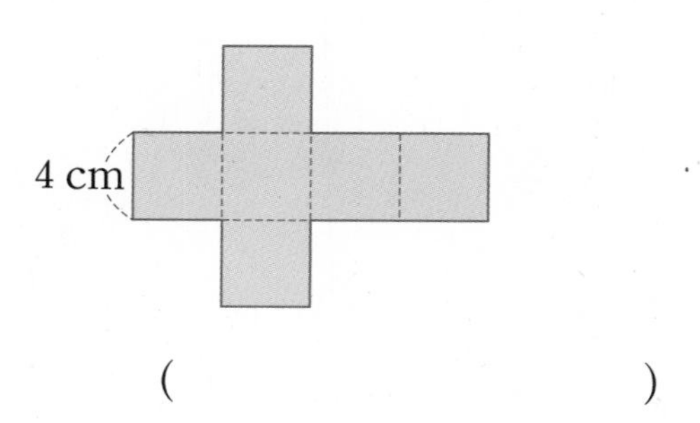

( )

12 다음 전개도로 만든 정육면체의 부피는 몇 cm^3일까요?

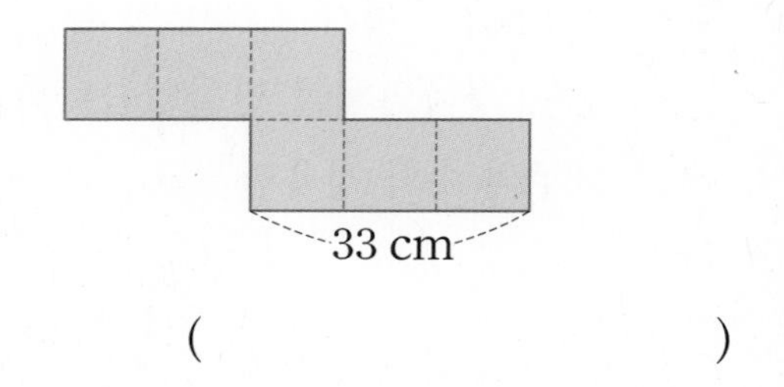

( )

13 두 직육면체 가와 나의 부피가 같을 때 □ 안에 알맞은 수를 써넣으세요.

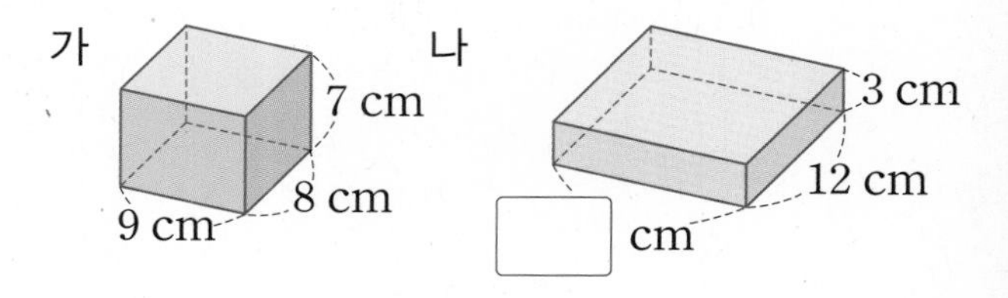

14 한 모서리의 길이가 4 cm인 쌓기나무 7개를 쌓아서 그림과 같은 입체도형을 만들었습니다. 이 입체도형의 부피는 몇 cm^3일까요?

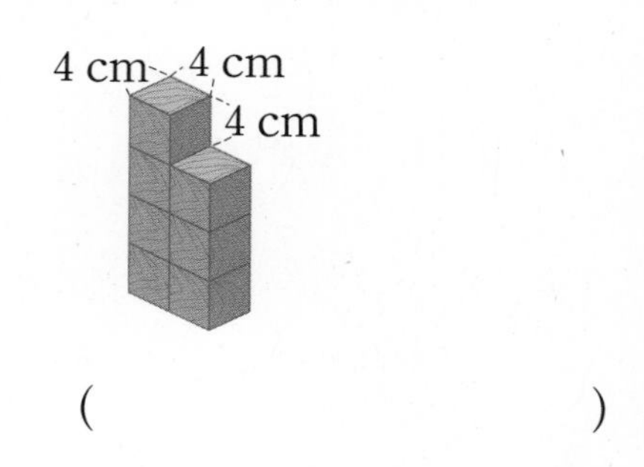

( )

15 한 모서리의 길이가 9 cm인 정육면체 모양의 상자가 있습니다. 이 상자의 각 모서리의 길이를 3배로 늘인다면 상자의 부피는 처음 부피의 몇 배가 될까요?

( )

16 직육면체의 부피가 $160\,m^3$일 때 □ 안에 알맞은 수를 써넣으세요.

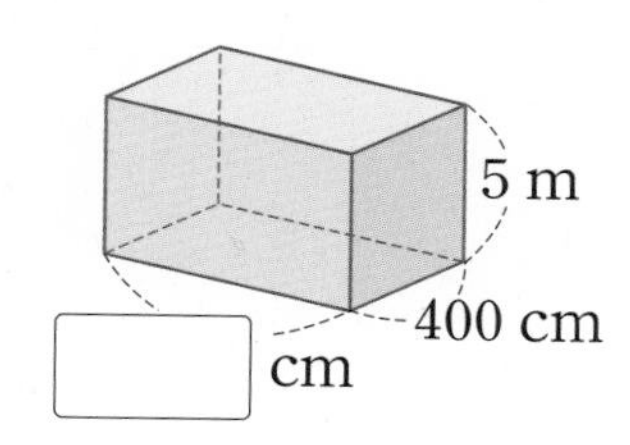

17 입체도형의 부피는 몇 cm^3일까요?

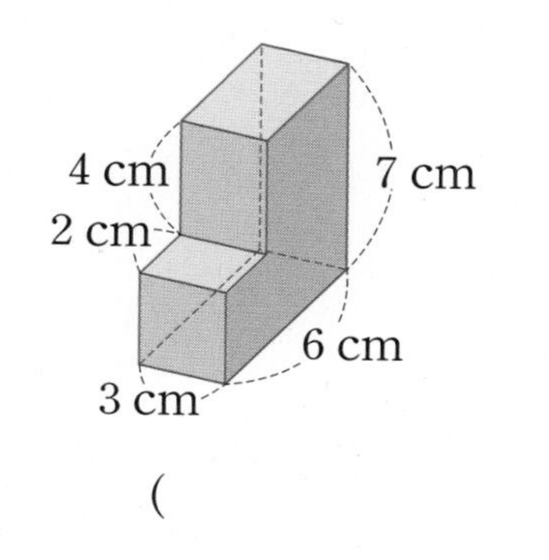

(　　　　　　　　)

18 직육면체의 부피는 $224\,cm^3$입니다. 이 직육면체의 겉넓이는 몇 cm^2일까요?

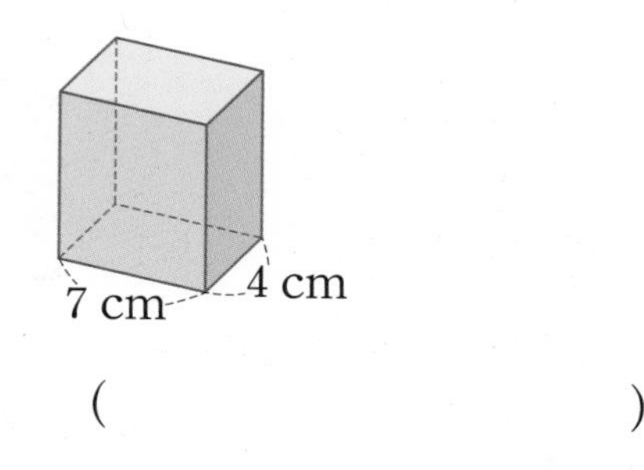

(　　　　　　　　)

술술 서술형

19 한 모서리의 길이가 2 cm인 쌓기나무 22개를 쌓아서 그림과 같은 입체도형을 만들었습니다. 이 입체도형의 겉넓이는 몇 cm^2인지 풀이 과정을 쓰고 답을 구하세요.

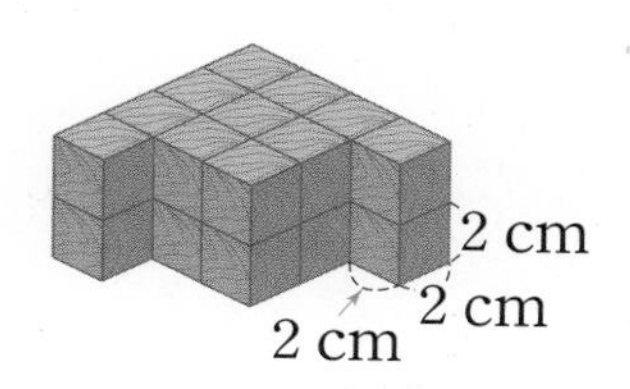

풀이

답

20 겉넓이가 $2800\,cm^2$이고 밑에 놓인 면이 정사각형인 직육면체 모양의 상자가 있습니다. 밑에 놓인 면의 둘레가 80 cm라면 상자의 높이는 몇 cm인지 풀이 과정을 쓰고 답을 구하세요.

풀이

답

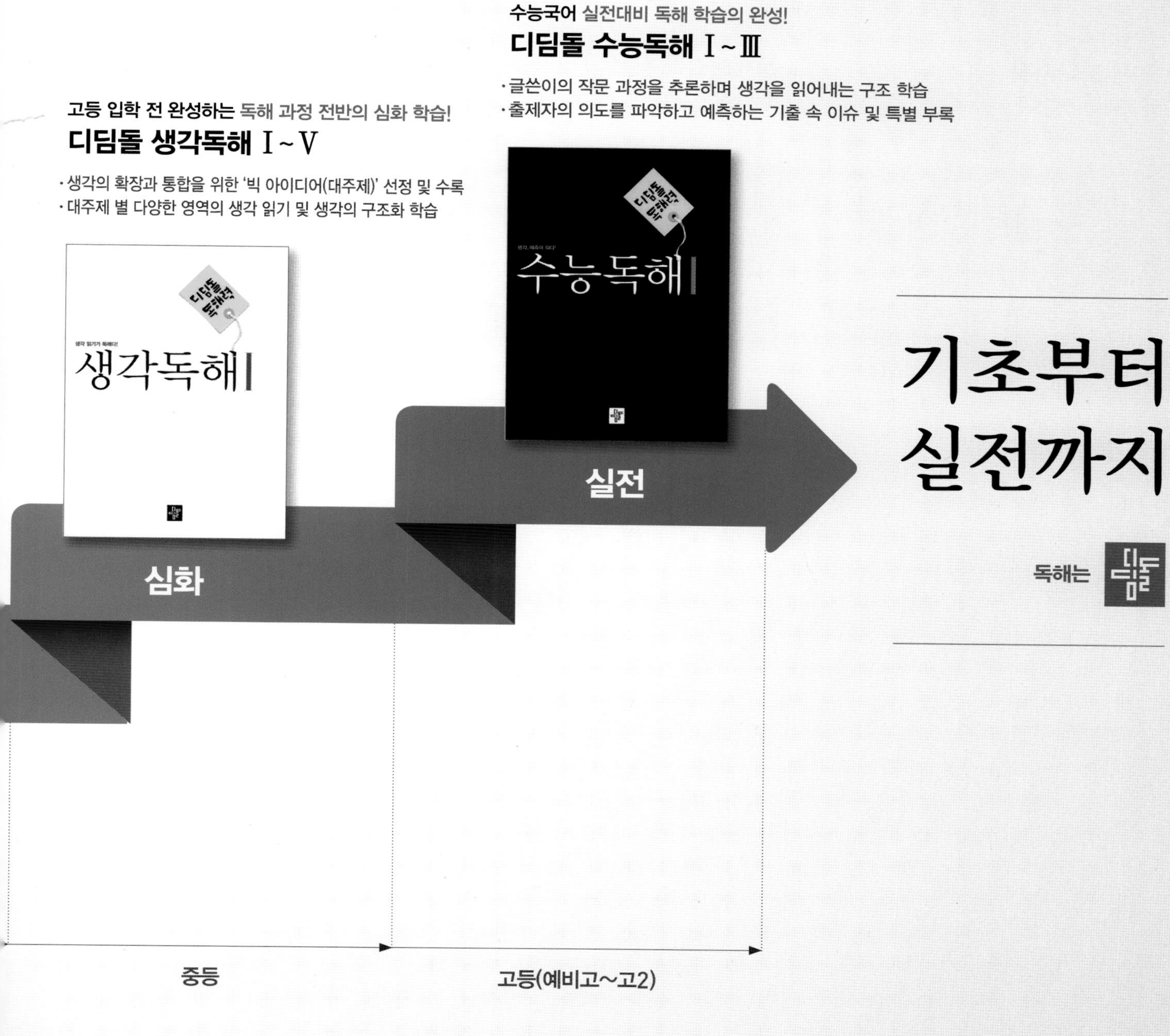

수능국어 실전대비 독해 학습의 완성!
디딤돌 수능독해 Ⅰ~Ⅲ
·글쓴이의 작문 과정을 추론하며 생각을 읽어내는 구조 학습
·출제자의 의도를 파악하고 예측하는 기출 속 이슈 및 특별 부록
고등 입학 전 완성하는 독해 과정 전반의 심화 학습!
디딤돌 생각독해 Ⅰ~Ⅴ
·생각의 확장과 통합을 위한 '빅 아이디어(대주제)' 선정 및 수록
·대주제 별 다양한 영역의 생각 읽기 및 생각의 구조화 학습
수능독해Ⅰ
생각독해Ⅰ
실전
심화
중등
고등(예비고~고2)
기초부터 실전까지
독해는 디딤돌

한걸음 한걸음 디딤돌을 걷다 보면
수학이 완성됩니다.

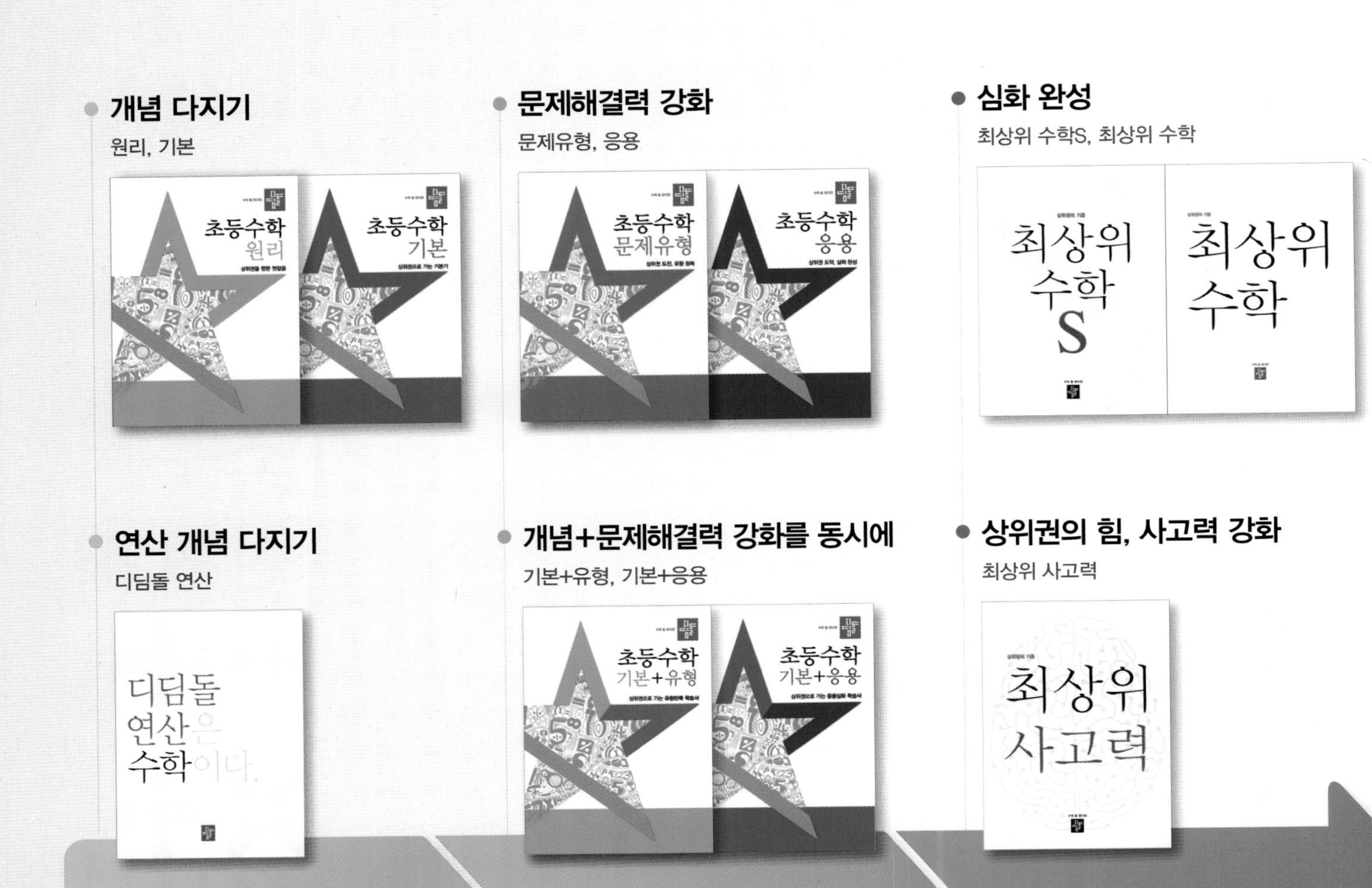

학습 능력과 목표에 따라
맞춤형이 가능한 디딤돌 초등 수학

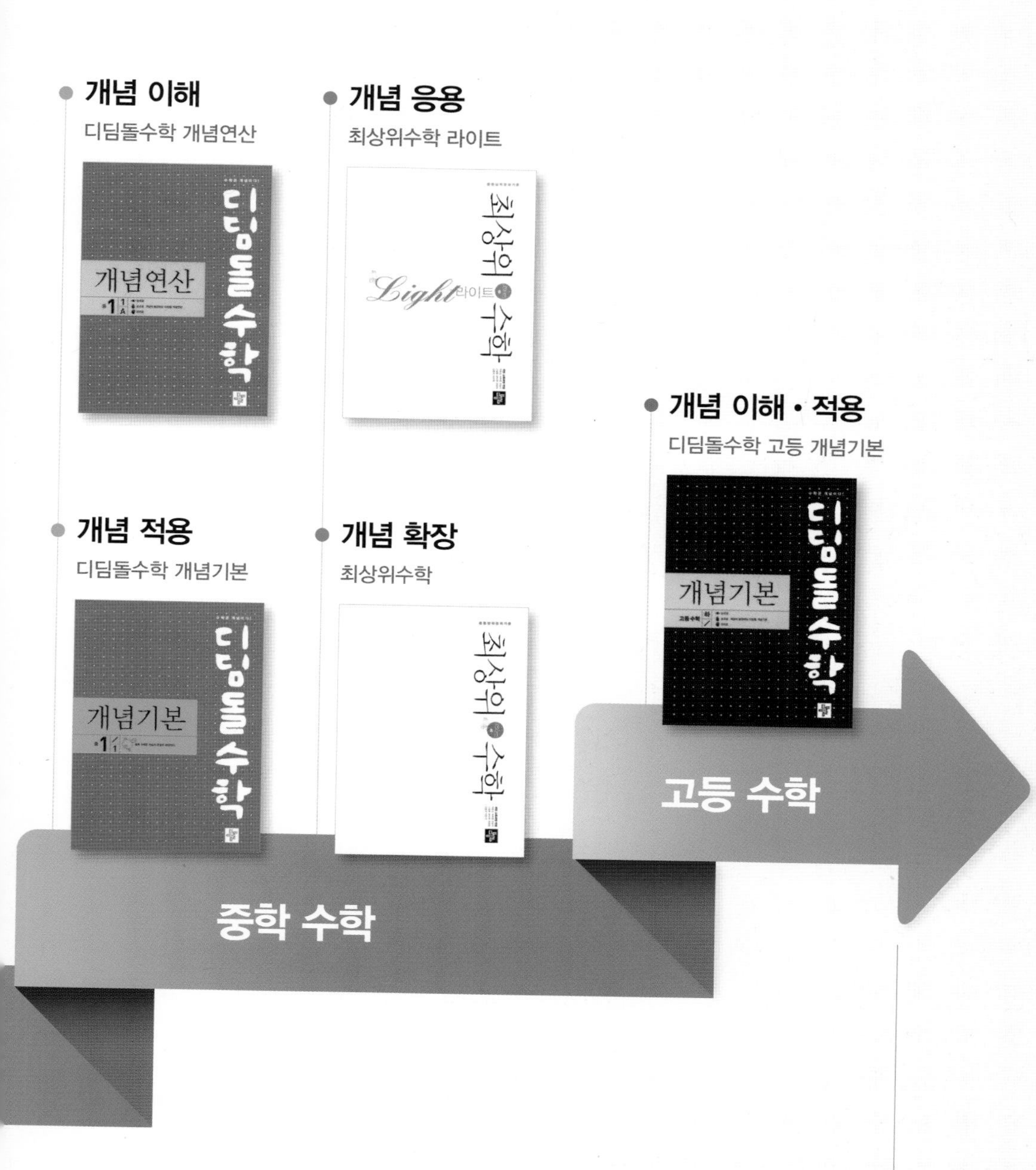

초등부터 고등까지

수학 좀 한다면 

개념을 이해하고, 깨우치고, 꺼내 쓰는
올바른 중고등 개념 학습서

상위권의 기준

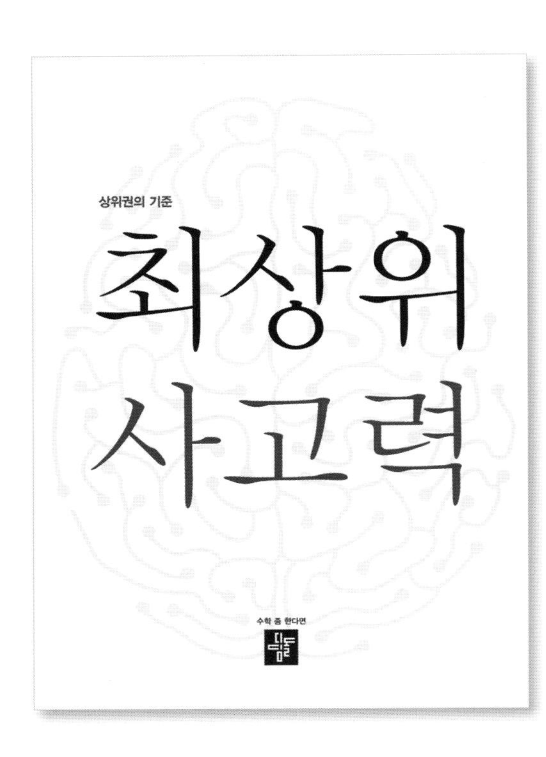

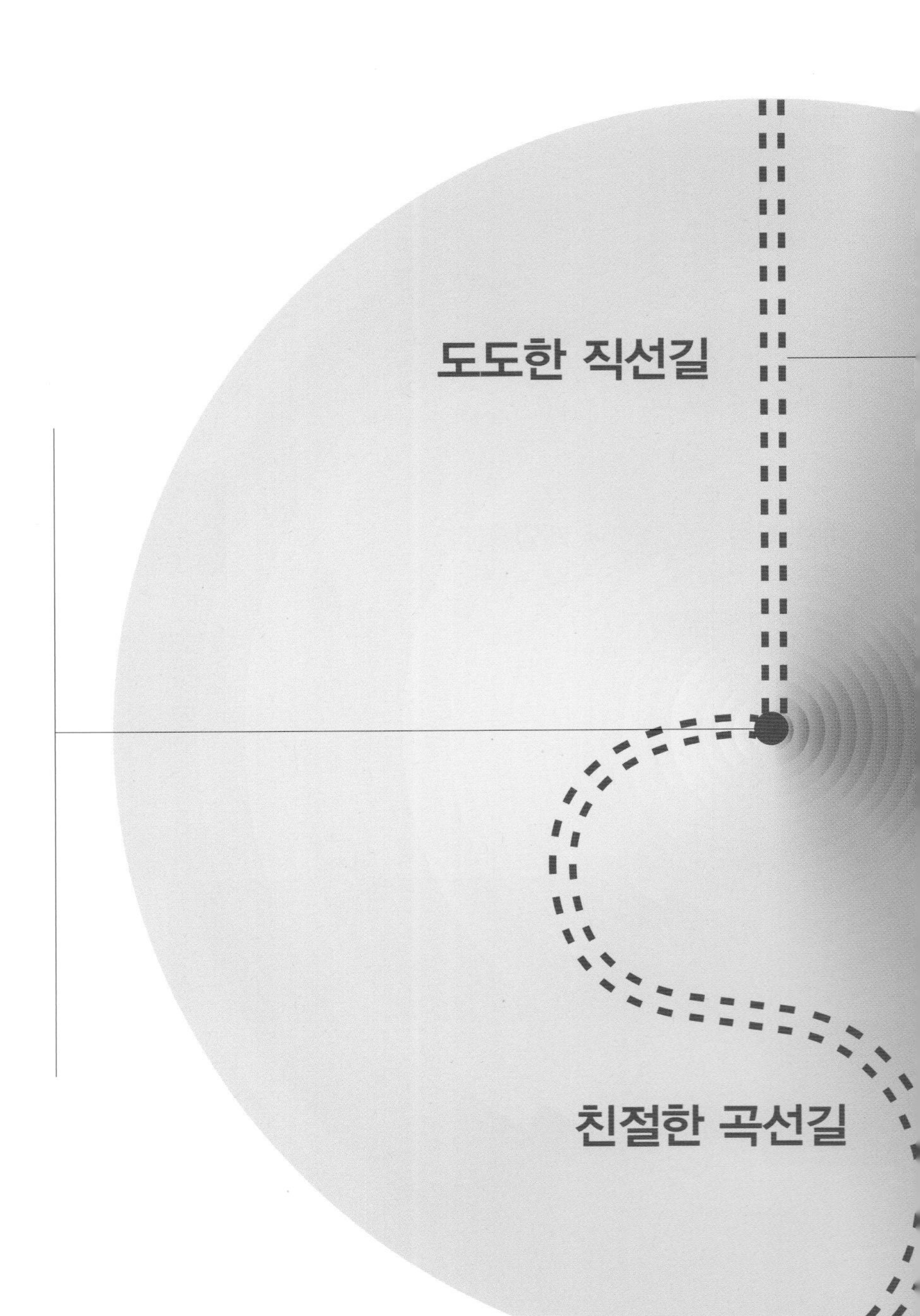

응용 | 정답과 풀이

1 분수의 나눗셈

이미 학습한 분수 개념과 자연수의 나눗셈, 분수의 곱셈 등을 바탕으로 이 단원에서는 분수의 나눗셈을 배웁니다. 일상생활에서 분수의 나눗셈이 필요한 경우가 많지는 않지만, 분수의 나눗셈은 초등학교에서 학습하는 소수의 나눗셈과 중학교 이후에 학습하는 유리수, 유리수의 계산, 문자와 식 등을 학습하는 데 토대가 되는 매우 중요한 내용입니다. 이 단원에서는 (분수)÷(자연수)를 다음과 같이 세 가지로 생각할 수 있습니다. 첫째, 나누어지는 수인 분수의 분자가 나누는 수인 자연수의 배수가 되는 경우, 둘째, 분수의 분자가 나누는 수인 자연수의 배수가 되지 않는 경우, 셋째, (분수)÷(자연수)를 (분수)$\times\frac{1}{(\text{자연수})}$로 나타내는 경우입니다. 모든 분수의 나눗셈식은 곱셈식으로 바꾸어 표현할 수 있고, 이 단원은 이와 관련된 내용을 처음으로 학습하는 단원입니다.

1 (자연수)÷(자연수)(1) 8쪽

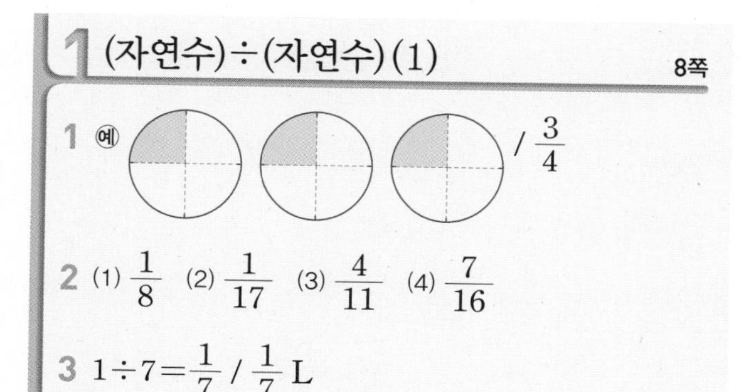

1 예 / $\frac{3}{4}$

2 (1) $\frac{1}{8}$ (2) $\frac{1}{17}$ (3) $\frac{4}{11}$ (4) $\frac{7}{16}$

3 $1\div7=\frac{1}{7}$ / $\frac{1}{7}$ L

1 $3\div4$는 $\frac{1}{4}$이 3개이므로 $\frac{3}{4}$입니다.

2 (1), (2) $1\div\bullet=\frac{1}{\bullet}$ (3), (4) $\blacktriangle\div\bullet=\frac{\blacktriangle}{\bullet}$

2 (자연수)÷(자연수)(2) 9쪽

! 2, 2, 2, 2, 8

4 예 / $\frac{5}{4}$

5 (1) $\frac{7}{5}(=1\frac{2}{5})$ (2) $\frac{13}{6}(=2\frac{1}{6})$

(3) $\frac{25}{7}(=3\frac{4}{7})$ (4) $\frac{31}{8}(=3\frac{7}{8})$

6 (1) $<$ (2) $<$

4 $5\div4$는 $\frac{1}{4}$이 5개이므로 $\frac{5}{4}$입니다.

5 $\blacktriangle\div\bullet=\frac{\blacktriangle}{\bullet}$

6 (1) $9\div7=\frac{9}{7}$, $11\div7=\frac{11}{7}$이므로 $\frac{9}{7}<\frac{11}{7}$입니다.

(2) $13\div5=\frac{13}{5}$, $13\div2=\frac{13}{2}$이므로 $\frac{13}{5}<\frac{13}{2}$입니다.

다른 풀이

(1) 나누는 수가 같을 때 나누어지는 수가 클수록 몫은 더 큽니다.

(2) 나누어지는 수가 같을 때 나누는 수가 작을수록 몫은 더 큽니다.

3 (분수)÷(자연수)(1) 10쪽

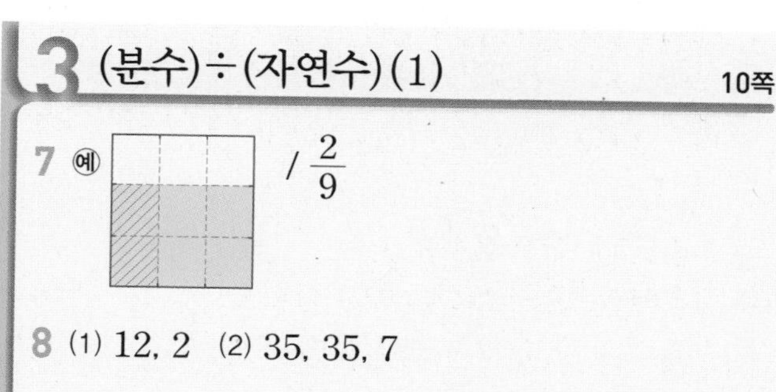

7 예 / $\frac{2}{9}$

8 (1) 12, 2 (2) 35, 35, 7

9 (1) $\frac{2}{5}$ (2) $\frac{3}{28}$ (3) $\frac{3}{13}$ (4) $\frac{5}{54}$

7 $\frac{2}{3}\div3=\frac{2\times3}{3\times3}\div3=\frac{6}{9}\div3=\frac{6\div3}{9}=\frac{2}{9}$

9 (1) $\frac{4}{5}\div2=\frac{4\div2}{5}=\frac{2}{5}$

(2) $\frac{3}{7}\div4=\frac{12}{28}\div4=\frac{12\div4}{28}=\frac{3}{28}$

(3) $\frac{9}{13}\div3=\frac{9\div3}{13}=\frac{3}{13}$

(4) $\frac{5}{9}\div6=\frac{30}{54}\div6=\frac{30\div6}{54}=\frac{5}{54}$

4 (분수)÷(자연수)(2) 11쪽

10 (1) $\frac{1}{6}$, $\frac{5}{42}$ (2) $\frac{1}{7}$, $\frac{10}{21}$

11 (1) $\frac{3}{8}\div 3=\frac{3}{8}\times\frac{1}{3}=\frac{1}{8}$

(2) $\frac{11}{5}\div 6=\frac{11}{5}\times\frac{1}{6}=\frac{11}{30}$

12 (1) > (2) <

12 (1) $\frac{4}{6}\div 4=\frac{4}{6}\times\frac{1}{4}=\frac{1}{6}$, $\frac{2}{6}\div 6=\frac{2}{6}\times\frac{1}{6}=\frac{1}{18}$

이므로 $\frac{1}{6}>\frac{1}{18}$입니다.

(2) $\frac{3}{10}\div 4=\frac{3}{10}\times\frac{1}{4}=\frac{3}{40}$,

$\frac{3}{5}\div 2=\frac{3}{5}\times\frac{1}{2}=\frac{3}{10}$이므로 $\frac{3}{40}<\frac{3}{10}$입니다.

5 (대분수)÷(자연수) 12쪽

13 (1) 12, 12, 4 (2) 13, 13, 6, $\frac{13}{18}$

14 방법 1 $3\frac{1}{3}\div 5=\frac{10}{3}\div 5=\frac{10\div 5}{3}=\frac{2}{3}$

방법 2 $3\frac{1}{3}\div 5=\frac{10}{3}\div 5=\frac{10}{3}\times\frac{1}{5}=\frac{2}{3}$

15 $2\frac{3}{4}\div 5=\frac{11}{20}$ / $\frac{11}{20}$ L

기본에서 응용으로 13~18쪽

1 $\frac{1}{7}$, 5 / $\frac{5}{7}$

2 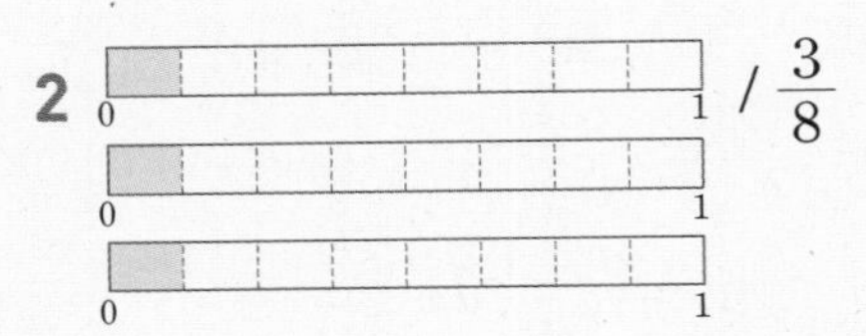 / $\frac{3}{8}$

3 (1) > (2) <

4 $\frac{2}{5}$ m

5 병 나

6 1, 1 / $\frac{1}{4}$ / $\frac{1}{4}$, $\frac{13}{4}$

7 (선 잇기)

8 지호 : $13\div 8=\frac{13}{8}$

9 $\frac{7}{4}(=1\frac{3}{4})$ L

10 $\frac{7}{6}(=1\frac{1}{6})$

11 $\frac{5}{12}$

12 47

13 예 $\frac{7}{8}\div 2=\frac{14}{16}\div 2=\frac{14\div 2}{16}=\frac{7}{16}$

14 (1) $\frac{5}{36}$ (2) $\frac{7}{4}$

15 $\frac{3}{8}$

16 $\frac{6}{7}\div 3=\frac{2}{7}$ / $\frac{2}{7}$ m

17 $\frac{2}{20}(=\frac{1}{10})$ km

18 ㉣

19 (1) > (2) >

20 ㉠

21 $\frac{5}{6}\div 7=\frac{5}{42}$ / $\frac{5}{42}$ kg

22 $\frac{1}{36}$

23 (1) $\frac{4}{7}$ (2) $\frac{8}{15}$

24 <

25 $2\frac{4}{5}\div 4=\frac{14}{5}\div 4=\frac{14}{5}\times\frac{1}{4}=\frac{7}{10}$

예 대분수를 가분수로 바꾸어 계산해야 하는데 대분수를 그대로 두고 계산했습니다.

26 ③, ⑤

27 $\frac{9}{5}(=1\frac{4}{5})$

28 $\frac{9}{7}(=1\frac{2}{7})$ m

29 $\frac{5}{7}$

30 1, 2, 3

31 $\frac{13}{5}(=2\frac{3}{5})$ cm^2

32 $\frac{8}{3}(=2\frac{2}{3})$

33 $\frac{50}{7}(=7\frac{1}{7})$ m

34 $\frac{7}{24}$ kg

35 $\frac{22}{7}(=3\frac{1}{7})$

36 $\frac{37}{12}(=3\frac{1}{12})$ cm

37 $\frac{24}{5}(=4\frac{4}{5})$ cm

38 $\frac{2}{3}\div 5=\frac{2}{15}$ 또는 $\frac{2}{5}\div 3=\frac{2}{15}$

39 $3\frac{4}{7}\div8=\frac{25}{56}$ **40** $8\frac{4}{7}\div2=4\frac{2}{7}$

2 $1\div8=\frac{1}{8}$이고, $3\div8$은 $\frac{1}{8}$이 3개입니다.

➡ $3\div8=\frac{3}{8}$

3 (1) $1\div10=\frac{1}{10}$, $1\div15=\frac{1}{15}$ ➡ $\frac{1}{10}>\frac{1}{15}$

(2) $2\div11=\frac{2}{11}$, $2\div9=\frac{2}{9}$ ➡ $\frac{2}{11}<\frac{2}{9}$

4 $2\div5=\frac{2}{5}$(m)

서술형

5 예 병 가에는 $1\div3=\frac{1}{3}$(L), 병 나에는 $4\div5=\frac{4}{5}$(L) 들어 있으므로 병 나에 들은 물이 더 많습니다.

단계	문제 해결 과정
①	병 가와 병 나에 들은 물의 양을 각각 구했나요?
②	병 가와 병 나 중 어느 병에 물이 더 많은지 구했나요?

7 $14\div9=\frac{14}{9}$, $9\div14=\frac{9}{14}$

8 ▲÷●=$\frac{▲}{●}$이므로 잘못 나타낸 사람은 지호입니다.

서술형

9 예 전체 주스의 양은 $\frac{7}{5}\times5=7$(L)입니다.

이 주스를 4일 동안 똑같이 나누어 마셔야 하므로 하루에 마셔야 할 주스의 양은 $7\div4=\frac{7}{4}=1\frac{3}{4}$(L)입니다.

단계	문제 해결 과정
①	전체 주스의 양을 구했나요?
②	하루에 마셔야 할 주스의 양을 구했나요?

10 어떤 수를 □라고 하면 □×6=42에서 □=7입니다.

따라서 바르게 계산하면 $7\div6=\frac{7}{6}$입니다.

11 $\frac{5}{6}$를 똑같이 2로 나눈 것 중의 하나는 $\frac{5}{12}$입니다.

12 $\frac{2}{7}\div3=\frac{2\times3}{7\times3}\div3=\frac{6\div3}{21}=\frac{2}{21}$이므로

㉠=3, ㉡=21, ㉢=2, ㉣=21입니다.

➡ $3+21+2+21=47$

14 (1) ㉠÷㉡$=\frac{5}{9}\div4=\frac{20}{36}\div4=\frac{20\div4}{36}=\frac{5}{36}$

(2) ㉢÷㉡$=7\div4=\frac{7}{4}$

15 □×2=$\frac{3}{4}$

➡ □$=\frac{3}{4}\div2=\frac{3\times2}{4\times2}\div2=\frac{6}{8}\div2=\frac{3}{8}$

16 $\frac{6}{7}\div3=\frac{6\div3}{7}=\frac{2}{7}$(m)

17 $\frac{2}{5}\div4=\frac{2\times4}{5\times4}\div4=\frac{8}{20}\div4=\frac{2}{20}(=\frac{1}{10})$(km)

19 (1) $\frac{\overset{1}{\cancel{3}}}{4}\times\frac{1}{\underset{6}{\cancel{18}}}=\frac{1}{24}$, $\frac{\overset{1}{\cancel{4}}}{5}\times\frac{1}{\underset{5}{\cancel{20}}}=\frac{1}{25}$

➡ $\frac{1}{24}>\frac{1}{25}$

(2) $\frac{\overset{2}{\cancel{8}}}{15}\times\frac{1}{\underset{3}{\cancel{12}}}=\frac{2}{45}$, $\frac{\overset{1}{\cancel{7}}}{20}\times\frac{1}{\underset{2}{\cancel{14}}}=\frac{1}{40}=\frac{2}{80}$

➡ $\frac{2}{45}>\frac{2}{80}$

20 ㉠ $\frac{1}{9}\div7=\frac{1}{9}\times\frac{1}{7}=\frac{1}{63}$

㉡ $\frac{1}{2}\div9=\frac{1}{2}\times\frac{1}{9}=\frac{1}{18}$

㉢ $\frac{1}{5}\div6=\frac{1}{5}\times\frac{1}{6}=\frac{1}{30}$

➡ $\frac{1}{18}>\frac{1}{30}>\frac{1}{63}$

21 $\frac{5}{6}\div7=\frac{5}{6}\times\frac{1}{7}=\frac{5}{42}$(kg)

22 어떤 분수를 □라고 하면 □×21=$\frac{7}{12}$이므로

□$=\frac{7}{12}\div21=\frac{\overset{1}{\cancel{7}}}{12}\times\frac{1}{\underset{3}{\cancel{21}}}=\frac{1}{36}$입니다.

23 (1) $4\frac{4}{7}\div8=\frac{32}{7}\div8=\frac{32\div8}{7}=\frac{4}{7}$

(2) $3\frac{1}{5}\div6=\frac{16}{5}\div6=\frac{\overset{8}{\cancel{16}}}{5}\times\frac{1}{\underset{3}{\cancel{6}}}=\frac{8}{15}$

24 $1\frac{2}{7}\div 9=\frac{9}{7}\div 9=\frac{9\div 9}{7}=\frac{1}{7}$,

$1\frac{1}{5}\div 6=\frac{6}{5}\div 6=\frac{6\div 6}{5}=\frac{1}{5}$

➡ $\frac{1}{7}<\frac{1}{5}$

서술형

25

단계	문제 해결 과정
①	잘못 계산한 곳을 찾아 바르게 계산했나요?
②	잘못된 이유를 바르게 썼나요?

26 ① $\frac{2}{3}<1$

② $\frac{\overset{1}{\cancel{2}}}{3}\times\frac{1}{\underset{3}{\cancel{6}}}=\frac{1}{9}<1$

③ $\frac{7}{5}=1\frac{2}{5}>1$

④ $\frac{19}{6}\div 4=\frac{19}{6}\times\frac{1}{4}=\frac{19}{24}<1$

⑤ $\frac{60}{7}\div 8=\frac{\overset{15}{\cancel{60}}}{7}\times\frac{1}{\underset{2}{\cancel{8}}}=\frac{15}{14}=1\frac{1}{14}>1$

다른 풀이

두 수의 나눗셈에서 나누어지는 수가 나누는 수보다 크면 몫은 1보다 크므로 나눗셈의 몫이 1보다 큰 것은 ③, ⑤입니다.

27 $\square\div 3=\frac{3}{5}$에서 곱셈과 나눗셈의 관계를 이용하면

$3\times\frac{3}{5}=\square$, $\square=\frac{9}{5}=1\frac{4}{5}$입니다.

28 $5\frac{1}{7}\div 4=\frac{36}{7}\div 4=\frac{36\div 4}{7}=\frac{9}{7}=1\frac{2}{7}$(m)

29 지워진 수를 □라고 하면 $3\times\square=2\frac{1}{7}$이므로

$\square=2\frac{1}{7}\div 3=\frac{15}{7}\div 3=\frac{15\div 3}{7}=\frac{5}{7}$입니다.

30 $6\frac{3}{5}\div 2=\frac{33}{5}\times\frac{1}{2}=\frac{33}{10}=3\frac{3}{10}$

따라서 $\square<3\frac{3}{10}$이므로 □ 안에 들어갈 수 있는 자연수는 1, 2, 3입니다.

31 $10\frac{2}{5}\div 4=\frac{52}{5}\div 4=\frac{52\div 4}{5}=\frac{13}{5}=2\frac{3}{5}$($cm^2$)

32 $3\frac{1}{9}\times 6=\frac{28}{\underset{3}{\cancel{9}}}\times\overset{2}{\cancel{6}}=\frac{56}{3}$,

$\frac{56}{3}\div 7=\frac{56\div 7}{3}=\frac{8}{3}=2\frac{2}{3}$

다른 풀이

$3\frac{1}{9}\times 6\div 7=\frac{28}{9}\times 6\div 7=\frac{\overset{4}{\cancel{28}}}{\underset{3}{\cancel{9}}}\times\overset{2}{\cancel{6}}\times\frac{1}{\underset{1}{\cancel{7}}}$

$=\frac{8}{3}=2\frac{2}{3}$

33 (장미 모양 1개를 만드는 데 필요한 철사의 길이)

$=2\frac{1}{7}\div 6=\frac{\overset{5}{\cancel{15}}}{7}\times\frac{1}{\underset{2}{\cancel{6}}}=\frac{5}{14}$(m)

(장미 모양 20개를 만드는 데 필요한 철사의 길이)

$=\frac{5}{\underset{7}{\cancel{14}}}\times\overset{10}{\cancel{20}}=\frac{50}{7}=7\frac{1}{7}$(m)

34 (배 8개의 무게)$=3\frac{1}{6}-\frac{5}{6}=2\frac{7}{6}-\frac{5}{6}=2\frac{2}{6}$(kg)

(배 한 개의 무게)$=2\frac{2}{6}\div 8=\frac{\overset{7}{\cancel{14}}}{6}\times\frac{1}{\underset{4}{\cancel{8}}}=\frac{7}{24}$(kg)

35 (직사각형의 넓이)$=\square\times 3=9\frac{3}{7}$($cm^2$)

➡ $\square=9\frac{3}{7}\div 3=\frac{66}{7}\div 3=\frac{66\div 3}{7}=\frac{22}{7}=3\frac{1}{7}$

36 (평행사변형의 넓이)$=8\times$(높이)$=24\frac{2}{3}$(cm^2)

➡ (높이)$=24\frac{2}{3}\div 8=\frac{74}{3}\div 8$

$=\frac{\overset{37}{\cancel{74}}}{3}\times\frac{1}{\underset{4}{\cancel{8}}}=\frac{37}{12}=3\frac{1}{12}$(cm)

37 (삼각형의 넓이)$=$(밑변)$\times 4\div 2=9\frac{3}{5}$($cm^2$)

➡ (밑변)$=9\frac{3}{5}\times 2\div 4=\frac{48}{5}\times 2\div 4$

$=\frac{\overset{12}{\cancel{48}}}{5}\times 2\times\frac{1}{\underset{1}{\cancel{4}}}=\frac{24}{5}=4\frac{4}{5}$(cm)

38 결과가 가장 작은 나눗셈식을 만들려면 분모가 커지도록 식을 만들어야 합니다. 나누는 수가 자연수인 경우 나누어지는 수의 분모와 곱해지므로

$\frac{2}{3}\div5=\frac{2}{3}\times\frac{1}{5}=\frac{2}{15}$

또는 $\frac{2}{5}\div3=\frac{2}{5}\times\frac{1}{3}=\frac{2}{15}$로 만들 수 있습니다.

39 나누는 수를 가장 큰 수인 8로 하고 나누어지는 수는 8을 제외한 나머지 수로 만들 수 있는 가장 작은 수이어야 합니다.

➡ $3\frac{4}{7}\div8=\frac{25}{7}\div8=\frac{25}{7}\times\frac{1}{8}=\frac{25}{56}$

40 나누는 수는 가장 작은 수로 하고 나누어지는 수를 가장 크게 만듭니다.

➡ $8\frac{4}{7}\div2=\frac{60}{7}\div2=\frac{60\div2}{7}=\frac{30}{7}=4\frac{2}{7}$

응용에서 최상위로

19~22쪽

1 $\frac{2}{5}$

1-1 $\frac{7}{4}(=1\frac{3}{4})$

1-2 $\frac{35}{16}(=2\frac{3}{16})$

2 $\frac{33}{32}(=1\frac{1}{32})$ L

2-1 $\frac{23}{35}$ kg

2-2 $\frac{8}{5}(=1\frac{3}{5})$ kg

3 $\frac{28}{3}(=9\frac{1}{3})$ cm

3-1 $\frac{81}{10}(=8\frac{1}{10})$ cm

3-2 $\frac{216}{7}(=30\frac{6}{7})$ cm

4 1단계 예 (빈 상자 4개의 무게)$=20\times4=80$(g),

(오미자만의 무게)$=400\frac{4}{5}-80=320\frac{4}{5}$(g)

2단계 예 (열량)$=320\frac{4}{5}\div100\times23$

$=\frac{\overset{401}{\cancel{1604}}}{5}\times\frac{1}{\underset{25}{\cancel{100}}}\times23=\frac{9223}{125}$

$=73\frac{98}{125}$(kcal)

/ $\frac{9223}{125}(=73\frac{98}{125})$ kcal

4-1 $\frac{8729}{120}(=72\frac{89}{120})$ kcal

1 어떤 분수를 □라고 하면 $□\div2\times4=1\frac{3}{5}$이므로

$□=1\frac{3}{5}\div4\times2=\frac{8}{5}\div4\times2=\frac{\overset{2}{\cancel{8}}}{5}\times\frac{1}{\underset{1}{\cancel{4}}}\times2=\frac{4}{5}$

입니다. 따라서 바르게 계산하면

$\frac{4}{5}\times2\div4=\frac{\overset{1}{\cancel{4}}}{5}\times2\times\frac{1}{\underset{1}{\cancel{4}}}=\frac{2}{5}$입니다.

1-1 어떤 분수를 □라고 하면 $□\times6\div7=1\frac{2}{7}$이므로

$□=1\frac{2}{7}\times7\div6=\frac{9}{7}\times7\div6$

$=\frac{\overset{3}{\cancel{9}}}{\underset{1}{\cancel{7}}}\times\overset{1}{\cancel{7}}\times\frac{1}{\underset{2}{\cancel{6}}}=\frac{3}{2}$

입니다.

따라서 바르게 계산하면

$\frac{3}{2}\div6\times7=\frac{\overset{1}{\cancel{3}}}{2}\times\frac{1}{\underset{2}{\cancel{6}}}\times7=\frac{7}{4}=1\frac{3}{4}$입니다.

1-2 어떤 분수를 □라고 하면 $□\div15\times8=3\frac{1}{9}$이므로

$□=3\frac{1}{9}\div8\times15=\frac{28}{9}\div8\times15$

$=\frac{\overset{7}{\cancel{28}}}{\underset{3}{\cancel{9}}}\times\frac{1}{\underset{2}{\cancel{8}}}\times\overset{5}{\cancel{15}}=\frac{35}{6}$

입니다.

바르게 계산하면

$\frac{35}{6}\times15\div8=\frac{35}{\underset{2}{\cancel{6}}}\times\overset{5}{\cancel{15}}\times\frac{1}{8}=\frac{175}{16}$입니다.

따라서 바르게 계산한 값을 5로 나눈 몫은

$\frac{175}{16}\div5=\frac{175\div5}{16}=\frac{35}{16}=2\frac{3}{16}$입니다.

2 (한 병의 배즙의 양)=(전체 배즙의 양)÷(나눈 병의 수)

$=12\frac{3}{8}\div3=\frac{99}{8}\div3$

$=\frac{99\div3}{8}=\frac{33}{8}$(L)

(한 명이 먹을 수 있는 배즙의 양)

=(한 병의 배즙의 양)÷(나눈 사람 수)

$=\frac{33}{8}\div4=\frac{33}{8}\times\frac{1}{4}=\frac{33}{32}=1\frac{1}{32}$(L)

2-1 (한 사람이 가진 고구마의 양)
$=$(전체 고구마의 양)$\div$(나누어 가진 사람 수)
$=13\frac{1}{7}\div 4=\frac{92}{7}\div 4=\frac{92\div 4}{7}=\frac{23}{7}$(kg)

(하루에 먹은 고구마의 양)
$=$(한 사람이 가진 고구마의 양)$\div$(먹은 날수)
$=\frac{23}{7}\div 5=\frac{23}{7}\times\frac{1}{5}=\frac{23}{35}$(kg)

2-2 (한 덩어리의 무게)
$=$(전체 반죽의 무게)$\div$(나눈 덩어리의 수)
$=5\frac{3}{5}\div 7=\frac{28}{5}\div 7=\frac{28\div 7}{5}=\frac{4}{5}$(kg)
(사용한 반죽의 무게)
$=$(한 덩어리의 무게)$\times$(사용한 덩어리의 수)
$=\frac{4}{5}\times 2=\frac{8}{5}=1\frac{3}{5}$(kg)

3 큰 정사각형의 둘레는 작은 정사각형의 한 변의 8배입니다.
(작은 정사각형의 한 변)
$=18\frac{2}{3}\div 8=\frac{56}{3}\div 8=\frac{56\div 8}{3}=\frac{7}{3}$(cm)
(작은 정사각형의 둘레)$=\frac{7}{3}\times 4=\frac{28}{3}=9\frac{1}{3}$(cm)

3-1 큰 정삼각형의 둘레는 작은 정삼각형의 한 변의 6배입니다.
(작은 정삼각형의 한 변)
$=16\frac{1}{5}\div 6=\frac{81}{5}\div 6=\frac{\overset{27}{\cancel{81}}}{5}\times\frac{1}{\underset{2}{\cancel{6}}}=\frac{27}{10}$(cm)
(작은 정삼각형의 둘레)
$=\frac{27}{10}\times 3=\frac{81}{10}=8\frac{1}{10}$(cm)

3-2 (작은 정사각형의 한 변)
$=15\frac{3}{7}\div 4=\frac{108}{7}\div 4=\frac{108\div 4}{7}=\frac{27}{7}$(cm)
직사각형의 둘레는 작은 정사각형의 한 변의 8배입니다.
(직사각형의 둘레)$=\frac{27}{7}\times 8=\frac{216}{7}=30\frac{6}{7}$(cm)

4-1 (빈 바구니 2개의 무게)$=120\times 2=240$(g)
(매실만의 무게)$=490\frac{5}{6}-240=250\frac{5}{6}$(g)
(매실 두 바구니의 열량)
$=250\frac{5}{6}\div 100\times 29=\frac{\overset{301}{\cancel{1505}}}{6}\times\frac{1}{\underset{20}{\cancel{100}}}\times 29$
$=\frac{8729}{120}=72\frac{89}{120}$(kcal)

기출 단원 평가 Level ❶

23~25쪽

1 $\frac{4}{5}$ **2** ④ **3** 7, 3
4 (1) $\frac{7}{4}(=1\frac{3}{4})$ (2) $\frac{3}{11}$
5 (1) $\frac{7}{18}$ (2) $\frac{3}{13}$
6 $2\frac{5}{6}\div 7=\frac{17}{6}\div 7=\frac{17}{6}\times\frac{1}{7}=\frac{17}{42}$
7 $\frac{8}{3}$, $\frac{2}{3}$ **8** $\frac{25}{18}(=1\frac{7}{18})$
9 > **10** ②, ④
11 3 **12** $\frac{8}{9}$
13 $\frac{3}{10}$ m **14** $\frac{7}{24}$ kg
15 3 **16** ㉡
17 $\frac{4}{21}$ kg **18** $\frac{22}{21}(=1\frac{1}{21})$
19 $\frac{5}{4}\div 10=\frac{\overset{1}{\cancel{5}}}{4}\times\frac{1}{\underset{2}{\cancel{10}}}=\frac{1}{8}$
/ 예 $\frac{5}{4}\div 10$을 곱셈으로 나타내면 $\frac{5}{4}\times\frac{1}{10}$인데 $\frac{5}{4}\times 10$으로 잘못 나타냈기 때문입니다.
20 $\frac{2}{5}$ L

1 $1\div 5=\frac{1}{5}$입니다. $4\div 5$는 $\frac{1}{5}$이 4개이므로 $\frac{4}{5}$입니다.

5 (1) $\frac{7}{9}\div 2=\frac{14}{18}\div 2=\frac{14\div 2}{18}=\frac{7}{18}$
(2) $\frac{9}{13}\div 3=\frac{9\div 3}{13}=\frac{3}{13}$

7 $8\div3=\frac{8}{3}$, $\frac{8}{3}\div4=\frac{8\div4}{3}=\frac{2}{3}$

8 $\frac{25}{6}>3$이므로 $\frac{25}{6}\div3=\frac{25}{6}\times\frac{1}{3}=\frac{25}{18}=1\frac{7}{18}$ 입니다.

9 $\frac{15}{4}\div5=\frac{15\div5}{4}=\frac{3}{4}$, $\frac{7}{4}\div3=\frac{7}{4}\times\frac{1}{3}=\frac{7}{12}$ 입니다.
$\frac{3}{4}=\frac{9}{12}$이므로 $\frac{3}{4}>\frac{7}{12}$입니다.

10 나누어지는 수가 나누는 수보다 크면 몫은 1보다 큽니다.

11 $\square\div12=\frac{\square}{12}$이고 $\frac{1}{4}=\frac{3}{12}$이므로 □ 안에 알맞은 수는 3입니다.

12 어떤 수를 □라고 하면 □×9=72에서 □=8입니다. 따라서 바르게 계산하면 $8\div9=\frac{8}{9}$입니다.

13 꽃밭의 세로를 □ m라고 하면 $3\times\square=\frac{9}{10}$,
$\square=\frac{9}{10}\div3=\frac{9\div3}{10}=\frac{3}{10}$(m)입니다.

14 $2\frac{5}{8}\div9=\frac{21}{8}\div9=\frac{\overset{7}{\cancel{21}}}{8}\times\frac{1}{\underset{3}{\cancel{9}}}=\frac{7}{24}$(kg)

15 $1\div■=\frac{1}{■}$이므로 몫이 가장 크게 되려면 나누는 수가 가장 작아야 합니다. 따라서 놓아야 할 수 카드는 3입니다.

16 ㉠ $5\frac{5}{7}\times5\div4=\frac{40}{7}\times5\div4=\frac{\overset{10}{\cancel{40}}}{7}\times5\times\frac{1}{\underset{1}{\cancel{4}}}$
$=\frac{50}{7}=7\frac{1}{7}$
㉡ $3\frac{1}{4}\div3\times8=\frac{13}{4}\div3\times8=\frac{13}{\underset{1}{\cancel{4}}}\times\frac{1}{3}\times\overset{2}{\cancel{8}}$
$=\frac{26}{3}=8\frac{2}{3}$
➡ $7\frac{1}{7}<8\frac{2}{3}$이므로 ㉠<㉡입니다.

17 (사과 9개의 무게)$=2\frac{1}{7}-\frac{3}{7}=\frac{15}{7}-\frac{3}{7}=\frac{12}{7}$(kg)
(사과 한 개의 무게)$=\frac{12}{7}\div9=\frac{\overset{4}{\cancel{12}}}{7}\times\frac{1}{\underset{3}{\cancel{9}}}=\frac{4}{21}$(kg)

18 $\frac{24}{7}\div6=\frac{24\div6}{7}=\frac{4}{7}$이므로 ㉠에 알맞은 수는 $\frac{4}{7}$ 입니다.
$㉡\times7=\frac{10}{3}$에서 $㉡=\frac{10}{3}\div7=\frac{10}{3}\times\frac{1}{7}=\frac{10}{21}$입니다.
➡ $\frac{4}{7}+\frac{10}{21}=\frac{12}{21}+\frac{10}{21}=\frac{22}{21}=1\frac{1}{21}$

서술형
19

평가 기준	배점(5점)
잘못된 계산을 바르게 고쳤나요?	3점
잘못된 이유를 바르게 설명했나요?	2점

서술형
20 예 (5명이 마신 물의 양)$=\frac{7}{3}-\frac{1}{3}=\frac{6}{3}=2$(L)이므로
(한 사람이 마신 물의 양)$=2\div5=\frac{2}{5}$(L)입니다.

평가 기준	배점(5점)
5명이 마신 물의 양을 구했나요?	3점
한 사람이 마신 물의 양을 구했나요?	2점

기출 단원 평가 Level ❷

26~28쪽

1 $\frac{2}{9}$

2 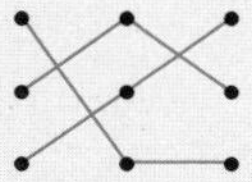

3 (1) $\frac{7}{22}$ (2) $\frac{5}{16}$

4 $\frac{7}{12}$개

5 $\frac{2}{11}$

6 $\frac{1}{9}$

7 24

8 >

9 $\frac{18}{4}(=\frac{9}{2}=4\frac{1}{2})$ cm²

10 $\frac{7}{18}$

11 $\frac{3}{20}$ m

12 ㉢, ㉠, ㉡

13 1, 2, 3, 4

14 $\frac{10}{3}(=3\frac{1}{3})$ cm

15 $\frac{1}{18}$

16 $\frac{99}{64}(=1\frac{35}{64})$

17 $\frac{354}{55}(=6\frac{24}{55})$ cm

18 1공기 / $\frac{1}{2}$개 / $\frac{1}{8}$개 / $\frac{1}{12}$개 / $\frac{13}{16}$큰술

19 지우네 반 **20** $\frac{32}{45}$ kg

1 $\frac{6}{9}\div 3=\frac{6\div 3}{9}=\frac{2}{9}$

2 ▲÷●$=\frac{▲}{●}$

3 (1) $\frac{14}{11}\div 4=\frac{\overset{7}{\cancel{14}}}{11}\times\frac{1}{\underset{2}{\cancel{4}}}=\frac{7}{22}$

(2) $1\frac{7}{8}\div 6=\frac{\overset{5}{\cancel{15}}}{8}\times\frac{1}{\underset{2}{\cancel{6}}}=\frac{5}{16}$

4 $7\div 12=\frac{7}{12}$(개)

5 ■÷●$=\frac{10}{11}\div 5=\frac{10\div 5}{11}=\frac{2}{11}$

6 $2\frac{2}{9}\div 4=\frac{20}{9}\div 4=\frac{20\div 4}{9}=\frac{5}{9}$,

$\frac{5}{9}\div 5=\frac{5\div 5}{9}=\frac{1}{9}$

7 $15\div\square=\frac{15}{\square}$ ➡ $\frac{15}{\square}=\frac{5}{8}$ ➡ $\frac{15}{\square}=\frac{5\times 3}{8\times 3}$

➡ $\square=8\times 3=24$

8 $\frac{\overset{3}{\cancel{9}}}{10}\times\frac{1}{\underset{4}{\cancel{12}}}=\frac{3}{40}$, $\frac{\overset{1}{\cancel{6}}}{11}\times\frac{1}{\underset{3}{\cancel{18}}}=\frac{1}{33}=\frac{3}{99}$

➡ $\frac{3}{40}>\frac{3}{99}$

참고 분모를 같게 할 경우 계산이 복잡해지므로 분자를 같게 하여 크기를 비교하면 편리합니다.

9 (직사각형의 넓이)$=6\times 3=18$(cm^2)이므로

(색칠한 부분의 넓이)$=18\div 4=\frac{18}{4}=\frac{9}{2}=4\frac{1}{2}$(cm^2)

입니다.

10 어떤 분수를 □라고 하면 $\square\times 3=\frac{7}{6}$이므로

$\square=\frac{7}{6}\div 3=\frac{7}{6}\times\frac{1}{3}=\frac{7}{18}$입니다.

11 (정오각형 한 개를 만든 철사의 길이)

$=\frac{9}{4}\div 3=\frac{9\div 3}{4}=\frac{3}{4}$(m)

(정오각형의 한 변의 길이)$=\frac{3}{4}\div 5=\frac{3}{4}\times\frac{1}{5}$

$=\frac{3}{20}$(m)

12 ㉠ $4\frac{1}{3}\div 8=\frac{13}{3}\div 8=\frac{13}{3}\times\frac{1}{8}=\frac{13}{24}$

㉡ $\frac{5}{6}\div 2=\frac{5}{6}\times\frac{1}{2}=\frac{5}{12}=\frac{10}{24}$

㉢ $5\frac{1}{4}\div 3=\frac{21}{4}\div 3=\frac{21\div 3}{4}=\frac{7}{4}=1\frac{3}{4}$

➡ ㉢>㉠>㉡

13 몫이 1보다 크려면 나누어지는 수가 나누는 수보다 커야 하므로 $4\frac{2}{5}\div\square$가 1보다 크려면 □ 안에 들어갈 자연수는 5보다 작아야 합니다. 따라서 □ 안에 들어갈 자연수는 1, 2, 3, 4입니다.

14 (삼각형의 넓이)$=5\times$(높이)$\div 2=8\frac{1}{3}$(cm^2)

➡ (높이)$=8\frac{1}{3}\times 2\div 5=\frac{\overset{5}{\cancel{25}}}{3}\times 2\times\frac{1}{\underset{1}{\cancel{5}}}$

$=\frac{10}{3}=3\frac{1}{3}$(cm)

15 $\square\times 8=3\frac{1}{9}\div 7$에서

$3\frac{1}{9}\div 7=\frac{28}{9}\div 7=\frac{28\div 7}{9}=\frac{4}{9}$이므로

$\square\times 8=\frac{4}{9}$입니다.

따라서 $\square=\frac{4}{9}\div 8=\frac{\overset{1}{\cancel{4}}}{9}\times\frac{1}{\underset{2}{\cancel{8}}}=\frac{1}{18}$입니다.

16 어떤 분수를 □라고 하면 $\square\times 8\div 6=2\frac{3}{4}$이므로

$\square=2\frac{3}{4}\times 6\div 8=\frac{11}{4}\times 6\div 8$

$=\frac{11}{\underset{2}{\cancel{4}}}\times\overset{3}{\cancel{6}}\times\frac{1}{8}=\frac{33}{16}$입니다.

따라서 바르게 계산한 값은

$\frac{33}{16}\div 8\times 6=\frac{33}{\underset{8}{\cancel{16}}}\times\frac{1}{8}\times\overset{3}{\cancel{6}}=\frac{99}{64}=1\frac{35}{64}$

입니다.

17 직사각형의 둘레는 작은 정사각형의 한 변의 10배이므로 작은 정사각형의 한 변의 길이는

$16\frac{1}{11} \div 10 = \frac{177}{11} \div 10 = \frac{177}{11} \times \frac{1}{10}$

$= \frac{177}{110}$(cm)

입니다.

따라서 작은 정사각형의 둘레는

$\frac{177}{\cancel{110}_{55}} \times \cancel{4}^{2} = \frac{354}{55} = 6\frac{24}{55}$(cm)입니다.

18 밥 : $4 \div 4 = 1$(공기),

달걀 : $2 \div 4 = \frac{1}{2}$(개),

오이 : $\frac{1}{2} \div 4 = \frac{1}{2} \times \frac{1}{4} = \frac{1}{8}$(개),

양파 : $\frac{1}{3} \div 4 = \frac{1}{3} \times \frac{1}{4} = \frac{1}{12}$(개),

기름 : $3\frac{1}{4} \div 4 = \frac{13}{4} \times \frac{1}{4} = \frac{13}{16}$(큰술)

서술형

19 예 지우네 반이 튤립을 심을 화단의 넓이는 $21 \div 4 = \frac{21}{4}$(m^2), 현기네 반이 튤립을 심을 화단의 넓이는 $13 \div 3 = \frac{13}{3}$(m^2)입니다.

$\frac{21}{4} = \frac{63}{12}$, $\frac{13}{3} = \frac{52}{12}$이므로 $\frac{21}{4} > \frac{13}{3}$입니다.

따라서 지우네 반이 튤립을 심을 화단이 더 넓습니다.

평가 기준	배점(5점)
지우네 반과 현기네 반이 튤립을 심을 화단의 넓이를 각각 구했나요?	3점
어느 반이 튤립을 심을 화단이 더 넓은지 구했나요?	2점

서술형

20 예 (설탕 4봉지의 무게) $= \frac{8}{15} \times 4 = \frac{32}{15}$(kg)

(한 사람이 가진 설탕의 무게) $= \frac{32}{15} \div 3 = \frac{32}{15} \times \frac{1}{3}$

$= \frac{32}{45}$(kg)

평가 기준	배점(5점)
설탕 4봉지의 무게를 구했나요?	2점
한 사람이 가진 설탕의 무게를 구했나요?	3점

사고력이 반짝

29쪽

1

$\frac{○}{○} = 1$에서 $1 \div 2 = \frac{1}{2}$이므로 $○ = \frac{1}{2}$입니다.

$\frac{△}{○} = \frac{3}{4}$에서 $△ + \frac{1}{2} = \frac{3}{4}$이므로

$△ = \frac{3}{4} - \frac{1}{2} = \frac{1}{4}$입니다.

따라서 $\frac{△△}{○} = \frac{1}{4} + \frac{1}{4} + \frac{1}{2} = 1$입니다.

2 각기둥과 각뿔

우리는 3차원 생활 공간에서 살아가고 있기 때문에 입체도형은 학생들의 생활과 밀접한 관련을 가지고 있습니다. 따라서 입체도형에 대한 이해는 학생들에게 매우 중요하며 공간 지각에 있어서도 유용합니다. 입체도형의 개념 중 가장 기초가 되는 것은 직육면체와 정육면체이고 학생들은 이미 1학년에서 상자 모양, 5학년에서 직육면체와 정육면체의 개념을 학습하였습니다. 이 단원에서는 여러 가지 기준에 따라 구체물을 분류해 봄으로써 평면도형과 입체도형을 구분하고, 분류된 입체도형의 공통적인 속성을 찾아 각기둥, 각뿔의 개념과 그 구성 요소의 성질을 이해할 수 있습니다. 또한 조작 활동을 통해 각기둥의 전개도를 이해하고 여러 가지 방법으로 전개도를 그려 보는 활동을 통하여 공간 지각 능력을 기를 수 있습니다. 또 논리적 추론 활동을 바탕으로 각기둥과 각뿔의 구성 요소들 사이의 규칙을 발견할 수 있습니다.

1 각기둥(1) 32쪽

❶ 2, 평행에 ○표 / 직사각형

1 (1) 다, 마 (2) 각기둥

2 (1) 면 ㄱㄴㄷ, 면 ㄹㅁㅂ (2) 3개
(3) 면 ㄴㅁㅂㄷ, 면 ㄱㄹㅂㄷ, 면 ㄴㅁㄹㄱ

1 (1) 가 : 서로 평행한 두 면이 합동이 아닙니다.
나 : 서로 평행한 두 면이 다각형이 아닙니다.
라 : 위 또는 아래에 면이 없습니다.

2 (2) 밑면에 수직인 면은 옆면으로 3개입니다.

2 각기둥(2) 33쪽

3 (1) 육각형 (2) 육각기둥

4 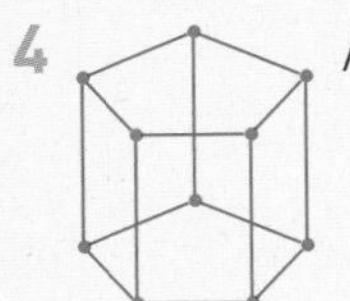 / 15개 / 10개

5 9 cm

3 (2) 각기둥의 이름은 밑면의 모양에 따라 정해집니다. 밑면의 모양이 육각형이므로 육각기둥입니다.

5 각기둥의 높이는 합동인 두 밑면의 대응하는 꼭짓점을 이은 모서리의 길이이므로 9 cm입니다.

3 각기둥의 전개도 34쪽

6 (1) ㉠, ㉤ (2) ㉡, ㉢, ㉣ (3) 삼각기둥

7 (1) 사각기둥 (2) 오각기둥

6 (3) 밑면의 모양이 삼각형이고 옆면의 모양이 직사각형이므로 삼각기둥의 전개도입니다.

7 (1) 밑면의 모양이 사각형이고 옆면의 모양이 직사각형이므로 사각기둥의 전개도입니다.
(2) 밑면의 모양이 오각형이고 옆면의 모양이 직사각형이므로 오각기둥의 전개도입니다.

4 각기둥의 전개도 그리기 35쪽

❶ 2, 5

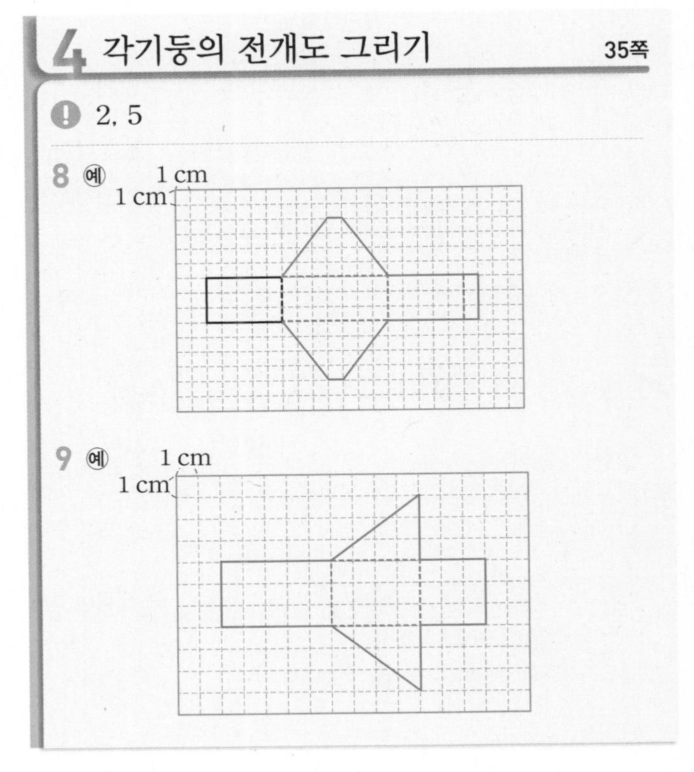

8 밑면은 2개, 옆면은 4개를 그려야 합니다.

9 밑면의 삼각형의 세 변은 4 cm, 3 cm, 5 cm이고, 높이는 3 cm입니다.

5 각뿔(1) 36쪽

❶ 1 / 삼각형

10 (1) 가, 나, 라, 마 (2) 가, 라 (3) 가, 라 (4) 가, 라

11 (1) 면 ㅂㄴㄷㄹㅁ (2) 5개

10 (4) 각뿔은 밑면이 다각형이고 옆면이 모두 삼각형인 입체도형입니다.

11 (2) 옆면은 밑면과 만나는 면으로 모두 5개입니다.

6 각뿔(2) 37쪽

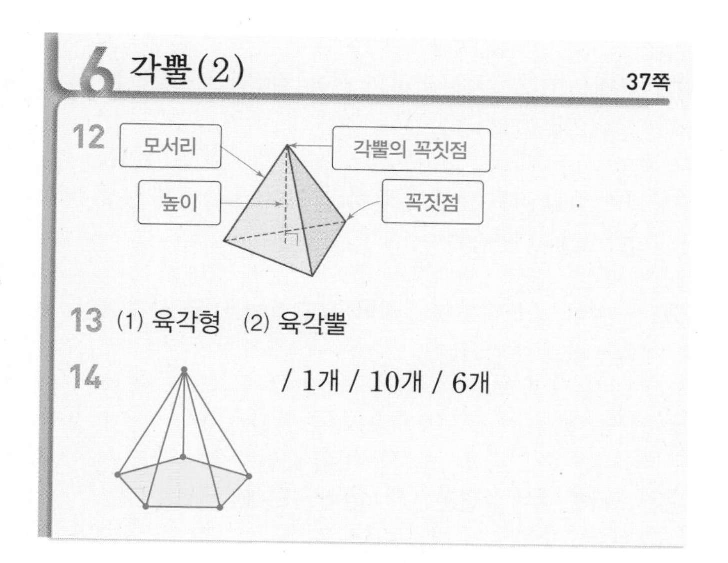

12 모서리와 모서리가 만나는 점을 꼭짓점이라 하고, 꼭짓점 중에서도 옆면이 모두 만나는 점을 각뿔의 꼭짓점이라고 합니다.

13 (2) 각뿔의 이름은 밑면의 모양에 따라 정해집니다. 밑면의 모양이 육각형이므로 육각뿔입니다.

기본에서 응용으로 38~43쪽

1 (1) × (2) ○

2

3 준석

4 ②

5 4개

6 (1) 사각기둥 (2) 오각기둥

7

8 사각기둥, 6개

9 같은 점 예 가와 나는 밑면이 2개입니다.

다른 점 예 가의 밑면의 모양은 삼각형이고, 나의 밑면의 모양은 육각형입니다.

10 (1) ○ (2) ○ (3) ○ (4) ×

11 육각기둥

12 선분 ㅅㅂ

13 면 ㅇㅅㅂㅁ

14

15 예 두 밑면의 모양이 합동이 아니고 전개도를 접었을 때 맞닿는 선분의 길이가 다르므로 삼각기둥의 전개도가 아닙니다.

16 5 / 4, 8

17 3 cm

18

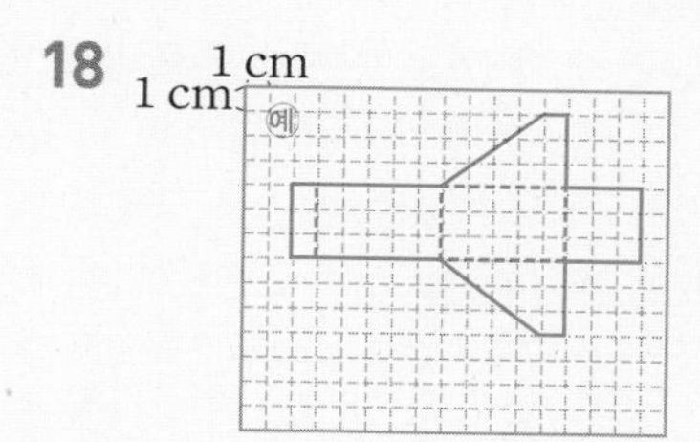

19

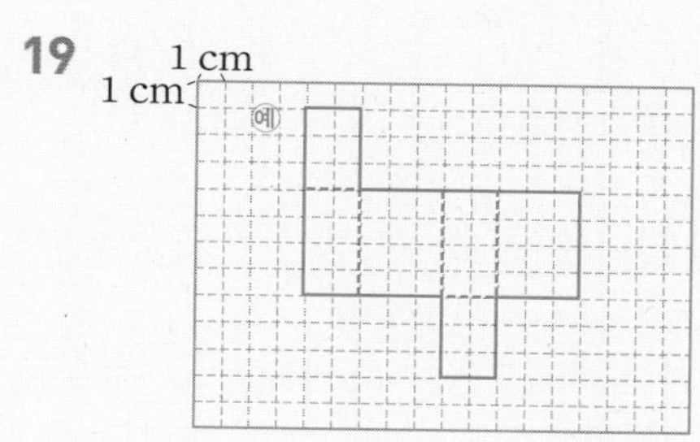

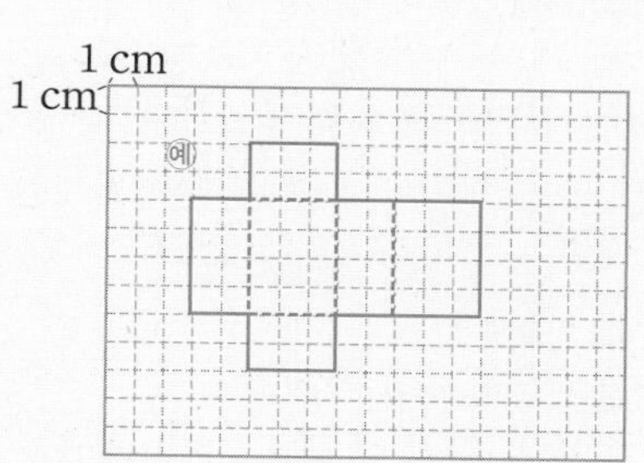

20 가, 다

21 (1) × (2) ○ (3) ○

22 1개 / 5개

23 예 각뿔은 밑면이 1개이고 옆면은 삼각형인데 주어진 도형은 밑면이 2개이고 옆면의 모양이 사다리꼴이므로 각뿔이 아닙니다.

24 (1) 사각뿔 (2) 팔각뿔

25 점 ㄱ

26 8 cm

27 육각뿔

28 ㉠ / 예 ㉠ 면과 면이 만나는 선분을 모서리라고 합니다.
29 4개
30 (위에서부터) 육각형, 12, 8, 18 / 사각형, 5, 5, 8
31 팔각기둥
32 22개
33 51 cm
34 40 cm
35 33 cm
36 38 cm
37 146 cm
38 58 cm

1 (1) 서로 평행한 두 면이 합동이 아닙니다.

3 음료수 캔은 두 밑면이 서로 평행하고 합동이지만 다각형이 아니므로 각기둥이 아닙니다.

4 각기둥에서 옆면은 밑면에 수직인 면입니다.
② 면 ㄱㅁㅇㄹ은 색칠한 면과 서로 평행하므로 옆면이 될 수 없습니다.

5 밑면의 수 : 2개, 옆면의 수 : 6개
➡ $6-2=4$(개)

6 (1) 밑면의 모양이 사각형이므로 사각기둥입니다.
(2) 밑면의 모양이 오각형이므로 오각기둥입니다.

7 두 밑면 사이의 거리를 잴 수 있는 모서리를 찾습니다.

8 밑면의 모양이 사각형이므로 사각기둥이고 사각기둥의 면의 수는 6개입니다.

서술형
9 같은 점 가와 나는 옆면이 직사각형입니다.
다른 점 가는 옆면이 3개이고, 나는 옆면이 6개입니다.

단계	문제 해결 과정
①	같은 점을 바르게 썼나요?
②	다른 점을 바르게 썼나요?

10 (4) 팔각기둥의 면은 10개이고, 사각기둥의 면은 6개이므로 팔각기둥의 면의 수는 사각기둥의 면의 수보다 4 큽니다.

11 옆면의 모양이 직사각형이고 밑면의 모양이 육각형이므로 육각기둥의 전개도입니다.

12 전개도를 접었을 때 점 ㄷ은 점 ㅅ과 만나고, 점 ㄹ은 점 ㅂ과 만나므로 선분 ㄷㄹ과 맞닿는 선분은 선분 ㅅㅂ입니다.

13 전개도를 접었을 때 면 ㅍㅎㅋㅌ과 평행한 면은 면 ㅇㅅㅂㅁ입니다.

14 전개도를 접었을 때 두 밑면에 수직인 선분을 모두 찾습니다.

서술형
15

단계	문제 해결 과정
①	삼각기둥의 전개도를 알고 있나요?
②	삼각기둥의 전개도가 아닌 이유를 바르게 썼나요?

17 밑면의 한 변의 길이를 □cm라고 하면 각기둥의 모든 모서리의 길이의 합은 $\square\times10+6\times5=60$입니다.
$\square\times10+30=60$, $\square\times10=30$, $\square=3$이므로 밑면의 한 변은 3 cm입니다.

18 전개도를 그릴 때 접히는 선은 점선으로, 잘리는 선은 실선으로 그립니다.

19 모서리를 자르는 방법에 따라 여러 가지 모양의 전개도를 그릴 수 있습니다.

20 밑면이 다각형으로 1개이고 옆면이 모두 삼각형인 입체도형을 찾습니다.

21 (1) 각뿔의 옆면은 모두 삼각형입니다.

22 오각뿔에서 밑면은 1개, 옆면은 5개입니다.

서술형
23

단계	문제 해결 과정
①	각뿔에 대해 알고 있나요?
②	각뿔이 아닌 이유를 바르게 썼나요?

24 (1) 밑면의 모양이 사각형이므로 사각뿔입니다.
(2) 밑면의 모양이 팔각형이므로 팔각뿔입니다.

25 꼭짓점 중에서 옆면이 모두 만나는 점은 꼭짓점 ㄱ입니다.

26 각뿔의 꼭짓점에서 밑면에 수직인 선분은 8 cm입니다.

27 밑면이 육각형이고 옆면이 삼각형인 뿔 모양이므로 육각뿔입니다.

28 ㉡ 변의 수가 가장 작은 다각형은 삼각형이므로 각뿔의 밑면은 삼각형이어야 합니다. 따라서 삼각뿔의 면은 4개이므로 각뿔이 되려면 면은 적어도 4개 있어야 합니다.

29 꼭짓점의 수 : 6개, 모서리의 수 : 10개
➡ $10-6=4$(개)

서술형

31 ㉠ 각기둥의 한 밑면의 변의 수를 □개라고 하면
(면의 수)$=\square+2=10$이므로 $\square=8$입니다.
한 밑면의 변의 수가 8개이므로 밑면의 모양은 팔각형입니다. 따라서 각기둥의 이름은 팔각기둥입니다.

단계	문제 해결 과정
①	밑면의 모양을 알았나요?
②	각기둥의 이름을 바르게 썼나요?

32 각뿔의 밑면의 변의 수를 □개라고 하면
(꼭짓점의 수)$=\square+1=12$이므로 $\square=11$입니다.
따라서 십일각뿔이므로 모서리는 $11\times2=22$(개)입니다.

33 길이가 5 cm인 모서리가 6개, 7 cm인 모서리가 3개이므로 모든 모서리의 길이의 합은
$5\times6+7\times3=30+21=51$(cm)입니다.

34 길이가 4 cm인 모서리가 4개, 6 cm인 모서리가 4개이므로 모든 모서리의 길이의 합은
$4\times4+6\times4=16+24=40$(cm)입니다.

35 밑면과 옆면이 모두 삼각형이므로 삼각뿔입니다.
따라서 길이가 4 cm인 모서리가 3개, 길이가 7 cm인 모서리가 3개이므로 모든 모서리의 길이의 합은
$4\times3+7\times3=12+21=33$(cm)입니다.

36 전개도의 둘레에는 5 cm인 선분이 4개, 3 cm인 선분이 6개이므로 둘레는
$5\times4+3\times6=20+18=38$(cm)입니다.

37 (밑면의 한 모서리의 길이)$=36\div6=6$(cm)
(전개도의 둘레)$=6\times10\times2+13\times2$
$=120+26=146$(cm)

38

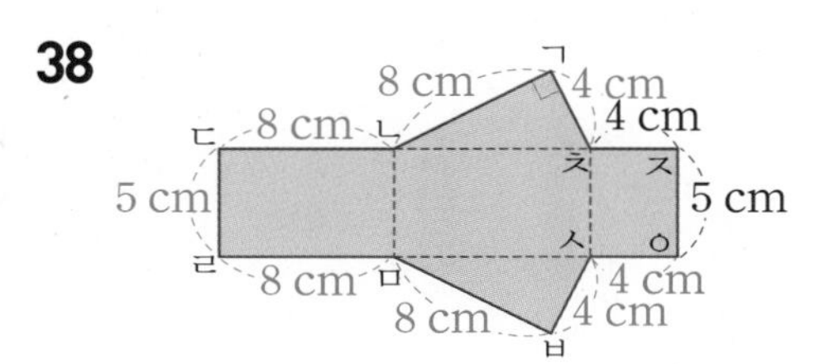

면 ㄱㄴㅊ의 넓이가 16 cm^2이고 (변 ㄱㅊ)$=4$ cm이므로 (변 ㄱㄴ)$=16\times2\div4=8$(cm)입니다.
➡ (전개도의 둘레)$=4\times4+8\times4+5\times2$
$=16+32+10=58$(cm)

응용에서 최상위로

44~47쪽

1 팔각기둥 **1-1** 구각뿔 **1-2** 육각기둥

2 75 cm **2-1** 90 cm **2-2** 76 cm

3 **3-1** **3-2**

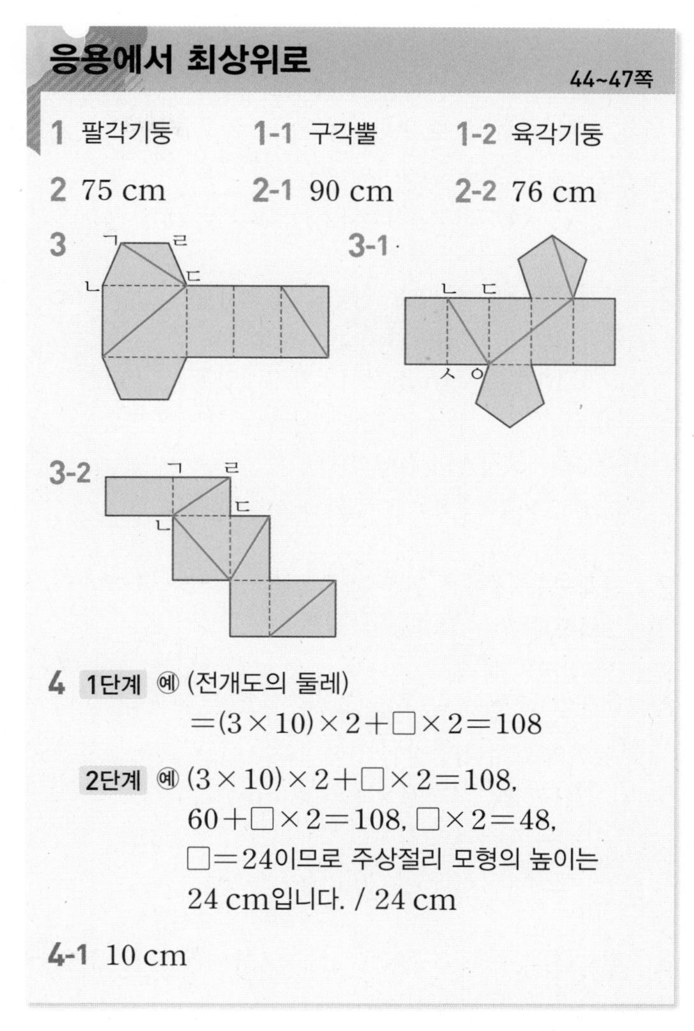

4 **1단계** ㉠ (전개도의 둘레)
$=(3\times10)\times2+\square\times2=108$

2단계 ㉠ $(3\times10)\times2+\square\times2=108$,
$60+\square\times2=108$, $\square\times2=48$,
$\square=24$이므로 주상절리 모형의 높이는 24 cm입니다. / 24 cm

4-1 10 cm

1 밑면이 다각형이고 옆면이 직사각형이므로 각기둥입니다. 각기둥에서 한 밑면의 변의 수를 □개라고 하면
(모서리의 수)$=\square\times3=24$이므로 $\square=8$입니다.
따라서 밑면의 모양이 팔각형이므로 입체도형의 이름은 팔각기둥입니다.

1-1 밑면이 다각형으로 1개이고 옆면이 모두 삼각형이므로 각뿔입니다. 각뿔에서 밑면의 변의 수를 □개라고 하면
(모서리의 수)$=\square\times2=18$이므로 $\square=9$입니다.
따라서 밑면의 모양이 구각형이므로 입체도형의 이름은 구각뿔입니다.

1-2 밑면이 다각형이고 옆면이 직사각형이므로 각기둥입니다. 각기둥에서 한 밑면의 변의 수를 □개라고 하면
(모서리의 수)$=(\square\times3)$개,
(꼭짓점의 수)$=(\square\times2)$개이므로
$\square\times3+\square\times2=30$, $\square\times5=30$, $\square=6$입니다.
따라서 밑면의 모양이 육각형이므로 입체도형의 이름은 육각기둥입니다.

2 전개도를 접어서 만든 각기둥은 오른쪽과 같으므로 길이가 7 cm인 모서리가 6개, 11 cm인 모서리가 3개입니다.

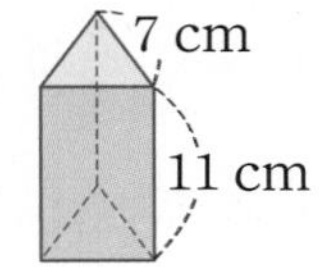

➡ (모든 모서리의 길이의 합)
$=7\times6+11\times3=42+33=75$(cm)

2-1 전개도를 접어서 만든 각기둥은 오른쪽과 같으므로 길이가 5 cm인 모서리가 10개, 8 cm인 모서리가 5개입니다.

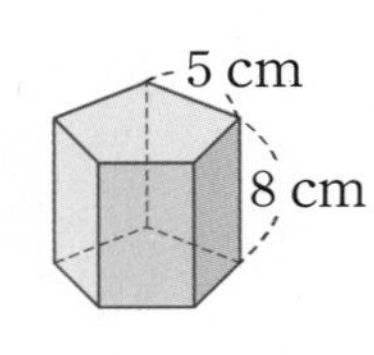

➡ (모든 모서리의 길이의 합)
$=5\times10+8\times5=50+40=90$(cm)

2-2 전개도를 접어서 만든 각기둥은 오른쪽과 같습니다.

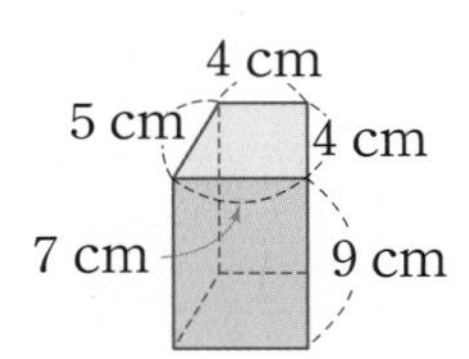

(한 밑면의 둘레)
$=4\times2+5+7=20$(cm)
(옆면의 모서리의 길이의 합)
$=(13-4)\times4=9\times4=36$(cm)
➡ (모든 모서리의 길이의 합)
$=20\times2+36=76$(cm)

3 면 ㄱㄴㄷㄹ을 기준으로 선이 그어져 있는 면을 찾아 선을 알맞게 긋습니다.

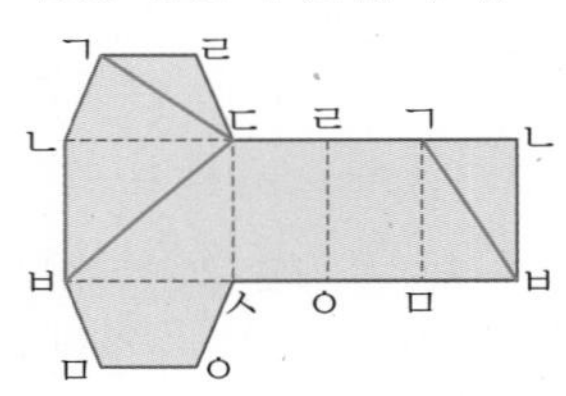

3-1 면 ㄴㅅㅇㄷ을 기준으로 선이 그어져 있는 면을 찾아 선을 알맞게 긋습니다.

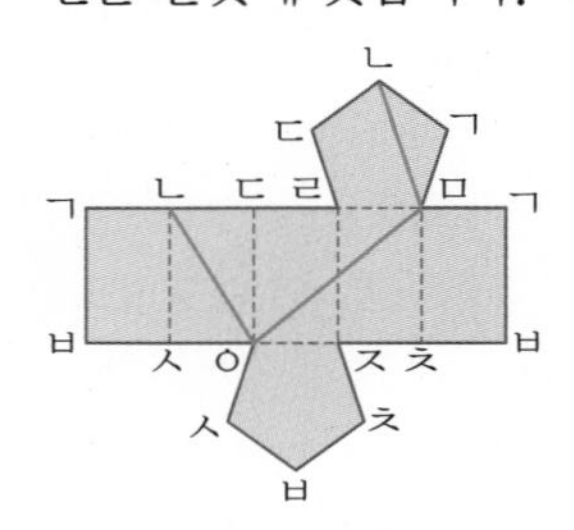

3-2 면 ㄱㄴㄷㄹ을 기준으로 선이 그어져 있는 면을 찾아 선을 알맞게 긋습니다.

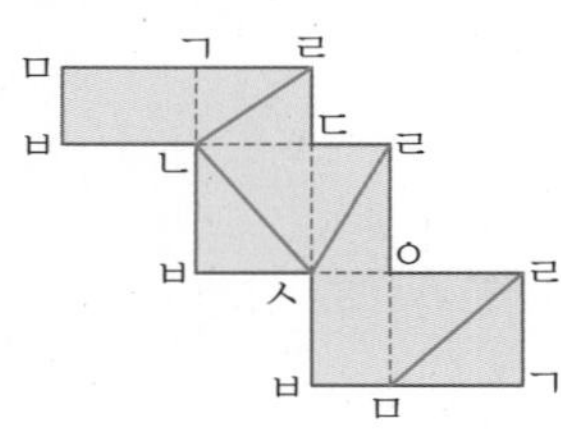

4 전개도를 접었을 때 만나는 선분의 길이는 같습니다.

4-1 높이를 □cm라고 할 때
(전개도의 둘레)$=(4\times6)\times2+\square\times2=68$,
$48+\square\times2=68$, $\square\times2=20$, $\square=10$이므로
방상절리 모형의 높이는 10 cm입니다.

기출 단원 평가 Level ❶

48~50 쪽

1 나, 바
2 다, 라
3 ( ) ( ) (○)
4 면 ㄴㅂㅁㄱ
5 (1) 오각기둥 (2) 칠각뿔
6 4개
7 6개 / 12개 / 8개
8 육각뿔
9 라
10 ①, ④
11 5개
12 선분 ㅇㅈ
13 3개
14

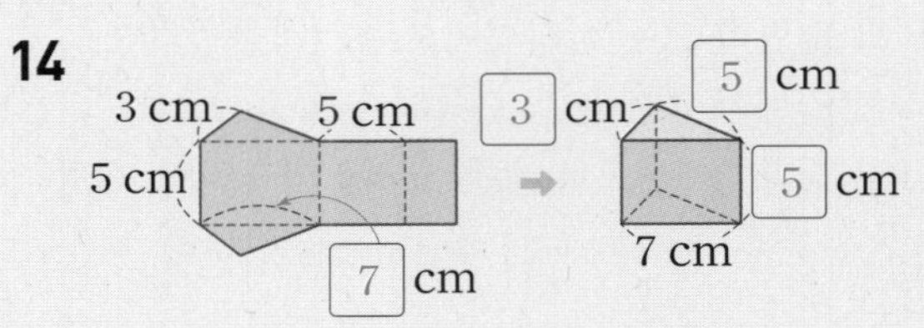

15 구각기둥
16 ④
17 15개
18 4 cm
19 같은 점 예 • 삼각기둥과 삼각뿔은 밑면이 삼각형입니다.
• 삼각기둥과 삼각뿔은 한 밑면의 변의 수가 같습니다.
다른 점 예 • 삼각기둥의 옆면은 직사각형이고, 삼각뿔의 옆면은 삼각형입니다.
• 삼각기둥은 밑면이 2개이고, 삼각뿔은 밑면이 1개입니다.
20 6개

1 위와 아래에 있는 면이 서로 평행하고 합동인 다각형으로 이루어진 기둥 모양의 입체도형은 나, 바입니다.

2 밑면이 다각형이고 옆면이 모두 삼각형인 입체도형은 다, 라입니다.

3 각뿔의 높이는 각뿔의 꼭짓점에서 밑면에 수직인 선분이므로 자와 삼각자를 이용하여 잽니다.

4 다른 밑면은 면 ㄷㅅㅇㄹ과 평행한 면인 면 ㄴㅂㅁㄱ입니다.

5 (1) 밑면의 모양이 오각형인 각기둥이므로 오각기둥입니다.
(2) 밑면의 모양이 칠각형인 각뿔이므로 칠각뿔입니다.

6 사각기둥에서 밑면에 수직인 면은 옆면으로 모두 4개입니다.

8 밑면의 모양이 육각형이므로 육각뿔입니다.

9 라는 접었을 때 겹치는 면이 있으므로 사각기둥의 전개도가 아닙니다.

10 ① 각뿔의 밑면은 1개입니다.
④ 사각뿔의 모서리는 8개입니다.

11 밑면이 오각형이고 옆면이 직사각형이므로 오각기둥입니다. 따라서 오각기둥의 옆면은 밑면의 변의 수와 같은 5개입니다.

12 전개도를 접으면 점 ㅊ은 점 ㅇ과 만나므로 선분 ㅊㅈ과 만나는 선분은 선분 ㅇㅈ입니다.

13 삼각기둥에서 밑면과 수직인 면은 옆면이고 옆면은 3개입니다.

14 전개도를 접었을 때 맞닿는 선분의 길이는 같습니다.

15 (구각기둥의 꼭짓점의 수)$=9\times2=18$(개)
(구각기둥의 면의 수)$=9+2=11$(개)
(구각기둥의 모서리의 수)$=9\times3=27$(개)
따라서 이 입체도형은 구각기둥입니다.

16 ① $7\times3=21$(개) ② $9\times2=18$(개)
③ $10+1=11$(개) ④ $12\times2=24$(개)
⑤ $15+1=16$(개)

17 밑면이 오각형이고, 옆면이 직사각형이므로 만들어지는 입체도형은 오각기둥입니다.
따라서 오각기둥의 모서리는 $5\times3=15$(개)입니다.

18 각기둥의 옆면이 모두 합동이므로 밑면은 정사각형입니다. 밑면의 한 변의 길이를 □cm라고 하면 각기둥의 모든 모서리의 길이의 합은 $\square\times8+5\times4=52$이므로 $\square\times8+20=52$, $\square\times8=32$, $\square=4$입니다.
따라서 밑면의 한 변은 4 cm입니다.

서술형
19

평가 기준	배점(5점)
같은 점을 2가지씩 바르게 썼나요?	2점
다른 점을 2가지씩 바르게 썼나요?	3점

서술형
20 예 옆면이 이등변삼각형 5개로 이루어져 있으므로 이 입체도형의 밑면은 오각형입니다.
따라서 이 입체도형의 이름은 오각뿔이고, 꼭짓점은 $5+1=6$(개)입니다.

평가 기준	배점(5점)
입체도형의 밑면의 모양과 이름을 구했나요?	2점
꼭짓점의 수를 구했나요?	3점

기출 단원 평가 Level ❷

51~53 쪽

1 각뿔의 꼭짓점 **2** 선분 ㄱㅁ
3 ⑤ **4** 사각기둥
5 6개 / 4개 **6** ㉡
7 18개
8 ( )( )(○) **9** 10개
10 육각형 **11** 36 cm
12 16개 **13** ㉣, ㉡, ㉢, ㉠
14 점 ㅈ, 점 ㅅ, 점 ㅂ, 점 ㄴ
15 (위에서부터) 5, 8 **16** 72 cm
17 60 cm **18** 십일각뿔
19 14개 **20** 오각뿔

2 각뿔의 꼭짓점에서 밑면에 수직인 선분의 길이를 높이라고 합니다.

3 ⑤ 각기둥의 밑면과 옆면은 서로 수직입니다.

4 대각선이 2개인 다각형은 사각형이므로 밑면이 사각형인 각기둥의 이름은 사각기둥입니다.

6 각뿔에서
(면의 수)=(꼭짓점의 수)=(밑면의 변의 수)$+1$입니다.

7 밑면의 모양이 육각형이므로 육각기둥입니다.
따라서 육각기둥의 모서리는 $6\times3=18$(개)입니다.

8 첫 번째 도형은 접었을 때 두 면이 서로 겹쳐지고, 두 번째 도형은 밑면이 한 개 뿐이므로 각기둥의 전개도가 될 수 없습니다.

9 면이 6개인 각뿔은 오각뿔이므로 오각뿔의 모서리는 10개입니다.

10 각기둥의 옆면이 6개이므로 육각기둥의 전개도입니다. 따라서 밑면의 모양은 육각형입니다.

11 길이가 5 cm인 모서리가 3개, 7 cm인 모서리가 3개이므로 모든 모서리의 길이의 합은
$5\times3+7\times3=15+21=36$(cm)입니다.

12 밑면의 모양이 팔각형이므로 팔각기둥이 만들어집니다.
➡ (팔각기둥의 꼭짓점의 수)$=8\times2=16$(개)

13 ㉠ $6\times2=12$(개) ㉡ $6\times3=18$(개)
㉢ $12+1=13$(개) ㉣ $12\times2=24$(개)
➡ ㉣>㉡>㉢>㉠

15 밑면인 정사각형의 한 변의 길이는 $20\div4=5$(cm)입니다.

16 전개도를 접어서 만든 각기둥은 오른쪽과 같으므로 길이가 3 cm인 모서리가 12개, 6 cm인 모서리가 6개입니다.

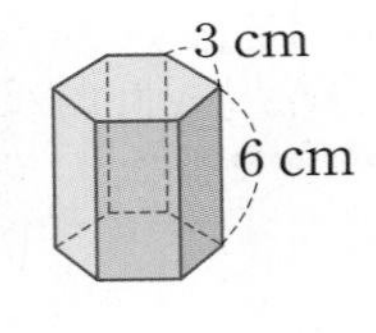

➡ (모든 모서리의 길이의 합)
$=3\times12+6\times6=36+36=72$(cm)

17

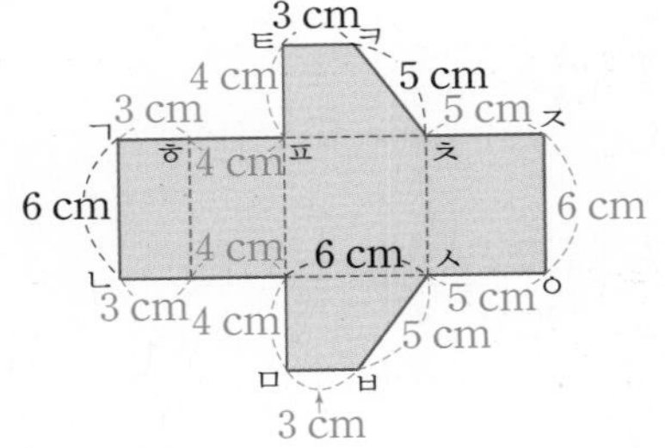

사각기둥의 밑면은 면 ㄷㅍㅊㄹ이고 넓이가 18 cm^2인 사다리꼴이므로 $(3+6)\times$(변 ㄷㅍ)$\div2=18$,
(변 ㄷㅍ)$=18\times2\div9=4$(cm)입니다.
➡ (전개도의 둘레)$=3\times4+4\times4+5\times4+6\times2$
$=12+16+20+12$
$=60$(cm)

18 밑면이 다각형으로 1개이고 옆면이 모두 삼각형이므로 각뿔입니다. 각뿔의 밑면의 변의 수를 □개라고 하면
$\square\times2+\square+1=34$, $\square\times3+1=34$,
$\square\times3=33$, $\square=11$입니다.
따라서 밑면의 모양이 십일각형이므로 십일각뿔입니다.

서술형
19 ㉮ 각기둥의 한 밑면의 변의 수를 □개라고 하면
(모서리의 수)$=\square\times3=36$이므로 $\square=12$입니다.
따라서 밑면의 모양이 십이각형이므로 십이각기둥이고 십이각기둥의 면의 수는 $12+2=14$(개)입니다.

평가 기준	배점(5점)
각기둥의 한 밑면의 변의 수를 구했나요?	2점
각기둥의 면의 수를 구했나요?	3점

서술형
20 ㉮ 각뿔의 밑면의 변의 수를 □개라고 하면
$\square\times5+\square\times8=65$, $\square\times13=65$, $\square=5$입니다.
따라서 밑면의 모양이 오각형이므로 오각뿔입니다.

평가 기준	배점(5점)
각뿔의 밑면의 변의 수를 구했나요?	3점
각뿔의 이름을 구했나요?	2점

3 소수의 나눗셈

우리가 생활하는 주변을 살펴보면 수치가 자연수인 경우보다는 소수인 경우를 등분해야 할 상황이 더 많습니다. 실제 측정하여 길이나 양을 나타내는 경우 소수로 주어지는 경우가 많으므로 등분하려면 (소수)÷(자연수)의 계산이 필요하게 됩니다. (소수)÷(자연수)에서는 실생활 상황을 식을 세워 어림해 보고 자연수의 나눗셈과 분수의 나눗셈으로 바꾸어서 계산하여 확인하는 활동을 합니다. 이를 바탕으로 (소수)÷(자연수)의 계산 원리를 이해하고, 세로 계산으로 형식화합니다. 또 몫을 어림해 보는 활동을 통하여 소수점의 위치를 바르게 표시하였는지 확인해 보도록 합니다. 이 단원의 주요 목적은 (자연수)÷(자연수)와 (소수)÷(자연수)의 세로 계산을 능숙하게 하는 것이지만 나누어지는 수와 몫의 크기를 비교하는 방법 등을 통해 학생들이 세로 계산의 원리를 충분히 이해하고 사용할 수 있도록 합니다.

1 (소수)÷(자연수)(1) 56쪽

1 396, 132, 132, 1.32

2 (1) 412, 41.2, 4.12 (2) 322, 32.2, 3.22

3 21.3 cm

2 나누어지는 수가 $\frac{1}{10}$배, $\frac{1}{100}$배가 되면 몫도 $\frac{1}{10}$배, $\frac{1}{100}$배가 됩니다.

3 639÷3=213이므로 63.9÷3=21.3입니다.

2 (소수)÷(자연수)(2) 57쪽

4 1026, 1026, 114, 1.14

5 7[.]2[ ]6

6 (1) 13.5 (2) 2.15

4 소수 두 자리 수는 분모가 100인 분수로 나타낼 수 있습니다.

5 몫의 소수점은 나누어지는 수의 소수점을 올려 찍습니다.

6 (1)
$$\begin{array}{r} 13.5 \\ 5\overline{)67.5} \\ 5 \\ \hline 17 \\ 15 \\ \hline 2\,5 \\ 2\,5 \\ \hline 0 \end{array}$$

(2)
$$\begin{array}{r} 2.15 \\ 15\overline{)32.25} \\ 30 \\ \hline 2\,2 \\ 1\,5 \\ \hline 7\,5 \\ 7\,5 \\ \hline 0 \end{array}$$

3 (소수)÷(자연수)(3) 58쪽

7 (1) $1.68\div4=\frac{168}{100}\div4=\frac{168\div4}{100}$
$=\frac{42}{100}=0.42$

(2) $0.48\div3=\frac{48}{100}\div3=\frac{48\div3}{100}$
$=\frac{16}{100}=0.16$

8 (1) 0.52 (2) 0.24

9 (1) > (2) >

7 소수 두 자리 수는 분모가 100인 분수로 나타낼 수 있습니다.

8 (1)
$$\begin{array}{r} 0.52 \\ 3\overline{)1.56} \\ 1\,5 \\ \hline 6 \\ 6 \\ \hline 0 \end{array}$$

(2)
$$\begin{array}{r} 0.24 \\ 13\overline{)3.12} \\ 2\,6 \\ \hline 5\,2 \\ 5\,2 \\ \hline 0 \end{array}$$

9 (1) 4.05÷3=1.35, 1.65÷3=0.55
(2) 8.61÷7=1.23, 6.02÷7=0.86

4 (소수)÷(자연수)(4) 59쪽

10 1410, 1410, 235, 2.35

11 (1) 0.45 (2) 1.92

12 (1) 0.16 (2) 1.65

10 14.1을 $\frac{141}{10}$로 바꾸면 141÷6은 나누어떨어지지 않으므로 14.1을 $\frac{1410}{100}$으로 바꿉니다.

11 나누어지는 수가 $\frac{1}{100}$배가 되면 몫도 $\frac{1}{100}$배가 됩니다.

12 (1)
$$\begin{array}{r} 0.16 \\ 5\overline{)0.80} \\ \underline{5} \\ 30 \\ \underline{30} \\ 0 \end{array}$$
(2)
$$\begin{array}{r} 1.65 \\ 4\overline{)6.60} \\ \underline{4} \\ 26 \\ \underline{24} \\ 20 \\ \underline{20} \\ 0 \end{array}$$

5 (소수)÷(자연수)(5) 60쪽

13 (1) 1, 0.09, 1.09 (2) 4, 0.07, 4.07

14 (1) 1.03 (2) 1.06

15 (1) 1.07 (2) 1.05

15 (1)
$$\begin{array}{r} 1.07 \\ 7\overline{)7.49} \\ \underline{7} \\ 49 \\ \underline{49} \\ 0 \end{array}$$
(2)
$$\begin{array}{r} 1.05 \\ 6\overline{)6.30} \\ \underline{6} \\ 30 \\ \underline{30} \\ 0 \end{array}$$

6 (자연수)÷(자연수), 몫을 어림하기 61쪽

16 (1) 6, 12, 1.2 (2) 8, 32, 0.32

17 (1) 0.24 (2) 3.25

18 78, 7, 예 11 / 1□1[.]2

17 (1)
$$\begin{array}{r} 0.24 \\ 25\overline{)6.00} \\ \underline{50} \\ 100 \\ \underline{100} \\ 0 \end{array}$$
(2)
$$\begin{array}{r} 3.25 \\ 4\overline{)13.00} \\ \underline{12} \\ 10 \\ \underline{8} \\ 20 \\ \underline{20} \\ 0 \end{array}$$

기본에서 응용으로 62~67쪽

1 (1) 11, 1.1 (2) 121, 1.21

2 (1) 1□4[.]3 (2) 1[.]2□1

3 9.93

4 2.21 m

5 66.9÷3
/ 예 계산한 값이 669÷3의 $\frac{1}{10}$배가 되려면 나누어지는 수가 669의 $\frac{1}{10}$배인 수를 3으로 나누는 식이어야 합니다.

6 7.23

7 8.4 cm

8 방법 1 예 자연수의 나눗셈을 이용하여 계산하면 2632÷4=658 ➡ 26.32÷4=6.58입니다.

방법 2 예 분수의 나눗셈으로 바꾸어 계산하면
$26.32\div4=\frac{2632}{100}\div4=\frac{2632\div4}{100}$
$=\frac{658}{100}=6.58$입니다.

9 ㉡, ㉠, ㉢

10 $47.04\div6=\frac{4704}{100}\div6=\frac{4704\div6}{100}$
$=\frac{784}{100}=7.84$

11 9.8 L

12 0.48, 0.24

13 ②, ⑤

14
$$\begin{array}{r} 0.27 \\ 4\overline{)1.08} \\ \underline{8} \\ 28 \\ \underline{28} \\ 0 \end{array}$$

15 0.89 m^2

16 (1) 0.16 (2) 0.94

17 1.35÷9=0.15 / 0.15

18 0.96 cm

19 0.35, 0.36

20 $61.8\div5=\frac{6180}{100}\div5=\frac{6180\div5}{100}$
$=\frac{1236}{100}=12.36$

21 ㉡

22 $1.5 \div 6 = 0.25$ / 0.25 L

23 1.12 m

24 2.24

25 3.635

26 2.15 kg

27 1.07

28 (위에서부터) 1.05 / 4 / 0 / 20

29
```
    3.0 8
 3)9.2 4
   9
   ----
     2 4
     2 4
   ----
       0
```

30 ㉢

31 (1) $>$ (2) $=$

32 $18.45 \div 9 = 2.05$ / 2.05 m

33 5.02 kg

34 0.08 L

35 1.15

36 (　　)
(　　)
(　　)
(○)

37 100배

38 ㉡, ㉢, ㉠

39 5

40 1.6

41 0.25 kg

42 1.34

43 8.35

44 1.75

1 (1) 나누어지는 수가 $\frac{1}{10}$배가 되면 몫도 $\frac{1}{10}$배가 됩니다.
(2) 나누어지는 수가 $\frac{1}{100}$배가 되면 몫도 $\frac{1}{100}$배가 됩니다.

2 소수의 나눗셈의 나누어지는 수가 자연수의 나눗셈의 나누어지는 수의 몇 배가 되는지 알아봅니다.

3 몫이 331에서 3.31로 $\frac{1}{100}$배가 되었으므로 나누어지는 수도 993의 $\frac{1}{100}$배인 수가 됩니다.

4 $884 \div 4 = 221$(cm)이므로 $8.84 \div 4 = 2.21$(m)입니다.

서술형
5

단계	문제 해결 과정
①	나눗셈식을 바르게 만들었나요?
②	나눗셈식을 만든 이유를 바르게 썼나요?

7 $672 \div 8 = 84$이므로 $67.2 \div 8 = 8.4$(cm)입니다.

서술형
8

단계	문제 해결 과정
①	한 가지 방법으로 설명했나요?
②	다른 한 가지 방법으로 설명했나요?

9 ㉠ $32.4 \div 4 = 8.1$ ㉡ $41.5 \div 5 = 8.3$
㉢ $61.2 \div 9 = 6.8$ ➡ ㉡ $>$ ㉠ $>$ ㉢

10 소수 두 자리 수는 분모가 100인 분수로 고쳐서 계산합니다.

11 (색칠한 벽의 넓이) $= 3 \times 2 = 6(m^2)$
($1\,m^2$의 벽을 칠하는 데 사용한 페인트의 양)
$= 58.8 \div 6 = 9.8$(L)

12 나누는 수가 4에서 8로 2배가 되었으므로 몫은 $\frac{1}{2}$배가 됩니다.

13 ★÷▲에서 ★ $<$ ▲이면 몫이 1보다 작아집니다.
② $5.84 < 8$, ⑤ $11.96 < 13$이므로 몫이 1보다 작은 것은 ②, ⑤입니다.

14 1에 4가 들어가지 않으므로 몫의 일의 자리에서 0을 써야 하는데 2를 썼으므로 계산이 잘못 되었습니다.

15 $7.12 \div 8 = 0.89(m^2)$

16 (1) $\square = 1.44 \div 9 = 0.16$
(2) $\square = 29.14 \div 31 = 0.94$

17 만들 수 있는 가장 작은 소수 두 자리 수는 1.35입니다.
➡ $1.35 \div 9 = 0.15$

18 (삼각형의 넓이)=(밑변)×(높이)÷2이므로
(삼각형의 높이)=(넓이)×2÷(밑변)입니다.
➡ $4.32 \times 2 \div 9 = 8.64 \div 9 = 0.96$(cm)

19 $2.38 \div 7 = 0.34$, $4.07 \div 11 = 0.37$이므로
$0.34 < \square < 0.37$입니다.
따라서 □ 안에 들어갈 수 있는 소수 두 자리 수는 0.35, 0.36입니다.

21 ㉠ $18.8 \div 8 = 2.35$ ㉡ $12.1 \div 5 = 2.42$
$2.35 < 2.42$이므로 ㉡의 몫이 더 큽니다.

23 (간격 수)$=$(나무 수)$-1=6-1=5$이므로 (나무 사이의 간격)$=5.6\div5=1.12$(m)입니다.

24 (평행사변형의 넓이)$=$(밑변)$\times$(높이)이므로 $\square\times5=11.2$입니다.
➡ $\square=11.2\div5=2.24$(cm)

25 $2.54\bigstar4=2.54\div4+3=0.635+3=3.635$

서술형
26 예 (통조림 12개의 무게)$=26.1-0.3=25.8$(kg)이므로 (통조림 한 개의 무게)$=25.8\div12=2.15$(kg)입니다.

단계	문제 해결 과정
①	통조림 12개의 무게를 구했나요?
②	통조림 한 개의 무게를 구했나요?

27 $9.63>9$이므로 $9.63\div9=1.07$입니다.

28
```
    1.0 5
4)4.2 0
   4
    2 0
    2 0
      0
```

29 나누어지는 수의 소수 첫째 자리에서 내린 수를 나눌 수 없을 때 몫의 소수 첫째 자리에 0을 써야 하는데 쓰지 않았으므로 계산이 잘못 되었습니다.

30 ㉠ $22.5\div5=4.5$ ㉡ $50.7\div5=10.14$
㉢ $7.56\div7=1.08$ ㉣ $3.92\div4=0.98$

31 (1) $20.4\div5=4.08$, $32.4\div8=4.05$
➡ $4.08>4.05$
(2) $96.8\div16=6.05$, $84.7\div14=6.05$
➡ $6.05=6.05$

32 삼각기둥의 모서리는 모두 9개입니다.
➡ $18.45\div9=2.05$(m)

33 (철근 1 m의 무게)$=$(철근 5 m의 무게)$\div5$
$=25.1\div5=5.02$(kg)

34 3주는 $7\times3=21$(일)이므로 하루에 마신 우유의 양은 $1.68\div21=0.08$(L)입니다.

35 $23\div4=5.75$이므로 ㉠은 5.75입니다.
➡ ㉠$\div5=5.75\div5=1.15$이므로 ㉡은 1.15입니다.

36 $1.45\div5$를 $1\div5$로 어림하면 약 0.2이므로 $1.45\div5=0.29$입니다.

37 나누는 수는 같고 나누어지는 수 30은 0.3의 100배이므로 ㉠은 ㉡의 100배입니다.

38 나누는 수가 7로 모두 같으므로 나누어지는 수가 가장 큰 식의 몫이 가장 큽니다.
$784>78.4>7.84$이므로 ㉡$>$㉢$>$㉠입니다.

39 나누는 수는 같고 몫이 $\frac{1}{10}$배가 되었으므로 나누어지는 수도 $\frac{1}{10}$배가 됩니다.

40 가장 큰 수를 가장 작은 수로 나누었을 때 몫은 가장 큽니다. ➡ $8\div5=1.6$

서술형
41 예 4봉지에 들어 있는 감자는 모두 $5\times4=20$(개)입니다. 4봉지의 무게가 5 kg이므로 감자 한 개의 무게는 $5\div20=0.25$(kg)입니다.

단계	문제 해결 과정
①	4봉지에 들어 있는 감자의 수를 구했나요?
②	감자 한 개의 무게를 구했나요?

42 어떤 수를 $\square$라고 하면 $\square\times5=33.5$이므로 $\square=33.5\div5$, $\square=6.7$입니다.
따라서 바르게 계산하면 $6.7\div5=1.34$입니다.

43 어떤 수를 $\square$라고 하면 $\square+7=65.45$이므로 $\square=65.45-7$, $\square=58.45$입니다.
따라서 바르게 계산하면 $58.45\div7=8.35$입니다.

44 어떤 수를 $\square$라고 하면 $\square\div5=1.4$, $\square=5\times1.4$, $\square=7$입니다.
따라서 어떤 수를 4로 나누면 $7\div4=1.75$입니다.

응용에서 최상위로

68~71쪽

1 $30.68\ cm^2$ 1-1 $58.05\ cm^2$ 1-2 $470\ cm^2$

2 38.15 2-1 0.03 2-2 4.65

3 오전 10시 3분 30초 3-1 오후 5시 5분 15초

3-2 오전 6시 53분 51초

4 1단계 예 (구간의 수)=(나무 수)−1
=57−1=56(개)

2단계 예 (나무와 나무 사이의 거리)
=(도로의 길이)÷(구간의 수)
=3.36÷56=0.06(km) / 0.06 km

4-1 0.15 km

1 직사각형을 6등분 한 것 중 하나의 넓이는
46.02÷6=7.67(cm^2)입니다.
➡ (색칠한 부분의 넓이)=7.67×4=30.68(cm^2)

1-1 정사각형을 8등분 한 것 중 하나의 넓이는
154.8÷8=19.35(cm^2)입니다.
➡ (색칠한 부분의 넓이)=19.35×3=58.05(cm^2)

1-2 피자 한 판을 8등분 한 것 중 한 조각의 넓이는
451.2÷8=56.4(cm^2)이고,
6등분 한 것 중 한 조각의 넓이는
451.2÷6=75.2(cm^2)입니다.
➡ (먹고 남은 피자의 넓이)=56.4×3+75.2×4
=169.2+300.8
=470(cm^2)

2 몫이 가장 큰 나눗셈식은 나누어지는 수는 가장 크게, 나누는 수는 가장 작게 만듭니다.
➡ 76.3÷2=38.15

2-1 몫이 가장 작은 나눗셈식은 나누어지는 수는 가장 작게, 나누는 수는 가장 크게 만듭니다.
➡ 0.24÷8=0.03

2-2 나누어지는 수는 가장 크게, 나누는 수는 가장 작게 하여 몫이 가장 큰 나눗셈식을 만들면 95÷20=4.75입니다.
➡ 몫이 두 번째로 큰 나눗셈식 : 93÷20=4.65

3 일주일에 24.5분씩 빨라지므로 하루에
24.5÷7=3.5(분)씩 빨라집니다. 1분은 60초이므로 0.5분은 0.5×60=30(초)이므로 하루에 3분 30초씩 빨라집니다. 따라서 내일 오전 10시에 이 시계가 가리키는 시각은 오전 10시+3분 30초이므로 오전 10시 3분 30초입니다.

3-1 일주일에 36.75분씩 빨라지므로 하루에
36.75÷7=5.25(분)씩 빨라집니다. 1분은 60초이므로 0.25분은 0.25×60=15(초)이므로 하루에 5분 15초씩 빨라집니다. 따라서 내일 오후 5시에 이 시계가 가리키는 시각은 오후 5시+5분 15초이므로 오후 5시 5분 15초입니다.

3-2 일주일에 43.05분씩 늦어지므로 하루에
43.05÷7=6.15(분)씩 늦어집니다. 1분은 60초이므로 0.15분은 0.15×60=9(초)이므로 하루에 6분 9초씩 늦어집니다. 따라서 내일 오전 7시에 이 시계가 가리키는 시각은 오전 7시−6분 9초이므로 오전 6시 53분 51초입니다.

4-1 다리의 양쪽에 가로등을 모두 38개 설치하였으므로 다리의 한쪽에 설치한 가로등은 38÷2=19(개)입니다.
따라서 이 다리의 가로등 사이의 구간은
19−1=18(개)이므로 가로등과 가로등 사이의 거리는 2.7÷18=0.15(km)입니다.

기출 단원 평가 Level ❶

72~74쪽

1 106, 10.6, 1.06 2 5□.2□8

3 (1) 5.6 (2) 9.06

4 (위에서부터) 0.68, 54, 72, 72

5 (1) < (2) >

6 65, 3 예 21 / 2□1□.6

7 ①, ④ 8 6.25

9 14.7 cm 10 ( )
( )
(○)
( )

11 ㉠, ㉢

12

```
    0.3 6
25)9.0 0
   7 5
   1 5 0
   1 5 0
       0
```

13 3.24 kg

14 8.02

15 5 / 3

16 $0.83\,\mathrm{m}^2$

17 1.25 km

18 21.625

19 예 소수의 나눗셈에서 나누어지는 수 6.48은 자연수의 나눗셈에서 나누어지는 수 648의 $\frac{1}{100}$배이므로 몫도 72의 $\frac{1}{100}$배인 0.72가 되어야 합니다.
/ 0.72

20 2개

3 (1)

```
     5.6
7)3 9.2
  3 5
    4 2
    4 2
      0
```

(2)

```
    9.0 6
5)4 5.3 0
  4 5
      3 0
      3 0
        0
```

5 (1) $25.56\div9=2.84$ ➡ $2.84<2.9$
(2) $21.44\div16=1.34$ ➡ $1.34>1.3$

7 나누어지는 수가 나누는 수보다 작으면 몫이 1보다 작습니다.
① $0.75<3$, ④ $12.88<14$이므로 몫이 1보다 작은 것은 ①, ④입니다.

8 어떤 수에 4를 곱하여 25가 되었으므로 어떤 수는 $25\div4=6.25$입니다.

9 마름모는 네 변의 길이가 모두 같습니다.
➡ (마름모의 한 변의 길이)$=58.8\div4=14.7$(cm)

10 $23.4\div6$을 $23\div6$으로 어림하면 약 4이므로 $23.4\div6=3.9$입니다.

11 ㉠ $2.1\div2=1.05$ ㉡ $1.92\div3=0.64$
㉢ $5.45\div5=1.09$ ㉣ $9.2\div8=1.15$

12 나누어지는 수가 나누는 수보다 작아서 나누어지지 않으므로 나누어지는 수 뒤에 소수점을 찍고 0을 내려 계산합니다. 이때 몫의 자연수 자리가 비어 있는 경우에는 0을 써야 합니다.

13 $45.36\div14=3.24$(kg)

14 $20.1 ◎ 5=20.1\div5+4$
$=4.02+4=8.02$

15 ▲◆는 두 자리 수이고, ▲◆는 $7\times$◆의 값입니다.
곱셈구구를 이용하여 $7\times$◆의 일의 자리가 ◆인 경우는 7×5일 때 뿐입니다.
따라서 ◆$=5$, ▲$=3$입니다.

16 $4.15\div5=\frac{415}{100}\div5=\frac{415\div5}{100}=\frac{83}{100}=0.83(\mathrm{m}^2)$

17 (1분 동안 달리는 거리)
=(전체 달린 거리)÷(걸린 시간)
$=50\div40=1.25$(km)

18 몫이 가장 큰 나눗셈식은 나누어지는 수는 가장 크게, 나누는 수는 가장 작게 만듭니다.
➡ $86.5\div4=21.625$

서술형
19

평가 기준	배점(5점)
계산이 잘못된 이유를 바르게 설명했나요?	2점
몫을 바르게 구했나요?	3점

서술형
20 예 $6.24\div8=0.78$, $12.74\div14=0.91$이므로 $0.78<\square<0.91$입니다.
따라서 □ 안에 들어갈 수 있는 소수 한 자리 수는 0.8, 0.9로 모두 2개입니다.

평가 기준	배점(5점)
6.24÷8과 12.74÷14의 몫을 각각 구했나요?	2점
몫의 크기를 비교하여 답을 구했나요?	3점

기출 단원 평가 Level ❷

75~77쪽

1 1, 0.09, 1.09

2 (1) 0.35 (2) 13.2

3 $0.14\div2$에 ○표

4 (위에서부터) 102 / $\frac{1}{100}$ / 5.1, 1.02

5 13.46

6 0.75

7 (위에서부터) 12, 8, 1, 12

8 0.95

9 3.9 g

10 2번 **11** (1) 1.35 (2) 1.2

12 0.1배 또는 $\frac{1}{10}$배 **13** 7.05 m

14 0.17 **15** 0.875

16 1.2 m **17** 45분

18 감자 **19** 0.09 km

20 오전 9시 4분 48초

3 나누는 수가 같을 때 나누어지는 수가 작을수록 몫은 작습니다.

4 $510 \div 5 = 102$이고, 102의 $\frac{1}{100}$배는 1.02입니다. 따라서 나누어지는 수도 510의 $\frac{1}{100}$배인 5.1이 됩니다.

5 ■÷●$=67.3 \div 5 = 13.46$

6 $6 \div 4 = 1.5$, $1.5 \div 2 = 0.75$이므로 ★에 알맞은 수는 0.75입니다.

7

$$\begin{array}{r} 2.03 \\ 4\overline{)8.12} \\ \underline{8} \\ 12 \\ \underline{12} \\ 0 \end{array}$$

8 $19 \div 5 = 3.8$이므로 ㉠은 3.8입니다.
➡ ㉠$\div 4 = 3.8 \div 4 = 0.95$이므로 ㉡은 0.95입니다.

9 (구슬 한 개의 무게)$=$(구슬 7개의 무게)$\div 7$
$=27.3 \div 7 = 3.9$(g)

10

$$\begin{array}{r} 1.075 \\ 4\overline{)4.300} \\ \underline{4} \\ 30 \\ \underline{28} \\ 20 \\ \underline{20} \\ 0 \end{array}$$

따라서 나머지가 0이 될 때까지 나누려면 소수점 아래 0을 2번 내려서 계산해야 합니다.

11 (1) $\square = 5.4 \div 4 = 1.35$
(2) $\square = 15.6 \div 13 = 1.2$

12 $2376 \div 22 = 108$이므로 ㉠ $23.76 \div 22 = 1.08$, ㉡ $237.6 \div 22 = 10.8$입니다.
따라서 $1.08 = 10.8 \times 0.1$이므로 ㉠은 ㉡의 0.1배입니다.

13 삼각뿔의 모서리는 모두 6개입니다.
➡ $42.3 \div 6 = 7.05$(m)

14 어떤 수를 □라고 하면 $\square \times 9 = 6.12$이므로 $\square = 6.12 \div 9$, $\square = 0.68$입니다.
따라서 어떤 수를 4로 나누면 $0.68 \div 4 = 0.17$입니다.

15 (눈금 한 칸의 길이)$=(32-25) \div 8$
$=7 \div 8 = 0.875$

16 $6 \div 5 = 1.2$(m)

17 $6 \div 8 = 0.75$(시간)이고, 1시간은 60분이므로 정은이가 하루에 운동한 시간은 $0.75 \times 60 = 45$(분)입니다.

18 (고구마 한 개의 무게)$=(1.98-0.7) \div 4$
$=1.28 \div 4 = 0.32$(kg)
(감자 한 개의 무게)$=(2.8-0.7) \div 6$
$=2.1 \div 6 = 0.35$(kg)
$0.35 > 0.32$이므로 감자 한 개가 더 무겁습니다.

서술형
19 예 도로의 처음과 끝에도 모두 나무를 심었으므로
(구간의 수)$=$(나무 수)$-1=43-1=42$(개)
입니다. 따라서
(나무와 나무 사이의 거리)$=$(도로의 길이)$\div$(구간의 수)
$=3.78 \div 42 = 0.09$(km)
입니다.

평가 기준	배점(5점)
구간의 수를 구했나요?	2점
나무와 나무 사이의 거리를 구했나요?	3점

서술형
20 예 일주일에 33.6분씩 빨라지므로 하루에 $33.6 \div 7 = 4.8$(분)씩 빨라집니다. 1분은 60초이므로 0.8분은 $0.8 \times 60 = 48$(초)이므로 하루에 4분 48초씩 빨라집니다.
따라서 내일 오전 9시에 이 시계가 가리키는 시각은 오전 9시$+$4분 48초이므로 오전 9시 4분 48초입니다.

평가 기준	배점(5점)
하루에 몇 분 몇 초씩 빨라지는지 구했나요?	2점
내일 오전 9시에 가리키는 시각을 구했나요?	3점

4 비와 비율

비와 비율은 실제로 우리 생활과 밀접하게 연계되어 있기 때문에 초등학교 수학에서 의미 있게 다루어질 필요가 있습니다. 학생들은 물건의 가격 비교, 요리 재료의 비율, 물건의 할인율, 야구 선수의 타율, 농구 선수의 자유투 성공률 등 일상생활의 경험을 통해 비와 비율에 대한 비형식적 지식을 가지고 있습니다. 이 단원에서는 두 양의 크기를 뺄셈과 나눗셈 방법으로 비교해 봄으로써 두 양의 관계를 이해하고 이를 통해 비의 뜻을 알 수 있습니다. 또 비율이 사용되는 간단한 상황을 통해 비율의 뜻을 이해하고 비율을 분수와 소수로 나타내어 보도록 한 후 백분율의 뜻을 이해하고 실생활에서 백분율이 사용되는 여러 가지 경우를 알아보도록 합니다.

1 두 수 비교하기 80쪽

1 6, 8, 10

2 예 모둠 수에 따라 모둠원 수는 찰흙 수보다 각각 4, 8, 12, 16, 20 더 많습니다.
/ 예 모둠원 수는 항상 찰흙 수의 3배입니다.

3 $\frac{3}{4}$배(또는 0.75배)

2 뺄셈으로 비교하기 : 6−2=4, 12−4=8, 18−6=12, 24−8=16, 30−10=20이므로 모둠원 수는 찰흙 수보다 각각 4, 8, 12, 16, 20 더 많습니다.
나눗셈으로 비교하기 : 6÷2=3, 12÷4=3, 18÷6=3, 24÷8=3, 30÷10=3이므로 모둠원 수는 항상 찰흙 수의 3배입니다.

3 $150 \div 200 = \frac{150}{200} = \frac{3}{4}$이므로 나무의 그림자의 길이는 나무의 높이의 $\frac{3}{4}$배입니다.

2 비 알아보기 81쪽

4 (1) 7, 4 (2) 7, 4 (3) 4, 7

5 (1) 4, 5 (2) 7, 6 (3) 3, 8 (4) 2, 9

6 (1) 11, 14 (2) 14, 25

4 (1) (2) (빨간색 차 수) : (노란색 차 수)=7 : 4
(3) (노란색 차 수) : (빨간색 차 수)=4 : 7

5 (1) ■ 대 ▲ ➡ ■ : ▲
(2) ▲에 대한 ■의 비 ➡ ■ : ▲
(3) ■와 ▲의 비 ➡ ■ : ▲
(4) ■의 ▲에 대한 비 ➡ ■ : ▲

6 (1) 여학생 수의 남학생 수에 대한 비는 여학생 수 11을 남학생 수 14를 기준으로 하여 비교한 비이므로 11 : 14입니다.
(2) 남학생 수와 반 전체 학생 수의 비는 남학생 수 14를 반 전체 학생 수 25를 기준으로 하여 비교한 비이므로 14 : 25입니다.

3 비율 알아보기 82쪽

! 7, 0.7

7 (위에서부터) 15, 20, $\frac{15}{20}(=\frac{3}{4})$, 0.75 /
12, 24, $\frac{12}{24}(=\frac{1}{2})$, 0.5 /
18, 30, $\frac{18}{30}(=\frac{3}{5})$, 0.6

8 (1) 20 : 25 (2) $\frac{20}{25}(=\frac{4}{5})$, 0.8

7 15 : 20 ➡ (비율)$=\frac{15}{20}=\frac{3}{4}=0.75$
12 : 24 ➡ (비율)$=\frac{12}{24}=\frac{1}{2}=0.5$
18 : 30 ➡ (비율)$=\frac{18}{30}=\frac{3}{5}=0.6$

8 (1) (가로) : (세로)=20 : 25
(2) 20 : 25 ➡ $\frac{20}{25}=\frac{4}{5}=0.8$

4 비율이 사용되는 경우 알아보기 83쪽

9 $\frac{280}{4}(=70)$ 10 약 16933

11 $\frac{120}{300}(=\frac{2}{5}=0.4)$

9 기준량은 걸린 시간이고, 비교하는 양은 달린 거리이므로 $\frac{280}{4}(=70)$입니다.

10 기준량은 넓이이고, 비교하는 양은 인구이므로 $\frac{10160000}{600}=16933.3\cdots\cdots$ ➡ 약 16933입니다.

11 기준량은 매실주스 양이고, 비교하는 양은 매실 원액 양이므로 $\frac{120}{300}(=\frac{2}{5}=0.4)$입니다.

5 백분율 알아보기 84쪽

12 (1) 40 % (2) 45 %

13 (위에서부터) 70 / $\frac{34}{100}(=\frac{17}{50})$, 34 / 0.28, 28

14 (1) > (2) =

12 (1) $\frac{4}{10}\times100=40(\%)$

(2) $\frac{9}{20}\times100=45(\%)$

13 $\frac{7}{10}\times100=70(\%)$이고, $0.34=\frac{34}{100}(=\frac{17}{50})$이므로 34 %입니다.

$\frac{7}{25}=\frac{28}{100}=0.28$이고 28 %입니다.

14 (1) $0.52=\frac{52}{100}=52\,\%$이므로 $52\,\%>25\,\%$입니다.

(2) $\frac{12}{25}\times100=48(\%)$이므로 $48\,\%=48\,\%$입니다.

6 백분율이 사용되는 경우 알아보기 85쪽

15 20 %

16 (1) 60 % (2) 64 % (3) 현태

15 원래 가격에서 할인된 판매 가격을 빼면 $25000-20000=5000$(원)이므로 할인율은 $\frac{5000}{25000}\times100=20(\%)$입니다.

16 (1) (찬민이의 골 성공률)$=\frac{18}{30}\times100=60(\%)$

(2) (현태의 골 성공률)$=\frac{16}{25}\times100=64(\%)$

(3) $60\,\%<64\,\%$이므로 현태의 골 성공률이 더 높습니다.

기본에서 응용으로 86~91쪽

1 (위에서부터) 12, 18, 24, 30 / 3, 6, 9, 12, 15

2 2

3 예 축구공 수는 항상 농구공 수의 2배입니다.

4 4, 5, 0.8 / 예 세로는 가로의 0.8배입니다.

5 방법 1 예 84－70＝14로 남학생이 여학생보다 14명 더 많습니다.

방법 2 예 84÷70＝1.2로 남학생 수는 여학생 수의 1.2배입니다.

6 ③

7 (1) 2, 6 (2) 3, 8

8 예 ○○○●●●●●

9 다릅니다에 ○표
/ 예 5 : 2는 2를 기준으로 하여 비교한 비이고, 2 : 5는 5를 기준으로 하여 비교한 비이므로 5 : 2와 2 : 5는 다릅니다.

10 200 : 240

11 43 : 51

12 $\frac{15}{6}(=\frac{5}{2})$ / 2.5

13 ㉡, ㉢

14

15 ③

16 (위에서부터) $\frac{14}{10}(=\frac{7}{5})$, $\frac{21}{15}(=\frac{7}{5})$ / 1.4, 1.4

예 두 직사각형의 크기는 다르지만 세로에 대한 가로의 비율은 같습니다.

17 0.3

18 경우네 모둠

19 나 자동차

20 8

21 $\frac{1}{80000}$　**22** 가 선수

23 모나코

24 $\frac{140}{500}(=\frac{7}{25}=0.28)$ / $\frac{90}{300}(=\frac{3}{10}=0.3)$

25 재민

26 $\frac{96}{160}(=\frac{3}{5}=0.6)$ / $\frac{72}{120}(=\frac{3}{5}=0.6)$

예 같은 시각에 키에 대한 그림자의 길이의 비율은 같습니다.

27 (1) 75 %　(2) 128 %

28 (위에서부터) $\frac{7}{25}$, 0.28, 28 % /

$\frac{8}{5}(=1\frac{3}{5})$, 1.6, 160 %

29 $\frac{21}{100}$ / 0.21

30 예

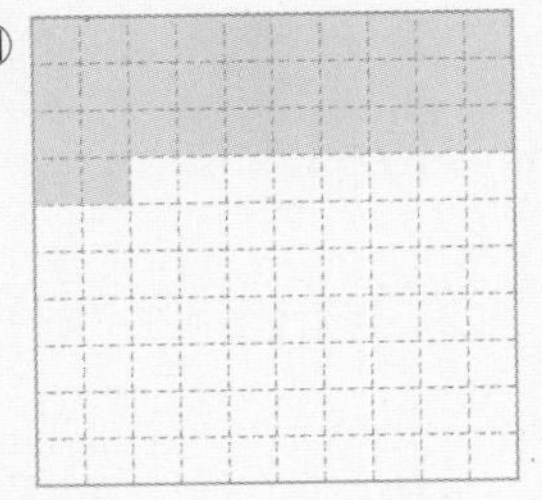

31 32 %

32 (1) 예

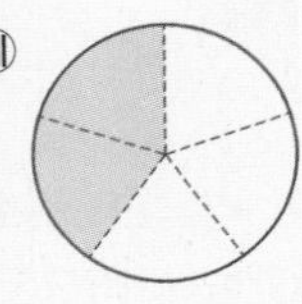

(2) 예

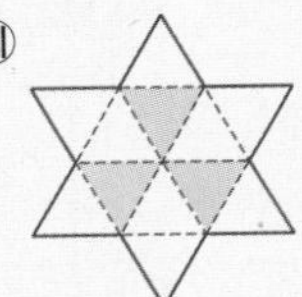

33 ㉠, ㉡, ㉢

34 방법 1 예 $\frac{1}{5}$을 기준량이 100인 분수로 나타내면 $\frac{20}{100}$이므로 20 %라고 나타낼 수 있습니다.

방법 2 예 $\frac{1}{5}$에 100을 곱해서 나온 20에 기호 %를 붙이면 20 %라고 나타낼 수 있습니다.

35 토끼 인형　**36** 15 %, 10 %, 18 %

37 나 공장　**38** 진하기가 같습니다.

39 나 영화　**40** 15명

41 12개　**42** 용석

서술형
5

단계	문제 해결 과정
①	남학생 수와 여학생 수를 뺄셈으로 바르게 비교하였나요?
②	남학생 수와 여학생 수를 나눗셈으로 바르게 비교하였나요?

6 ③ 7의 3에 대한 비 ➡ 7 : 3

7 (1) 전체는 6칸, 색칠한 부분은 2칸 ➡ 2 : 6
(2) 전체는 8칸, 색칠한 부분은 3칸 ➡ 3 : 8

8 '~에 대한'이라는 의미가 기준을 나타내고, 기호 :의 오른쪽에 있는 수가 기준입니다.
따라서 (노란색 구슬) : (파란색 구슬)=3 : 5이므로 노란색 구슬은 3개, 파란색 구슬은 5개 그립니다.

서술형
9

단계	문제 해결 과정
①	알맞은 말에 ○표 했나요?
②	이유를 바르게 설명했나요?

10 (우유의 양)=200 mL
(요거트의 양)=200+40=240(mL)
➡ (우유의 양) : (요거트의 양)=200 : 240

11 남자 관람객 수는 94−51=43(명)이므로 남자 관람객 수와 여자 관람객 수의 비는 43 : 51입니다.

12 귤 수가 기준량이고, 사과 수가 비교하는 양이므로
(비율)=$\frac{15}{6}(=\frac{5}{2})$입니다.
$\frac{15}{6}$를 소수로 나타내면 2.5입니다.

13 ㉠ 7 : 4　㉡ 4 : 7　㉢ 4 : 7
따라서 기준량이 7인 것은 ㉡, ㉢입니다.

14 2 : 5 ➡ $\frac{2}{5}=0.4$
3 : 8 ➡ $\frac{3}{8}=0.375$
7 : 20 ➡ $\frac{7}{20}=0.35$

15 8 : 10의 비율 ➡ $\frac{8}{10}=\frac{4}{5}=0.8$
따라서 비율이 다른 하나는 ③ 10 대 8입니다.

서술형
16 '기준량과 비교하는 양이 달라도 비율이 같을 수 있습니다.'도 답이 될 수 있습니다.

단계	문제 해결 과정
①	세로에 대한 가로의 비율을 구하여 표를 바르게 완성했나요?
②	알게된 점을 바르게 썼나요?

17 동전을 던진 횟수는 10번이고, 숫자 면이 나온 횟수는 3번이므로 동전을 던진 횟수에 대한 숫자 면이 나온 횟수의 비는 3 : 10입니다. 따라서 동전을 던진 횟수에 대한 숫자 면이 나온 횟수의 비율은 $\frac{3}{10}=0.3$입니다.

18 방의 정원에 대한 방을 사용한 사람 수의 비율을 각각 구해 보면 경우네 모둠은 $\frac{6}{10}=\frac{3}{5}=0.6$, 진아네 모둠은 $\frac{9}{12}=\frac{3}{4}=0.75$입니다.
$0.6<0.75$로 경우네 모둠의 비율이 낮으므로 경우네 모둠이 더 넓게 느꼈을 것입니다.

19 가 자동차의 연비 : $\frac{510}{30}=17$
나 자동차의 연비 : $\frac{475}{25}=19$
$17<19$이므로 연비가 더 높은 자동차는 나 자동차입니다.

20 기준량은 걸린 시간이고, 비교하는 양은 거리이므로
(비율)$=\frac{400}{50}=8$입니다.

21 800 m=80000 cm이므로 지도에서의 거리 1 cm는 실제 거리 80000 cm입니다. 따라서 실제 거리에 대한 지도에서 거리의 비율은 $\frac{1}{80000}$입니다.

22 (가 선수의 타율)$=\frac{90}{250}=0.36$
(나 선수의 타율)$=\frac{96}{300}=0.32$
$0.36>0.32$이므로 가 선수의 타율이 더 높습니다.

23 싱가포르 : $5076700\div710=7150.2\cdots\cdots$
➡ 약 7150명
대만 : $23069345\div35980=641.1\cdots\cdots$
➡ 약 641명
모나코 : $33000\div2=16500$ ➡ 16500명
따라서 인구가 가장 밀집한 나라는 모나코입니다.

25 $0.28<0.3$이므로 재민이가 만든 오미자주스가 더 진합니다.

서술형
26

단계	문제 해결 과정
①	정우와 동생의 키에 대한 그림자의 길이의 비율을 바르게 구했나요?
②	알게된 점을 바르게 썼나요?

27 (1) $\frac{3}{4}\times100=75(\%)$
(2) $1.28\times100=128(\%)$

28 $\frac{7}{25}=\frac{28}{100}=0.28$ ➡ 28 %
$\frac{8}{5}=1.6$ ➡ 160 %

29 21 % ➡ $\frac{21}{100}=0.21$

30 밭 전체의 넓이 300 m^2를 작은 정사각형 100칸으로 나타내었으므로 고구마를 심은 부분의 넓이는 $96\div3=32$(칸)을 색칠해야 합니다.

31 $\frac{96}{300}$을 기준량이 100인 비율로 나타내면 $\frac{32}{100}$이므로 32 %입니다.

32 (1) 40 %는 $\frac{40}{100}=\frac{2}{5}$이므로 5칸 중 2칸을 색칠합니다.
(2) 25 %는 $\frac{25}{100}=\frac{1}{4}=\frac{3}{12}$이므로 12칸 중 3칸을 색칠합니다.

33 비율을 모두 소수로 나타내어 비교합니다.
㉠ 1.27 ㉡ 0.9 ㉢ 0.57
➡ ㉠>㉡>㉢

서술형
34

단계	문제 해결 과정
①	방법 1을 바르게 설명했나요?
②	방법 1과 다른 방법을 바르게 설명했나요?

35 할인 금액은 3000원으로 같지만 정가가 다르므로 할인율은 다릅니다.
(곰 인형의 할인율)$=\frac{3000}{20000}\times100=15(\%)$
(토끼 인형의 할인율)$=\frac{3000}{15000}\times100=20(\%)$
15 %<20 %이므로 토끼 인형의 할인율이 더 높습니다.

36 가 공장 : $\frac{30}{200}\times100=15(\%)$

나 공장 : $\frac{15}{150}\times100=10(\%)$

다 공장 : $\frac{45}{250}\times100=18(\%)$

37 $10\%<15\%<18\%$이므로 불량품을 만드는 비율이 가장 낮은 공장은 나 공장입니다.

38 민아가 만든 설탕물의 진하기 : $\frac{75}{500}\times100=15(\%)$

지은이가 만든 설탕물의 진하기 :

$\frac{63}{420}\times100=15(\%)$

따라서 두 사람이 만든 설탕물의 진하기는 같습니다.

39 나 영화의 좌석 수에 대한 관객 수의 비율 :

$\frac{190}{250}\times100=76(\%)$

다 영화의 좌석 수에 대한 관객 수의 비율 :

$\frac{11}{20}\times100=55(\%)$

$55\%<65\%<76\%$이므로 나 영화의 인기가 가장 많습니다.

40 (비교하는 양)=(기준량)×(비율)이므로

$100\times\frac{3}{20}=15$(명)입니다.

41 빨간색 구슬 수 : $20\times\frac{40}{100}=8$(개)

파란색 구슬 수 : $20-8=12$(개)

42 용석이는 50개 중 $\frac{38}{100}$만큼 터트렸으므로 $50\times\frac{38}{100}=19$(개), 서윤이는 40개 중 $\frac{45}{100}$만큼 터트렸으므로 $40\times\frac{45}{100}=18$(개)를 터트렸습니다.

따라서 풍선을 더 많이 터트린 사람은 용석입니다.

응용에서 최상위로

92~95쪽

1 20 %	1-1 25 %	1-2 520원
2 162 g	2-1 50명	2-2 30번
3 480 cm^2	3-1 495 cm^2	3-2 15 %

4 **1단계** 예 $70\%=\frac{70}{100}$이므로

(결승점까지 달린 전체 선수 수)

$=2000\times\frac{70}{100}=1400$(명)입니다.

2단계 예 $25\%=\frac{25}{100}$이므로

(결승점까지 달린 여자 선수 수)

$=1400\times\frac{25}{100}=350$(명)입니다.

3단계 예 (결승점까지 달린 남자 선수 수)

$=1400-350=1050$(명) / 1050명

4-1 390명

1 (지난주의 구슬 한 개의 가격)$=4000\div8=500$(원), (이번 주의 구슬 한 개의 가격)$=2800\div7=400$(원)입니다.

따라서 구슬 한 개의 가격이 $500-400=100$(원) 내렸으므로 구슬 한 개의 할인율은

$\frac{100}{500}\times100=20(\%)$입니다.

1-1 (어제 산 감자 한 개의 가격)$=3000\div5=600$(원), (오늘 산 감자 한 개의 가격)$=4500\div6=750$(원)입니다.

따라서 감자 한 개의 가격이 $750-600=150$(원) 올랐으므로 감자 한 개의 인상율은

$\frac{150}{600}\times100=25(\%)$입니다.

1-2 (빵 한 개의 정가)=(원가)+(이익)

$=500+500\times\frac{30}{100}$

$=500+150=650$(원)

(할인 후 빵 한 개의 가격)$=650-650\times\frac{20}{100}$

$=650-130=520$(원)

2 (쌀의 양):(물의 양)$=2:9$이고 쌀의 양이 주어졌으므로 쌀의 양을 기준량으로, 물의 양을 비교하는 양으로 하는 비율을 구하면 $\frac{9}{2}$입니다.

따라서 쌀의 양이 36 g일 때 필요한 물의 양은
$36 \times \frac{9}{2} = 162$(g)입니다.

2-1 (합격한 사람 수) : (지원한 사람 수)=1 : 7이므로 지원자 수에 대한 합격자 수의 비를 비율로 나타내면 $\frac{1}{7}$입니다.
따라서 지원한 사람이 350명일 때 합격자 수는
$350 \times \frac{1}{7} = 50$(명)입니다.

2-2 이 축구팀이 참가한 경기 수에 대한 이긴 경기 수의 비율은 0.75입니다.
따라서 120번의 경기에 참가했을 때 이긴 경기는
$120 \times 0.75 = 90$(번)이므로 진 경기는
$120 - 90 = 30$(번)입니다.

3 늘인 가로 : $20 + 20 \times \frac{20}{100} = 24$(cm)
늘인 세로 : $16 + 16 \times \frac{25}{100} = 20$(cm)
➡ 직사각형의 넓이 : $24 \times 20 = 480$(cm^2)

3-1 줄인 밑변 : $50 - 50 \times \frac{40}{100} = 30$(cm)
늘인 높이 : $30 + 30 \times \frac{10}{100} = 33$(cm)
➡ 삼각형의 넓이 : $30 \times 33 \div 2 = 495$($cm^2$)

3-2 더 긴 대각선인 60 cm인 대각선을 일정한 비율로 줄인 것이므로 새로 만든 마름모의 두 대각선은 40 cm와 $1020 \times 2 \div 40 = 51$(cm)입니다.
따라서 대각선을 $60 - 51 = 9$(cm) 줄였으므로
$\frac{9}{60} \times 100 = 15$(%) 줄인 것입니다.

참고 (마름모의 넓이)=(한 대각선)×(다른 대각선)÷2

4-1 65 %$=\frac{65}{100}$이므로
(철인 3종 경기 완주자)$=3000 \times \frac{65}{100} = 1950$(명)
80 %$=\frac{80}{100}$이므로
(철인 3종 경기 남자 완주자)$=1950 \times \frac{80}{100}$
$=1560$(명)
따라서 철인 3종 경기 여자 완주자는
$1950 - 1560 = 390$(명)입니다.

기출 단원 평가 Level ❶

96~98쪽

1 4
2 (1) 8 : 11 (2) 11 : 8
3 예

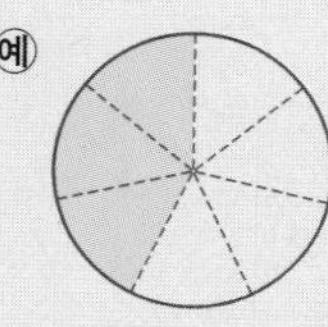

4 ②
5 (그림)
6 2400, 3200, 4000 / 8000원
7 (위에서부터) 1, 4, $\frac{1}{4}$(=0.25) / 7, 10, $\frac{7}{10}$(=0.7)
8 ①, ④
9 64 %
10 6 : 25
11 32 %
12 $\frac{34}{100}$(=$\frac{17}{50}$) / 0.34
13 $\frac{15}{20}$(=$\frac{3}{4}$)
14 >
15 0.14
16 나 영화
17 11 L
18 385 cm
19 9대
20 팽이

2 (1) (위인전 수) : (동화책 수)=8 : 11
(2) (동화책 수) : (위인전 수)=11 : 8

3 (색칠한 칸 수) : (전체 칸 수)=3 : 7

4 ① 6 : 9 ② 7 : 5 ③ 8 : 20
④ 10 : 11 ⑤ 12 : 15
따라서 비교하는 양이 기준량보다 큰 것은 ② 7 : 5입니다.

5 $\frac{9}{12} = \frac{3}{4} = 0.75$, $\frac{7}{8} = 0.875$, $\frac{8}{10} = 0.8$

6 (판매 금액)÷(아이스크림 수)=800이므로
판매 금액은 아이스크림 수의 800배입니다.
따라서 아이스크림이 10개이면 판매 금액은
$10 \times 800 = 8000$(원)입니다.

7 기준량은 기호 :의 오른쪽에 있는 수이고, 비교하는 양은 기호 :의 왼쪽에 있는 수입니다.
➡ (비율)$=\frac{(비교하는 양)}{(기준량)}$

8 5의 20에 대한 비는 5 : 20이므로 비율로 나타내면 $\frac{5}{20}=\frac{25}{100}=0.25$이고, 백분율로 나타내면 25 %입니다.

9 전체 25칸 중 색칠한 부분은 16칸이므로 $\frac{16}{25}\times100=64(\%)$입니다.

10 휴대 전화를 가지고 있지 않은 학생은 $25-19=6$(명)입니다. 따라서 전체 학생 수에 대한 휴대 전화를 가지고 있지 않은 학생 수의 비는 6 : 25입니다.

11 $\frac{96}{300}\times100=32(\%)$

12 34 %를 분수로 나타내면 $\frac{34}{100}(=\frac{17}{50})$이므로 소수로 나타내면 0.34입니다.

13 가로가 20 cm, 세로가 15 cm이므로 가로에 대한 세로의 비는 15 : 20입니다.
따라서 분수로 나타내면 $\frac{15}{20}(=\frac{3}{4})$입니다.

14 $\frac{9}{20}\times100=45(\%)$이므로 $45\ \% > 36\ \%$입니다.

15 기준량은 설탕물의 양이고, 비교하는 양은 설탕의 양이므로 $\frac{42}{300}=\frac{14}{100}=0.14$입니다.

16 나 영화의 좌석 수에 대한 관객 수의 비율 :
$\frac{190}{250}\times100=76(\%)$
$65\ \% < 76\ \%$이므로 나 영화의 인기가 더 많습니다.

17 $88\ \%=\frac{88}{100}$이므로
(물통에 들어 있던 물의 양)$=50\times\frac{88}{100}=44$(L),
(물통에 남아 있는 물의 양)$=44\times0.25=11$(L)입니다.

18 규현이의 키에 대한 그림자의 비율이 $\frac{189}{135}=1.4$이므로 길이가 275 cm인 전봇대의 그림자는
$275\times1.4=385$(cm)입니다.

서술형
19 예 자동차 수와 바퀴 수를 나눗셈으로 비교해 보면
$1\div4=\frac{1}{4}$, $2\div8=\frac{1}{4}$, $3\div12=\frac{1}{4}$……이므로
항상 자동차 수는 바퀴 수의 $\frac{1}{4}$배입니다.
따라서 바퀴가 36개일 때 자동차는 $36\times\frac{1}{4}=9$(대)입니다.

평가 기준	배점(5점)
자동차 수는 바퀴 수의 몇 배인지 구했나요?	2점
자동차는 몇 대인지 구했나요?	3점

서술형
20 예 (팽이의 할인율)$=\frac{15000-14250}{15000}\times100$
$=\frac{750}{15000}\times100=5(\%)$,
(야구공의 할인율)$=\frac{8000-7680}{8000}\times100$
$=\frac{320}{8000}\times100=4(\%)$
입니다.
따라서 할인율이 더 높은 물건은 팽이입니다.

평가 기준	배점(5점)
팽이와 야구공의 할인율을 각각 구했나요?	3점
할인율이 더 높은 물건은 무엇인지 구했나요?	2점

기출 단원 평가 Level ❷ 99~101쪽

1 $\frac{1}{2}$
2 ⑤
3 25 : 44
4 (　　)(○)
5 $\frac{13}{20}$, 0.65
6 (위에서부터) $\frac{1}{8}$, 0.125, 12.5 % / $\frac{12}{25}$, 0.48, 48 %
7 ④
8 3 %

9 (1) 예 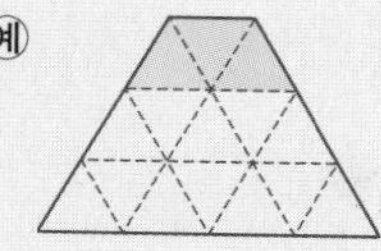 (2) 예

10 ㉢, ㉠, ㉡ **11** ㉢, ㉣

12 9000원 / 120 m **13** 가 자동차

14 백화점, 70000원 **15** 지운

16 63 g **17** 6.86 m

18 $136.85\ cm^2$ **19** $\frac{3}{90000}(=\frac{1}{30000})$

20 25 %

1 $3\div6=\frac{1}{2}$, $6\div12=\frac{1}{2}$, $9\div18=\frac{1}{2}$……이므로 연필 수는 항상 지우개 수의 $\frac{1}{2}$배입니다.

2 ⑤ 4의 5에 대한 비 ➡ 4 : 5

3 전체 공의 수는 25+19=44(개)이므로
(축구공의 수) : (전체 공의 수)=25 : 44입니다.

4 9 : 4를 비율로 나타내면 $\frac{9}{4}$이고, 7 : 9를 비율로 나타내면 $\frac{7}{9}$입니다.
$\frac{9}{4}>\frac{7}{9}$이므로 비율이 작은 것은 7 : 9입니다.

5 동전을 던진 횟수에 대한 그림 면이 나온 횟수의 비는 13 : 20이므로 동전을 던진 횟수에 대한 그림 면이 나온 횟수의 비율은 $\frac{13}{20}=\frac{65}{100}=0.65$입니다.

6 1 : 8 ➡ $\frac{1}{8}=0.125$ ➡ 12.5 %
12 : 25 ➡ $\frac{12}{25}=\frac{48}{100}=0.48$ ➡ 48 %

7 비율을 모두 분수로 나타내어 비교합니다.
① $\frac{9}{20}$ ② $\frac{9}{20}$ ③ $45\ \%=\frac{45}{100}=\frac{9}{20}$
④ $\frac{405}{1000}=\frac{81}{200}$ ⑤ $0.45=\frac{45}{100}=\frac{9}{20}$

8 $\frac{12}{400}\times100=3(\%)$

9 (1) 55 %는 $\frac{55}{100}=\frac{11}{20}$이므로 20칸 중 11칸을 색칠합니다.
(2) 20 %는 $\frac{20}{100}=\frac{1}{5}=\frac{3}{15}$이므로 15칸 중 3칸을 색칠합니다.

10 ㉠ 12.3 ㉡ 2 ㉢ 22.75 ➡ ㉢>㉠>㉡

11 $(비율)=\frac{(비교하는\ 양)}{(기준량)}$이므로 기준량이 비교하는 양보다 작으면 비율은 1보다 큽니다.
따라서 1보다 큰 비율을 모두 찾으면 ㉢, ㉣입니다.

12 기준량이 20000원이고, 비율이 0.45일 때
(비교하는 양)=20000×0.45=9000(원)입니다.
기준량이 300 m이고 비율이 $\frac{2}{5}$일 때
(비교하는 양)$=300\times\frac{2}{5}=120$(m)입니다.

13 걸린 시간에 대한 달린 거리의 비율을 각각 구하면
가 : $\frac{360}{4}(=90)$, 나 : $\frac{480}{6}(=80)$,
다 : $\frac{195}{3}(=65)$입니다.
90>80>65이므로 가장 빠른 자동차는 가 자동차입니다.

14 백화점 가격 : $100000\times\frac{70}{100}=70000$(원)
홈쇼핑 가격 : $90000\times\frac{80}{100}=72000$(원)
70000<72000이므로 백화점에서 더 싸게 살 수 있습니다.

15 (현서가 마시고 남은 양)=400−280=120(mL)
이므로 마시고 남은 양의 비율은 $\frac{120}{400}=0.3$입니다.
(지운이가 마시고 남은 양)=450−270=180(mL)
이므로 마시고 남은 양의 비율은 $\frac{180}{450}=0.4$입니다.
0.3<0.4이므로 마시고 남은 주스의 양의 비율이 더 큰 사람은 지운입니다.

16 15 %는 $\frac{15}{100}=0.15$이므로 소금물 420 g의 0.15만큼 소금이 들어 있는 것입니다.
따라서 소금의 양은 420×0.15=63(g)입니다.

17 70 %는 $\frac{70}{100}=0.7$이므로
(첫 번째로 튀어 오른 공의 높이)
$=20\times0.7=14$(m)
(두 번째로 튀어 오른 공의 높이)
$=14\times0.7=9.8$(m)
(세 번째로 튀어 오른 공의 높이)
$=9.8\times0.7=6.86$(m)
입니다.

18 늘인 가로 : $14+14\times\frac{15}{100}=16.1$(cm)
줄인 세로 : $10-10\times\frac{15}{100}=8.5$(cm)
➡ 직사각형의 넓이 : $16.1\times8.5=136.85$(cm²)

서술형
19 예 900 m=90000 cm이므로 지도에서의 거리 3 cm는 실제 거리 90000 cm입니다.
따라서 실제 거리에 대한 지도에서 거리의 비율은
$\frac{3}{90000}$(=$\frac{1}{30000}$)입니다.

평가 기준	배점(5점)
지도에서의 거리 3 cm는 실제로 몇 cm인지 구했나요?	2점
실제 거리에 대한 지도에서 거리의 비율을 구했나요?	3점

서술형
20 예 지난해 사과 한 개의 값은 $3000\div5=600$(원)이고 올해 사과 한 개의 값은 $3000\div4=750$(원)입니다.
따라서 사과값은 $750-600=150$(원) 올랐으므로
지난해에 비해 $\frac{150}{600}\times100=25$(%) 올랐습니다.

평가 기준	배점(5점)
지난해와 올해의 사과 한 개의 값을 각각 구했나요?	2점
사과값은 몇 % 올랐는지 구했나요?	3점

5 여러 가지 그래프

이 단원에서는 전 학년에서 배운 그림그래프를 작은 수가 아닌 큰 수를 가지고 표현하는 방법을 배우고, 비율 그래프인 띠그래프와 원그래프를 배웁니다. 그림그래프는 여러 자료의 수치를 그림의 크기로, 띠그래프는 전체에 대한 각 부분의 비율을 띠 모양으로 나타낸 것이고, 원그래프는 각 부분의 비율을 원 모양으로 나타낸 것입니다. 이때 그림그래프는 자료의 수치의 비율과 그림의 크기가 비례하지 않지만, 띠그래프와 원그래프는 비례하며 전체의 크기를 100 %로 봅니다. 그림그래프와 비율 그래프인 띠그래프와 원그래프를 배운 후에는 이 그래프가 실생활에서 쓰이는 예를 보고 해석할 수 있도록 하였으며 그 후에는 지금까지 배웠던 여러 가지 그래프를 비교해 봄으로써 상황에 맞는 그래프를 사용할 수 있도록 하였습니다.

1 그림그래프로 나타내기 104쪽

1 700, 1300, 400, 1100

2 마을별 인구

마을	인구
가	☺☺☺☺☺☺☺
나	☺☺☺☺
다	☺☺☺☺
라	☺☺

2 띠그래프 알아보기 105쪽

3 35 / 150, 30 / 125, 25 / 50, 10
4 35, 25, 10 **5** O형

3 (백분율)$=\frac{\text{(혈액형별 학생 수)}}{\text{(전체 학생 수)}}\times100$(%)

4 작은 눈금 한 칸의 크기는 5 %입니다.

5 띠그래프에서 길이가 가장 긴 부분은 O형이므로 가장 많은 학생들의 혈액형은 O형입니다.

3 띠그래프로 나타내기

106쪽

6 35, 25, 20, 10, 10, 100

7 100 %

8 좋아하는 색깔별 학생 수

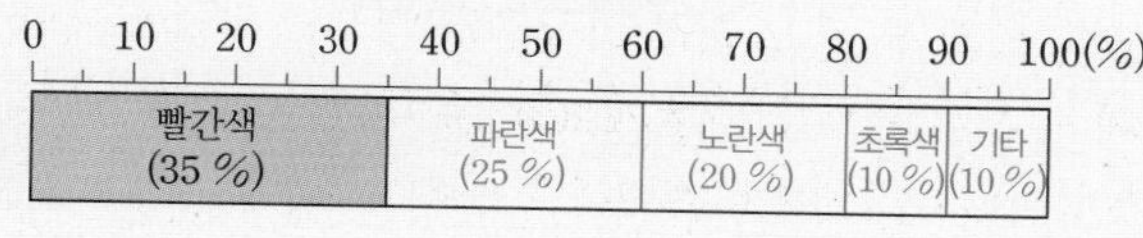

16 좋아하는 채소별 학생 수

0 10 20 30 40 50 60 70 80 90 100(%)

고구마 (32 %)	감자 (20 %)	양파 (20 %)	당근 (16 %)	기타 (12 %)

17 예 학생 수에 4를 곱하면 백분율과 같습니다.

18 (위에서부터) 250 / 35, 25, 20, 15, 5, 100

19 유관순, 신사임당

20 존경하는 위인별 학생 수

0 10 20 30 40 50 60 70 80 90 100(%)

이순신 (35 %)	세종대왕 (25 %)	김구 (20 %)	안중근 (15 %)	기타 (5 %)

21 168명　　22 60명

23 300명　　24 1500명

6 빨간색 : $\frac{210}{600} \times 100 = 35(\%)$

파란색 : $\frac{150}{600} \times 100 = 25(\%)$

노란색 : $\frac{120}{600} \times 100 = 20(\%)$

초록색, 기타 : $\frac{60}{600} \times 100 = 10(\%)$

7 (백분율의 합계)
$= 35 + 25 + 20 + 10 + 10 = 100(\%)$

8 띠그래프의 작은 눈금 한 칸은 5 %를 나타내므로 25 %인 파란색은 5칸, 20 %인 노란색은 4칸, 10 %인 초록색과 기타는 각각 2칸으로 그립니다.

기본에서 응용으로

107~110쪽

1 240만 건　　2 피자

3 예 자료의 특징을 쉽게 알 수 있고 수량의 많고 적음을 한눈에 알 수 있습니다.

4 323만 t　　5 1, 2, 7

6 강원 권역　　7 35, 30

8 50 %　　9 2배

10 예 띠그래프는 전체에 대한 각 항목의 비율을 한눈에 알 수 있기 때문에 각 항목의 비율을 쉽게 비교할 수 있습니다.

11 75 %　　12 200그루

13 (위에서부터) 200 / 19, 55, 5 / 19, 55, 5

14 30 %　　15 20, 20, 16, 100

1 큰 그림은 100만 건, 작은 그림은 10만 건을 나타냅니다. 치킨은 큰 그림이 2개, 작은 그림이 4개이므로 240만 건입니다.

2 큰 그림이 3개로 가장 많은 피자의 이용 건수가 가장 많습니다.

4 그림그래프에서 서울 · 인천 · 경기 권역의 배추 생산량은 (큰 그림)이 3개, (중간 그림)이 2개, (작은 그림)이 3개이므로 323만 t입니다.

7 여름 : $\frac{14}{40} \times 100 = 35(\%)$

가을 : $\frac{12}{40} \times 100 = 30(\%)$

8 여름을 좋아하는 학생의 비율은 35 %이고, 겨울을 좋아하는 학생의 비율은 15 %입니다.
➡ $35 + 15 = 50(\%)$

9 가을을 좋아하는 학생의 비율은 30 %이고, 겨울을 좋아하는 학생의 비율은 15 %입니다.
➡ $30 \div 15 = 2$(배)

서술형
10

단계	문제 해결 과정
①	띠그래프의 특징을 알고 있나요?
②	띠그래프가 표에 비해 좋은 점을 바르게 설명했나요?

11 도서관은 전체의 35 %, 문화회관은 전체의 $100-(35+20+5)=40(\%)$이므로
도서관 또는 문화회관을 희망하는 주민은 전체의 $35+40=75(\%)$입니다.

12 $42+38+110+10=200$(그루)

14 호두나무를 50그루 줄이면 호두나무는 $110-50=60$(그루)가 되고 감나무를 50그루 늘리므로 전체 나무의 수는 변하지 않습니다.
따라서 전체 나무 수에 대한 호두나무 수의 백분율은 $\frac{60}{200}\times100=30(\%)$가 됩니다.

15 감자, 양파 : $\frac{5}{25}\times100=20(\%)$

당근 : $\frac{4}{25}\times100=16(\%)$

(백분율의 합계)$=32+20+20+16+12$
$=100(\%)$

16 비율에 맞게 띠를 나눈 다음 각 항목의 이름과 백분율을 써넣습니다.

18 세종대왕 : $1000-(350+200+150+50)$
$=250$(명)

이순신 : $\frac{350}{1000}\times100=35(\%)$

세종대왕 : $\frac{250}{1000}\times100=25(\%)$

김구 : $\frac{200}{1000}\times100=20(\%)$

안중근 : $\frac{150}{1000}\times100=15(\%)$

기타 : $\frac{50}{1000}\times100=5(\%)$

(백분율의 합계)$=35+25+20+15+5$
$=100(\%)$

19 다른 위인에 비해 수가 적은 유관순과 신사임당은 기타 항목에 넣었습니다.

20 항목별 백분율에 맞게 띠를 나누고 각 위인과 백분율을 써넣습니다.

21 초등학생의 비율은 $100-(25+18+15)=42(\%)$이므로 이 마을의 초등학생 수는
$400\times\frac{42}{100}=168$(명)입니다.

서술형
22 예 강아지를 좋아하는 학생의 비율은 30 %이므로
(강아지를 좋아하는 학생 수)$=600\times\frac{30}{100}$
$=180$(명)입니다.
토끼를 좋아하는 학생의 비율은 20 %이므로
(토끼를 좋아하는 학생 수)$=600\times\frac{20}{100}$
$=120$(명)입니다.
따라서 강아지를 좋아하는 학생은 토끼를 좋아하는 학생보다 $180-120=60$(명) 더 많습니다.

단계	문제 해결 과정
①	강아지와 토끼를 좋아하는 학생 수를 각각 구했나요?
②	강아지를 좋아하는 학생은 토끼를 좋아하는 학생보다 몇 명 더 많은지 구했나요?

23 강릉을 가고 싶어 하는 학생의 비율은 20 %이고, 20 %의 5배가 100 %이므로 비율이 100 %인 전체 학생 수는 $60\times5=300$(명)입니다.

24 2시간 미만 사용한 청소년의 비율은 $25+15=40(\%)$입니다.
2시간 미만 사용한 청소년의 비율 40 %가 600명이므로 10 %는 $600\div4=150$(명)입니다.
따라서 조사한 청소년은 모두 $150\times10=1500$(명)입니다.

4 원그래프 알아보기 111쪽

1 35 / 10, 25 / 10, 25 / 6, 15
2 (위에서부터) 15, 35, 25, 25
3 컴퓨터

1 (백분율)$=\frac{(\text{하고 싶은 일별 학생 수})}{(\text{전체 학생 수})}\times100(\%)$

3 원그래프에서 가장 넓은 부분을 차지하는 것은 컴퓨터입니다.

5 원그래프로 나타내기 112쪽

4 35, 30, 20, 5, 100　　5 100 %

6 즐겨 보는 TV 프로그램별 학생 수

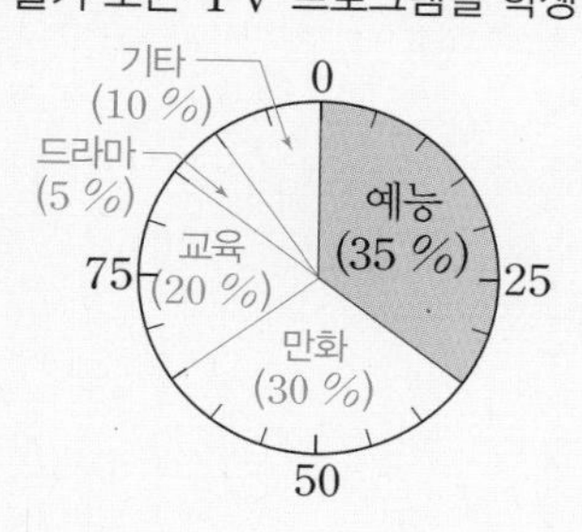

4 예능 : $\frac{21}{60}\times100=35(\%)$

만화 : $\frac{18}{60}\times100=30(\%)$

교육 : $\frac{12}{60}\times100=20(\%)$

드라마 : $\frac{3}{60}\times100=5(\%)$

5 (백분율의 합계)$=35+30+20+5+10$
$=100(\%)$

6 눈금 한 칸은 5 %를 나타내므로 30 %인 만화는 6칸, 20 %인 교육은 4칸, 5 %인 드라마는 1칸, 10 %인 기타는 2칸으로 그립니다.

6 그래프 해석하기 113쪽

7 30 %　　8 50 %

9 100명

7 띠그래프에서 차지하는 부분이 가장 긴 항목은 수학으로 전체의 30 %입니다.

8 수학을 좋아하는 학생은 30 %이고, 영어를 좋아하는 학생은 20 %이므로 수학 또는 영어를 좋아하는 학생은 전체의 50 %입니다.

9 과학을 좋아하는 학생은 전체의 25 %이므로
$400\times\frac{25}{100}=100$(명)입니다.

7 여러 가지 그래프 비교하기 114쪽

10 (위에서부터) 300, 900, 2000 / 15, 10, 45

11 제과점별 밀가루 사용량

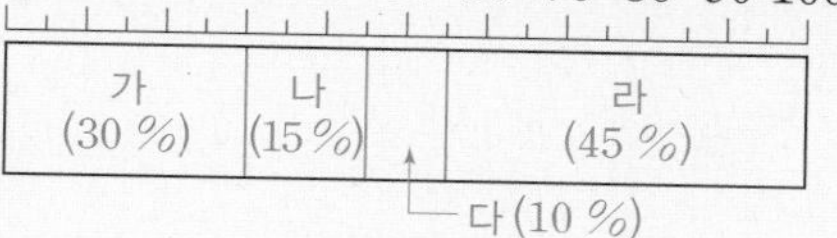

제과점별 밀가루 사용량

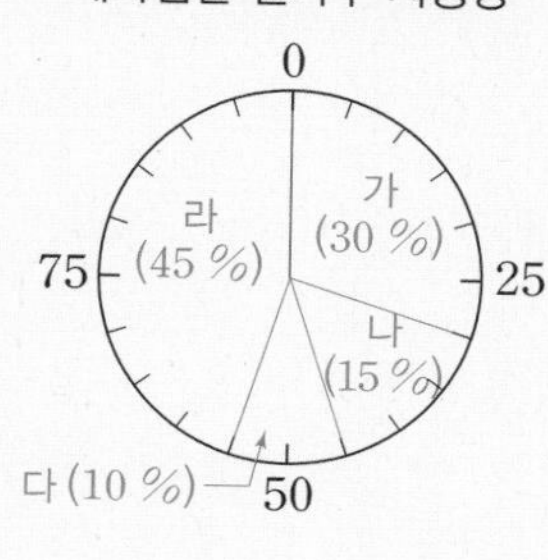

기본에서 응용으로 115~118쪽

25 25, 20, 12.5, 12.5, 100

26 (위에서부터) 12.5, 20, 25

27 햄버거　　28 2배

29 예 원그래프는 전체에 대한 각 항목의 비율을 한눈에 알 수 있기 때문에 각 항목의 비율을 쉽게 비교할 수 있습니다.

30 (위에서부터) 60, 10 / 45, 20, 100

31 의료 시설 수

32 1.5배

33 19, 35, 30, 16, 100 / 32, 8, 45, 15, 100

34 남학생의 등교 수단별 학생 수

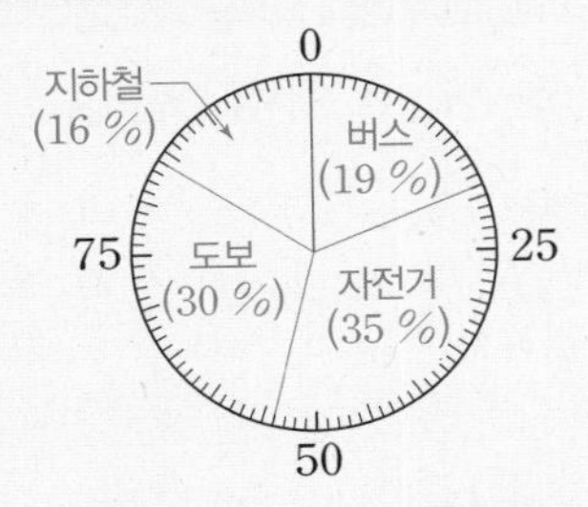

여학생의 등교 수단별 학생 수

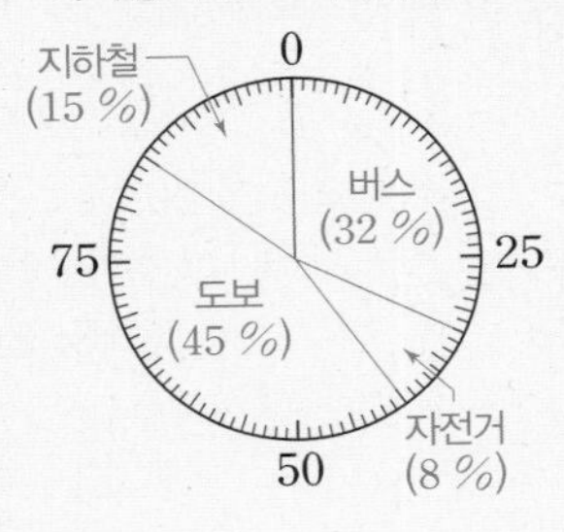

35 50 %

36 60만 원

37 37.5 %

38 예 종이 쓰레기

39 캔, 기타

40 128만 t

41 800만 t

[42~43] (위에서부터) 120 / 40, 25, 20, 10, 5, 100

42 예 원그래프
/ 예 원그래프는 전체 학생에 대한 각 장래 희망의 비율을 비교하기 쉽기 때문입니다.

43 예 장래 희망별 학생 수

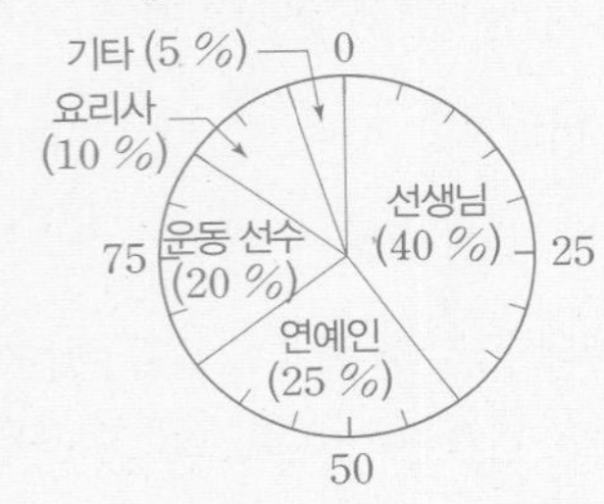

44 (위에서부터) 1000, 400, 1400, 4000 /
30, 25, 10, 35, 100

45 마을별 초등학생 수

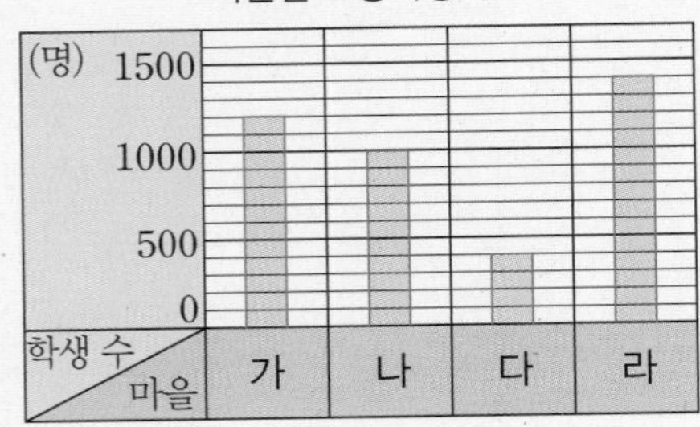

46 마을별 초등학생 수

0 10 20 30 40 50 60 70 80 90 100(%)

가 (30 %) | 나 (25 %) | 다 (10 %) | 라 (35 %)

47 곡물별 밭의 넓이

0 10 20 30 40 50 60 70 80 90 100(%)

쌀 (40 %) | 보리 (25 %) | 콩 (20 %) | 팥 (10 %) | 기타 (5 %)

48 300 m^2

49 30 %

25 피자 : $\frac{10}{40}\times 100=25(\%)$

떡볶이 : $\frac{8}{40}\times 100=20(\%)$

김밥, 기타 : $\frac{5}{40}\times 100=12.5(\%)$

27 원그래프에서 가장 넓은 부분을 차지하는 것은 햄버거입니다.

28 피자를 좋아하는 학생은 10명이고, 김밥을 좋아하는 학생은 5명이므로 2배입니다.

서술형
29

단계	문제 해결 과정
①	원그래프의 특징을 알고 있나요?
②	원그래프가 표에 비해 좋은 점을 바르게 설명했나요?

30 약국 : $\frac{90}{200}\times 100=45(\%)$

병원 : $200\times\frac{30}{100}=60$(개)

한의원 : $\frac{40}{200}\times 100=20(\%)$

기타 : $200\times\frac{5}{100}=10$(개)

32 병원의 비율은 30 %이고, 한의원의 비율은 20 %이므로 $30\div 20=1.5$(배)입니다.

35 저축과 식품비가 각각 전체의 25 %이므로 저축 또는 식품비로 쓴 생활비는 전체의 $25+25=50(\%)$입니다.

36 교육비는 전체의 30 %이므로 교육비로 쓴 돈은

200만$\times\frac{30}{100}$=60만 (원)입니다.

37 식품비의 반은 $25\div2=12.5$(%)이므로 저축을 더 한다면 저축의 비율은 $25+12.5=37.5$(%)가 됩니다.

38 비율이 가장 높은 종이 쓰레기의 양을 가장 많이 줄여야 합니다.

39 10 % 미만에 10 %는 포함되지 않으므로 10 % 미만인 것은 캔, 기타입니다.

40 (재활용되는 음식물 쓰레기의 양)

=160만$\times\frac{80}{100}$=128만 (t)

41 음식물 쓰레기의 비율은 20 %이고, 20 %의 5배가 100 %이므로 전체 쓰레기의 양은

160만$\times5$=800만 (t)입니다.

서술형
42

단계	문제 해결 과정
①	어떤 그래프로 나타내는 것이 좋을지 바르게 썼나요?
②	이유를 바르게 썼나요?

44 가 : $\frac{1200}{4000}\times100=30$(%)

나 : $\frac{1000}{4000}\times100=25$(%)

다 : $\frac{400}{4000}\times100=10$(%)

라 : $\frac{1400}{4000}\times100=35$(%)

47 (팥의 비율)$=100-(40+25+20+5)=10$(%)

띠그래프의 작은 눈금 한 칸의 크기는 5 %입니다.

쌀 : $40\div5=8$(칸), 보리 : $25\div5=5$(칸),

콩 : $20\div5=4$(칸), 팥 : $10\div5=2$(칸),

기타 : $5\div5=1$(칸)

48 쌀을 심은 밭의 넓이는 팥을 심은 밭의 넓이의 $40\div10=4$(배)입니다.

따라서 쌀을 심은 밭의 넓이가 1200 m^2일 때 팥을 심은 밭의 넓이는 $1200\div4=300$(m^2)입니다.

49 올해 보리를 심은 밭은 전체의 25 %이고

25 %의 $\frac{2}{5}$는 $25\times\frac{2}{5}=10$(%)이므로 내년에 콩을 심을 밭은 전체의 $20+10=30$(%)가 됩니다.

응용에서 최상위로

119~122쪽

1 10.5 cm	**1-1** 6 cm	**1-2** 10 cm
2 72명	**2-1** 324명	**2-2** 120명
3 105 km^2	**3-1** 88명	**3-2** 2.4시간

4 **1단계** 예 819년에 60세 이상의 인구 비율은 $100-(44.6+52.4)=3$(%)이고, 825년에 60세 이상의 인구 비율은 $100-(46.5+49.6)=3.9$(%)입니다.

2단계 예 60세 이상의 인구 비율이 825년에는 3.9 %이고, 819년에는 3 %이므로 $3.9\div3=1.3$(배)로 늘어났습니다.
/ 1.3배

4-1 약 1.1배

1 지출이 가장 많은 항목은 간식으로 12250원이므로

간식의 비율은 $\frac{12250}{35000}\times100=35$(%)입니다.

따라서 길이가 30 cm인 띠그래프에서 간식이 차지하는 길이는 $30\times\frac{35}{100}=10.5$(cm)입니다.

1-1 지출이 가장 많은 항목은 식비로 120000원입니다.

식비의 비율은 $\frac{120000}{400000}\times100=30$(%)이므로

길이가 20 cm인 띠그래프에서 식비가 차지하는

길이는 $20\times\frac{30}{100}=6$(cm)입니다.

1-2 도보로 등교하는 학생은

$1800-(540+270+180+70+20)=720$(명)이므로 가장 많은 학생들의 등교 방법은 도보이고 도보의

비율은 $\frac{720}{1800}\times100=40$(%)입니다.

따라서 길이가 25 cm인 띠그래프에서 도보가 차지하는

길이는 $25\times\frac{40}{100}=10$(cm)입니다.

2 중학생 수의 비율을 □ %라고 하면

초등학생 수의 비율은 (□×2) %이므로

□×2+□+18+10=100, □×3=72, □=24

입니다.

따라서 초등학생이 차지하는 비율이 $24\times2=48$(%)

이므로 초등학생은 $150\times\frac{48}{100}=72$(명)입니다.

참고 ■×2+■=■+■+■=■×3

2-1 기타인 학생 수의 비율을 □ %라고 하면 고양이를 좋아하는 학생 수의 비율은 (□×3) %이므로
$40+□\times3+24+□=100$, $□\times4=36$,
$□=9$입니다.
따라서 고양이를 좋아하는 학생이 차지하는 비율이
$9\times3=27$(%)이므로 고양이를 좋아하는 학생은
$1200\times\frac{27}{100}=324$(명)입니다.

2-2 다 신문을 구독하는 사람 수를 □명이라고 하면
가 신문을 구독하는 사람 수는 (□×2)명이므로
$□\times2+44+□+16=240$, $□\times3=180$,
$□=60$입니다.
따라서 가 신문을 구독하는 사람은 $60\times2=120$(명)입니다.

3 농경지는 전체 땅의 30 %이므로 농경지의 넓이는
$1000\times\frac{30}{100}=300(km^2)$이고
밭은 농경지의 35 %이므로 밭의 넓이는
$300\times\frac{35}{100}=105(km^2)$입니다.

3-1 중국인은 전체 외국인의 40 %이므로
중국인의 수는 $400\times\frac{40}{100}=160$(명)이고
중국인 남자는 중국인의 55 %이므로
중국인 남자의 수는 $160\times\frac{55}{100}=88$(명)입니다.

3-2 기타 시간은 하루 24시간의 20 %이므로
$24\times\frac{20}{100}=4.8$(시간)이고
세면 및 식사 시간은 기타 시간의 50 %이므로
$4.8\times\frac{50}{100}=2.4$(시간)입니다.

4-1 828년에 말의 비율은 $100-(30.4+31.6)=38$(%)이고 834년에 말의 비율은
$100-(25.6+33.9)=40.5$(%)입니다.
따라서 $40.5\div38=1.06\cdots\cdots$ ➡ 약 1.1이므로 말의 비율이 834년에는 828년에 비해 약 1.1배로 늘어났습니다.

기출 단원 평가 Level ❶ 123~125쪽

1 ⑤
2 150, 220, 120, 80

3 마을별 초등학교 수

마을	학교 수
가	
나	
다	
라	

4 그림그래프
5 35 %
6 농구
7 3.5배
8 5명
9 (위에서부터) 200 / 19, 55, 5, 100

10 좋아하는 음식별 학생 수

0 10 20 30 40 50 60 70 80 90 100(%)

피자 (21 %) | 치킨 (19 %) | 자장면 (55 %) | 기타 (5 %)

11 ㉡, ㉣
12 40, 20, 15, 15, 10, 100

13 가고 싶은 곳별 학생 수

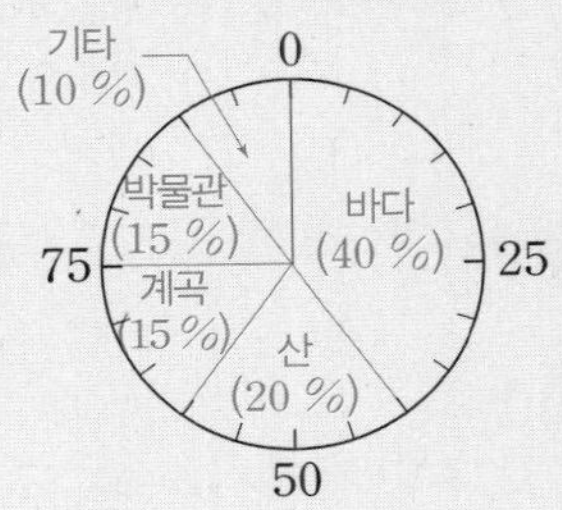

14 35 %
15 20 cm
16 45 %

17 읽은 책별 학생 수

0 10 20 30 40 50 60 70 80 90 100(%)

동화책 (45 %) | 위인전 (25 %) | 과학 도서 (10 %) | 학습 만화 (15 %) | 기타 (5 %)

18 54권
19 ㉠ • 가장 많이 생산되는 과일은 사과입니다.
• 사과 생산량은 감 생산량의 3배입니다.
20 360명

1 ⑤ 시간에 따른 연속적인 변화는 꺾은선그래프로 나타내는 것이 적절합니다.

5 띠그래프의 작은 눈금 한 칸의 크기는 5 %이고 야구는 7칸을 차지하므로 전체의 $5\times7=35$(%)입니다.

6 띠그래프에서 차지하는 부분의 길이가 가장 긴 것은 농구입니다.

다른 풀이

농구가 차지하는 비율은 $5\times8=40$(%)로 가장 높으므로 가장 많은 학생들이 즐겨 보는 운동 경기는 농구입니다.

7 야구는 전체의 35 %이고 배구는 전체의 10 %이므로 $35\div10=3.5$(배)입니다.

8 농구가 차지하는 비율이 40 %이고, 배구가 차지하는 비율이 10 %이므로 농구는 배구의 4배입니다.
따라서 배구를 즐겨 보는 학생은 $20\div4=5$(명)입니다.

9 합계 : $42+38+110+10=200$(명)

치킨 : $\frac{38}{200}\times100=19$(%)

자장면 : $\frac{110}{200}\times100=55$(%)

기타 : $\frac{10}{200}\times100=5$(%)

11 ㉠ 꺾은선그래프
㉡ 띠그래프, 원그래프, 막대그래프
㉢ 꺾은선그래프
㉣ 그림그래프, 막대그래프, 띠그래프, 원그래프

12 바다 : $\frac{80}{200}\times100=40$(%)

산 : $\frac{40}{200}\times100=20$(%)

계곡, 박물관 : $\frac{30}{200}\times100=15$(%)

기타 : $\frac{20}{200}\times100=10$(%)

13 눈금 한 칸은 5 %를 나타내므로 바다는 8칸, 산은 4칸, 계곡은 3칸, 박물관은 3칸, 기타는 2칸을 차지하도록 그립니다.

14 산은 전체의 20 %이고 계곡은 전체의 15 %이므로 산 또는 계곡에 가고 싶어 하는 학생은 전체의 $20+15=35$(%)입니다.

15 산을 가고 싶은 학생의 비율은 20 %이고 20 %의 5배가 100 %이므로 띠그래프의 전체 길이는 $4\times5=20$(cm)입니다.

16 학습 만화의 비율을 □ %라고 하면 동화책의 비율은 (□×3) %이므로
□×3+25+10+□+5=100, □×4=60,
□=15입니다.
따라서 학습 만화의 비율은 15 %이고, 동화책의 비율은 $15\times3=45$(%)입니다.

17 작은 눈금 한 칸은 5 %를 나타내므로 동화책은 9칸, 위인전은 5칸, 과학 도서는 2칸, 학습 만화는 3칸, 기타는 1칸을 차지하게 그립니다.

18 위인전의 비율은 25 %이고 25 %의 4배가 100 %이므로 방학 동안 읽은 전체 책의 권수는
$30\times4=120$(권)입니다.
따라서 방학 동안 읽은 동화책은
$120\times\frac{45}{100}=54$(권)입니다.

서술형
19

평가 기준	배점(5점)
한 가지 사실을 바르게 썼나요?	3점
다른 한 가지 사실을 바르게 썼나요?	2점

서술형
20 예 20분 미만의 비율은 10분 미만의 비율과 10분 이상 20분 미만의 비율을 합한 것과 같습니다.
따라서 20분 미만의 비율은 $42+30=72$(%)이므로 등교 시간이 20분 미만인 학생은
$500\times\frac{72}{100}=360$(명)입니다.

평가 기준	배점(5점)
등교 시간이 20분 미만인 비율을 구했나요?	2점
등교 시간이 20분 미만인 학생 수를 구했나요?	3점

기출 단원 평가 Level ❷ 126~128쪽

1 42, 28, 21, 9, 100

2
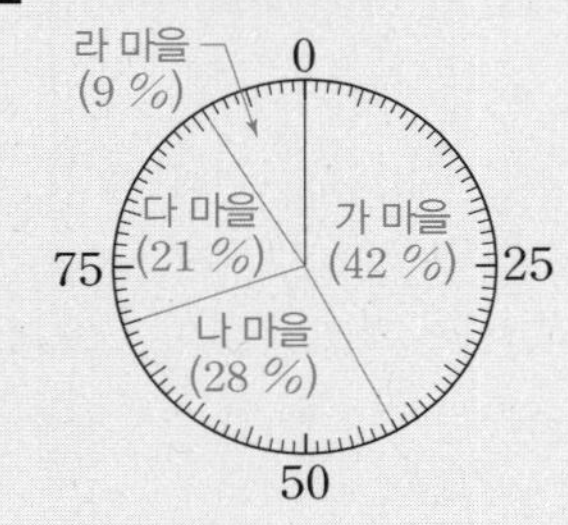

3 가 마을

4 휴대 전화, 학용품, 게임기, 운동화

5 16명

6 지방

7 258, 156, 72, 114, 600

8 25 %

9 약 2.1배

10 120명

11 3.6 cm

12 1.4배

13 56 %

14 1.28배

15 30만 원

16 25000원

17 37500원

18 1935명

19 56명

20 320명

1 가 마을 : $\frac{168}{400}\times100=42(\%)$

나 마을 : $\frac{112}{400}\times100=28(\%)$

다 마을 : $\frac{84}{400}\times100=21(\%)$

라 마을 : $\frac{36}{400}\times100=9(\%)$

3 다 마을에 사는 학생 수의 2배인 비율은 $21\times2=42(\%)$이므로 가 마을입니다.

5 휴대 전화의 비율은 게임기의 비율의 $40\div20=2$(배)이므로 휴대 전화를 받고 싶어 하는 학생은 $8\times2=16$(명)입니다.

6 가장 많이 들어 있는 영양소는 탄수화물이고, 두 번째로 많이 들어 있는 영양소는 지방입니다.

7 탄수화물 : $600\times\frac{43}{100}=258(g)$

지방 : $600\times\frac{26}{100}=156(g)$

단백질 : $600\times\frac{12}{100}=72(g)$

기타 : $600\times\frac{19}{100}=114(g)$

8 백두산을 좋아하는 학생은 $100-(30+15+12+18)=25(\%)$입니다.

9 백두산은 전체의 25 %이고, 지리산은 전체의 12 %입니다.
따라서 $25\div12=2.0\dot{8}\cdots\cdots$ ➡ 약 2.1이므로 백두산을 좋아하는 학생의 비율은 지리산을 좋아하는 학생의 비율의 약 2.1배입니다.

10 한라산을 좋아하는 학생은 전체의 30 %입니다.
(한라산을 좋아하는 학생 수)$=400\times\frac{30}{100}$
$=120$(명)

11 금강산의 비율은 전체의 18 %이므로 $20\times\frac{18}{100}=3.6(cm)$로 해야 합니다.

12 식품비는 35 %이고, 주거광열비는 25 %이므로 $35\div25=1.4$(배)입니다.

13 주거광열비는 32 %이고, 교육비는 24 %이므로 주거광열비 또는 교육비로 쓴 돈은 전체 생활비의 $32+24=56(\%)$입니다.

14 주거광열비는 6월은 25 %이고, 7월은 32 %이므로 $32\div25=1.28$(배) 늘어났습니다.

15 (6월의 교육비)$=300\times\frac{18}{100}=54$(만 원),
(7월의 교육비)$=350\times\frac{24}{100}=84$(만 원)이므로
$84-54=30$(만 원) 더 늘었습니다.

16 과일의 비율은 $100-(40+30+10)=20(\%)$입니다.
따라서 과일을 사는 데 지출한 금액은
$125000\times\frac{20}{100}=25000$(원)입니다.

17 지출 금액이 가장 많은 식품은 40 %인 쌀로 50000원이고, 가장 적은 식품은 10 %인 채소입니다. 채소를 사는 데 지출한 금액은 $125000 \times \frac{10}{100} = 12500$(원)이므로 지출 금액이 가장 많은 식품과 가장 적은 식품의 금액의 차는 $50000 - 12500 = 37500$(원)입니다.

18 (다 마을에 사는 인구)$= 15000 \times \frac{30}{100} = 4500$(명)

(다 마을에 사는 여자 수)$= 4500 \times \frac{43}{100} = 1935$(명)

서술형
19 예 주스를 좋아하는 학생의 비율이 40 %이므로 주스를 좋아하는 학생은 $560 \times \frac{40}{100} = 224$(명)입니다.
딸기주스를 좋아하는 학생은 주스를 좋아하는 학생의 25 %이므로 $224 \times \frac{25}{100} = 56$(명)입니다.

평가 기준	배점(5점)
주스를 좋아하는 학생 수를 구했나요?	2점
딸기주스를 좋아하는 학생 수를 구했나요?	3점

서술형
20 예 은지의 득표율은
$100 - (30 + 15 + 10 + 20) = 25$(%)입니다.
25 %의 4배가 100 %이므로 투표를 한 학생은
$80 \times 4 = 320$(명)입니다.

평가 기준	배점(5점)
은지의 득표율을 구했나요?	2점
투표를 한 전체 학생 수를 구했나요?	3점

사고력이 반짝 129쪽

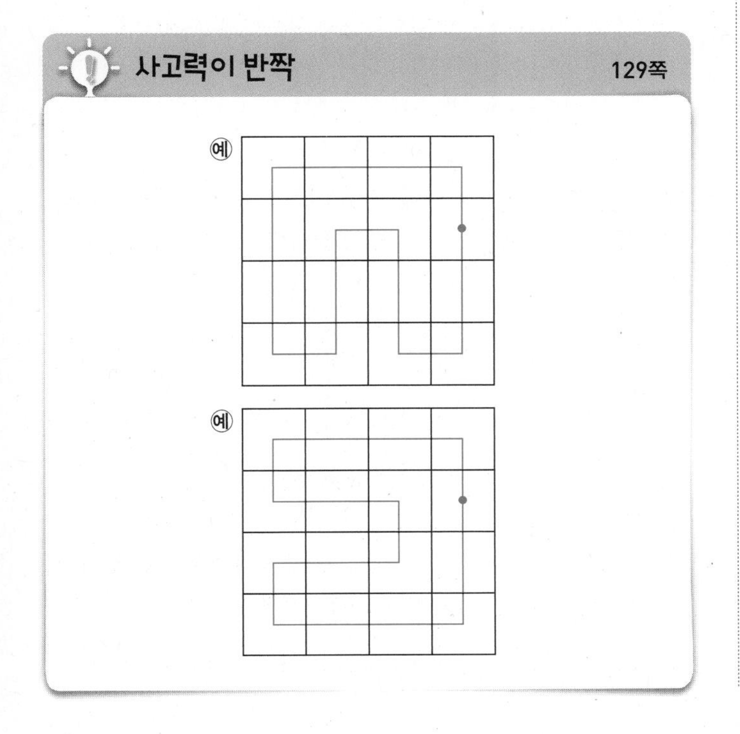

6 직육면체의 부피와 겉넓이

일상생활에서 물건의 부피나 겉넓이를 정확히 재는 상황이 많지는 않지만 물건의 부피나 겉넓이를 어림해야 하는 상황은 생각보다 자주 발생합니다. 예를 들면 과자를 살 때 과자의 부피와 포장지의 겉넓이를 어림해서 과자의 가격을 생각하면 더욱 합리적인 소비를 할 수 있습니다. 또 부피와 겉넓이를 구하는 공식은 학생들이 이미 학습한 넓이의 개념과 공식을 이용해서 충분히 유추해 낼 수 있는 만큼 학생들에게 풍부한 추론의 기회를 제공할 수 있습니다. 직육면체의 겉넓이 개념은 3차원에서의 2차원 탐구인 만큼 학생들이 어려워하는 주제이므로 구체물을 활용하여 충분히 익히고, 이를 바탕으로 겉넓이 구하는 공식을 다양한 방법으로 유도하도록 합니다.

1 직육면체의 부피 비교하기 132쪽

1 가, 다, 나

2 (1) 18개, 20개, 24개 (2) 다, 나, 가

1 세 직육면체의 세로와 높이가 각각 같으므로 가로가 길수록 부피가 큽니다.

2 (1) 가 : $2 \times 3 \times 3 = 18$(개)
나 : $2 \times 2 \times 5 = 20$(개)
다 : $3 \times 4 \times 2 = 24$(개)
(2) $24 > 20 > 18$이므로 부피를 비교하면 다>나>가입니다.

2 부피의 단위(1) 133쪽

! 연결큐브에 ○표

3 (1) $24\ cm^3$, $36\ cm^3$ (2) $12\ cm^3$

4 5, 3, 4, 60

3 (1) 가 : 부피가 $1\ cm^3$인 쌓기나무가 24개이므로 $24\ cm^3$입니다.
나 : 부피가 $1\ cm^3$인 쌓기나무가 36개이므로 $36\ cm^3$입니다.
(2) 나 직육면체는 가 직육면체보다 $36 - 24 = 12(cm^3)$ 더 큽니다.

4 각 모서리의 쌓기나무의 수가 5개, 3개, 4개이므로 쌓기나무의 수는 $5\times3\times4=60$(개)입니다.
부피가 $1\,cm^3$인 쌓기나무가 60개이므로 부피는 $60\,cm^3$입니다.

3 직육면체의 부피 구하는 방법 134쪽

5 (1) $140\,cm^3$ (2) $512\,cm^3$

6 5 cm

5 (1) (직육면체의 부피)$=4\times5\times7=140(cm^3)$
(2) (정육면체의 부피)$=8\times8\times8=512(cm^3)$

6 (직육면체의 부피)=(밑면의 넓이)×(높이)이므로
(높이)=(직육면체의 부피)÷(밑면의 넓이)입니다.
따라서 (밑면의 넓이)$=8\times4=32(cm^2)$이므로
(높이)$=160\div32=5$(cm)입니다.

4 부피의 단위(2) 135쪽

❶ m^3에 ○표 / cm^3에 ○표

7 (1) 6 m, 4 m, 3.5 m (2) $84\,m^3$

8 (1) 9000000 (2) 1700000 (3) 4 (4) 6.3

7 (1) 100 cm=1 m이므로 가로는 6 m, 세로는 4 m, 높이는 3.5 m입니다.
(2) (직육면체의 부피)=(가로)×(세로)×(높이)
$=6\times4\times3.5=84(m^3)$

8 $1\,m^3=1000000\,cm^3$

5 직육면체의 겉넓이 구하는 방법 136쪽

9 96, 72, 48 / 432

10 (1) $478\,cm^2$ (2) $150\,cm^2$

10 (1) (직육면체의 겉넓이)
$=(11\times9+9\times7+11\times7)\times2$
$=(99+63+77)\times2$
$=239\times2=478(cm^2)$
(2) (정육면체의 겉넓이)$=5\times5\times6=150(cm^2)$

기본에서 응용으로 137~141쪽

1 나, 다, 가

2 >

3 다

4 가, 다 / 나, 다
예 직접 맞대어 비교하려면 가로, 세로, 높이 중에서 두 종류 이상의 길이가 같아야 합니다. 가와 다는 6 cm, 3 cm인 모서리의 길이가 각각 같고, 나와 다는 2 cm, 3 cm인 모서리의 길이가 각각 같으므로 부피를 직접 맞대어 비교할 수 있습니다.

5 $48\,cm^3$

6 96개

7 24개, 192개

8 $192\,cm^3$

9 $400\,cm^3$

10 5

11 $30\,cm^3$

12 6

13 2 cm

14 27배

15 $1000\,cm^3$

16 6 cm

17 $729\,cm^3$

18 $45\,m^3$

19 <

20 ㉡, ㉣, ㉠, ㉢

21 45

22 7500개

23 $280\,cm^2$

24 $96\,cm^2$

25 예 합동인 세 면의 넓이의 합에 2배를 해야 하는데 세 면의 넓이의 합만 구했습니다. / $542\,cm^2$

26 6

27 5

28 진성, $178\,cm^2$

29 4

30 15 cm

31 $1080\,cm^3$

32 $252\,cm^3$

33 $153\,cm^3$

1 가, 나, 다는 모두 가로와 세로가 같습니다.
따라서 높이가 가장 낮은 나의 부피가 가장 작고, 높이가 가장 높은 가의 부피가 가장 큽니다.

2 직육면체 가의 쌓기나무는 30개, 직육면체 나의 쌓기나무는 27개입니다. 쌓기나무의 크기가 같으므로 쌓기나무가 더 많은 직육면체 가의 부피가 더 큽니다.

3 가 : $2\times2\times3=12$(개)
나 : $3\times2\times2=12$(개)
다 : $1\times5\times3=15$(개)

서술형
4

단계	문제 해결 과정
①	직접 맞대어 부피를 비교할 수 있는 상자끼리 바르게 짝 지었나요?
②	이유를 바르게 썼나요?

5 한 모서리의 길이가 1 cm인 쌓기나무의 부피는 1 cm^3이므로 쌓기나무의 수가 직육면체의 부피가 됩니다.
쌓기나무의 수는 $4\times4\times3=48$(개)이므로 부피는 48 cm^3입니다.

6 1 cm^3가 96개이면 96 cm^3입니다.

7 승주 : $4\times3\times2=24$(개)
재희 : $8\times6\times4=192$(개)

8 재희가 사용한 쌓기나무의 부피가 1 cm^3이므로 직육면체 모양의 상자의 부피는 192 cm^3입니다.

9 (직육면체의 부피)$=8\times5\times10=400(\text{cm}^3)$

10 (직육면체의 부피)$=$(가로)$\times$(세로)$\times$(높이)이므로 $270=9\times\square\times6$, $270=54\times\square$, $\square=5$입니다.

11 전개도를 접으면 오른쪽과 같은 직육면체가 됩니다.
(직육면체의 부피)$=3\times2\times5$
$=30(\text{cm}^3)$

5 cm
3 cm
2 cm

12 (직육면체 가의 부피)$=4\times4\times9=144(\text{cm}^3)$
두 직육면체의 부피가 같으므로 직육면체 나의 부피도 144 cm^3입니다.
$8\times\square\times3=144$, $24\times\square=144$, $\square=6$

13 작은 정육면체의 수는 $4\times4\times4=64$(개)입니다.
쌓은 정육면체 모양의 부피가 512 cm^3이므로 작은 정육면체의 부피는 $512\div64=8(\text{cm}^3)$입니다.
$2\times2\times2=8$이므로 작은 정육면체의 한 모서리의 길이는 2 cm입니다.

14 (정육면체의 부피)$=$(한 모서리의 길이)$\times$(한 모서리의 길이)$\times$(한 모서리의 길이)이므로 각 모서리의 길이를 3배로 늘인다면 처음 부피의 $3\times3\times3=27$(배)가 됩니다.

서술형
15 예 한 면의 둘레가 40 cm이므로 한 모서리의 길이는 $40\div4=10$(cm)입니다.
따라서 한 모서리의 길이가 10 cm인 정육면체의 부피는 $10\times10\times10=1000(\text{cm}^3)$입니다.

단계	문제 해결 과정
①	한 모서리의 길이를 구했나요?
②	정육면체의 부피를 구했나요?

16 (직육면체의 부피)$=9\times4\times3=108(\text{cm}^3)$이므로
(정육면체의 부피)$=108\times2=216(\text{cm}^3)$입니다.
$6\times6\times6=216$이므로 정육면체의 한 모서리의 길이는 6 cm입니다.

17 정육면체는 가로, 세로, 높이가 모두 같으므로 직육면체의 가장 짧은 모서리의 길이인 9 cm를 정육면체의 한 모서리의 길이로 해야 합니다.
따라서 만들 수 있는 가장 큰 정육면체 모양의 부피는 $9\times9\times9=729(\text{cm}^3)$입니다.

18 90 cm$=$0.9 m이므로
(직육면체의 부피)$=0.9\times10\times5=45(\text{m}^3)$입니다.

19 $4600000\text{ cm}^3=4.6\text{ m}^3$ ➡ $4.6\text{ m}^3<4.9\text{ m}^3$

20 ㉠ 57000 cm^3
㉡ $0.35\text{ m}^3=350000\text{ cm}^3$
㉢ $30\times30\times30=27000(\text{cm}^3)$
㉣ $70\times20\times60=84000(\text{cm}^3)$
➡ ㉡>㉣>㉠>㉢

21 $0.18\text{ m}^3=180000\text{ cm}^3$이고, 0.8 m$=$80 cm입니다. 따라서 $180000=50\times\square\times80$에서 $180000=4000\times\square$, $\square=45$입니다.

22 1 m에는 20 cm를 5개 놓을 수 있으므로 한 모서리의 길이가 20 cm인 정육면체 모양의 상자를 5 m에는 25개, 3 m에는 15개, 4 m에는 20개 놓을 수 있습니다.
따라서 이 창고에는 한 모서리의 길이가 20 cm인 정육면체 모양의 상자를 $25\times15\times20=7500$(개) 쌓을 수 있습니다.

23 (직육면체의 겉넓이)$=(9\times8+9\times4+4\times8)\times2$
$=(72+36+32)\times2$
$=140\times2=280(\text{cm}^2)$

24 (정육면체의 겉넓이)$=16\times6=96(\text{cm}^2)$

서술형
25 (직육면체의 겉넓이)
$=(9\times7+7\times13+9\times13)\times2$
$=271\times2=542(cm^2)$

단계	문제 해결 과정
①	잘못된 이유를 바르게 설명했나요?
②	바르게 계산했나요?

26 $\square\times\square\times6=216$, $\square\times\square=36$, $\square=6$

27 $(8\times5+5\times\square+8\times\square)\times2=210$,
$40+5\times\square+8\times\square=105$,
$5\times\square+8\times\square=65$, $13\times\square=65$, $\square=5$

28 (진성이가 포장한 상자의 겉넓이)
$=(10\times17+17\times5+10\times5)\times2$
$=(170+85+50)\times2$
$=305\times2=610(cm^2)$
(유미가 포장한 상자의 겉넓이)
$=(12\times8+8\times6+12\times6)\times2$
$=(96+48+72)\times2$
$=216\times2=432(cm^2)$
따라서 진성이가 포장한 상자의 겉넓이가
$610-432=178(cm^2)$ 더 넓습니다.

29 전개도의 넓이는 $228\ cm^2$입니다.

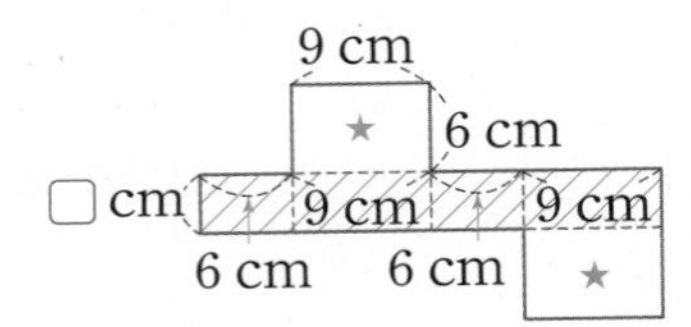

★표 한 면의 넓이는 각각 $9\times6=54(cm^2)$이므로 빗금 친 면의 넓이는 $228-54-54=120(cm^2)$입니다.
➡ $(6+9+6+9)\times\square=120$,
$30\times\square=120$, $\square=4$

30 (직육면체의 겉넓이)
$=(21\times15+15\times10+21\times10)\times2$
$=(315+150+210)\times2$
$=675\times2=1350(cm^2)$
겉넓이가 $1350\ cm^2$인 정육면체의 한 모서리의 길이를 $\square$cm라고 하면 $\square\times\square\times6=1350$,
$\square\times\square=225$, $\square=15$입니다.
따라서 정육면체의 한 모서리의 길이는 15 cm입니다.

31 한 개의 부피가 $6\times6\times6=216(cm^3)$인 정육면체 5개로 만들었으므로 입체도형의 부피는
$216\times5=1080(cm^3)$입니다.

32 (입체도형의 부피)$=3\times6\times5+9\times6\times3$
$=90+162=252(cm^3)$

33 ㉠$=10-4-3=3(cm)$
(입체도형의 부피)
$=$(직육면체의 부피)$-$(정육면체의 부피)
$=10\times3\times6-3\times3\times3$
$=180-27=153(cm^3)$

응용에서 최상위로 142~145쪽

1 $720\ cm^3$	1-1 $900\ cm^3$	1-2 $880\ cm^3$
2 $162\ cm^2$	2-1 $352\ cm^2$	2-2 $312\ cm^2$
3 $8000\ cm^3$	3-1 $5832\ cm^3$	3-2 $19.683\ m^3$

4 1단계 예 그릇의 부피가 $360\ cm^3$이므로 그릇의 높이를 $\square$cm라고 하면 $6\times5\times\square=360$, $30\times\square=360$, $\square=12$입니다.
2단계 예 (식용유 부분의 높이)$=12-8=4(cm)$
3단계 예 (식용유 부분의 부피)
$=6\times5\times4=120(cm^3)$ / $120\ cm^3$

4-1 $168\ cm^3$

1 (돌의 부피)
$=$(수조의 안치수의 가로)$\times$(수조의 안치수의 세로)$\times$(늘어난 물의 높이)
$=30\times12\times2=720(cm^3)$

1-1 (벽돌의 부피)
$=$(그릇의 안치수의 가로)$\times$(그릇의 안치수의 세로)$\times$(늘어난 물의 높이)
$=20\times15\times3=900(cm^3)$

1-2 (작은 돌들의 부피)
$=$(어항의 안치수의 가로)$\times$(어항의 안치수의 세로)$\times$(늘어난 물의 높이)
$=22\times10\times(17-13)=880(cm^3)$

2 쌓기나무의 한 면의 넓이는 $3\times3=9(cm^2)$입니다.
입체도형의 겉면을 이루는 쌓기나무의 면의 개수가 모두 18개이므로 입체도형의 겉넓이는
$9\times18=162(cm^2)$입니다.

2-1 블록 모형의 한 면의 넓이는 $4 \times 4 = 16(cm^2)$입니다. 입체도형의 겉면을 이루는 쌓기나무의 면의 개수가 모두 22개이고 필요한 포장지의 넓이는 입체도형의 겉넓이와 같으므로 필요한 포장지는 적어도 $16 \times 22 = 352(cm^2)$입니다.

2-2 쌓기나무의 한 면의 넓이는 $2 \times 2 = 4(cm^2)$입니다. 입체도형의 겉면을 이루는 쌓기나무의 면의 개수가 모두 78개이므로 입체도형의 겉넓이는 $4 \times 78 = 312(cm^2)$입니다.

3 (4, 5, 2)의 최소공배수를 구하면 20이므로 가장 작은 정육면체의 한 모서리의 길이는 20 cm입니다.
➡ (가장 작은 정육면체의 부피) $= 20 \times 20 \times 20$
$= 8000(cm^3)$

3-1 (9, 3, 6)의 최소공배수를 구하면 18이므로 가장 작은 정육면체의 한 모서리의 길이는 18 cm입니다.
➡ (가장 작은 정육면체의 부피) $= 18 \times 18 \times 18$
$= 5832(cm^3)$

3-2 (27, 18, 15)의 최소공배수를 구하면 270이므로 가장 작은 정육면체의 한 모서리의 길이는 270 cm이고 270 cm = 2.7 m입니다.
➡ (가장 작은 정육면체의 부피) $= 2.7 \times 2.7 \times 2.7$
$= 19.683(m^3)$

4-1 그릇의 부피가 $420 cm^3$이므로 그릇의 높이를 □cm라고 하면 $7 \times 4 \times □ = 420$, $28 \times □ = 420$, $□ = 15$입니다.
(참기름 부분의 높이) $= 15 - 9 = 6(cm)$
(참기름 부분의 부피) $= 7 \times 4 \times 6 = 168(cm^3)$

기출 단원 평가 Level ❶ 146~148쪽

1 나, 가, 다	**2** $24 cm^3$
3 $528 cm^2$	**4** $729 cm^3$
5 $202 cm^2$	**6** $150 cm^2$
7 (1) 800000 (2) 4.2	**8** 4
9 $32 cm^2$	**10** 140개
11 $192 cm^3$, $208 cm^2$	**12** 1000배
13 $114 m^3$	**14** 8, 20
15 $125 cm^3$	**16** 7 cm
17 $286 cm^3$	**18** $343000 cm^3$
19 10 cm	**20** 14

1 세 직육면체의 밑에 놓인 면의 넓이가 같으므로 높이가 낮을수록 부피가 작습니다.

2 $2 \times 4 = 8$(개)씩 3층으로 쌓았으므로 쌓기나무의 수는 $8 \times 3 = 24$(개)입니다. 쌓기나무 한 개의 부피는 $1 cm^3$이므로 직육면체의 부피는 $24 cm^3$입니다.

3 (직육면체의 겉넓이)
= (합동인 세 면의 넓이의 합) $\times 2$
$= 264 \times 2 = 528(cm^2)$

4 (정육면체의 부피) $= 9 \times 9 \times 9 = 729(cm^3)$

5 (직육면체의 겉넓이) $= (9 \times 5 + 5 \times 4 + 9 \times 4) \times 2$
$= (45 + 20 + 36) \times 2$
$= 101 \times 2 = 202(cm^2)$

6 (정육면체의 겉넓이) $= 25 \times 6 = 150(cm^2)$

7 $1 m^3 = 1000000 cm^3$

8 $4 \times 4 \times 4 = 64$이므로 부피가 $64 cm^3$인 정육면체의 한 모서리의 길이는 4 cm입니다.

9 (직육면체의 부피) = (한 밑면의 넓이) × (높이)이므로 288 = (한 밑면의 넓이) × 9,
(한 밑면의 넓이) $= 288 \div 9 = 32(cm^2)$입니다.

10 상자의 가로에 쌓은 직육면체는 7개, 세로에 쌓은 직육면체는 4개, 높이에 쌓은 직육면체는 5개이므로 상자에 들어 있는 직육면체는 모두 $7 \times 4 \times 5 = 140$(개)입니다.

11 전개도를 접으면 오른쪽과 같은 직육면체가 됩니다.
6 cm
8 cm
4 cm
(직육면체의 부피) $= 8 \times 4 \times 6$
$= 192(cm^3)$
(직육면체의 겉넓이)
$= (8 \times 4 + 4 \times 6 + 8 \times 6) \times 2$
$= (32 + 24 + 48) \times 2$
$= 104 \times 2 = 208(cm^2)$

12 한 모서리가 $20 \div 2 = 10$(배) 차이가 나므로 부피는 $10 \times 10 \times 10 = 1000$(배)입니다.

13 $100\,cm = 1\,m$이므로
$7\,m\ 50\,cm = 7.5\,m$, $380\,cm = 3.8\,m$입니다.
➡ (직육면체의 부피)$= 7.5 \times 4 \times 3.8 = 114(m^3)$

14 (직육면체의 부피)=(가로)×(세로)×(높이)이므로
왼쪽 직육면체에서
$720 = 10 \times 9 \times \square$, $720 = 90 \times \square$, $\square = 8$이고,
오른쪽 직육면체에서
$720 = 12 \times 3 \times \square$, $720 = 36 \times \square$, $\square = 20$입니다.

참고 부피가 같은 여러 가지 직육면체가 있음을 알 수 있습니다.

15 상자의 겉넓이가 $150\,cm^2$이므로 선물 상자의 한 모서리의 길이를 □cm라고 하면 $\square \times \square \times 6 = 150$, $\square \times \square = 25$, $\square = 5$입니다.
따라서 선물 상자의 부피는 $5 \times 5 \times 5 = 125(cm^3)$입니다.

16 (직육면체의 겉넓이)
$= (10 \times 3 + 3 \times 9 + 10 \times 9) \times 2 = 294(cm^2)$이고,
겉넓이가 $294\,cm^2$인 정육면체의 한 면의 넓이는
$294 \div 6 = 49(cm^2)$입니다.
$7 \times 7 = 49$이므로 정육면체의 한 모서리의 길이는 $7\,cm$입니다.

17 (돌의 부피)=(줄어든 물의 부피)
$= 13 \times 11 \times 2 = 286(cm^3)$

18 (5, 10, 7)의 최소공배수를 구하면 70이므로 가장 작은 정육면체의 한 모서리의 길이는 70 cm입니다.
➡ (가장 작은 정육면체의 부피)$= 70 \times 70 \times 70 = 343000(cm^3)$

서술형
19 예 (직육면체의 부피)$= 10 \times 5 \times 5 = 250(cm^3)$이므로 부피가 $250 \times 4 = 1000(cm^3)$인 정육면체의 한 모서리의 길이는 $10 \times 10 \times 10 = 1000$에서 10 cm입니다.

평가 기준	배점(5점)
직육면체의 부피를 구했나요?	2점
정육면체의 부피를 구했나요?	1점
정육면체의 한 모서리의 길이를 구했나요?	2점

서술형
20 예 (직육면체의 겉넓이)
=(한 밑면의 넓이)×2+(옆면의 넓이)이므로
$322 = 7 \times 3 \times 2 +$(옆면의 넓이)에서
(옆면의 넓이)$= 322 - 42 = 280(cm^2)$입니다.
(옆면의 넓이)$= (3 + 7 + 3 + 7) \times \square$이므로
$280 = 20 \times \square$에서 $\square = 14$입니다.

평가 기준	배점(5점)
직육면체의 옆면의 넓이를 구했나요?	2점
□ 안에 알맞은 수를 구했나요?	3점

기출 단원 평가 Level ❷ 149~151쪽

1 나, 다, 가	**2** 나
3 (선 잇기)	**4** $576\,cm^3$
5 (1) > (2) <	**6** $600\,cm^2$
7 $2197\,cm^3$	**8** $298\,cm^2$
9 가	**10** 80 cm
11 6 cm	**12** $294\,cm^2$
13 $512\,cm^3$	**14** $800\,cm^3$
15 $160\,cm^3$	**16** 52
17 $240\,cm^2$	**18** $810\,cm^3$
19 $550000\,cm^3$	**20** $148\,cm^2$

1 쌓기나무가 가는 8개, 나는 12개, 다는 10개입니다.
따라서 부피가 큰 것부터 차례로 기호를 쓰면 나, 다, 가입니다.

2 가 상자에는 가로에 2개씩, 세로에 4개씩이므로 한 층에 8개씩 4층으로 모두 32개를 담을 수 있고, 나 상자에는 가로에 4개씩, 세로에 3개씩이므로 한 층에 12개씩 3층으로 모두 36개를 담을 수 있습니다. 따라서 쌓기나무를 더 많이 담을 수 있는 상자는 나입니다.

4 (직육면체의 부피)$= 12 \times 8 \times 6 = 576(cm^3)$

5 (1) $5100000\ cm^3 = 5.1\ m^3$이므로
$51\ m^3 > 5100000\ cm^3$입니다.
(2) $43000000\ cm^3 = 43\ m^3$이므로
$4.4\ m^3 < 43000000\ cm^3$입니다.

6 (정육면체의 겉넓이)$=10\times10\times6=600(cm^2)$

7 정육면체의 한 면은 정사각형이므로 둘레가 52 cm인 정사각형의 한 변은 $52\div4=13(cm)$입니다.
따라서 정육면체의 한 모서리는 13 cm이므로 부피는 $13\times13\times13=2197(cm^3)$입니다.

8 (직육면체의 겉넓이)
$=(7\times4+4\times11+7\times11)\times2$
$=(28+44+77)\times2$
$=149\times2=298(cm^2)$
따라서 포장지는 적어도 $298\ cm^2$ 필요합니다.

9 (가의 부피)$=13\times9\times3=351(cm^3)$
(나의 부피)$=15\times6\times2=180(cm^3)$
(다의 부피)$=7\times7\times7=343(cm^3)$
따라서 부피가 가장 큰 것은 가입니다.

10 $0.048\ m^3=48000\ cm^3$이고 직육면체의 높이를 □cm라고 하면 $600\times$□$=48000$, □$=80$입니다.
따라서 직육면체의 높이는 80 cm입니다.

11 한 모서리의 길이를 □ cm라고 하면
□$\times$□$\times6=216$, □$\times$□$=36$, □$=6$입니다.
따라서 정육면체의 한 모서리의 길이는 6 cm입니다.

12 한 모서리의 길이가 $21\div3=7(cm)$인 정육면체이므로 겉넓이는 $7\times7\times6=294(cm^2)$입니다.

13 정육면체는 가로, 세로, 높이가 모두 같으므로 직육면체의 가장 짧은 모서리의 길이인 8 cm를 정육면체의 한 모서리의 길이로 해야 합니다.
따라서 만들 수 있는 가장 큰 정육면체 모양의 부피는 $8\times8\times8=512(cm^3)$입니다.

14 (입체도형의 부피)$=8\times7\times4+8\times12\times6$
$=224+576=800(cm^3)$

15 쌓기나무 1개의 부피는 $2\times2\times2=8(cm^3)$입니다.
쌓기나무는 2층에 4개, 1층에 16개이므로 모두 $4+16=20$(개)입니다.
따라서 입체도형의 부피는 $8\times20=160(cm^3)$입니다.

16 가로가 48 cm, 세로가 □cm, 높이가 74 cm인 투표함이므로 $48\times$□$\times74=184704$,
$3552\times$□$=184704$, □$=52$입니다.

17

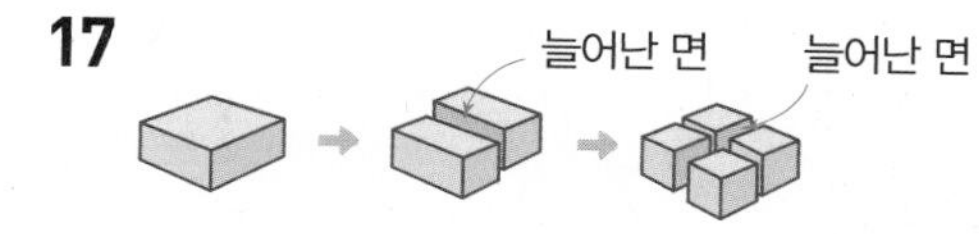

지우개 4조각의 겉넓이의 합은 지우개 2조각의 겉넓이의 합보다 $120\ cm^2$ 늘어납니다.
따라서 지우개 4조각의 겉넓이의 합은 처음 지우개의 겉넓이보다 $120\times2=240(cm^2)$ 늘어납니다.

18 입체도형의 겉면은 $(15+10+6)\times2=62$(개)이므로 쌓기나무 한 면의 넓이는 $558\div62=9(cm^2)$입니다.
따라서 쌓기나무 한 개의 모서리의 길이는 3 cm이므로 입체도형의 가로는 15 cm, 세로는 6 cm, 높이는 9 cm입니다.
➡ (입체도형의 부피)$=15\times6\times9=810(cm^3)$

서술형
19 예 $1\ m^3=1000000\ cm^3$이므로
$1.2\ m^3=1200000\ cm^3$입니다.
따라서 냉장고와 옷장의 부피의 차는
$1200000-650000=550000(cm^3)$입니다.

평가 기준	배점(5점)
냉장고의 부피를 cm^3 단위로 나타내었나요?	3점
냉장고와 옷장의 부피의 차를 구했나요?	2점

서술형
20 예 직육면체의 높이를 □cm라고 하면
$5\times4\times$□$=120$, $20\times$□$=120$, □$=6$
입니다. 따라서
(직육면체의 겉넓이)$=(5\times4+4\times6+5\times6)\times2$
$=(20+24+30)\times2$
$=74\times2=148(cm^2)$
입니다.

평가 기준	배점(5점)
직육면체의 부피를 이용하여 높이를 구했나요?	2점
직육면체의 겉넓이를 구했나요?	3점

1 분수의 나눗셈

서술형 문제

2~5쪽

1 $\frac{5}{6}$ m
2 $\frac{5}{7}$ km
3 $\frac{24}{7}(=3\frac{3}{7})$ cm^2
4 $\frac{37}{248}$ km
5 $\frac{22}{5}(=4\frac{2}{5})$ cm
6 $\frac{2}{15}$
7 $\frac{161}{20}(=8\frac{1}{20})$컵
8 $\frac{21}{5}(=4\frac{1}{5})$컵

1 예 한 사람이 가질 수 있는 끈의 길이는 끈의 전체 길이를 나누어 줄 사람 수로 나눈 몫과 같으므로

$4\frac{1}{6} \div 5 = \frac{25}{6} \div 5 = \frac{25 \div 5}{6} = \frac{5}{6}$(m)입니다.

따라서 한 사람이 끈을 $\frac{5}{6}$ m씩 가질 수 있습니다.

단계	문제 해결 과정
①	한 사람이 가지는 끈의 길이를 구하는 방법을 설명했나요?
②	한 사람이 가지는 끈의 길이를 구했나요?

2 예 수정이가 하루에 달린 거리는 달린 전체 거리를 달린 날수 3으로 나눈 몫과 같으므로 수정이가 하루에 달린 거리는 $\frac{15}{7} \div 3 = \frac{15 \div 3}{7} = \frac{5}{7}$(km)입니다.

따라서 학교 운동장 한 바퀴는 $\frac{5}{7}$ km입니다.

단계	문제 해결 과정
①	수정이가 하루에 달린 거리를 구하는 방법을 설명했나요?
②	학교 운동장 한 바퀴의 길이를 구했나요?

3 예 직사각형의 한 칸의 넓이는

$9\frac{1}{7} \div 8 = \frac{64}{7} \div 8 = \frac{64 \div 8}{7} = \frac{8}{7}$ (cm^2)입니다.

따라서 3칸을 색칠했으므로 색칠한 부분의 넓이는

$\frac{8}{7} \times 3 = \frac{24}{7} = 3\frac{3}{7}$ (cm^2)입니다.

단계	문제 해결 과정
①	직사각형의 한 칸의 넓이를 구했나요?
②	색칠한 부분의 넓이를 구했나요?

4 예 나무와 나무 사이의 간격은 $63-1=62$(군데)입니다.

따라서 나무와 나무 사이의 거리는

$\frac{37}{4} \div 62 = \frac{37}{4} \times \frac{1}{62} = \frac{37}{248}$ (km)입니다.

단계	문제 해결 과정
①	나무와 나무 사이의 간격의 수를 구했나요?
②	나무와 나무 사이의 거리를 구했나요?

5 예 (삼각형의 넓이)=(밑변)×7÷2이므로

(밑변)$\times 7 \div 2 = 15\frac{2}{5}$에서

(밑변)$= 15\frac{2}{5} \times 2 \div 7$입니다.

따라서 삼각형의 밑변은

$15\frac{2}{5} \times 2 \div 7 = \frac{\overset{11}{\cancel{77}}}{5} \times 2 \times \frac{1}{\underset{1}{\cancel{7}}} = \frac{22}{5} = 4\frac{2}{5}$(cm)

입니다.

단계	문제 해결 과정
①	삼각형의 넓이를 구하는 방법을 알고 있나요?
②	삼각형의 밑변을 구했나요?

6 예 어떤 수를 □라고 하여 잘못 계산한 식을 만들면

$\square \times 3 = 1\frac{1}{5}$이므로

$\square = 1\frac{1}{5} \div 3 = \frac{6}{5} \div 3 = \frac{6 \div 3}{5} = \frac{2}{5}$입니다.

따라서 바르게 계산하면

$\frac{2}{5} \div 3 = \frac{2}{5} \times \frac{1}{3} = \frac{2}{15}$입니다.

단계	문제 해결 과정
①	어떤 수를 구했나요?
②	바르게 계산한 값을 구했나요?

7 예 브라우니 5개를 만들기 위해 필요한 밀가루는

$5\frac{3}{4}$컵이므로 브라우니 1개를 만드는 데 필요한 밀가루는

$5\frac{3}{4} \div 5 = \frac{23}{4} \div 5 = \frac{23}{4} \times \frac{1}{5} = \frac{23}{20}$(컵)입니다.

따라서 브라우니 7개를 만들기 위해 준비해야 할 밀가루는 $\frac{23}{20} \times 7 = \frac{161}{20} = 8\frac{1}{20}$(컵)입니다.

단계	문제 해결 과정
①	브라우니 한 개를 만드는 데 필요한 밀가루의 양을 구했나요?
②	브라우니 7개를 만드는 데 필요한 밀가루의 양을 구했나요?

8 예 브라우니 5개를 만들기 위해 필요한 우유는 3컵이므로 브라우니 1개를 만드는 데 필요한 우유는

$3 \div 5 = \frac{3}{5}$(컵)입니다.

따라서 브라우니 7개를 만들기 위해 준비해야 할 우유는 $\frac{3}{5} \times 7 = \frac{21}{5} = 4\frac{1}{5}$(컵)입니다.

단계	문제 해결 과정
①	브라우니 1개를 만드는 데 필요한 우유의 양을 구했나요?
②	브라우니 7개를 만드는 데 필요한 우유의 양을 구했나요?

다시 점검하는 기출 단원 평가 Level ❶ 6~8쪽

1 

2 $\frac{1}{4}$, $\frac{1}{12}$

3 6, 6, 2

4 $\frac{5}{6}$ kg

5 (1) $\frac{1}{60}$ (2) $\frac{3}{22}$

6 ㉢

7 $\frac{5}{8}$

8 $<$

9 ㉠

10 (1) $\frac{2}{11}$ (2) $\frac{3}{32}$

11 $\frac{8}{9}$

12 $\frac{3}{32}$, $\frac{2}{5}$

13 ①, ②

14 $\frac{40}{27}(=1\frac{13}{27})$ m

15 $\frac{13}{3}(=4\frac{1}{3})$

16 $\frac{13}{5}(=2\frac{3}{5})$ cm

17 3, 6

18 $\frac{7}{27}$ m²

19 $\frac{1}{6}$

20 $\frac{4}{125}$

2 $\frac{1}{3} \div 4$는 $\frac{1}{3}$을 똑같이 4로 나눈 것 중의 하나입니다.

이것은 $\frac{1}{3}$의 $\frac{1}{4}$이므로 $\frac{1}{3} \times \frac{1}{4}$입니다.

3 분자가 자연수의 배수가 아니므로 크기가 같은 분수 중에서 자연수의 배수인 수로 바꾸어 계산합니다.

4 $5 \div 6 = \frac{5}{6}$(kg)

5 (1) $\frac{2}{15} \div 8 = \frac{\overset{1}{\cancel{2}}}{15} \times \frac{1}{\underset{4}{\cancel{8}}} = \frac{1}{60}$

(2) $\frac{6}{11} \div 4 = \frac{\overset{3}{\cancel{6}}}{11} \times \frac{1}{\underset{2}{\cancel{4}}} = \frac{3}{22}$

6 ㉠ $\frac{3}{8} \div 3 = \frac{3 \div 3}{8} = \frac{1}{8}$

㉡ $\frac{1}{2} \div 4 = \frac{1}{2} \times \frac{1}{4} = \frac{1}{8}$

㉢ $\frac{1}{8} \div 2 = \frac{1}{8} \times \frac{1}{2} = \frac{1}{16}$

㉣ $\frac{5}{8} \div 5 = \frac{5 \div 5}{8} = \frac{1}{8}$

7 $1\frac{7}{8} \div 3 = \frac{15}{8} \div 3 = \frac{15 \div 3}{8} = \frac{5}{8}$

8 $\frac{8}{9} \div 2 = \frac{8 \div 2}{9} = \frac{4}{9}$

$\frac{28}{9} \div 4 = \frac{28 \div 4}{9} = \frac{7}{9}$

9 ㉠ $\frac{9}{10} \div 18 = \frac{\overset{1}{\cancel{9}}}{10} \times \frac{1}{\underset{2}{\cancel{18}}} = \frac{1}{20}$

㉡ $\frac{14}{15} \div 7 = \frac{14 \div 7}{15} = \frac{2}{15}$

➡ $\frac{1}{20} < \frac{2}{15}$

10 (1) $\square \times 4 = \frac{8}{11}$

➡ $\square = \frac{8}{11} \div 4 = \frac{8 \div 4}{11} = \frac{2}{11}$

(2) $10 \times \square = \frac{15}{16}$

➡ $\square = \frac{15}{16} \div 10 = \frac{\overset{3}{\cancel{15}}}{16} \times \frac{1}{\underset{2}{\cancel{10}}} = \frac{3}{32}$

11 ㉠ $\frac{16}{9}\div4=\frac{16\div4}{9}=\frac{4}{9}$

㉡ $\frac{28}{3}\div7=\frac{28\div7}{3}=\frac{4}{3}=\frac{12}{9}$

➡ ㉡ − ㉠ $=\frac{12}{9}-\frac{4}{9}=\frac{8}{9}$

12 $1\frac{1}{8}\div12=\frac{9}{8}\div12=\frac{\overset{3}{\cancel{9}}}{8}\times\frac{1}{\underset{4}{\cancel{12}}}=\frac{3}{32}$

$4\frac{4}{5}\div12=\frac{24}{5}\div12=\frac{24\div12}{5}=\frac{2}{5}$

13 $3\frac{5}{9}$를 $3\frac{5}{9}$보다 작은 수로 나누면 몫은 1보다 커지고, $3\frac{5}{9}$보다 큰 수로 나누면 몫은 1보다 작아집니다.

14 (한 명이 가지게 되는 철사의 길이)

$=8\frac{8}{9}\div6=\frac{80}{9}\div6=\frac{\overset{40}{\cancel{80}}}{9}\times\frac{1}{\underset{3}{\cancel{6}}}$

$=\frac{40}{27}=1\frac{13}{27}$(m)

15 가장 큰 수는 $7\frac{2}{9}$이고 가장 작은 수는 3입니다.

➡ $7\frac{2}{9}\times3\div5=\frac{\overset{13}{\cancel{65}}}{\underset{3}{\cancel{9}}}\times\overset{1}{\cancel{3}}\times\frac{1}{\underset{1}{\cancel{5}}}=\frac{13}{3}=4\frac{1}{3}$

16 정사각형은 네 변의 길이가 모두 같으므로 한 변의 길이는 $10\frac{2}{5}\div4=\frac{52}{5}\div4=\frac{52\div4}{5}=\frac{13}{5}=2\frac{3}{5}$(cm) 입니다.

17 나누는 수를 가장 큰 수인 6으로 하고 나누어지는 수는 6을 제외한 나머지 수로 만들 수 있는 가장 작은 수로 합니다.

18 (한 학년의 꽃밭의 넓이)$=6\frac{2}{9}\div6$

$=\frac{\overset{28}{\cancel{56}}}{9}\times\frac{1}{\underset{3}{\cancel{6}}}=\frac{28}{27}$($m^2$)

➡ (지호네 반 꽃밭의 넓이) $=\frac{28}{27}\div4$

$=\frac{28\div4}{27}=\frac{7}{27}$($m^2$)

서술형

19 예 수직선에서 ㉠이 나타내는 수는 $\frac{4}{15}$를 똑같이 8로 나눈 것 중의 5이므로 $\frac{4}{15}\div8\times5$입니다.

따라서 ㉠ $=\frac{4}{15}\div8\times5=\frac{\overset{1}{\cancel{4}}}{\underset{3}{\cancel{15}}}\times\frac{1}{\underset{2}{\cancel{8}}}\times\overset{1}{\cancel{5}}=\frac{1}{6}$

입니다.

평가 기준	배점(5점)
㉠이 나타내는 수를 구하는 식을 세웠나요?	2점
㉠을 기약분수로 나타내어 구했나요?	3점

서술형

20 예 어떤 수를 □라 하면 잘못 계산한 식은

$\square\times10=3\frac{1}{5}$입니다.

$\square\times10=3\frac{1}{5}$에서

$\square=3\frac{1}{5}\div10=\frac{\overset{8}{\cancel{16}}}{5}\times\frac{1}{\underset{5}{\cancel{10}}}=\frac{8}{25}$입니다.

따라서 바르게 계산하면

$\frac{8}{25}\div10=\frac{\overset{4}{\cancel{8}}}{25}\times\frac{1}{\underset{5}{\cancel{10}}}=\frac{4}{125}$입니다.

평가 기준	배점(5점)
어떤 수를 구했나요?	2점
바르게 계산한 값을 구했나요?	3점

다시 점검하는 기출 단원 평가 Level ❷

9~11쪽

1 예 (그림) / $\frac{5}{8}$

2 $\frac{7}{4}(=1\frac{3}{4})$

3 $\frac{1}{15}$

4 (그림)

5 (1) $>$ (2) $<$

6 $\frac{7}{25}$

7 예 $3\frac{3}{5}\div3=\frac{18}{5}\div3=\frac{\overset{6}{\cancel{18}}}{5}\times\frac{1}{\underset{1}{\cancel{3}}}=\frac{6}{5}=1\frac{1}{5}$

8 $\frac{7}{4}(=1\frac{3}{4})$ kg

9 ③

10 영진, $\frac{2}{5}$

11 ㉠, ㉡, ㉢

12 $\frac{4}{9}$　**13** $\frac{61}{4}(=15\frac{1}{4})$ cm

14 $\frac{9}{14}$　**15** 1, 2

16 $\frac{24}{5}(=4\frac{4}{5})$ cm²　**17** $\frac{1}{70}$

18 $6\frac{3}{5}$, 2 / $\frac{33}{10}(=3\frac{3}{10})$

19 $\frac{19}{56}$ kg　**20** 9

1 $5\div8$은 $\frac{1}{8}$이 5개이므로 $\frac{5}{8}$입니다.

3 $\frac{4}{15}\div4=\frac{4\div4}{15}=\frac{1}{15}$

4 $2\div7=\frac{2}{7}$, $3\div5=\frac{3}{5}$

$6\div10=\frac{6}{10}=\frac{3}{5}$, $4\div14=\frac{4}{14}=\frac{2}{7}$

5 (1) $\frac{3}{7}\div6=\frac{\overset{1}{\cancel{3}}}{7}\times\frac{1}{\underset{2}{\cancel{6}}}=\frac{1}{14}$

$\frac{5}{9}\div10=\frac{\overset{1}{\cancel{5}}}{9}\times\frac{1}{\underset{2}{\cancel{10}}}=\frac{1}{18}$

➡ $\frac{1}{14}>\frac{1}{18}$

(2) $\frac{3}{14}\div9=\frac{\overset{1}{\cancel{3}}}{14}\times\frac{1}{\underset{3}{\cancel{9}}}=\frac{1}{42}$

$\frac{11}{20}\div11=\frac{11\div11}{20}=\frac{1}{20}$

➡ $\frac{1}{42}<\frac{1}{20}$

6 $\square\times3=\frac{21}{25}$ ➡ $\square=\frac{21}{25}\div3=\frac{21\div3}{25}=\frac{7}{25}$

7 대분수를 가분수로 바꾸어 계산해야 합니다.

8 상자 1개에 고구마를

$\frac{21}{4}\div3=\frac{21\div3}{4}=\frac{7}{4}=1\frac{3}{4}$(kg)씩 담아야 합니다.

9 나누어지는 수가 나누는 수보다 크면 몫은 1보다 큽니다.
③ $8\div3$에서 $8>3$이므로 몫이 1보다 큰 것은 ③입니다.

10 현아 : $\frac{10}{13}\div3=\frac{10}{13}\times\frac{1}{3}=\frac{10}{39}$

영진 : $1\frac{3}{5}\div4=\frac{8}{5}\div4=\frac{8\div4}{5}=\frac{2}{5}$

11 ㉠ $\frac{6}{7}\div3=\frac{6\div3}{7}=\frac{2}{7}$

㉡ $2\frac{4}{5}\div7=\frac{14}{5}\div7=\frac{14\div7}{5}=\frac{2}{5}$

㉢ $\frac{8}{3}\div4=\frac{8\div4}{3}=\frac{2}{3}$

➡ $\frac{2}{7}<\frac{2}{5}<\frac{2}{3}$ ➡ ㉠<㉡<㉢

12 $3\frac{5}{9}\div4\div2=\frac{32}{9}\div4\div2=\frac{32\div4}{9}\div2$

$=\frac{8}{9}\div2=\frac{8\div2}{9}=\frac{4}{9}$

13 $91\frac{1}{2}\div6=\frac{\overset{61}{\cancel{183}}}{2}\times\frac{1}{\underset{2}{\cancel{6}}}=\frac{61}{4}=15\frac{1}{4}$(cm)

14 지워진 수를 □라고 하면 $5\times\square=3\frac{3}{14}$입니다.

$\square=3\frac{3}{14}\div5=\frac{45}{14}\div5=\frac{45\div5}{14}=\frac{9}{14}$

15 $\frac{45}{4}\div5=\frac{45\div5}{4}=\frac{9}{4}=2\frac{1}{4}$

$\square<2\frac{1}{4}$이므로 □ 안에 들어갈 수 있는 자연수는 1, 2입니다.

16 (색종이의 넓이)$=7\frac{1}{5}\times4=\frac{36}{5}\times4=\frac{144}{5}$(cm²)

(색종이 한 조각의 넓이) = (색종이의 넓이) ÷ 6

$=\frac{144}{5}\div6=\frac{144\div6}{5}$

$=\frac{24}{5}=4\frac{4}{5}$(cm²)

17 어떤 분수를 □라고 하면 $\square \times 15 = \frac{9}{14}$이므로

$\square = \frac{9}{14} \div 15 = \frac{\overset{3}{\cancel{9}}}{14} \times \frac{1}{\underset{5}{\cancel{15}}} = \frac{3}{70}$입니다.

➡ $\frac{3}{70} \div 3 = \frac{3 \div 3}{70} = \frac{1}{70}$

18 대분수를 가장 큰 수로 만들고 나누는 자연수를 가장 작은 수로 합니다.

➡ $6\frac{3}{5} \div 2 = \frac{33}{5} \times \frac{1}{2} = \frac{33}{10} = 3\frac{3}{10}$

서술형
19 예 (배 한 바구니의 무게)

$= 13\frac{4}{7} \div 8 = \frac{95}{7} \times \frac{1}{8} = \frac{95}{56}$(kg)

(배 한 개의 무게) $= \frac{95}{56} \div 5 = \frac{95 \div 5}{56}$

$= \frac{19}{56}$(kg)

평가 기준	배점(5점)
배 한 바구니의 무게를 구했나요?	2점
배 한 개의 무게를 구했나요?	3점

서술형
20 예 $\frac{1}{6} \div \square = \frac{1}{6} \times \frac{1}{\square}$ ➡ $\frac{1}{6} \times \frac{1}{\square} < \frac{1}{50}$

분자가 1로 같으므로 $6 \times \square > 50$입니다.

□ 안에 들어갈 수 있는 자연수는 9, 10, 11 ……이므로 가장 작은 수는 9입니다.

평가 기준	배점(5점)
□ 안에 들어갈 수 있는 자연수를 모두 찾았나요?	3점
□ 안에 들어갈 수 있는 자연수 중에서 가장 작은 수를 구했나요?	2점

2 각기둥과 각뿔

서술형 문제

12~15쪽

1 예 전개도를 접으면 겹치는 면이 생기므로 잘못 그렸습니다.

2 예 각뿔은 밑면이 1개인데 밑면이 2개이므로 각뿔이 아닙니다.

3 12 cm　　**4** 8개

5 오각기둥　　**6** 십일각기둥

7 9개　　**8** 10 cm

9 38

1

단계	문제 해결 과정
①	사각기둥의 전개도가 아닌 이유를 바르게 설명했나요?

2 각뿔은 밑면이 1개이고 옆면의 모양은 삼각형입니다. 이 입체도형은 밑면이 2개이고 옆면의 모양이 사다리꼴이므로 주어진 입체도형은 각뿔이 아닙니다.

단계	문제 해결 과정
①	각뿔을 알고 있나요?
②	각뿔이 아닌 이유를 바르게 설명했나요?

3 예 삼각뿔의 모서리는 6개이므로 모든 모서리의 길이의 합은 $2 \times 6 = 12$ (cm)입니다.

단계	문제 해결 과정
①	삼각뿔의 모서리의 수를 구했나요?
②	삼각뿔의 모든 모서리의 길이의 합을 구했나요?

4 예 팔각기둥의 꼭짓점은 $8 \times 2 = 16$(개)이고 모서리는 $8 \times 3 = 24$(개)입니다.
따라서 팔각기둥의 꼭짓점과 모서리의 수의 차는 $24 - 16 = 8$(개)입니다.

단계	문제 해결 과정
①	팔각기둥의 꼭짓점과 모서리의 수를 각각 구했나요?
②	팔각기둥의 꼭짓점과 모서리의 수의 차를 구했나요?

5 예 각기둥의 밑면은 2개이고 한 밑면의 변을 □ 개라 하면 옆면도 □개이므로 $\square - 2 = 3$, $\square = 5$입니다.
따라서 밑면의 모양이 오각형이므로 오각기둥입니다.

단계	문제 해결 과정
①	각기둥의 밑면의 수와 옆면의 수를 각각 구했나요?
②	각기둥의 이름을 구했나요?

6 ㉑ 밑면이 다각형이고 옆면이 직사각형이므로 각기둥입니다.
(각기둥의 꼭짓점의 수) = (한 밑면의 변의 수) × 2이므로 한 밑면의 변의 수를 □개라고 하면
□ × 2 = 22, □ = 11입니다.
따라서 밑면의 모양이 십일각형이므로 십일각기둥입니다.

단계	문제 해결 과정
①	입체도형이 각기둥인지, 각뿔인지 바르게 구분했나요?
②	입체도형의 이름을 알았나요?

7 ㉑ 각뿔의 밑면의 변의 수를 □개라고 하면
(면의 수) + (모서리의 수) = □ + 1 + □ × 2 = 25,
□ × 3 = 24, □ = 8입니다.
따라서 꼭짓점의 수는 8 + 1 = 9(개)입니다.

단계	문제 해결 과정
①	밑면의 변의 수를 구했나요?
②	꼭짓점의 수를 구했나요?

8 ㉑ 전개도에서 길이가 6 cm인 선분은 20개, 높이를 나타내는 선분은 2개이므로 육각기둥의 높이를 □cm라고 하면 6 × 20 + □ × 2 = 140,
120 + □ × 2 = 140, □ × 2 = 20, □ = 10입니다.
따라서 육각기둥의 높이는 10 cm입니다.

단계	문제 해결 과정
①	전개도에서 길이가 6 cm인 선분과 높이를 나타내는 선분의 수를 각각 구했나요?
②	육각기둥의 높이를 구했나요?

9 ㉑ 육각기둥의 한 밑면의 변의 수는 6개이므로
(면의 수) = 6 + 2 = 8(개),
(모서리의 수) = 6 × 3 = 18(개),
(꼭짓점의 수) = 6 × 2 = 12(개)입니다.
따라서 육각기둥의 면, 모서리, 꼭짓점의 수의 합은
8 + 18 + 12 = 38입니다.

단계	문제 해결 과정
①	육각기둥의 면, 모서리, 꼭짓점의 수를 각각 구했나요?
②	육각기둥의 면, 모서리, 꼭짓점의 수의 합을 구했나요?

다시 점검하는 기출 단원 평가 Level ❶ 16~18쪽

1 전개도 **2** 가, 다
3 2개 **4** 7 cm
5 칠각기둥 **6** 14개
7 육각기둥 **8** 16, 10, 24
9 면 바
10 면 나, 면 다, 면 라, 면 마
11 민지 **12** 5
13 30 **14** ㉢, ㉡, ㉣, ㉠
15 4개 **16** 구각뿔
17 69 cm **18** 14개
19 12개 **20** 31

2 위와 아래에 있는 면이 서로 평행하고 합동인 다각형으로 이루어진 입체도형은 가, 다입니다.

3 밑면이 다각형이고 옆면이 삼각형인 입체도형은 라, 바이므로 모두 2개입니다.

4 각기둥의 높이는 두 밑면 사이의 거리이므로 7 cm입니다.

5 밑면의 모양이 칠각형이고 옆면의 모양이 직사각형인 각기둥이므로 칠각기둥입니다.

6 칠각기둥의 한 밑면의 변의 수는 7개이므로 꼭짓점의 수는 7 × 2 = 14(개)입니다.

7 밑면의 모양이 육각형이고 옆면의 모양이 직사각형이므로 육각기둥입니다.

8 팔각기둥의 한 밑면의 변의 수는 8개이므로
(꼭짓점의 수) = 8 × 2 = 16(개),
(면의 수) = 8 + 2 = 10(개),
(모서리의 수) = 8 × 3 = 24(개)
입니다.

9 각기둥의 밑면은 서로 평행합니다.

10 각기둥의 밑면에 수직인 면은 옆면입니다.

11 삼각기둥과 삼각뿔은 밑면의 모양과 옆면의 수는 같지만 옆면의 모양은 각각 직사각형과 삼각형이므로 다릅니다.

12 전개도를 접으면 삼각기둥이 만들어집니다.
삼각기둥의 밑면의 수는 2개이고 옆면의 수는 3개이므로 그 합은 $2+3=5$입니다.

13 (사각기둥의 모서리 수)$=4\times3=12$(개)
(육각기둥의 모서리 수)$=6\times3=18$(개)
➡ $12+18=30$

14 ㉠ $5+2=7$(개)
㉡ $6\times2=12$(개)
㉢ $9\times3=27$(개)
㉣ $10+1=11$(개)
➡ ㉢>㉡>㉣>㉠

15 각뿔의 밑면은 다각형입니다. 다각형 중에서 변의 수가 가장 적은 도형은 삼각형이므로 각뿔이 되려면 면은 적어도 4개 있어야 합니다.

16 밑면이 다각형으로 1개이고 옆면이 모두 이등변삼각형인 입체도형은 각뿔입니다.
각뿔의 밑면의 변의 수를 □개라고 하면
$\square+1=10$, $\square=9$입니다.
따라서 밑면의 모양이 구각형이므로 구각뿔입니다.

17 전개도를 접었을 때 만들어지는 입체도형은 오른쪽과 같은 삼각기둥입니다.

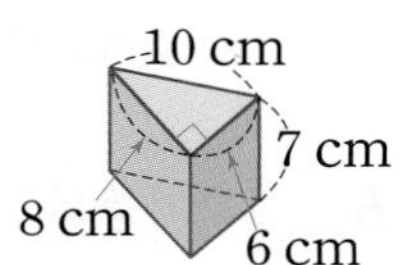

(모든 모서리의 길이의 합)
$=(10+8+6)\times2+7\times3$
$=48+21$
$=69$(cm)

18 옆면이 7개이므로 밑면의 변의 수가 7개입니다.
따라서 구하는 각뿔의 모서리는 $7\times2=14$(개)입니다.

서술형
19 예 밑면의 모양이 육각형이므로 육각뿔입니다.
따라서 육각뿔의 밑면의 변의 수는 6개이므로 모서리의 수는 $6\times2=12$(개)입니다.

평가 기준	배점(5점)
각뿔의 이름을 알았나요?	2점
각뿔에서 모서리의 수를 구했나요?	3점

서술형
20 예 ㉠ 각기둥의 한 밑면의 변의 수를 □개라고 하면
$\square+2=11$, $\square=9$이므로 구각기둥입니다.
구각기둥의 모서리의 수는 $9\times3=27$(개)입니다.
㉡ 각뿔의 밑면의 변의 수를 □개라고 하면
$\square\times2=6$, $\square=3$이므로 삼각뿔입니다.
삼각뿔의 면의 수는 $3+1=4$(개)입니다.
➡ $27+4=31$

평가 기준	배점(5점)
㉠과 ㉡을 각각 구했나요?	4점
㉠과 ㉡의 합을 구했나요?	1점

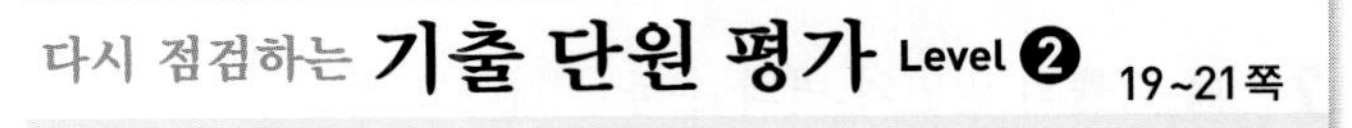

1 ②, ⑤

2

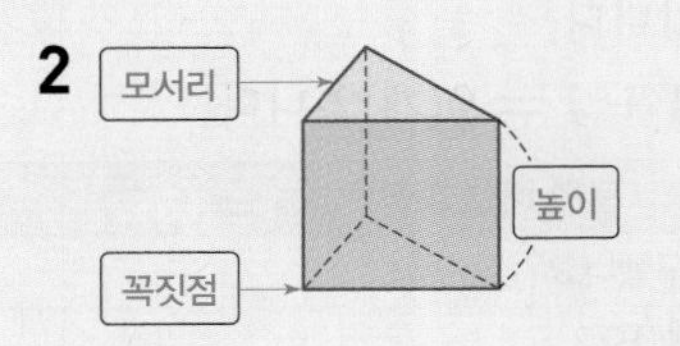

3 2개

4 (1) 면 ㄱㄴㄷㄹㅁ, 면 ㅂㅅㅇㅈㅊ (2) 직사각형

5

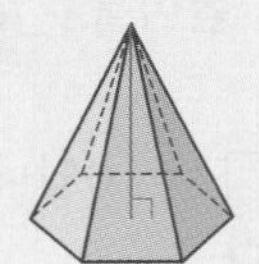

6 오각뿔 **7** 오각뿔

8 6 **9** 오각기둥

10 예

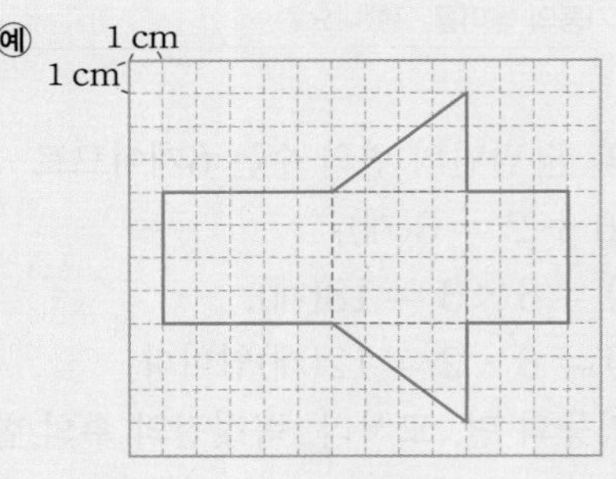

예

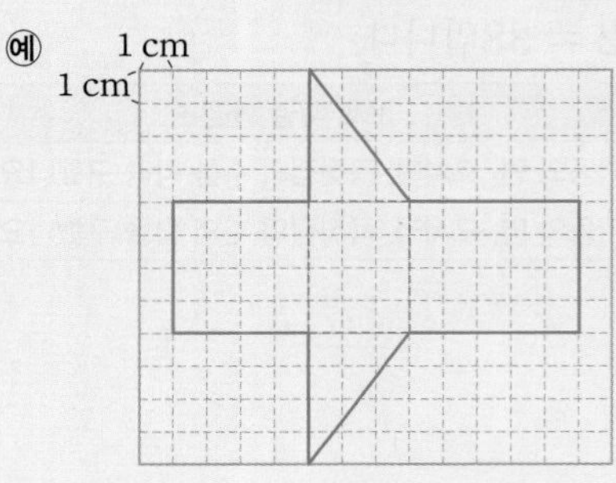

11 6, 5, 9 / 10, 10, 18
12 (1) 변 ㅋㅌ (2) 점 ㅂ, 점 ㅇ
13 팔각기둥 **14** 삼각뿔
15 14개 **16** 56 cm
17 17 cm **18** 2
19 104 cm **20** 12개

1 위와 아래에 있는 면이 서로 평행하고 합동인 다각형으로 이루어진 입체도형은 ②, ⑤입니다.

2 모서리 : 면과 면이 만나는 선분
꼭짓점 : 모서리와 모서리가 만나는 점
높이 : 두 밑면 사이의 거리

3 밑면이 다각형이고 옆면이 삼각형인 입체도형은 가, 바로 모두 2개입니다.

4 (1) 밑면은 서로 평행하고 나머지 다른 면에 수직인 두 면입니다.
(2) 각기둥의 옆면의 모양은 직사각형입니다.

5 각뿔의 꼭짓점에서 밑면에 수직인 선분을 긋습니다.

6 옆면의 모양이 삼각형이고 밑면의 모양이 오각형이므로 오각뿔입니다.

7 대각선이 5개인 다각형은 오각형이므로 밑면이 오각형인 각뿔의 이름은 오각뿔입니다.

8 밑면의 수 : 1개, 옆면의 수 : 7개
➡ $7-1=6$

9 밑면의 모양이 오각형이고 옆면의 모양이 직사각형이므로 오각기둥입니다.

10 모서리를 자르는 방법에 따라 여러 가지 전개도를 그릴 수 있습니다.

11 삼각기둥의 한 밑면의 변의 수는 3개이므로
(꼭짓점의 수) $=3\times2=6$(개),
(면의 수) $=3+2=5$(개),
(모서리의 수) $=3\times3=9$(개)
입니다.
구각뿔의 밑면의 변의 수는 9개이므로
(꼭짓점의 수) $=9+1=10$(개),
(면의 수) $=9+1=10$(개),
(모서리의 수) $=9\times2=18$(개)
입니다.

12 (1) 전개도를 접으면 변 ㄱㅎ과 변 ㅋㅌ이 맞닿습니다.
(2) 전개도를 접으면 점 ㄴ은 점 ㅂ, 점 ㅇ과 만납니다.

13 각기둥의 한 밑면의 변의 수를 □개라고 하면
(면의 수) $=\square+2=10$, $\square=8$입니다.
따라서 밑면의 모양이 팔각형이므로 팔각기둥입니다.

14 각뿔의 밑면의 변의 수를 □개라고 하면
(꼭짓점의 수) $=\square+1=4$, $\square=3$입니다.
따라서 밑면의 모양이 삼각형이므로 삼각뿔입니다.

15 각뿔의 밑면의 변의 수를 □개라고 하면
(꼭짓점의 수) $=\square+1=8$, $\square=7$입니다.
따라서 꼭짓점이 8개인 각뿔은 칠각뿔이고, 칠각뿔의 모서리는 $7\times2=14$(개)입니다.

16 길이가 4 cm인 모서리가 8개, 길이가 6 cm인 모서리가 4개이므로 모든 모서리의 길이의 합은
$4\times8+6\times4=56$(cm)입니다.

17 사각뿔의 모서리는 8개입니다.
➡ (한 모서리의 길이) $=136\div8=17$(cm)

18 각뿔의 밑면의 변의 수를 □개라고 하면
(꼭짓점의 수) + (면의 수) − (모서리의 수)
$=(\square+1)+(\square+1)-(\square\times2)$
$=\square\times2+2-\square\times2$
$=2$

서술형
19 예 밑면이 정사각형이고 옆면이 모두 이등변삼각형이므로 오른쪽과 같은 사각뿔입니다. 사각뿔에는 길이가 12 cm인 모서리가 4개, 길이가 14 cm인 모서리가 4개 있으므로 모든 모서리의 길이의 합은 $12\times4+14\times4=48+56=104$(cm)입니다.

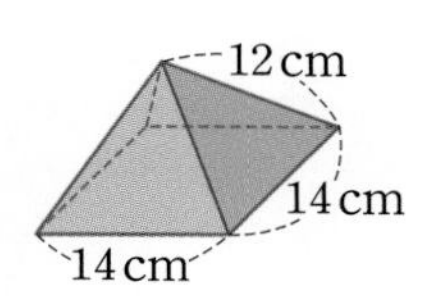

평가 기준	배점(5점)
어떤 입체도형인지 구했나요?	2점
이 입체도형의 모든 모서리의 길이의 합을 구했나요?	3점

서술형
20 ⓔ 각기둥의 한 밑면의 변의 수를 □개라고 하면
(꼭짓점의 수) − (면의 수)
$= (□ \times 2) - (□ + 2) = 2$
이므로 $□ = 4$입니다.
따라서 밑면의 모양이 사각형이므로 사각기둥이고 사각기둥의 모서리는 $4 \times 3 = 12$(개)입니다.

평가 기준	배점(5점)
알맞은 식을 세웠나요?	2점
각기둥의 모서리의 수를 구했나요?	3점

3 소수의 나눗셈

서술형 문제

22~25쪽

1 방법 1 ⓔ 분수의 나눗셈으로 바꾸어 계산하면

$$12.96 \div 4 = \frac{1296}{100} \div 4 = \frac{1296 \div 4}{100} = \frac{324}{100} = 3.24$$입니다.

방법 2 ⓔ 자연수의 나눗셈을 이용하여 계산하면
$1296 \div 4 = 324$이고 12.96은 1296의 $\frac{1}{100}$배이므로 $12.96 \div 4$의 몫도 324의 $\frac{1}{100}$배인 3.24입니다.

2 2.02 cm

3 0.64 cm

4 8.45 m

5 $0.1(=\frac{1}{10})$배

6 4개

7 12.5 cm

8 10.8 cm

1 세로로 계산할 수도 있습니다.

```
     3.2 4
4)1 2.9 6
  1 2
  ─────
      9
      8
  ─────
      1 6
      1 6
  ─────
        0
```

단계	문제 해결 과정
①	소수의 나눗셈을 한 가지 방법으로 설명했나요?
②	소수의 나눗셈을 다른 방법으로 설명했나요?

2 ⓔ 정육각형은 변 6개의 길이가 모두 같으므로
(정육각형의 한 변) = (정육각형의 둘레) ÷ 6으로 구할 수 있습니다.
따라서 둘레가 12.12 cm인 정육각형의 한 변은
$12.12 \div 6 = 2.02$(cm)입니다.

단계	문제 해결 과정
①	정육각형의 한 변을 구하는 방법을 설명했나요?
②	정육각형의 한 변을 구했나요?

3 예 한 시간은 60분이고 $60=15\times4$이므로 $2.56\div4$를 계산합니다.
따라서 15분 동안 $2.56\div4=0.64$ (cm)가 탄 것입니다.

단계	문제 해결 과정
①	문제에 알맞은 식을 세웠나요?
②	15분 동안 몇 cm가 탄 것인지 구했나요?

4 예 원 모양의 둘레에 나무를 심을 때 나무 사이의 간격 수는 나무 수와 같습니다.
따라서 나무 사이의 간격은 $67.6\div8=8.45$ (m)입니다.

단계	문제 해결 과정
①	나무 사이의 간격 수는 나무 수와 같음을 알고 있나요?
②	나무 사이의 간격은 몇 m인지 구했나요?

5 예 $768\div8=96$이고
7.68은 768의 $\frac{1}{100}$배이므로 ㉠ $7.68\div8=0.96$이고,
76.8은 768의 $\frac{1}{10}$배이므로 ㉡ $76.8\div8=9.6$입니다.
따라서 $0.96=9.6\times0.1$이므로 ㉠은 ㉡의 0.1배입니다.

단계	문제 해결 과정
①	$7.68\div8$과 $76.8\div8$의 몫을 각각 구했나요?
②	㉠은 ㉡의 몇 배인지 구했나요?

6 예 $4.5\div2=2.25$, $21.6\div8=2.7$이므로 □는 2.25보다 크고 2.7보다 작습니다.
따라서 □ 안에 들어갈 수 있는 소수 한 자리 수는 2.3, 2.4, 2.5, 2.6으로 모두 4개입니다.

단계	문제 해결 과정
①	$4.5\div2$와 $21.6\div8$의 몫을 각각 구했나요?
②	□ 안에 들어갈 수 있는 수를 모두 찾아 개수를 구했나요?

7 예 (태극기의 가로)=(원의 지름)×3이므로
원의 지름을 □cm라고 하면
$\square\times3=37.5$, $\square=37.5\div3=12.5$입니다.
따라서 원의 지름은 12.5 cm입니다.

단계	문제 해결 과정
①	태극기의 가로와 원의 지름의 관계를 알고 있나요?
②	원의 지름을 바르게 구했나요?

8 예 (태극기의 세로)=(원의 지름)×2이므로
원의 지름을 □cm라고 하면
$\square\times2=21.6$, $\square=21.6\div2=10.8$입니다.
따라서 원의 지름은 10.8 cm입니다.

단계	문제 해결 과정
①	태극기의 세로와 원의 지름의 관계를 알고 있나요?
②	원의 지름을 바르게 구했나요?

다시 점검하는 기출 단원 평가 Level ❶ 26~28쪽

1 $10.24\div8=\frac{1024}{100}\div8=\frac{1024\div8}{100}$
$=\frac{128}{100}=1.28$

2 (1) 9.8 (2) 7.27
3 (1) 3.2 (2) 4.15
4 0.05
5 0.62
6 1.22 kg
7 2.16, 3.72
8 0.72 m
9 (1) 1.35 (2) 1.48
10 2.315
11 $\begin{array}{r} 2.04 \\ 3\overline{)6.12} \\ 6 \\ \hline 12 \\ 12 \\ \hline 0 \end{array}$
12 3.85 cm^2
13 3.05
14 ㉢
15 5.6
16 예 20, 6, 3 / 3.3□1
17 31.5 km
18 43.75
19 (위에서부터) 78 / $\frac{1}{100}$ / 6.24, 0.78
예 $624\div8=78$이고, 78의 $\frac{1}{100}$배는 0.78입니다.
따라서 나누어지는 수도 624의 $\frac{1}{100}$배인 6.24가 됩니다.
20 6.03

2 (1) 58.8은 588의 $\frac{1}{10}$배이므로 58.8÷6의 몫은 98의 $\frac{1}{10}$배인 9.8이 됩니다.

(2) 21.81은 2181의 $\frac{1}{100}$배이므로 21.81 ÷ 3의 몫은 727의 $\frac{1}{100}$배인 7.27이 됩니다.

3 (1)

```
     3.2
  7)22.4
    21
     14
     14
      0
```

(2)

```
     4.15
  5)20.75
    20
      7
      5
      25
      25
       0
```

4

```
    0.05
  4)0.20
      20
       0
```

5 4.96÷8=0.62

6 (가방 한 개의 무게)=(가방 6개의 무게)÷6
=7.32÷6=1.22(kg)

7 4.32÷2=2.16, 22.32÷6=3.72

8 (한 도막의 길이)=(색 테이프의 길이)÷(도막 수)
=2.88÷4=0.72(m)

9 나누어지는 수의 소수 둘째 자리에 0이 있다고 생각하고 계산합니다.

(1)

```
     1.35
  6)8.10
    6
    21
    18
     30
     30
      0
```

(2)

```
     1.48
  5)7.40
    5
    24
    20
     40
     40
      0
```

10 18.52÷8=2.315

11 소수 첫째 자리 숫자 1을 3으로 나눌 수 없으므로 몫의 소수 첫째 자리에 0을 쓴 다음 계산해야 하는데 0을 쓰지 않았습니다.

12 (색칠한 부분의 넓이)=15.4÷4=3.85(cm^2)

13 어떤 수를 □라고 하면 □×7=21.35에서
□=21.35÷7=3.05입니다.
따라서 어떤 수는 3.05입니다.

14 ㉠ 11÷5=2.2
㉡ 9÷4=2.25
㉢ 22÷8=2.75
➡ ㉠<㉡<㉢

15 14×9+㉠×9÷2=151.2
㉠×9÷2=151.2−126=25.2
➡ ㉠=25.2×2÷9=50.4÷9=5.6

16 19.86을 소수 첫째 자리에서 반올림하면 20입니다.

17 (1 L로 갈 수 있는 거리)=283.5÷9=31.5(km)

18 나눗셈의 몫이 가장 크도록 만들려면 나누어지는 수는 가장 크게, 나누는 수는 가장 작게 만듭니다.
➡ 87.5÷2=43.75

서술형

19

평가 기준	배점(5점)
□ 안에 알맞은 수를 구했나요?	3점
이유를 바르게 썼나요?	2점

서술형

20 예 □×8=48.32라고 하면 □=48.32÷8=6.04입니다.
□×8<48.32이므로 □는 6.04보다 작은 수입니다.
6.04보다 작은 소수 두 자리 수 중에서 가장 큰 수는 6.03입니다.

평가 기준	배점(5점)
□ 안에 들어갈 수 있는 수의 범위를 구했나요?	3점
□ 안에 들어갈 수 있는 가장 큰 소수 두 자리 수를 구했나요?	2점

다시 점검하는 **기출 단원 평가** Level ❷ 29~31쪽

1 5.8 cm	**2** 157, 15.7, 1.57
3 25.8	**4** 2.34, 3.14
5 ㉢, ㉡, ㉠	**6** $\begin{array}{r} 0.76 \\ 8\overline{)6.08} \\ \underline{56} \\ 48 \\ \underline{48} \\ 0 \end{array}$
7 0.91 kg	
8 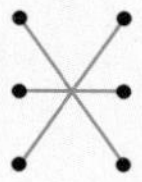 (풀이 참조)	
9 2.28	**10** (1) 0.05 (2) 5.02
11 1.25	**12** ㉠, ㉣
13 0.27 kg	**14** 1.05
15 12.32	**16** ④
17 0.15 cm	**18** 0.16 m
19 0.15 kg	**20** 2.1 cm^2

1 $40.6 \div 7 = 5.8$(cm)

2 나누는 수가 같고 나누어지는 수가 $\frac{1}{10}$배, $\frac{1}{100}$배가 되면 몫도 $\frac{1}{10}$배, $\frac{1}{100}$배가 됩니다.

3 몫의 소수점의 위치가 왼쪽으로 옮겨진만큼 나누어지는 수의 소수점의 위치를 왼쪽으로 옮깁니다.

4 $14.04 \div 6 = 2.34$, $37.68 \div 12 = 3.14$

5 나누는 수가 4로 모두 같으므로 나누어지는 수가 가장 큰 식의 몫이 가장 큽니다.

6 몫이 1보다 작으면 자연수 자리에 0을 씁니다.

7 (멜론 한 개의 무게)=(멜론 5개의 무게)$\div 5$
$= 4.55 \div 5 = 0.91$(kg)

8 $25.7 \div 5 = 5.14$
$12.6 \div 4 = 3.15$
$18.4 \div 5 = 3.68$

9 $18.24 > 8$ ➡ $18.24 \div 8 = 2.28$

10 (1) $\square = 0.4 \div 8 = 0.05$
(2) $\square = 30.12 \div 6 = 5.02$

11 $7.5 \div 6 = 1.25$(cm)

12 나누어지는 수가 나누는 수보다 크면 몫이 1보다 큽니다.

13 (콩 주머니 한 개에 담을 콩의 양)
$= 2.16 \div 8 = 0.27$(kg)

14 어떤 수를 □라고 하면 $\square \times 6 = 6.3$이므로
$\square = 6.3 \div 6 = 1.05$입니다.

15 $31.6 \circledcirc 5 = 6 + 31.6 \div 5 = 6 + 6.32 = 12.32$

16 $\begin{array}{r} 7.125 \\ 8\overline{)57.000} \\ \underline{56} \\ 10 \\ \underline{8} \\ 20 \\ \underline{16} \\ 40 \\ \underline{40} \\ 0 \end{array}$

따라서 나머지가 0이 될 때까지 나누면 소수점 아래 0을 3번 내려야 합니다.

17 1시간=60분이므로 $9 \div 60 = 0.15$(cm)씩 탑니다.

18 점 사이의 간격 수 : $26 - 1 = 25$(개)
(점과 점 사이의 간격) $= 4 \div 25 = 0.16$(m)

서술형
19 예 빵 12봉지의 무게가 9 kg이므로 한 봉지의 무게는 $9 \div 12 = 0.75$(kg)입니다.
한 봉지에 무게가 같은 빵이 5개씩 있으므로 빵 한 개의 무게는 $0.75 \div 5 = 0.15$(kg)입니다.

평가 기준	배점(5점)
빵 한 봉지의 무게를 구했나요?	3점
빵 한 개의 무게를 구했나요?	2점

서술형
20 예 가로가 3.5 cm, 세로가 1.8 cm인 직사각형의 넓이는 $3.5 \times 1.8 = 6.3(cm^2)$이므로 직사각형을 12등분한 한 칸의 넓이는 $6.3 \div 12 = 0.525(cm^2)$입니다.
따라서 색칠한 부분의 넓이는 $0.525 \times 4 = 2.1(cm^2)$입니다.

평가 기준	배점(5점)
직사각형의 넓이를 구했나요?	2점
색칠한 부분의 넓이를 구하는 방법을 설명했나요?	1점
색칠한 부분의 넓이를 구했나요?	2점

4 비와 비율

서술형 문제

32~35쪽

1 방법 1 ㉠ 뺄셈으로 비교하기
$10-2=8$이므로 오렌지가 사과보다 8개 더 많습니다.

방법 2 ㉠ 나눗셈으로 비교하기
$10 \div 2 = 5$이므로 오렌지 수는 사과 수의 5배입니다.

2 $\frac{3}{20}$, 0.15, 15 %
3 17 : 29
4 27000원
5 360 cm
6 38 %
7 1008 cm^2
8 수학 시험

1

단계	문제 해결 과정
①	한 가지 방법으로 바르게 비교했나요?
②	다른 한 가지 방법으로 바르게 비교했나요?

2 ㉠ 3의 20에 대한 비는 3 : 20입니다.
3 : 20에서 기준량은 20, 비교하는 양은 3이므로
분수로 나타내면 $\frac{3}{20}$, 소수로 나타내면 0.15,
백분율로 나타내면 $\frac{3}{20} \times 100 = 15(\%)$입니다.

단계	문제 해결 과정
①	비로 나타냈나요?
②	비의 비율을 3가지 방법으로 나타냈나요?

3 ㉠ 전체 학생 수는 $12+17=29$ (명)입니다.
따라서 혜정이네 반 전체 학생 수에 대한 여학생 수의 비는 17 : 29입니다.

단계	문제 해결 과정
①	전체 학생 수를 구했나요?
②	혜정이네 반 전체 학생 수에 대한 여학생 수의 비를 구했나요?

4 ㉠ (이익)$=25000 \times \frac{8}{100}=2000$(원)이므로
(판매 가격) $= 25000 + 2000 = 27000$(원)입니다.
따라서 신발의 판매 가격은 27000원입니다.

단계	문제 해결 과정
①	이익은 얼마인지 구했나요?
②	신발의 판매 가격을 구했나요?

5 ㉠ 나래의 키에 대한 그림자의 비율은
$\frac{162}{135}=\frac{6}{5}=1.2$입니다.
따라서 길이가 300 cm인 나무의 그림자 길이는
$300 \times 1.2 = 360$(cm)가 됩니다.

단계	문제 해결 과정
①	나래의 키에 대한 그림자의 비율을 구했나요?
②	나무의 그림자의 길이를 구했나요?

6 ㉠ 투표에 참여한 학생 수는
$216+228+151+5=600$(명)입니다.
㉯ 후보의 득표수가 가장 많으므로 득표율이 가장 높습니다.
따라서 당선된 후보의 득표율은
(㉯ 후보의 득표율)$=\frac{228}{600} \times 100=38$ (%)입니다.

단계	문제 해결 과정
①	투표에 참여한 학생 수를 구했나요?
②	당선된 후보의 득표율은 몇 %인지 구했나요?

7 ㉠ 늘인 직사각형의 가로는
$35 \times (1+0.2) = 42$(cm),
줄인 직사각형의 세로는
$30 \times (1-0.2) = 24$(cm)입니다.
따라서 새로 만든 직사각형의 넓이는
$42 \times 24 = 1008(cm^2)$입니다.

단계	문제 해결 과정
①	늘인 가로와 줄인 세로의 길이를 각각 구했나요?
②	새로 만든 직사각형의 넓이를 구했나요?

8 ㉠ 문제를 맞힌 비율은 $\frac{(\text{비교하는 양})}{(\text{기준량})}$이므로
수학 시험 문제를 맞힌 비율은 $\frac{15}{20}=\frac{3}{4}$이고
과학 시험 문제를 맞힌 비율은 $\frac{10}{16}=\frac{5}{8}$입니다.
따라서 $\frac{3}{4}(=\frac{6}{8})>\frac{5}{8}$이므로 수학 시험을 더 잘 본 편입니다.

단계	문제 해결 과정
①	두 시험 문제를 맞힌 비율을 각각 구했나요?
②	어느 과목 시험을 더 잘 본 편인지 구했나요?

다시 점검하는 기출 단원 평가 Level ❶ 36~38쪽

1 5
2 7, 16
3 ㉠, ㉢
4 15 : 29
5 (선 잇기)
6 $\frac{9}{50}$, 0.18, 18 %
7 $\frac{159}{100}(=1\frac{59}{100})$ / 1.59
8 ②, ⑤
9 ㉠
10 $\frac{9}{8}(=1\frac{1}{8})$
11 0.29
12 45 %
13 9 %
14 18개
15 가
16 20 %
17 1785 cm^2
18 7840명
19 예 • 우리 학교 전체 학생 중 여학생은 45 %입니다.
• 이번 국회의원 선거의 전국 투표율이 56 %입니다.
• 알뜰 시장에서 동화책을 50 % 할인받아 샀습니다.
20 소금 : 1120 g, 물 : 6880 g

1 (100원짜리 동전 수)=(500원짜리 동전 수)×5

2 전체가 16칸, 색칠한 부분이 7칸 ➡ 7 : 16

3 ㉠ 5 : 9 ㉡ 9 : 5 ㉢ 5 : 9
따라서 기준량이 9인 것은 ㉠, ㉢입니다.

4 (여학생 수)=29−14=15(명)
윤지네 반 전체 학생 수에 대한 여학생 수의 비
➡ (여학생 수) : (전체 학생 수) = 15 : 29

5 2 : 25 ➡ $\frac{2}{25}=0.08$
6 : 15 ➡ $\frac{6}{15}=\frac{2}{5}=0.4$
9 : 20 ➡ $\frac{9}{20}=0.45$

6 9의 50에 대한 비 ➡ 9 : 50
➡ $\frac{9}{50}=0.18$ ➡ $0.18\times100=18(\%)$

7 159 % ➡ $\frac{159}{100}=1\frac{59}{100}=1.59$

8 (비교하는 양)>(기준량)이므로 (비율)>1입니다.
① $\frac{4}{15}<1$ ② $1.15>1$
③ 9.2 % ➡ $0.092<1$
④ 12 % ➡ $0.12<1$
⑤ 2에 대한 3의 비 ➡ $\frac{3}{2}>1$

9 $\frac{5}{8}$를 백분율로 나타내면 $\frac{5}{8}\times100=62.5\ (\%)$입니다. ➡ ㉠>㉡

10 (세로)=72÷8=9 (cm)
가로에 대한 세로의 비 ➡ 9 : 8 ➡ (비율) = $\frac{9}{8}=1\frac{1}{8}$

11 (타율)=$\frac{(\text{안타 수})}{(\text{전체 타수})}=\frac{116}{400}=0.29$

12 $\frac{144}{320}\times100=45(\%)$

13 $\frac{18}{200}\times100=9(\%)$

14 (사과 수)=$24\times\frac{25}{100}=6$(개)
(배의 수) = 24 − 6 = 18(개)

15 넓이에 대한 인구의 비율을 구해서 비교합니다.
가 : $\frac{27000}{45}=600$
나 : $\frac{71500}{130}=550$
➡ 가>나

16 25000−20000=5000(원)이므로 5000원을 할인받은 것입니다.
$\frac{5000}{25000}\times100=20(\%)$이므로 20 % 할인받은 것입니다.

17 (늘인 가로)=34×(1+0.5)=51(cm)
(늘인 세로) = 25 × (1 + 0.4) = 35(cm)
(직사각형의 넓이) = 51 × 35 = 1785(cm^2)

18 (회사원 수)=$70000\times\frac{32}{100}=22400$(명)
(여자 회사원 수) = $22400\times\frac{7}{20}=7840$(명)

서술형
19

평가 기준	배점(5점)
백분율이 사용되는 경우를 2가지 썼나요?	3점
백분율이 사용되는 경우를 1가지 썼나요?	2점

서술형
20 예 $8\,\mathrm{kg}=8000\,\mathrm{g}$이므로
(필요한 소금의 양) $=8000\times\frac{14}{100}=1120(\mathrm{g})$이고,
(필요한 물의 양) $=8000-1120=6880(\mathrm{g})$입니다.

평가 기준	배점(5점)
필요한 소금의 양을 구했나요?	3점
필요한 물의 양을 구했나요?	2점

다시 점검하는 기출 단원 평가 Level 2

39~41쪽

1 (1) 6, 4 (2) 4, 6
2 예 (그림)
3 5:8　　**4** 5:14
5 12, 18, 24, 30 / 12마리
6 ㉡
7 $\frac{17}{10}(=1\frac{7}{10})$ / 1.7
8 0.45, 45 %　　**9** 55 %
10 $\frac{37}{100}$, 0.37 / $\frac{6}{100}(=\frac{3}{50})$, 0.06 / $\frac{127}{100}(=1\frac{27}{100})$, 1.27
11 ㉢, ㉠, ㉡　　**12** 72, 80 / 2반
13 18 %　　**14** 택시
15 7명　　**16** 80 g
17 620원　　**18** 튼튼 은행
19 480 g　　**20** 시장

1 (1) (지우개 수) : (연필 수)$=6:4$
(2) (연필 수) : (지우개 수) $=4:6$

2 전체 8칸을 기준으로 7칸을 비교하는 것이므로 7칸에 색칠합니다.

3 (밑변의 길이) : (높이)$=5:8$

4 (전체 과일 수)$=6+5+3=14$(개)
➡ (사과 수) : (전체 과일 수) $=5:14$

5 (다리 수)÷(메뚜기 수)$=6$
다리 수는 메뚜기 수의 6배이므로 다리가 72개이면 메뚜기는 $72\div6=12$(마리)입니다.

6 ㉠ 8:11　　㉡ 18:4
㉢ 5:10　　㉣ 8:13

7 (티셔츠 수) : (바지 수)$=17:10$
➡ $\frac{17}{10}=1\frac{7}{10}=1.7$

8 $\frac{9}{20}=0.45$ ➡ $0.45\times100=45(\%)$

9 전체는 20칸이고 색칠한 부분은 11칸이므로 $\frac{11}{20}\times100=55(\%)$입니다.

10 백분율을 소수로 나타내려면 먼저 기준량이 100인 분수로 나타낸 후 소수로 나타냅니다.

11 비율을 한 가지 형태로 바꾸어 비교합니다.
㉠ $\frac{31}{50}=0.62$
㉡ 20 % ➡ $\frac{20}{100}=0.2$
㉢ 0.71
➡ ㉢>㉠>㉡

12 1반 찬성률은 $\frac{18}{25}\times100=72(\%)$이고, 2반 찬성률은 $\frac{24}{30}\times100=80(\%)$이므로 2반의 찬성률이 더 높습니다.

13 할인 금액은 $48000-39360=8640$(원)이므로 할인율은 $\frac{8640}{48000}\times100=18(\%)$입니다.

14 걸린 시간에 대한 간 거리의 비율은 트럭은 $\frac{792}{9}=88$이고, 택시는 $\frac{630}{7}=90$이므로 택시가 더 빠릅니다.

15 (봉사 활동 경험이 있는 학생 수)$=35\times\frac{20}{100}=7$(명)

16 16 %는 $\frac{16}{100}=0.16$이므로 소금물 500 g의 0.16 만큼 소금이 들어 있습니다.
따라서 소금의 양은 $500\times0.16=80$(g)입니다.

17 (오른 호박 1개의 값)$=600+600\times\frac{15}{100}$
$=690$(원)
(오른 호박 2개의 값) $=690\times2=1380$(원)
(거스름돈) $=2000-1380=620$(원)

18 (튼튼 은행의 월 이자율)$=\frac{750}{30000}\times100$
$=2.5(\%)$
(부자 은행의 월 이자율) $=\frac{200}{10000}\times100$
$=2(\%)$
튼튼 은행의 월 이자율이 더 높으므로 튼튼 은행에 예금하는 것이 더 이익입니다.

서술형
19 예 수확한 고구마는 1.5 kg=1500 g이고 이 중에서 0.32가 썩어서 버렸으므로 버린 고구마는 $1500\times0.32=480$(g)입니다.

평가 기준	배점(5점)
수확한 고구마는 몇 g인지 구했나요?	1점
버린 고구마는 몇 g인지 구했나요?	4점

서술형
20 예 시장에서 살 때 로봇의 가격은
$20000-20000\times\frac{10}{100}=18000$(원)입니다.
백화점에서 살 때 로봇의 가격은
$25000-25000\times\frac{20}{100}=20000$(원)입니다.
따라서 시장에서 살 때 더 싸게 살 수 있습니다.

평가 기준	배점(5점)
시장에서 살 때 가격을 구했나요?	2점
백화점에서 살 때 가격을 구했나요?	2점
더 싸게 살 수 있는 곳을 구했나요?	1점

5 여러 가지 그래프

서술형 문제

42~45쪽

1 동화책

2 예 • 가장 많은 학생들이 기르고 싶어 하는 동물은 개입니다.
• 개 또는 고양이를 기르고 싶어 하는 학생은 55 % 입니다.

3 꺾은선그래프/ 예 꺾은선그래프는 시간에 따라 연속적으로 변화하는 양을 나타내는 데 편리하기 때문입니다.

4 84명

5 예 • 가장 많이 판매한 과일은 수박입니다.
• 판매한 복숭아 수는 판매한 참외 수의 2배입니다.

6 12 %

7 35상자

8 3 cm

1 예 $\frac{1}{4}=\frac{25}{100}$ ➡ 25 %이므로 전체 책의 $\frac{1}{4}$을 차지하는 책의 종류는 동화책입니다.

단계	문제 해결 과정
①	$\frac{1}{4}$을 백분율로 바꾸었나요?
②	책의 종류를 구했나요?

2

단계	문제 해결 과정
①	띠그래프를 보고 알 수 있는 1가지 내용을 바르게 썼나요?
②	띠그래프를 보고 알 수 있는 2가지 내용을 바르게 썼나요?

3

단계	문제 해결 과정
①	어느 그래프로 나타내는 것이 가장 좋은지 썼나요?
②	이유를 바르게 썼나요?

4 예 파란색을 좋아하는 학생은 전체의 30 %이므로
$280\times\frac{30}{100}=84$(명)입니다.

단계	문제 해결 과정
①	파란색이 차지하는 비율을 구했나요?
②	파란색을 좋아하는 학생 수를 구했나요?

5

단계	문제 해결 과정
①	원그래프를 보고 알 수 있는 1가지 내용을 바르게 썼나요?
②	원그래프를 보고 알 수 있는 2가지 내용을 바르게 썼나요?

6 예 교육비가 20 %를 차지하므로

(학원비가 차지하는 비율) $= 20 \times \dfrac{60}{100} = 12(\%)$

따라서 학원비는 유진이네 집 한 달 생활비 전체의 12 %입니다.

단계	문제 해결 과정
①	구하는 식을 세웠나요?
②	학원비가 차지하는 비율을 구했나요?

7 예 (상추의 비율) $= 100 - 28 - 25 - 12 = 35\ (\%)$

(상추 생산량) $= 300 \times \dfrac{35}{100} = 105\ (\text{kg})$

따라서 필요한 상자 수는 $105 \div 3 = 35$ (상자)입니다.

단계	문제 해결 과정
①	상추의 비율을 구했나요?
②	상추의 생산량을 구했나요?
③	필요한 상자 수를 구했나요?

8 예 프랑스가 차지하는 비율은 전체의 15 %입니다.
따라서 전체 길이가 20 cm인 띠그래프에서 프랑스가 차지하는 길이는 $20 \times \dfrac{15}{100} = 3\ (\text{cm})$입니다.

단계	문제 해결 과정
①	프랑스가 차지하는 비율을 구했나요?
②	띠그래프에서 프랑스가 차지하는 길이를 구했나요?

다시 점검하는 기출 단원 평가 Level 1

46~48쪽

1 30 %　　**2** 떡볶이

3 1.5배　　**4** 30명

5 40 %　　**6** 1.75배

7 60권　　**8** 7 cm

9 30, 25, 20, 15, 10

10 예 종류별 병원 수

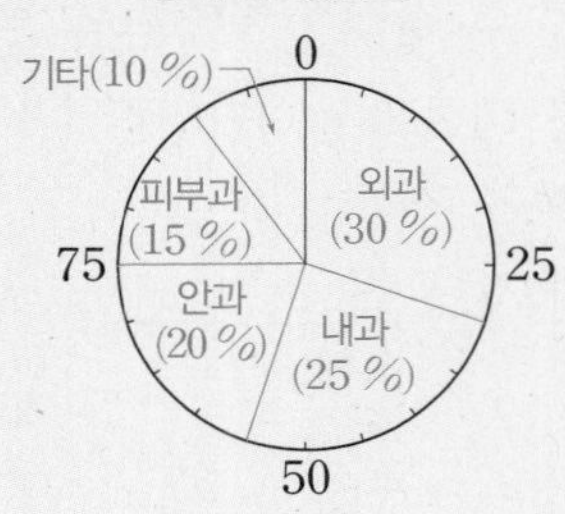

11 외과　　**12** 35 %

13 의료비

14 25, 20, 10, 5 / 120, 75, 60, 30, 15

15 130명　　**16** 24 %

17 24명　　**18** 162명

19 마을별 감자 생산량

마을	생산량
가	
나	
다	
라	

예 나 마을은 450 kg, 다 마을은 490 kg으로 나타냈으므로 감자 생산량을 반올림하여 십의 자리까지 나타냈습니다.

20 예 • 가장 많은 학생들이 가고 싶은 곳은 놀이공원입니다.
• 산 또는 바다에 가고 싶은 학생은 45 %입니다.

1 띠그래프의 작은 눈금 한 칸의 크기는 5 %이므로 과자는 전체의 $5 \times 6 = 30(\%)$입니다.

2 띠그래프에서 차지하는 띠의 길이가 가장 긴 것은 떡볶이입니다.

3 $45 \div 30 = 1.5$(배)

4 과자는 전체의 30 %이고 빵은 전체의 15 %이므로 과자는 빵의 2배입니다. 따라서 빵을 좋아하는 학생은 $60 \div 2 = 30$(명)입니다.

5 위인전은 전체의 30 %이고, 만화책은 전체의 10 % 이므로 위인전과 만화책의 비율은 전체의 $30 + 10 = 40$(%)입니다.

6 참고서는 전체의 35 %이고, 과학책은 전체의 20 % 이므로 참고서의 비율은 과학책의 비율의 $35 \div 20 = 1.75$(배)입니다.

7 위인전은 전체의 30 %이므로 $200 \times \frac{30}{100} = 60$(권)입니다.

8 참고서는 전체의 35 %이므로 $20 \times \frac{35}{100} = 7$(cm)입니다.

9 외과 : $\frac{6}{20} \times 100 = 30$(%)

내과 : $\frac{5}{20} \times 100 = 25$(%)

안과 : $\frac{4}{20} \times 100 = 20$(%)

피부과 : $\frac{3}{20} \times 100 = 15$(%)

기타 : $\frac{2}{20} \times 100 = 10$(%)

10 각 항목이 차지하는 백분율만큼 원을 나누고 각 항목과 백분율을 씁니다.

11 원그래프에서 외과가 차지하는 부분이 가장 넓습니다.

12 안과는 전체의 20 %이고 피부과는 전체의 15 %이므로 안과와 피부과의 비율은 전체의 $20 + 15 = 35$(%)입니다.

13 가장 많이 지출한 것은 식품비이고, 두 번째로 많이 지출한 것은 교육비이고, 세 번째로 많이 지출한 것은 의료비입니다.

14 식품비 : $300 \times \frac{40}{100} = 120$(만 원)

교육비 : $300 \times \frac{25}{100} = 75$(만 원)

의료비 : $300 \times \frac{20}{100} = 60$(만 원)

주거비 : $300 \times \frac{10}{100} = 30$(만 원)

기타 : $300 \times \frac{5}{100} = 15$(만 원)

15 수학은 전체의 $100 - (18 + 16 + 30 + 10) = 26$(%)입니다. 따라서 수학을 좋아하는 학생은 $500 \times \frac{26}{100} = 130$(명)입니다.

16 자전거의 비율을 □ %라고 하면 휴대 전화의 비율은 (□×2) %이므로
$39 + □ \times 2 + □ + 10 + 15 = 100$,
$□ \times 3 = 36$, $□ = 12$입니다.
따라서 휴대 전화의 비율은 $12 \times 2 = 24$(%)입니다.

17 게임기를 받고 싶어 하는 학생은 $300 \times \frac{10}{100} = 30$(명)이고 이 중 80 %가 남학생이므로 게임기를 받고 싶어 하는 남학생은 $30 \times \frac{80}{100} = 24$(명)입니다.

18 (남학생 수)$= 600 \times \frac{60}{100} = 360$(명)

(자전거로 등교하는 남학생 수)$= 360 \times \frac{45}{100}$
$= 162$(명)

서술형 **19**

평가 기준	배점(5점)
감자 생산량을 어떻게 어림하여 그림그래프로 나타내었는지 설명했나요?	2점
그림그래프를 완성했나요?	3점

서술형 **20**

평가 기준	배점(5점)
1가지 내용을 바르게 썼나요?	2점
또 다른 1가지 내용을 바르게 썼나요?	3점

다시 점검하는 기출 단원 평가 Level ❷ 49~51쪽

1

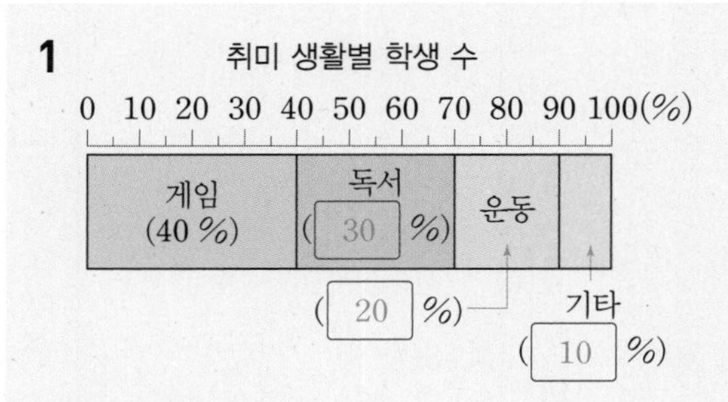

2 게임

3 25, 15, 15, 10

예 곡물별 생산량

0 10 20 30 40 50 60 70 80 90 100(%)

쌀 (35 %) | 보리 (25 %) | 수수 (15 %) | 콩 (15 %) | 기타 (10 %)

4 A형, O형, AB형, B형

5 156명

6 90마리

7 30 %

8

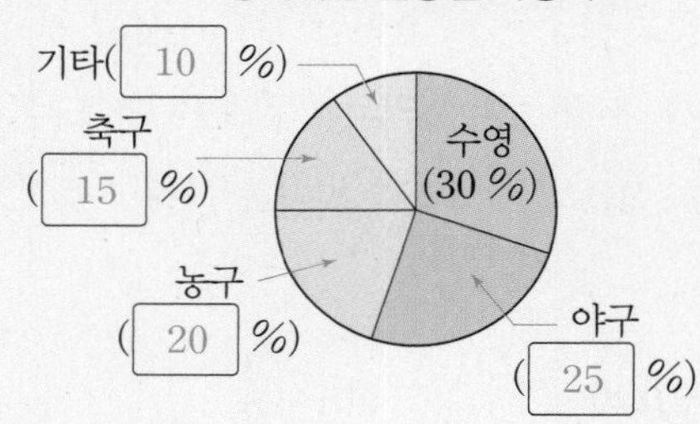

9 25, 15, 10, 10

10 예

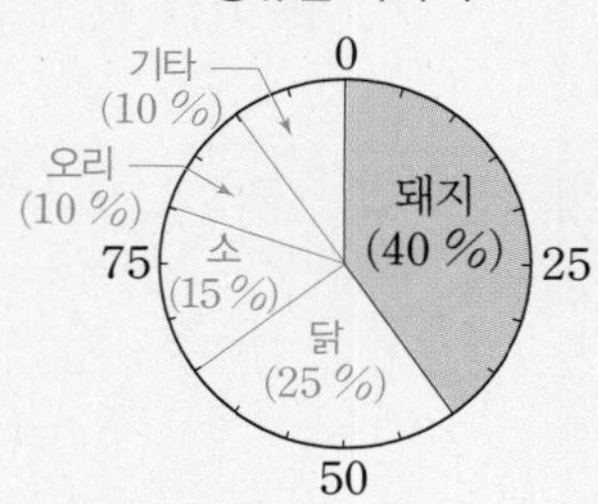

11 2배

12 40명

13 예 좋아하는 음식별 학생 수

0 10 20 30 40 50 60 70 80 90 100(%)

피자 (35 %) | 치킨 (30 %) | 햄버거 (15 %) | 탕수육(10 %) | 기타 (10 %)

14 14 cm **15** 40 %

16 135명 **17** 35가구

18 1.4배 **19** 15억 명

20 360 km^2

1 독서 : $\frac{9}{30} \times 100 = 30(\%)$

운동 : $\frac{6}{30} \times 100 = 20(\%)$

기타 : $\frac{3}{30} \times 100 = 10(\%)$

2 그래프에서 차지하는 띠의 길이가 가장 긴 것은 게임입니다.

3 보리 : $\frac{125}{500} \times 100 = 25(\%)$

수수, 콩 : $\frac{75}{500} \times 100 = 15(\%)$

기타 : $\frac{50}{500} \times 100 = 10(\%)$

4 띠그래프에서 차지하는 띠의 길이가 가장 긴 것부터 순서대로 씁니다.

5 O형의 비율은 B형의 비율의 $30 \div 10 = 3$(배)이므로 O형인 학생은 $52 \times 3 = 156$(명)입니다.

6 원숭이는 전체의 30 %이므로 원숭이는 $300 \times \frac{30}{100} = 90$(마리)입니다.

7 사자의 $\frac{1}{3}$인 $15 \times \frac{1}{3} = 5(\%)$를 호랑이와 바꾼다면 호랑이는 전체 동물의 $25 + 5 = 30(\%)$가 됩니다.

8 야구 : $\frac{15}{60} \times 100 = 25(\%)$

농구 : $\frac{12}{60} \times 100 = 20(\%)$

축구 : $\frac{9}{60} \times 100 = 15(\%)$

기타 : $\frac{6}{60} \times 100 = 10(\%)$

9 닭 : $\frac{65}{260} \times 100 = 25(\%)$

소 : $\frac{39}{260} \times 100 = 15(\%)$

오리, 기타 : $\frac{26}{260} \times 100 = 10(\%)$

10 각 항목이 차지하는 백분율만큼 원을 나누고 각 항목과 백분율을 씁니다.

11 치킨을 좋아하는 학생 수는 햄버거를 좋아하는 학생 수의 $30 \div 15 = 2$(배)입니다.

12 탕수육을 좋아하는 학생은 10 %이고, 10 %의 10배가 100 %이므로 조사한 전체 학생 수는 $4 \times 10 = 40$(명)입니다.

14 $40 \times \frac{35}{100} = 14$(cm)

15 $100 - (25 + 20 + 10 + 5) = 40$(%)

16 예능은 음악보다 $40 - 25 = 15$(%) 더 많으므로 $900 \times \frac{15}{100} = 135$(명) 더 많습니다.

17 라 신문을 구독하는 가구 수를 □가구라고 하면 다 신문을 구독하는 가구 수는 (□ × 4)가구이므로 $175 + 150 +$ □ $\times 4 +$ □ $= 500$, □ $\times 5 = 175$, □ $= 35$입니다.

18 6월의 음식물 쓰레기의 비율은 $100 - (25 + 14 + 16 + 10) = 35$(%)입니다. 음식물 쓰레기의 비율이 7월에는 49 %이고 6월에는 35 %이므로 7월에는 6월의 $49 \div 35 = 1.4$(배)가 되었습니다.

서술형
19 예 전철 이용자 수가 가장 많은 도시는 도쿄로 29억 명이고, 가장 적은 도시는 파리로 14억 명입니다.
➡ 29억 − 14억 = 15억 (명)

평가 기준	배점(5점)
전철 이용자 수가 가장 많은 도시와 가장 적은 도시를 구했나요?	3점
이용자 수의 차를 구했나요?	2점

서술형
20 예 주거지의 넓이가 $2000 \times \frac{40}{100} = 800(km^2)$이므로 아파트의 넓이는 $800 \times \frac{45}{100} = 360(km^2)$입니다.

평가 기준	배점(5점)
주거지의 넓이를 구했나요?	2점
주거지 중 아파트의 넓이를 구했나요?	3점

6 직육면체의 부피와 겉넓이

서술형 문제

52~55쪽

1 ㉡, ㉢, ㉠	2 $296 cm^3$	3 $1.68 m^3$
4 9배	5 $224 cm^2$	6 750개
7 $440 cm^3$	8 $6800 cm^3$	

1 예 ㉡ $300000 cm^3 = 0.3 m^3$
㉢ $100 cm = 1 m$이므로 한 모서리의 길이가 100 cm인 정육면체의 부피는 $1 m^3$입니다.
따라서 $0.3 m^3 < 1 m^3 < 2.4 m^3$이므로 부피가 작은 것부터 차례로 기호를 쓰면 ㉡, ㉢, ㉠입니다.

단계	문제 해결 과정
①	모두 m^3 단위로 나타내었나요?
②	부피가 작은 것부터 차례로 기호를 썼나요?

2 예 (정육면체 가의 부피) $= 8 \times 8 \times 8 = 512(cm^3)$
(정육면체 나의 부피) $= 6 \times 6 \times 6 = 216(cm^3)$
따라서 정육면체 가와 나의 부피의 차는 $512 - 216 = 296(cm^3)$입니다.

단계	문제 해결 과정
①	정육면체 가와 나의 부피를 각각 구했나요?
②	정육면체 가와 나의 부피의 차를 구했나요?

3 예 직육면체의 부피는
$80 \times 150 \times 140 = 1680000(cm^3)$입니다.
$1000000 cm^3 = 1 m^3$이므로
$1680000 cm^3 = 1.68 m^3$입니다.

단계	문제 해결 과정
①	직육면체의 부피는 몇 cm^3인지 구했나요?
②	직육면체의 부피는 몇 m^3인지 구했나요?

4 예 (처음 정육면체의 겉넓이) $= 9 \times 9 \times 6 = 486(cm^2)$
(늘인 정육면체의 겉넓이) $= 27 \times 27 \times 6 = 4374(cm^2)$
따라서 $4374 \div 486 = 9$(배)가 됩니다.

단계	문제 해결 과정
①	처음 정육면체의 겉넓이를 구했나요?
②	늘인 정육면체의 겉넓이를 구했나요?
③	늘인 정육면체의 겉넓이는 처음 정육면체의 겉넓이의 몇 배가 되는지 구했나요?

5 예 정육면체의 한 면의 넓이는 $4\times4=16(cm^2)$입니다. 입체도형은 넓이가 $16\,cm^2$인 면 14개로 이루어져 있으므로 입체도형의 겉넓이는 $16\times14=224(cm^2)$입니다.

단계	문제 해결 과정
①	정육면체의 한 면의 넓이를 구했나요?
②	입체도형의 겉면은 정육면체의 한 면이 몇 개인지 구했나요?
③	입체도형의 겉넓이를 구했나요?

6 예 1 m에는 20 cm를 5개 놓을 수 있으므로 한 모서리의 길이가 20 cm인 정육면체 모양의 상자를 2 m에는 $5\times2=10$ (개), 3 m에는 $5\times3=15$ (개) 놓을 수 있습니다.
따라서 정육면체 모양의 상자를 모두 $5\times10\times15=750$ (개) 쌓을 수 있습니다.

단계	문제 해결 과정
①	한 모서리의 길이가 20 cm인 정육면체 모양의 상자를 1 m, 2 m, 3 m에 각각 몇 개 놓을 수 있는지 구했나요?
②	정육면체 모양의 상자를 모두 몇 개 쌓을 수 있는지 구했나요?

7

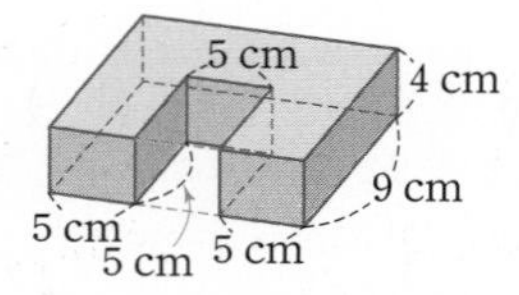

예 큰 직육면체의 부피에서 작은 직육면체의 부피를 뺍니다.
(입체도형의 부피)
$=(5+5+5)\times9\times4-5\times5\times4$
$=540-100$
$=440(cm^3)$

단계	문제 해결 과정
①	입체도형의 부피를 구하는 방법을 알았나요?
②	입체도형의 부피를 구했나요?

8 예 돌의 부피는 늘어난 물의 부피와 같습니다.
따라서 돌의 부피는 $40\times34\times5=6800(cm^3)$입니다.

단계	문제 해결 과정
①	돌의 부피는 늘어난 물의 부피와 같다는 것을 알고 있나요?
②	돌의 부피를 구했나요?

다시 점검하는 기출 단원 평가 Level ❶ 56~58쪽

1 나	**2** $343\,cm^3$
3 $294\,cm^2$	**4** (1) 2900000 (2) 51
5 $320\,cm^3$	**6** $304\,cm^2$
7 7	**8** 56
9 $216\,cm^3$	**10** $9\,m^3$
11 $1188\,cm^3$	**12** $864\,cm^2$
13 ㉠	**14** $162\,cm^2$
15 $729\,m^3$	**16** 8배
17 $225\,cm^3$	**18** 576개
19 8	**20** 6 cm

1 (직육면체 가의 쌓기나무의 수)$=5\times2\times4=40$(개)
(직육면체 나의 쌓기나무의 수)$=3\times3\times5=45$(개)
따라서 직육면체 나의 부피가 더 큽니다.

2 (정육면체의 부피)$=7\times7\times7=343(cm^3)$

3 (정육면체의 겉넓이)$=7\times7\times6=294(cm^2)$

4 $1\,m^3=1000000\,cm^3$
(1) $2.9\,m^3=2900000\,cm^3$
(2) $51000000\,cm^3=51\,m^3$

5 (직육면체의 부피)$=8\times4\times10=320(cm^3)$

6 (직육면체의 겉넓이)
$=(8\times4+4\times10+8\times10)\times2$
$=(32+40+80)\times2$
$=152\times2=304(cm^2)$

7 $9\times\square\times11=693$, $99\times\square=693$,
$\square=693\div99=7$

8 $\square\times9=504$, $\square=504\div9=56$

9 쌓기나무 한 개의 부피는 $3\times3\times3=27(cm^3)$입니다. 따라서 쌓기나무 8개로 만든 정육면체의 부피는 $27\times8=216(cm^3)$입니다.

10 (직육면체의 부피)$=200\times150\times300$
$=9000000(cm^3)$ ➡ $9\,m^3$

11 가로가 11 cm, 세로가 9 cm, 높이가 12 cm인 직육면체입니다.
➡ (직육면체의 부피) $= 11\times9\times12 = 1188(cm^3)$

12 만들 수 있는 가장 큰 정육면체의 한 모서리의 길이는 12 cm입니다.
➡ (겉넓이) $= 12\times12\times6 = 864(cm^2)$

13 ㉠ $6\times6\times6=216(cm^3)$
㉡ $5\times5 = 25$이므로 한 모서리의 길이는 5 cm입니다.
➡ $5\times5\times5 = 125(cm^3)$
㉢ $10\times5\times4 = 200(cm^3)$

14 (쌓기나무 한 면의 넓이)$=3\times3=9(cm^2)$
입체도형의 겉면을 이루는 면의 개수는 18개이므로
(입체도형의 겉넓이) $= 9\times18 = 162(cm^2)$입니다.

15 한 모서리의 길이를 □cm라고 하면
□×□×6 = 4860000, □×□ = 810000,
□ = 900입니다.
따라서 한 모서리의 길이는 900 cm = 9 m이므로
부피는 $9\times9\times9 = 729(m^3)$입니다.

16 (처음 직육면체의 부피)$=3\times2\times5=30(cm^3)$
(늘인 직육면체의 부피) $= 6\times4\times10 = 240(cm^3)$
➡ $240\div30 = 8$(배)

다른 풀이
(직육면체의 부피) = (가로) × (세로) × (높이)이므로
각 모서리의 길이를 2배로 늘인다면 처음 부피의
$2\times2\times2 = 8$(배)가 됩니다.

17 세로로 나누어 부피를 구합니다.

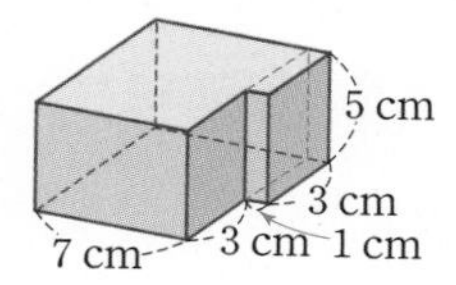

(입체도형의 부피) $= 7\times(3+3)\times5 + 1\times3\times5$
$= 210 + 15$
$= 225(cm^3)$

18 가로로 $48\div6=8$(개), 세로로 $72\div6=12$(개) 넣을 수 있고 높이는 $36\div6=6$(층)으로 쌓을 수 있습니다.
➡ $8\times12\times6 = 576$(개)

서술형
19 예 $(9\times7+7\times□+9\times□)\times2=382$,
$63 + 16\times□ = 191$, $16\times□ = 128$,
$□ = 128\div16 = 8$
따라서 □ 안에 알맞은 수는 8입니다.

평가 기준	배점(5점)
□ 안에 알맞은 수를 구하는 식을 썼나요?	2점
□ 안에 알맞은 수는 얼마인지 구했나요?	3점

서술형
20 예 (직육면체의 부피)$=12\times6\times3=216(cm^3)$
직육면체의 부피와 정육면체의 부피가 같으므로 정육면체의 한 모서리의 길이를 □cm라고 하면
□×□×□ = 216, $6\times6\times6 = 216$이므로
□ = 6입니다.

평가 기준	배점(5점)
직육면체의 부피를 구했나요?	2점
정육면체의 한 모서리의 길이를 구했나요?	3점

다시 점검하는 기출 단원 평가 Level ❷ 59~61쪽

1 125개, $125\,cm^3$
2 5, 5 / 35, 55 / 334
3 $308\,cm^3$
4 $384\,cm^2$
5 $258\,cm^2$
6 $1728\,cm^3$
7 4
8 $<$
9 수영, $14\,cm^2$
10 9 cm
11 $96\,cm^2$
12 $1331\,cm^3$
13 14
14 $448\,cm^3$
15 27배
16 800
17 $102\,cm^3$
18 $232\,cm^2$
19 $216\,cm^2$
20 25 cm

1 (쌓기나무의 수)$=5\times5\times5=125$(개)
(정육면체의 부피) $= 125\,cm^3$

3 (직육면체의 부피)$=7\times4\times11=308(cm^3)$

4 (정육면체의 겉넓이)$=8\times8\times6=384(cm^2)$

5 (직육면체의 겉넓이)$=(5\times6+6\times9+5\times9)\times2$
$=(30+54+45)\times2$
$=129\times2=258(\text{cm}^2)$

6 정육면체의 한 면은 정사각형이므로 둘레가 48 cm인 정사각형의 한 변은 $48\div4=12(\text{cm})$입니다.
따라서 정육면체의 한 모서리는 12 cm이므로 부피는 $12\times12\times12=1728(\text{cm}^3)$입니다.

7 정육면체의 부피가 64 cm^3이고 $4\times4\times4=64$이므로 정육면체의 한 모서리의 길이는 4 cm입니다.

8 $7900000\text{ cm}^3=7.9\text{ m}^3 \Rightarrow 7.9\text{ m}^3<8.1\text{ m}^3$

9 (기준이가 포장한 선물 상자의 겉넓이)
$=(4\times8+8\times5+4\times5)\times2$
$=(32+40+20)\times2$
$=92\times2=184(\text{cm}^2)$
(수영이가 포장한 선물 상자의 겉넓이)
$=(9\times3+3\times6+9\times6)\times2$
$=(27+18+54)\times2$
$=99\times2=198(\text{cm}^2)$
따라서 수영이가 포장한 선물 상자의 겉넓이가 $198-184=14(\text{cm}^2)$ 더 넓습니다.

10 정육면체의 한 모서리의 길이를 □cm라고 하면
□×□×6 = 486, □×□ = 81, □ = 9입니다.
따라서 정육면체의 한 모서리의 길이는 9 cm입니다.

11 (정육면체의 겉넓이)=(한 면의 넓이)×6
$=4\times4\times6$
$=96(\text{cm}^2)$

12 (한 모서리의 길이)$=33\div3=11(\text{cm})$
(정육면체의 부피) $=11\times11\times11$
$=1331(\text{cm}^3)$

13 (직육면체 가의 부피)$=9\times8\times7=504(\text{cm}^3)$
직육면체 나의 부피도 504 cm^3이므로
□×12×3 = 504, □×36 = 504, □ = 14
입니다.

14 (입체도형의 부피)$=(4\times4\times4)\times7$
$=64\times7$
$=448(\text{cm}^3)$

15 정육면체의 부피는 (한 모서리의 길이)×(한 모서리의 길이)×(한 모서리의 길이)이므로 각 모서리의 길이를 3배로 늘인다면 처음 부피의 $3\times3\times3=27$(배)가 됩니다.

16 $160\text{ m}^3=160000000\text{ cm}^3$, $5\text{ m}=500\text{ cm}$
이므로 □×400×500 = 160000000,
□×200000 = 160000000, □ = 800입니다.

17

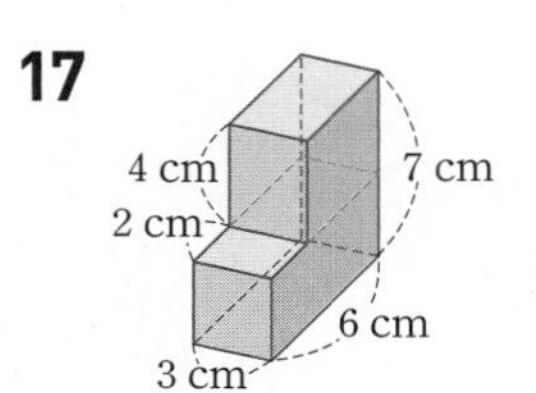

(입체도형의 부피)
$=3\times(6-2)\times4+3\times6\times(7-4)$
$=3\times4\times4+3\times6\times3$
$=48+54$
$=102(\text{cm}^3)$

18 직육면체의 높이를 □cm라고 하면
7×4×□ = 224, 28×□ = 224, □ = 8
입니다.
(직육면체의 겉넓이) $=(7\times4+4\times8+7\times8)\times2$
$=(28+32+56)\times2$
$=116\times2$
$=232(\text{cm}^2)$

서술형
19 예 쌓기나무의 한 면의 넓이는 $2\times2=4(\text{cm}^2)$입니다. 입체도형은 쌓기나무의 한 면이 54개로 이루어져 있으므로 입체도형의 겉넓이는 $4\times54=216(\text{cm}^2)$입니다.

평가 기준	배점(5점)
입체도형은 쌓기나무의 한 면이 몇 개로 이루어져 있는지 구했나요?	2점
입체도형의 겉넓이를 구했나요?	3점

서술형
20 예 (밑에 놓인 면의 한 변)$=80\div4=20(\text{cm})$
상자의 높이를 □cm라고 하면
(20×20 + 20×□ + 20×□)×2 = 2800,
400 + 40×□ = 1400, 40×□ = 1000,
□ = 25입니다.
따라서 상자의 높이는 25 cm입니다.

평가 기준	배점(5점)
밑에 놓인 면의 한 변의 길이를 구했나요?	2점
상자의 높이를 구했나요?	3점

다음에는 뭐 풀지?

최상위로 가는
'맞춤 학습 플랜'

STEP 4 Book

다음에 공부할 책을 고르기 어려우시다면, 현재 성취도를 먼저 체크해 보세요.
최상위로 가는 맞춤 학습 플랜만 있다면 내 실력에 꼭 맞는 교재를 선택할 수 있어요!
단계에 따라 내 실력을 진단해 보고, 다음 학습도 야무지게 준비해 봐요!

첫 번째, 단원평가의 맞힌 문제 수 또는 점수를 모두 더해 보세요.

단원		맞힌 문제 수 (OR)	점수 (문항당 5점)
1단원	1회		
	2회		
2단원	1회		
	2회		
3단원	1회		
	2회		
4단원	1회		
	2회		
5단원	1회		
	2회		
6단원	1회		
	2회		
합계			